全国高职高专教育土建类专业教学指导委员会规划推荐教材
职业教育工程造价专业实训规划教材
总主编：袁建新

工程造价实训用图集

主　编　夏一云
主　审　袁建新

中国建筑工业出版社

图书在版编目(CIP)数据

工程造价实训用图集/夏一云主编.一北京:中国建筑工业出版社,2016.6 (2024.6重印)
全国高职高专教育土建类专业教学指导委员会规划推荐教材.职业教育工程造价专业实训规划教材
ISBN 978-7-112-19499-5

Ⅰ.①工… Ⅱ.①夏… Ⅲ.①建筑工程-工程造价-高等职业教育-教学参考资料 Ⅳ.①TU723.3

中国版本图书馆CIP数据核字(2016)第128899号

本套图集按照螺旋进度教学法,由易到难、由简单到复杂地精选了四个典型工程的施工图,包括:某职业技术学院北大门、某游泳池工程、某职业技术学院2号教学楼、某职业技术学院5号教学楼。图集中工程的配套图纸涵盖了完整的建筑、结构、给水排水、采暖及电气专业。通过以上图纸的学习和锻炼,学生能够全面地提高工程造价专业的核心技能。配合本套实训教材,也能进一步提高学生利用新软件的能力。

本图集可作为高职高专院校工程造价专业实训教材使用,也可为其他相关专业和建筑企业人员岗位培训的配套图纸。

责任编辑:张 晶 吴越恺
责任校对:李欣慰 刘梦然

全国高职高专教育土建类专业教学指导委员会规划推荐教材
职业教育工程造价专业实训规划教材
总主编:袁建新
工程造价实训用图集
主 编 夏一云
主 审 袁建新
*
中国建筑工业出版社出版、发行(北京西郊百万庄)
各地新华书店、建筑书店经销
霸州市顺浩图文科技发展有限公司制版
北京凌奇印刷有限责任公司印刷
*
开本:880×1230毫米 横1/8 印张:25½ 字数:920千字
2016年9月第一版 2024年6月第三次印刷
定价:**58.00**元
ISBN 978-7-112-19499-5
(29020)

序

为了提高工程造价实训的效率和质量，我们组织了工程造价专业办学历史较长、专业课程教学和实训能力较强的几所建设类高职院校的资深教师，编写了工程造价专业系列实训教材。

本系列教材共5本，包括《建筑工程量计算实训》、《建筑水电安装工程量计算实训》、《钢筋翻样与算量实训》和《建筑安装工程造价计算实训》和《工程造价实训用图集》。这些内容是工程造价专业核心课程的技能训练内容。因此，该系列教材也是工程造价专业进行核心技能训练的必备用书。

运用系统的理念和螺旋进度教学的思想，将工程造价专业核心技能的训练放在一个系统中构建和应用螺旋递进的方法编写工程造价专业系列实训教材，是我们建设职教人新的尝试。实训是从掌握一个一个方法开始的，工程造价实训先从较小的、简单的单层建筑物工程工程量计算（工程造价）开始，然后再继续计算较复杂建筑物的工程量（工程造价），一层一层地递进下去。这一思路符合学生的认知规律和学习规律。这就是“螺旋进度教学法”在工程造价实训过程中的应用与实践。

本系列教材还拓展了上述课程的软件应用介绍和实训。软件应用内容是从学习的角度来写的，一改原来软件操作手册的风格，为学生将来快速使用新软件打下了基础。

在学习中实践、在实践中学习，这是职业教育的本质特征。本系列教材设计的内容就是试图让学生边学习边完成作业。因而教材内容中给学生留下了从简单到复杂、从少量到多量的独立完成的作业内容，由教师灵活地组织实践教学，学生课内外灵活完成作业。

愿经过我们与各兄弟院校共同完成好工程造价专业的实训，为社会培养更多掌握熟练技能的造价人才。

全国高职高专教育土建类专业教学指导委员会
工程管理类专业分指导委员会

前言

随着社会的不断发展，建筑工程项目向着多元化的方向飞速发展，各种类似的建筑物层出不穷。而在校的高职院校学生平时的实训练习主要以住宅类工程作为训练对象，难以满足社会对广大造价从业人员提出的越来越多元化的要求。

本图集作为职业教育工程造价专业实训规划教材的配套实训图集，加强了造价专业学生快速适应社会的能力，弥补了实训图纸类型的单一化。本图集从简入繁，选择了四套具有代表性的工程项目施工图，主要图纸内容如下：

一、某省职业技术学院（学院北大门）包括：建施、结施、水施、暖施、电施

二、某游泳池工程（游泳池附属用房）包括：建施、结施、水施、电施

三、某省职业技术学院（2号教学楼）包括：建施、结施、水施、电施

四、某省职业技术学院（5号教学楼）包括：建施、结施、水施、电施

通过练习这四套图纸能让学生对于南、北建筑，住宅和公共建筑相关做法及图纸表达方式上的差异以及对于超长结构的不同处理方式，有较为全面的认识。

本图集的编制方向和图纸的选择是四川建筑职业技术学院袁建新教授参考了大量图纸，经多次研讨、修改而最终确定的。在此对袁建新教授、山西建筑职业技术学院、广西建设职业技术学院和未列出的提供图纸的兄弟院校的老师们及清华斯维尔公司一并表示感谢。

由于编者的水平有限，图集中难免有缺点和不妥之处，恳请广大读者批评指正。

编　者

目　录

1　某省职业技术学院北大门

建筑、结构、给水排水、采暖、电气施工图

1.1 学院北大门建筑施工图

建筑设计说明

一、设计依据

1. 设计合同。
2. 建设单位提供的建设场地的地形图。
3. 建设单位提供的建设场地的地质勘察报告。
4. 国家相关的现行设计规范以及相关的设计资料。

二、工程概况

1. 结构形式：大门主体为钢筋混凝土框架结构。
2. 设计范围：本工程施工图的设计范围包括：建筑、结构、给水排水、采暖、强弱电设计。
3. 主要数据

1）建筑面积：58.29m^2。

2）耐火等级：二级。

3）抗震设防烈度：8度。

三、统一技术措施

1. 设计标高及尺寸

1）本工程±0.000标高相当于绝对标高由现场确定。

2）本工程除标高和总图以米为单位外，其他尺寸均以毫米为单位。

2. 墙身工程

外墙：300厚加气混凝土砌块。

3. 楼地面

施工前应仔细阅读图纸，以保证楼地面的施工质量及标高的统一性。

本工程所注标高均为建筑完成面标高。

4. 屋面及防水工程

1）本工程的屋面防水等级为Ⅲ级，防水层合理使用年限为10年。

2）施工必须严格执行国家有关规范，避免因施工不当造成渗、漏水。

3）屋面排水组织见屋顶平面图，雨水斗、雨水管采用白色UPVC，雨水管的公称直径均为DN100。

5. 顶棚工程

本工程一般顶棚做法详做法表，吊顶部分仅控制高度，室内要求较高部分应结合二次装修进行设计。

6. 外墙装修

立面上各种饰面材料部位除参见立面图外，还应参照施工图中所注。

为确保外立面效果良好，应对立面装修材料质感及色彩最后确定，会同业主及施工单位及建筑师共同认证后，方可统一实施。

7. 内装修

内装修选用的各项材料，均由施工单位制作样板和选样，经确认后进行封样。

8. 门窗工程

1）本工程的门窗按不同用途，材料及立面要求分别编号，详见门窗表。

2）本工程的门窗玻璃厚度，由承制厂家根据立面分块要求及风压值确定。

3）门窗的小五金配件，由承包商提供样品及构造大样，与业主及建筑师共同确定。

9. 防火设计

按民用建筑设计防火规范规定，耐火等级为二级。

10. 节能设计

由于本工程为大门，具体保温措施详工程做法。

11. 其他

1）室内门窗洞口及墙阳角均抹20厚，1∶2水泥砂浆护角，高2000mm，每边宽50mm。

2）凡管道穿过的楼板，须预埋套管并高出建筑完成面30mm。

3）凡预埋铁件、木件均须作防锈、防腐处理，凡未详细构造做法者，按当地常规做法施工。

4）油漆：本工程外露的钢，木构件按中级以上油漆要求施工。木材面用调和漆或清漆做法，钢构件用酚醛磁漆做法，油漆颜色除图注明外，由装修设计或专业选定。

5）凡隐蔽部位和隐藏工程应及时会同有关部门进行检查验收。

6）凡两种材料的墙身交接处，在墙面饰面施工前加钉钢丝网，防止裂缝。

7）本工程施工图未尽事项，在施工配合中共同商定。工程施工中，施工单位应及时熟悉各专业图纸，避免单一专业图施工。

8）本工程施工及验收均应严格执行国家现行的建筑安装工程及施工验收的规范并按相关规定执行，施工中各工种应密切配合，如有问题及时与设计单位协商解决。

门窗表

门窗类型	设计编号	洞口尺寸		樘数	标准图集代号及编号		备注
		宽	高		图集代号	编号	
门	M-1	900	2100	1	05J4-1 P1	1PM-0921	平开半玻门(塑钢、保温)
	M-2	900	2100	1	05J4-1 P89	1PM-0921	平开夹板门
	M-3	700	2100	1	参 05J4-1P89	1PM-0821	平开夹板门(宽度改为700)
窗	C-3	2700	2700	2	自绘		塑钢推拉窗
幕墙	MQ1	6200	3800	1	自绘		明框玻璃墙

注：外门、窗玻璃选用12mm厚中空玻璃，外门芯板内填充聚苯或岩棉保温材料。

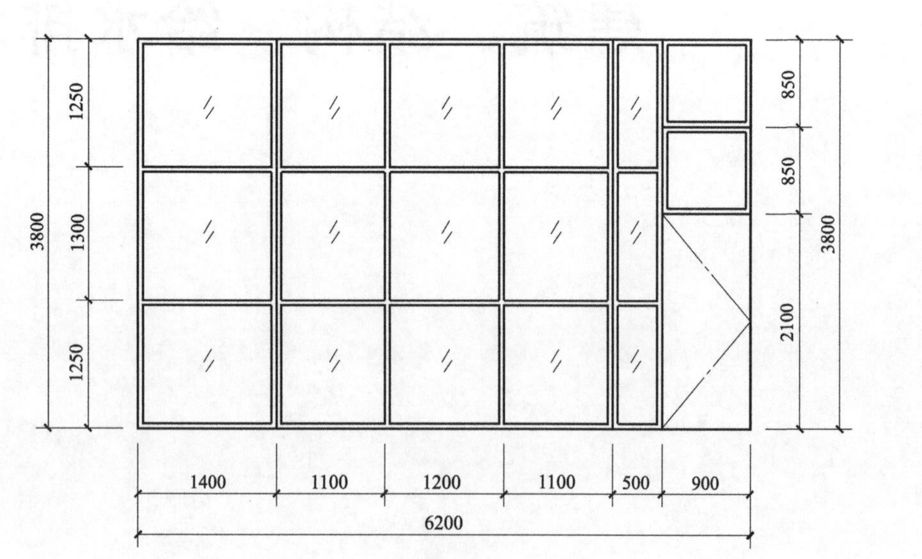

MQ1立面图 1:50

C-3立面图 1:50

建筑设计说明						编号	建施-01
审核		校对		设计		页	1/4

室内外工程做法表

工程名称	工程做法	适　用
屋面 1 (不上人)	1. 40 厚 C20 细石混凝土,内配 ϕ4@150×150 钢筋网片	
	2. 干铺无纺聚酯纤维布一层	
	3. 50 厚 QCB 防水保温阻燃装饰一体板,导热系数 0.035	
	4. 2 厚 MCT 喷涂速凝涂料一道	
	5. 20 厚 1∶3 水泥砂浆找平层,砂浆中掺聚丙烯	
	6. 1∶6 水泥焦找坡 2%,最薄处 30 厚	
	7. 钢筋混凝土楼板	
外墙 1 涂料墙面	1. 刷灰色高级外墙防水涂料	详见立面
	2. 3 厚聚合物砂浆罩面(压入耐碱玻纤网格布一层)	
	3. 50 厚 QCB(防水保温阻燃装饰一体板),导热系数 0.035	
	4. 3 厚专用界面粘结剂一遍	
	5. 2 厚聚合物水泥防水涂料	
	6. 15 厚 1∶3 水泥砂浆找平(钢筋混凝土)2∶1∶8(加气混凝土砌块)水泥石灰砂浆找平	
	7. 刷建筑胶素水泥浆一遍,配合比为建筑胶∶水=1∶4	
	8. 基层墙体	
外墙 2 干挂石材外墙面	1. 25 厚石材板,上下边钻销孔,长方形板横排时钻 2 个孔,竖排时钻一个孔,孔径 ϕ5,安装时孔内先填云石胶,再插入 ϕ4 不锈钢销钉,固定 4 厚不锈钢板托件上,石板两侧开 4 宽 80 高凹槽。填胶后,用 4 厚 50 宽燕尾不锈钢板勾住石板(燕尾钢板各勾住一块石块),石板四周接缝宽 6~8,用弹性密封膏封严钢板托和燕尾钢板,M5 螺栓固定于竖向角钢龙骨上	详见立面
	2. ∟50×50×5 横向角钢龙骨(根据石板大小调整角钢尺寸)中距为石板高度+缝宽	
	3. ∟60×60×6 竖向角钢龙骨(根据石板大小调整角钢尺寸)中距为石板宽度+缝宽	
	4. 50 厚 QCB 防水保温阻燃装饰一体板,导热系数 0.035	
	5. 角钢龙骨焊于墙内预埋伸出的角钢头上或在墙内预埋钢板,然后用角钢焊连竖向角钢龙骨(砌块类墙体设有构造柱及水平加强梁,详结施图)	
内墙 1 乳胶漆墙面	1. 刷乳胶漆	
	2. 5 厚 1∶0.3∶2.5 水泥石灰膏砂浆抹面,压实赶光	
	3. 12 厚 1∶1.6 水泥石灰膏砂浆打底扫毛	
	4. 12 厚 1∶1.6 水泥石灰膏砂浆打底扫毛	
地面 1 地砖地面	1. 10 厚防滑地砖铺实拍平,水泥浆擦缝	一般地面
	2. 20 厚 1∶4 干硬性水泥砂浆	
	3. 50 厚 C15 豆石混凝土填充热水管道间	
	4. 20 厚复合铝箔挤塑聚苯乙烯保温板	
	5. 20 厚无机铝盐防水砂浆分两次抹,找平抹光	
	6. 无机铝盐防水素浆	
	7. 80 厚 C15 混凝土	
	8. 素土夯实	

工程名称	工程做法	适　用
地面 2 防滑地砖地面	1. 10 厚防滑地砖铺实拍平,水泥浆擦缝	卫生间
	2. 20 厚 1∶4 干硬性水泥砂浆	
	3. 60 厚 C15 豆石混凝土找坡不小于 0.5%,最薄处不小于 30 厚	
	4. 20 厚复合铝箔挤塑聚苯乙烯保温板	
	5. 点粘 350 号石油沥青油毡一层	
	6. 1.8 厚聚氨酯防水涂料,面撒黄砂,四周沿墙上翻 300 高	
	7. 刷基层处理剂一遍	
	8. 20 厚无机铝盐防水砂浆分两次抹,找平抹光	
	9. 无机铝盐防水素浆	
	10. 80 厚 C15 混凝土	
	11. 素土夯实	
顶棚 1 喷涂料顶棚	1. 喷内墙涂料两道	
	2. 满刮腻子两道	
	3. 5 厚 1∶0.2∶2.5 水泥石灰膏砂浆找平	
	4. 3 厚 1∶0.2∶3 水泥石灰膏砂浆打底扫毛	
	5. 刷一道 YJ-302 型混凝土界面处理剂	
散水 1 细石混凝土散水	1. 50 厚 C20 细石混凝土面层,撒 1∶1 水泥砂子压实赶光	宽 1000
	2. 150 厚 3∶7 灰土夯实,宽出面层 300	
	3. 素土夯实,向外坡 5%	
台阶 1 (现制水泥抹面) 灰土垫层	1. 20 厚 1∶2 水泥砂浆抹面赶光	
	2. 素水泥浆结合层一道	
	3. 60 厚 C15 混凝土,台阶面向外坡 1%	
	4. 300 厚 3∶7 灰土	
	5. 素土夯实	

室内外工程做法表						编号	建施-02
审核		校对		设计		页	2/4

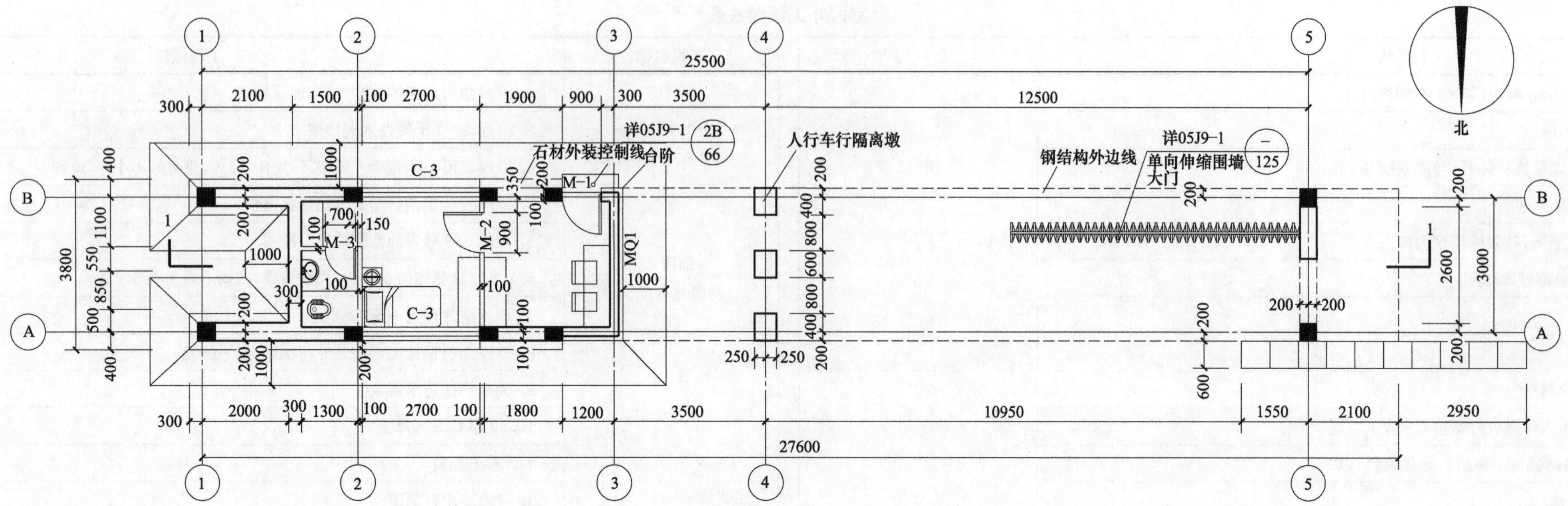

北

详05J9-1 (2B/66) 台阶

石材外装控制线

人行车行隔离墩

钢结构外边线

详05J9-1 (—/125) 单向伸缩围墙大门

一层平面图 1:100

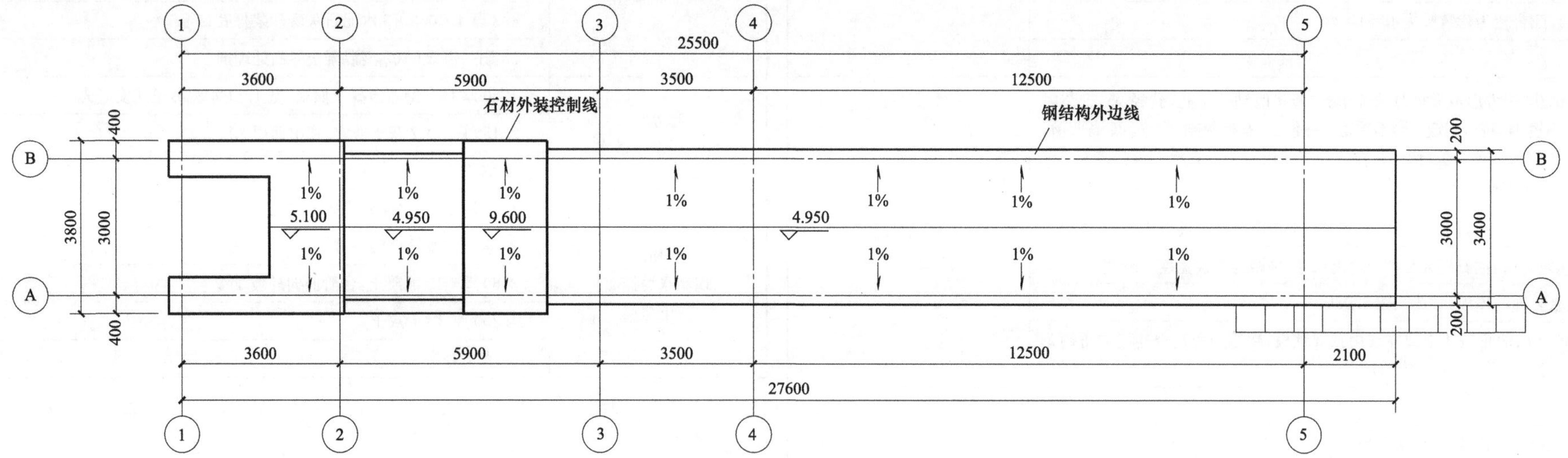

石材外装控制线

钢结构外边线

屋顶平面图 1:100

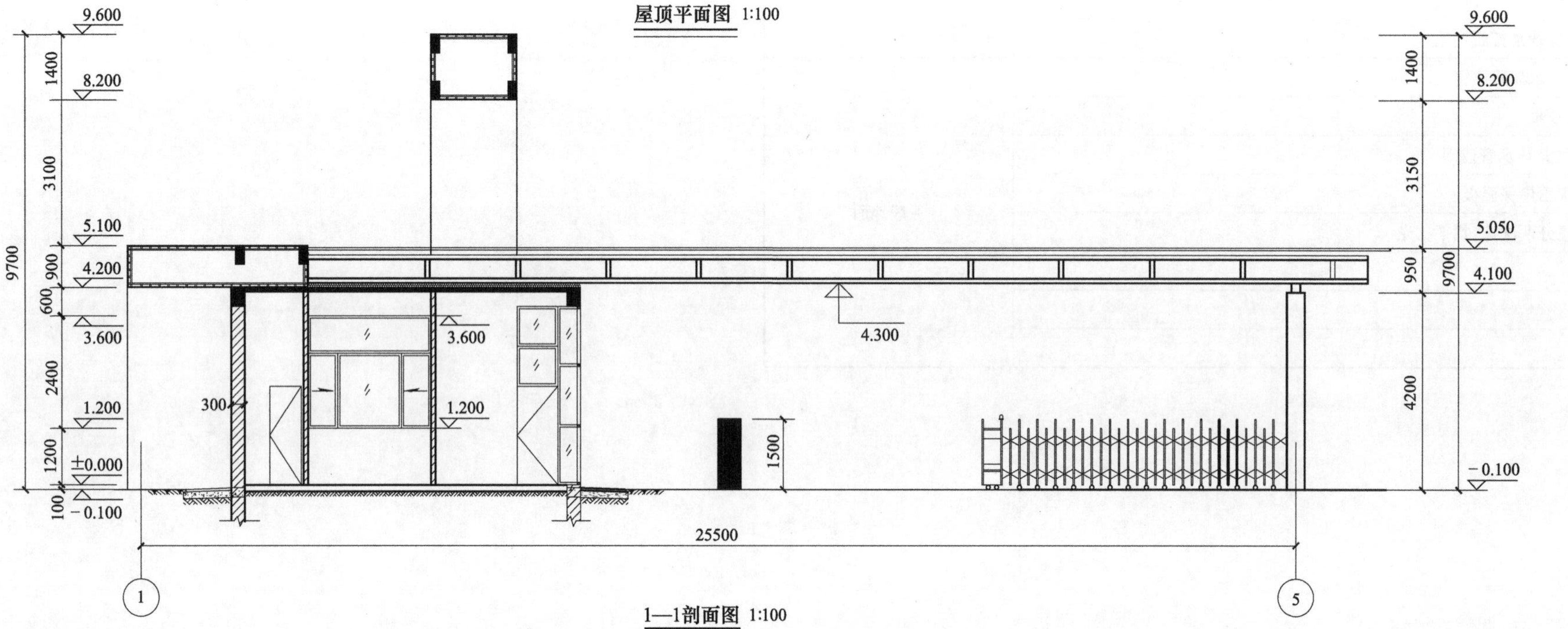

1—1剖面图 1:100

大门平面图、1—1 剖面图				编号	建施-03
审核		校对	设计	页	3/4

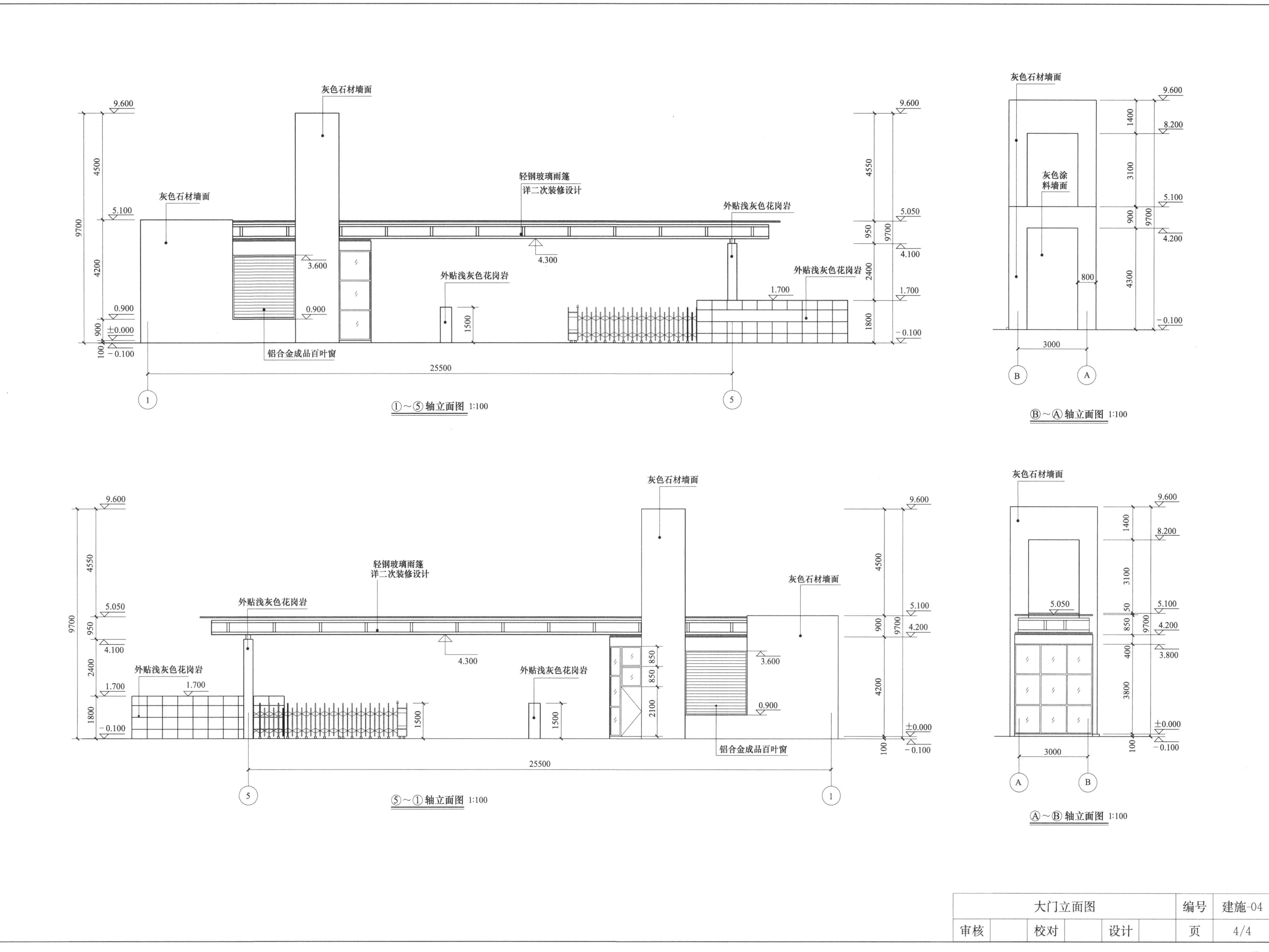
灰色石材墙面
轻钢玻璃雨篷
详二次装修设计
外贴浅灰色花岗岩
铝合金成品百叶窗
灰色涂
料墙面
①～⑤轴立面图 1:100
⑤～①轴立面图 1:100
Ⓑ～Ⓐ轴立面图 1:100
Ⓐ～Ⓑ轴立面图 1:100
大门立面图
编号
建施-04
审核
校对
设计
页
4/4

1.2 学院北大门结构施工图

结构设计说明

一、工程概况

1. 本工程为一层现浇钢筋混凝土框架结构。建筑总长度 27.600m，总宽度 3m，总高度 4.2m。基础形式为钢筋混凝土柱下独立基础。

2. 建筑物室内地面标高±0.000 详建施。室内外高差为 0.100m。

二、建筑结构的安全等级及设计使用年限

1. 建筑结构安全等级：二级。

2. 设计使用年限：50 年。

3. 建筑抗震设防类别：标准设防类（丙类）。

4. 地基基础设计等级：丙级。

5. 抗震等级：二级。

6. 耐火等级：二级。

7. 混凝土结构暴露的环境类别：

室内干燥环境：一类；

卫生间、厨房、浴室等室内潮湿环境：二 a 类。

直接接触土壤部位及雨篷、挑檐、室外装饰构件等露天构件：二 b 类。

8. 根据湿陷性黄土地区建筑规范，建筑物分类为丙类。

三、自然条件

1. 基本风压：ω_0＝0.40kN/m^2（50 年重现期）；

地面粗糙度类别：B 类。

2. 基本雪压：S_0＝0.35kN/m^2。

3. 抗震设防烈度：8 度，设计基本地震加速度值为 0.20g，设计地震分组为第一组。

抗震构造措施按 8 度，二级。建筑场地类别为：Ⅲ类。

4. 场地标准冻深：0.9m。

5. 场地的工程地质条件参照邻近建筑。

6. 湿陷性等级为Ⅰ级（轻微），属非自重湿陷性黄土场地。

四、本工程设计遵循国家相关标准、规范、规程。

五、设计采用的均布活荷载标准值：不上人屋面为 0.5kN/m^2。

六、地基基础

1. 本工程采取整片换填垫层来进行地基处理，换填的平面范围为自基础外边缘向外扩出 1.0m，深度为素混凝土垫层下 0.5m，处理后的地基承载力不小于 150kPa。

2. 开挖基槽时，不应扰动土的原状结构。如经扰动，应挖除扰动部分，采用三七灰土进行分层碾压回填处理，压实系数应大于 0.95。垫层的施工质量检验必须分层进行，应在每层的压实系数符合设计要求后铺填上层土。

3. 机械开挖时应按有关规范要求进行，坑底应保留不少于 300mm 厚的土层用人工开挖。基坑开挖至设计标高后，应对坑底土层进行夯实或碾压。

4. 未经地基处理的基坑，基础施工前应进行钎探。钎探点间距为 1.5×1.5m，梅花形布置，探深 1.5m。钎探数据应报设计单位审阅。如发现土质与地质报告不符或存在墓穴，空洞等不良地质现象时应会同有关各方共同协商研究处理。

5. 开挖基坑时应注意边坡稳定，定期观测其对周围道路、市政设施和建筑物有无不利影响，并做好安全防护。非自然放坡开挖时，基坑护壁应做专门设计。土方开挖完成后应立即对基坑进行封闭，防止水浸和暴露并应及时进行地下结构施工。基坑土方开挖应严格按要求进行，不得超挖。基坑周边超载，不得超过设计荷载限制条件。

6. 基坑开挖后，应进行基坑检验。基坑应经验收后方可开始基础施工。

7. 混凝土基础底板下（除特别注明外）设 100 厚 C15 素混凝土垫层，每边扩出基础边 100mm。

七、主要结构材料（详图中注明者除外）

1. 混凝土强度等级

（1）基础：C30；

（2）柱、梁、楼板：C25。

2. 钢筋及钢材

（1）钢筋采用 HPB300 级钢；HRB335 级；HRB400 级。

（2）钢材、钢板采用 Q235-B 钢。

（3）吊钩、吊环均采用 HPB300 级钢筋，不得采用冷加工钢筋。

（4）钢材的强度标准值应具有不小于 95％的保证率。

（5）一、二级框架梁、柱中纵向受力钢筋的抗拉强度实测值与屈服强度实测值的比值不应小于 1.25，且屈服强度实测值与强度标准值的比值不应大于 1.30；且钢筋在最大拉力下的总伸长率实测值不应小于 9％。其中 HPB300 级钢筋在最大拉力下的总伸长率实测值不应小于 10％。

（6）钢材的屈服强度实测值与抗拉强度实测值的比值不应大于 0.85；钢材应有明显的屈服台阶，且伸长率不应小于 20％；钢材应有良好的可焊性和合格的冲击韧性。

3. 焊条：Q235B 钢采用《非合金钢及细晶粒钢焊条》GB/T 5117—2012 中的 E43-××系列焊条。

4. 隔墙

±0.000 以下采用 MU10 烧结煤矸石砖，用 M10 水泥砂浆砌筑，其容重应不大于 19kN/m^3；

±0.000 以上采用 MU5 加气混凝土砌块，用 M5 混合砂浆砌筑，其容重应不大于 7kN/m^3。

八、混凝土的构造要求

1. 结构混凝土耐久性的基本要求见下表：

环境类别	最大水灰比	最小水泥用量（kg/m^3）	最大氯离子含量（％）	最大碱含量（kg/m^3）
一	0.65	225	1.0	不限制
二 a	0.6	250	0.3	3.0
二 b	0.55	275	0.2	3.0

2. 受力钢筋混凝土保护层厚度（mm）（图中注明者除外）

（1）防水混凝土梁、板、柱、墙、基础迎水面最外层钢筋保护层厚度，当有建筑柔性外防水时 35，没有外防水时 50。

（2）基础底板上部钢筋保护层厚度 25mm。

（3）受力钢筋保护层厚度不小于钢筋的公称直径。

（4）梁、板中预埋管的混凝土保护层厚度应大于 30。

（5）最外层钢筋的混凝土保护层厚度（mm）应不小于右表：

环境类别	板、墙	梁、柱、杆
一	15	20
二 a	20	25
二 b	25	35

（6）预制钢筋混凝土构件节点缝隙或金属承重构件节点的外露部位均设防火保护，采用水泥砂浆抹面、勾缝，厚度不小于 20。

注：（1）混凝土强度等级不大于 C25 时，表中保护层厚度数值应增加 5mm。

（2）各构件中可以采用不低于相应混凝土构件强度等级的素混凝土垫块来控制主筋混凝土保护层厚度。

过梁表（混凝土强度等级为 C20）

L	截面形式	h	a	①	②	③
≤1000	A	120	240	2Φ10		Φ8@150
1000<L<1500	A	120	240	3Φ10		Φ8@150
1500<L<1800	B	150	240	2Φ12	2Φ8	Φ8@150
1800<L<2400	B	180	240	3Φ12	2Φ8	Φ8@150
2400<L<3000	B	240	240	3Φ14	2Φ10	Φ8@150

注：荷重仅考虑 L/3 高度墙体自重，当超过或梁上作用有其他荷载时，另行计算。

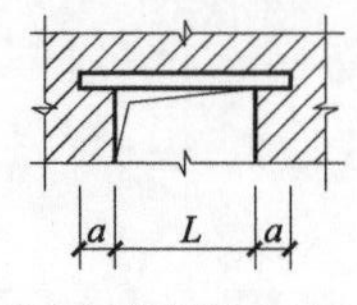

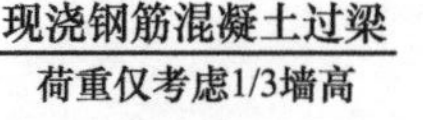

现浇钢筋混凝土过梁

荷重仅考虑1/3墙高

结构设计总说明				编号	结施-01
审核		校对		设计		页	1/3

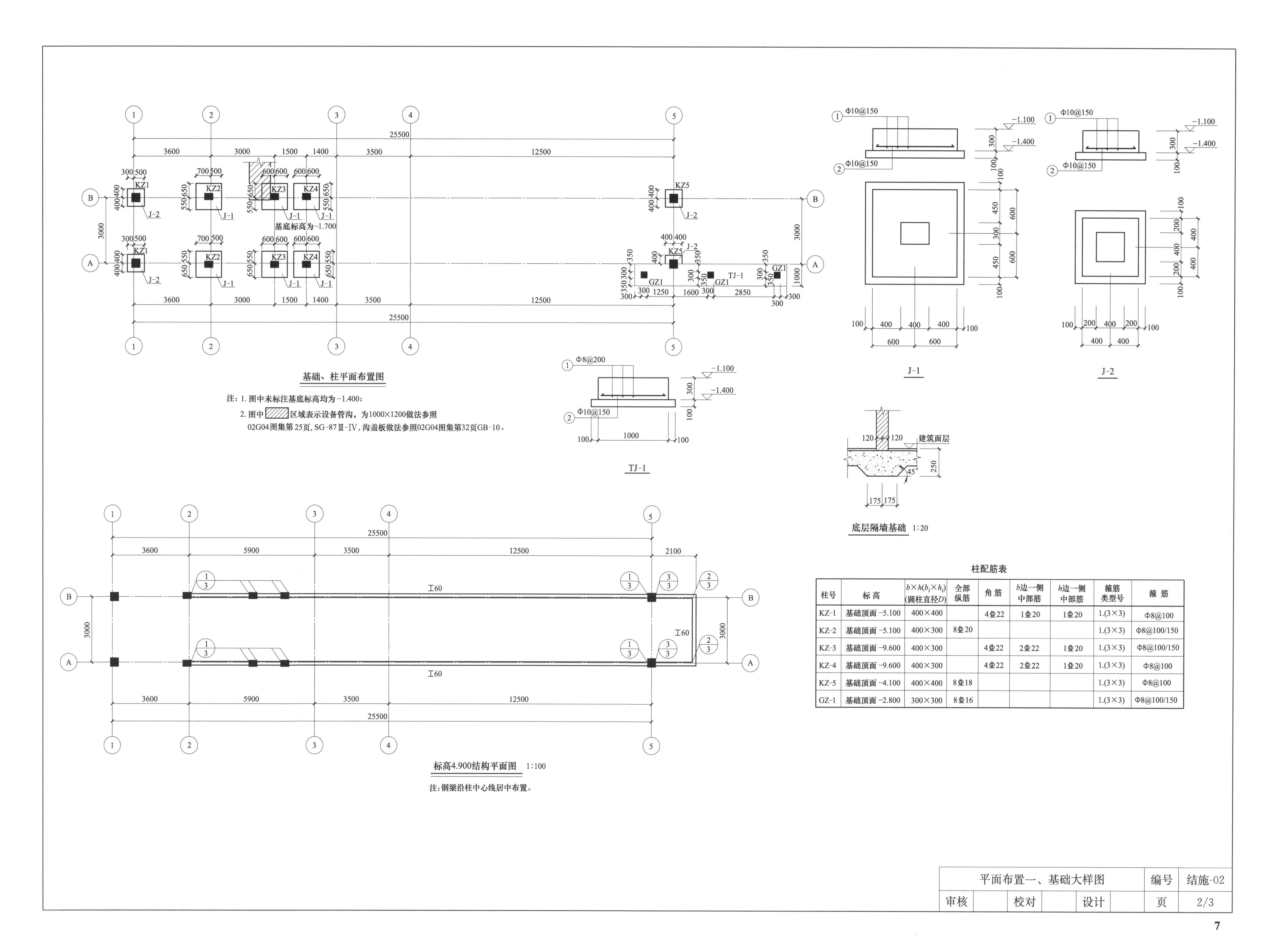

柱配筋表

柱号	标高	$b\times h(b_i\times h_i)$（圆柱直径D）	全部纵筋	角筋	b边一侧中部筋	h边一侧中部筋	箍筋类型号	箍筋
KZ-1	基础顶面 −5.100	400×400		4⌀22	1⌀20	1⌀20	1.(3×3)	Φ8@100
KZ-2	基础顶面 −5.100	400×300	8⌀20				1.(3×3)	Φ8@100/150
KZ-3	基础顶面 −9.600	400×300		4⌀22	2⌀22	1⌀20	1.(3×3)	Φ8@100/150
KZ-4	基础顶面 −9.600	400×300		4⌀22	2⌀22	1⌀20	1.(3×3)	Φ8@100
KZ-5	基础顶面 −4.100	400×400	8⌀18				1.(3×3)	Φ8@100
GZ-1	基础顶面 −2.800	300×300	8⌀16				1.(3×3)	Φ8@100/150

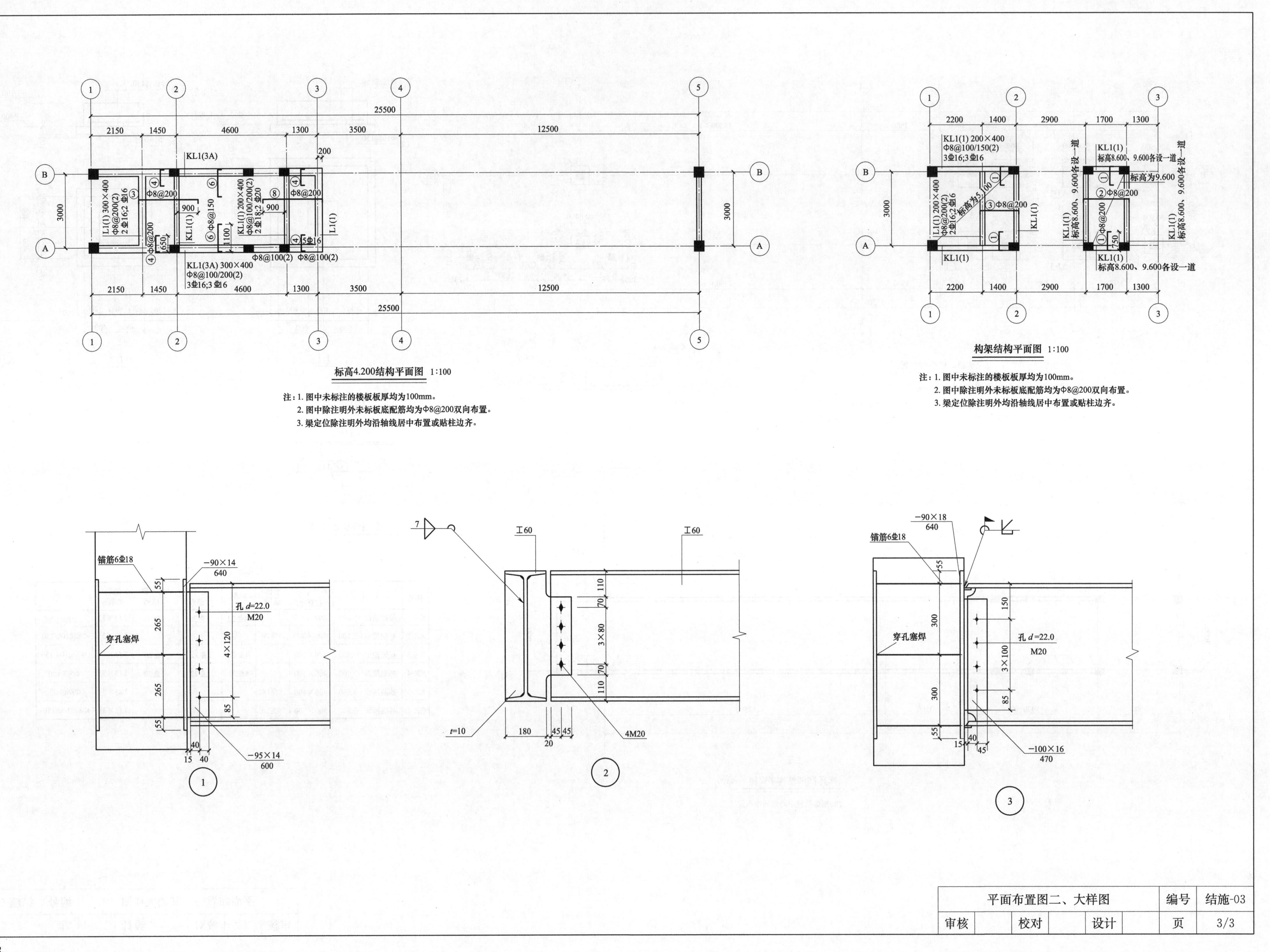

标高4.200结构平面图 1:100
注：1. 图中未标注的楼板板厚均为100mm。
2. 图中除注明外未标板底配筋均为Φ8@200双向布置。
3. 梁定位除注明外均沿轴线居中布置或贴柱边齐。
构架结构平面图 1:100
注：1. 图中未标注的楼板板厚均为100mm。
2. 图中除注明外未标板底配筋均为Φ8@200双向布置。
3. 梁定位除注明外均沿轴线居中布置或贴柱边齐。
KL1(3A) 300×400
Φ8@100/200(2)
3⌀16;3⌀16
L1(1) 300×400
Φ8@200(2)
2⌀16;2⌀16
KL1(1) 200×400
Φ8@100/200(2)
2⌀18;2⌀20
KL1(1) 200×400
Φ8@100/150(2)
3⌀16;3⌀16
L1(1) 200×400
Φ8@200(2)
2⌀16;2⌀16
标高为5.100
标高为9.600
KL1(1)
标高8.600、9.600各设一道
锚筋6⌀18
穿孔塞焊
−90×14
640
−95×14
600
孔 d=22.0
M20
工60
t=10
4M20
−90×18
640
−100×16
470

平面布置图二、大样图						编号	结施-03
审核		校对		设计		页	3/3

1.3 学院北大门给水排水施工图

给水排水施工图设计说明

一、工程概况

本工程为某职业技术学院北大门。门房为地上一层，建筑高度 4.3m。总建筑面积：58.29m²。该建筑等级为丙级，耐火等级为二级，建筑设计使用年限为 50 年。该建筑的抗震设防烈度为 8 度，砖混结构。

二、设计依据

国家相关法律规范，标准。

三、给水系统

1. 水源：该楼供水水源为城市自来水，生活给水系统水质应符合现行的国家标准的要求。据甲方提供的设计资料，以 *DN*150 的管从该区南侧××路、××街分别引入一条给水管，水压 0.35MPa。

2. 本工程最高日生活用水量为：0.0035m³/d，最高日最大时用水量为：0.005m³/h。

3. 楼内生活系统管道布置成下行上给枝状供水的形式。

四、中水系统

1. 水源：该楼中水水源为市政中水，生活给水系统水质应符合现行的国家标准的要求。由××北侧的××街引入一条 *DN*150 的中水给水管，市政水压为 0.35MPa。

2. 本工程设独立的中水系统，最高日中水用水量为：0.12m³/d，最高日最大时中水用水量为：0.016m³/h。

3. 楼内中水系统管道布置成下行上给枝状供水的形式。本工程设中水系统，用于卫生间冲厕。

五、排水系统

1. 本工程最高日排水量为：0.135m³/d，最大时排水量为：0.016m³/h。

2. 楼内生活污水、废水采用合流制，重力汇流排至室外管网。

3. 屋面雨水为外设落水管，详见建筑。

六、消防系统

消防给水系统及消防灭火设施按设计范围内同时一处火灾及一次火灾灭火设计。

1. 室外消防水源为市政给水管网，室外消防采用低压制市政供水系统。该楼室外消火栓消防用水流量为 10L/s，火灾延续时间 2h，一次火灾用水量由市政给水管网保证。

2. 室外消防给水沿建筑周围布置成环状，由小区南侧的××路，北侧的××街分别引入市政给水管与环网连接，沿环网布置室外消火栓保证该楼室外消防用水，室外消防供水水压在 0.10MPa 以上（从室外地面算起）。

七、其他灭火系统

门房按中危险级 A 类火灾配置 2A 手提式干粉（磷酸铵盐）灭火器，3kg 装 2 具/点。灭火器应设置在位置明显和便于取用的地点，且不影响安全疏散。灭火器不得设置在超出其使用温度范围的地点。具体位置见水施图纸。

八、其他

1. 给水管道及中水管道采用 S4 系列 PPR 管，热熔连接。管材和管件允许工作压力为 0.6MPa。生活给水管道必须采用与管材相适应的管件，并应具备质量检验部门产品合格证和卫生部门的认证文件。

2. 室内排水管道采用优质排水 PVC-U 管材，粘结。

3. 地漏的安装应平正、牢固。低于排水表面，周边无渗漏。应优先选择具有防涸功能的地漏，严禁采用钟罩（扣碗）式带水封的地漏及水封深度小于 50mm 的地漏。当构造内无存水弯的卫生器具与生活污水管道或其他可能产生有害气体的排水管道连接时，必须在排水口以下设存水弯。存水弯的水封深度均不得小于 50mm。

严禁采用活动机械密封代替水封。地面清扫口采用铜制品，清扫口表面与地面平。

4. 中水供水系统独立设置，中水管道严禁与生活饮用水给水管道连接。中水管道上不得装设取水龙头。当装有取水接口时，必须采取严格的防止误饮、误用的措施：

(1) 中水管道外壁应按有关标准的规定涂色和标志；

(2) 水池（箱）、阀门、水表及给水栓、取水口均应有明显的“中水”标志；

(3) 公共场所及绿化的中水取水口应设带锁装置；

(4) 工程验收时应逐段进行检查，防止误接。

5. 中水池（箱）内的自来水补水管应采取自来水防污措施，补水管出水口应高于中水贮存池（箱）内溢流水位，其间距不得小于 2.5 倍管径。严禁采用淹没式浮球阀补水。

6. 给水管道及中水管道在暖沟内敷设，以 $i=0.003$ 的坡度敷设，排水管道坡度为 $De<110$，$i=0.026$。

7. 给水、中水及排水管穿基础时洞口采用柔性材料封堵，安装见 05S1/314。

8. 洗脸盆采用背挂式，水龙头采用自闭式水龙头，存水弯水封深度不得小于 50mm，具和配件应符合国家现行标准《节水型生活用水器具》CJ/T 164—2014 的有关要求。

9. 该工程地质属Ⅰ级非自重湿陷性黄土地质，根据规范，本工程为丙类建筑，在室内采取结构措施和基本防水措施，具体做法详见结施图。设于室外建筑 4m 范围内给排水管道皆设于 B1 型砖壁、防水混凝土槽型底板检漏管沟内，管沟尺寸 600×600，沟底以 0.02 的坡度坡向检漏井，沟底标高比相应管道标高低 0.1～0.15m，管沟做法详见结施图集 02G04。

10. 管道安装完毕给水系统以 0.6MPa 的压力做水压试验，排水系统做灌水、通排水试验，皆以不渗不漏为合格。

11. 生活给水管道应在系统运行前必须用水冲洗并消毒，要求以系统最大设计流量或不小于 1.5m/s 的流速进行冲洗，并取得当地防疫检测部门检测合格方可使用。

12. 图中所注尺寸标高以 m 计，其余均以 mm 计，管道标高：给水管道指管中心，排水管道指管内底。

13. 本说明和设计图纸具有同等效力，两者均应遵守。若二者有矛盾时，甲方及施工单位应及时提出，并以设计单位解释为准。

14. 除本计说明外，还应遵守《建筑给水排水及采暖工程施工质量验收规范》GB 50242—2002。

给水排水专业图例

序号	图例	名称	备注	
1	——F——	排水管道	PVC 管 安装详见 05S1	
2	——J——	给水管	PPR 管 安装详见 05S1	
3	——Z——	中水管	PPR 管 安装详见 05S1	
4	[截止阀符号]	截止阀	2 个	
5	[止回阀符号]	止回阀	1 个	
6	[水表符号]	水表	旋翼式	2 个
7	[洗脸盆符号]	洗脸盆安装	安装详见 05S1/29	
8	[蹲便器符号]	蹲便器	安装详见 05S1/132	
9	▲MF/ABC3X2 3kg装2具/点	干粉（磷酸铵盐）灭火器（手提式）	2 具	
10	W/1 J/1 Z/1	排水/给水/中水出户管		
11	- - - - - -	检漏管沟	安装详见 02G04	

给水排水施工图设计说明						编号	水施-01
审核		校对		设计		页	1/2

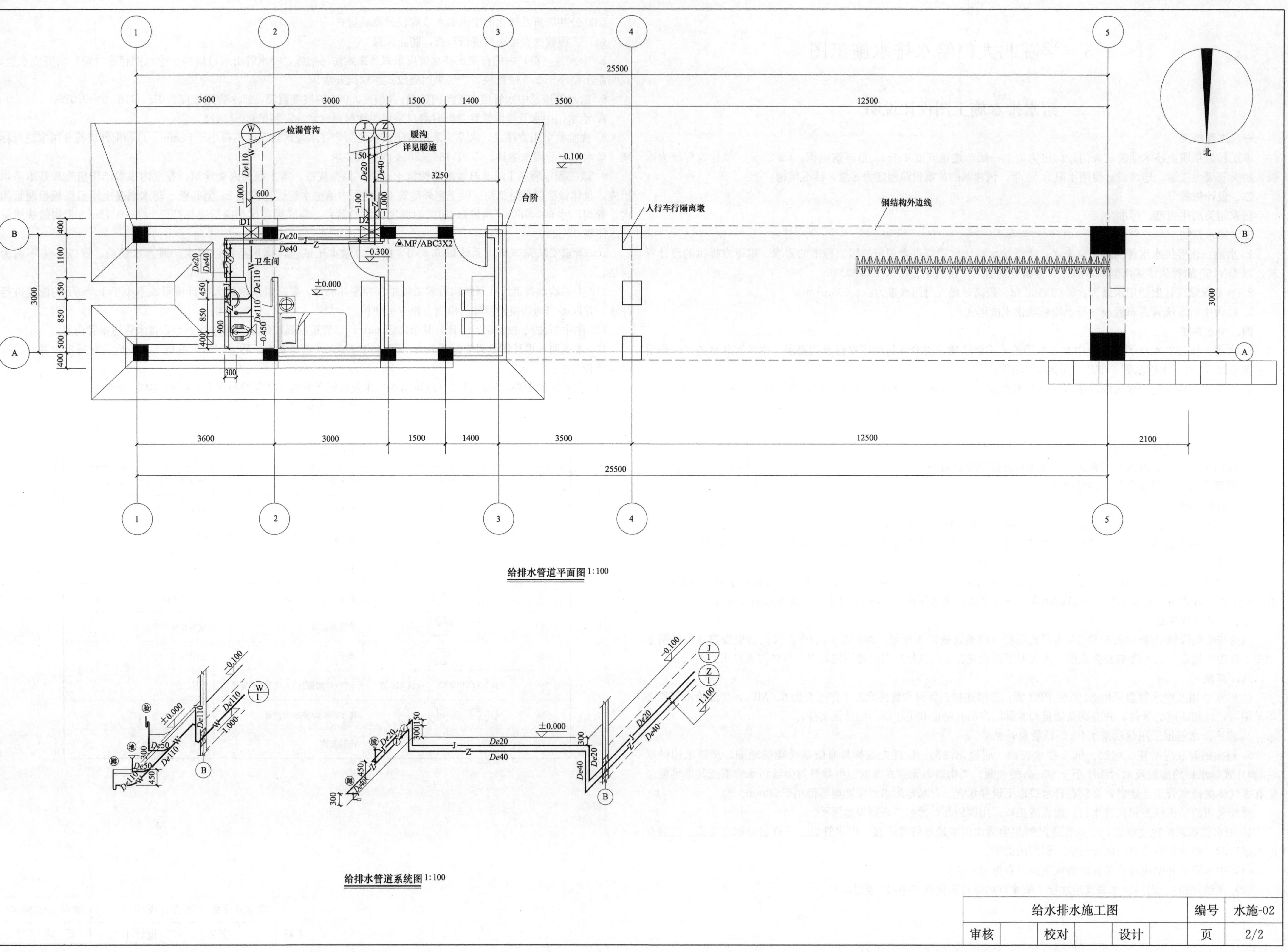

给水排水施工图						编号	水施-02
审核		校对		设计		页	2/2

1.4　学院北大门暖通施工图

暖通设计与施工说明

一、工程概要

1. 本工程为某职业技术学院北大门，建筑面积：58.29m²，其中采暖面积 19.57m²，门卫室 17.36m²。

2. 设计依据

国家有关的现行的设计规范以及有关的设计资料。

3. 设计原则及范围：本工程的采暖系统设计。

二、室外、室内设计参数

1. 室外设计参数（××地区）

冬季采暖室外计算温度：$t_w=-11$℃

冬季室外平均风速：$v=2.6$m/s

2. 室内设计参数

室内温度参数见下表：

房间	冬季室内温度(℃)	房间	冬季室内温度(℃)
门卫室	20℃	卫生间	16℃

三、采暖设计参数

1. 每个分集水器均须安装保护罩；分集水器每个环路均设置手动流量调节阀，以达到分室调节。

2. 采暖供回水管道应设保温层，保温材料采用离心玻璃棉管壳，管径≤DN50，保温厚度为 50mm，保温层外设玻璃丝布保护层，做法见 05S8。

四、热源及热负荷

1. 本工程采暖总热负荷为 0.979kW，热负荷指标为 51.3W/m²，负荷计算地面按水泥地砖考虑。

2. 采暖热源设计：本工程热媒由区域换热站提供，热媒供回水温度为 55/45℃低温热水。

五、采暖系统设计

1. 本建筑采暖系统定压由换热站解决。采暖系统热负荷为 1.675kW，系统阻力为 34.623kPa。

2. 本工程采暖系统采用热水低温地板辐射采暖系统，采暖主干管采用下供下回双管异程式系统。

3. 室内地板辐射采暖系统

（1）立管在每层引出供、回水管至各分集水器。

（2）室内加热盘管选用 PE—Xc（耐热交联聚乙烯），室内埋地管管径为 De20×2.0。

（3）加热盘管的内外表面应光滑，平整，干净，不应有可能影响产品性能的明显划痕，凹陷，气泡等缺陷。

（4）安装加热盘管时，应保持平直，其间距的安装误差不应大于 10mm，管道的弯曲半径不宜小于 6 倍管外径，加热盘管弯头两端宜设置固定卡，加热盘管固定点的间距宜为 0.5～0.7m，弯曲管段固定点间距宜为 0.3m。

（5）在分集水器附近及其他局部加热盘管排列比较密集的部位，当管道间距小于 100mm 时，加热盘管外部应采取柔性套管等措施，管道安装密集区域管道上方应加装隔热板隔热。

（6）加热盘管出地面至分集水器连接处，弯管部分不宜露出地面装饰层，加热盘管出地面至分集水器下部球阀接口之间的明装管段，外部应加装塑料套管，套管应高出装饰面 150～200mm。

（7）加热盘管的环路布置不宜穿越填充层内的伸缩缝，必须穿越时，伸缩缝处应设长度不小于 200mm 的柔性套管，埋于填充层内的加热盘管不应有接头。

六、采暖管道及附件

1. 室内埋地采暖管道采用 PE-Xc 管（耐热交联聚乙烯），PE-Xc 管应符合《地面辐射供暖技术规程》JCJ 142—2004 附录 B 的要求，达到使用条件级别 4 级。埋地采暖管道需满足工作压力 0.8MPa，使用温度为 55℃条件下，使用年限为 50 年。其余采暖管道采用热镀锌钢管，以公称直径标注。

2. 所有管道安装前应仔细清除管道内外表面的锈质，污物及铁屑，阀门附件安装前应进行清洗，经试压合格后方可安装，保温或油漆。

3. 施工图中未注明的阀门，按以下规定选用：

（1）采暖系统管道上的阀门为 DN≤450mm 采用截止阀或闸阀。

（2）放水、放气管及压力表接管上的阀门为旋塞阀，共用立管最高点及最低点的排气，泄水管径均为 DN20。

（3）采暖入口装置中粗过滤器为 20 目，细过滤器为 60 目，分集水器前过滤器为 60 目。

4. 采暖管道连接：

（1）热镀锌钢管 DN<80 采用螺纹连接；DN>80 采用法兰连接。采暖管道转弯处要揻弯，其半径不得小于管道公称直径的四倍。采暖管道穿墙楼板时应加套管，套管应比管道外径大 6～8mm，套管穿墙时与墙饰面平，安装在楼板内的套管，其顶部应高出地面 20mm，安装在卫生间及厨房内的套管，其顶部应高出装饰面 50mm，底部与楼板底面相平。管道接口不得设在套管内，套管与管道之间的缝隙用防火材料封堵，镀锌钢管套丝扣时破坏的镀锌层表面及外露螺纹部分的防腐处理。

（2）塑料管与钢管连接采用卡套式专用管件连接，连接件本体为锻造黄铜。

5. 试验压力

（1）户内地板辐射采暖系统的试验压力应在填充层隐蔽前和填充层养护期满后进行两次；水压试验应以每组分集水器为单位，逐回路进行。户内采暖系统在管道隐蔽前进行水压试验，试验压力为 0.90MPa，稳压 1h 内压力降不大于 0.05MPa，不渗不漏为合格，合格后进行充水隐蔽，充水压力为 0.6MPa。填充层养护过程中，系统水压不应低于 0.4MPa。

（2）采暖系统安装完毕，管道保温之前应进行水压试验，在系统最低点做水压试验，试验压力 0.90MPa。稳压 1h 内压力降不大于 0.05MPa，不渗不漏，然后降压至 0.60MPa，稳压 2h，压力降不大于 0.03MPa，同时各连接处不渗不漏，则为合格。

（3）系统试压合格后，应对管道进行全面冲洗并清扫过滤器，系统冲洗完毕应冲水、加热，进行试运行和调试。

（4）冲洗时，将其他阀门全部开启，并打开回水管末端的排污管堵，然后再进行清洗，直到将污浊物冲净为止。

（5）加热盘管下部的绝热板采用聚苯乙烯泡沫塑料，导热系数≤0.041W/(m²·K)，表观密度应≥20kg/m³ 吸水率应≤4%。

6. 管道，设备，容器的涂漆，如设计无特殊要求应符合下列规定：

（1）明装的支架，阀门等涂一遍防锈漆，二遍白瓷漆。

（2）暗装的设备，容器等涂二遍防锈漆。

7. 地面辐射供暖工程施工过程中，严禁人员踩踏加热管。

8. 在加热管的铺设区内，严禁穿凿，钻孔或进行射钉作业。

9. 地面辐射供暖系统未经调试，严禁运行使用。

10. 地暖管初始加热时，热水升温应平缓，供水温度应控制在比当时环境温度高 10℃左右，且不应高于 32℃；并应连续运行 48h；以后每隔 24h 水温升高 3℃，直至达到设计供水温度，在此温度下应对每组分集水器连接的加热盘管逐路进行调节，直至达到设计要求。

七、采暖入口做法

1. 为达到建筑节能可调节的要求，本建筑热力入口采用带热量表的入口装置，安装详见热力入口大样图，采暖管道穿越建筑物外墙处设刚性防水套管，作法详见 05N1/P207。

2. 建筑入口热表选用超声波流量计，按设计流量的 80%选择。

八、其他

1. 采暖供、回水管道横管坡度不小于 0.003。

2. 图中圆形风管及水管标高均为中心标高，矩形风管标高均为管底标高。

3. 采暖管沟为 1m 宽，1m 长，1.2m 深。

暖通设计与施工说明						编号	暖施-01
审核		校对		设计		页	1/2

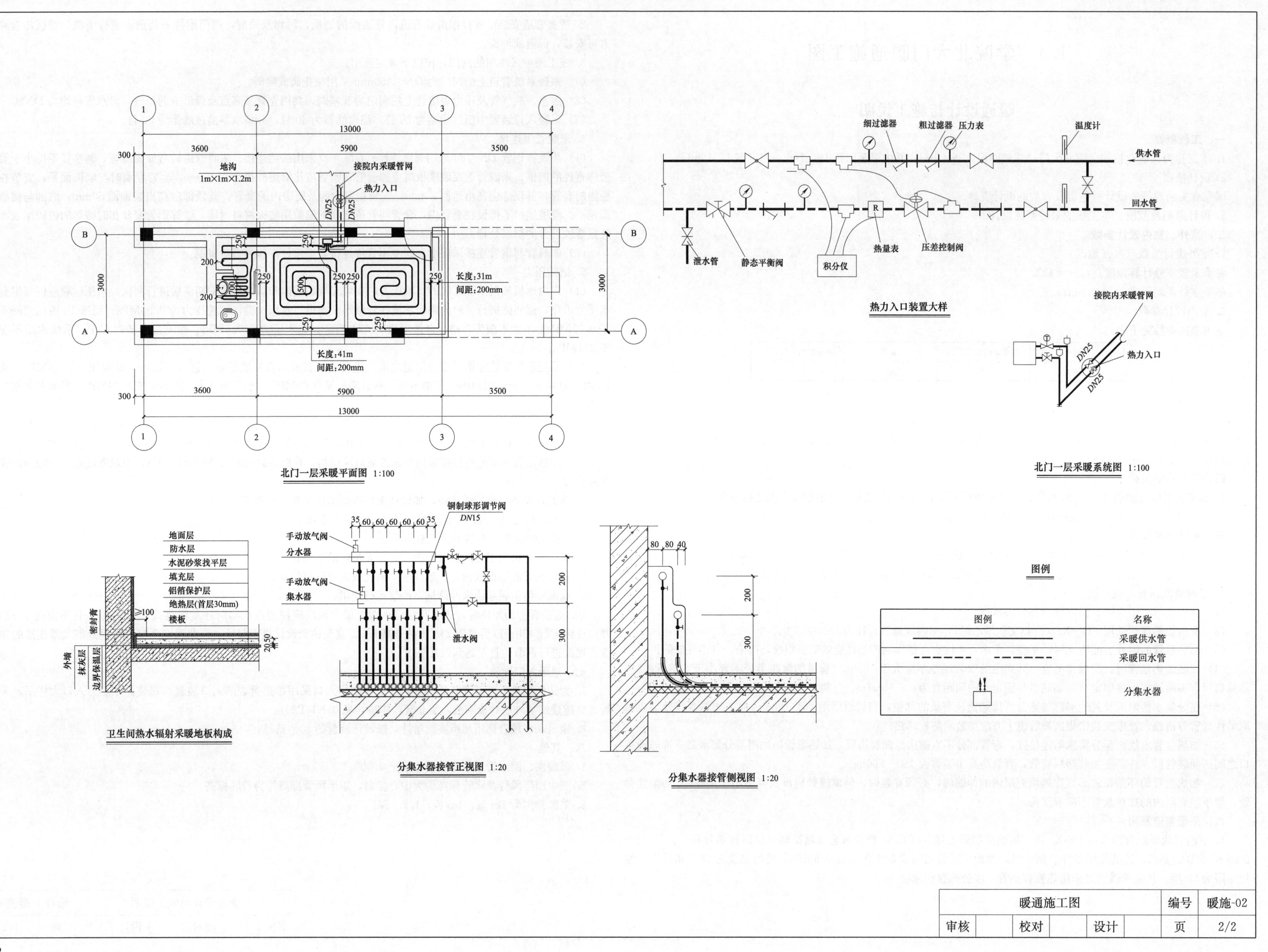

图例

图例	名称
——	采暖供水管
- - -	采暖回水管
	分集水器

暖通施工图				编号	暖施-02
审核	校对	设计		页	2/2

1.5　学院北大门电气施工图

电气设计说明

一、设计依据

1. 建筑概况：本工程为某职业技术学院北大门。结构形式：大门主体为钢筋混凝土框架结构。耐火等级：二级。抗震设防烈度：8度。建筑面积：58.29m^2。
2. 各市政主管部门对初步设计的审批意见。
3. 建设单位提供的设计任务书及设计要求。
4. 国家有关的现行的设计规范以及有关的设计资料。

二、设计范围

1. 本工程设计包括红线内的以下电气系统
(1) 220/380V 配电系统，接地系统及安全措施；
(2) 弱电系统：网络电话系统。
2. 本工程电源进建筑物的位置及过墙套管由本设计提供。
3. 所有进线管路位置在施工前应与总图位置核对。

三、220/380V 配电系统

1. 本工程供电等级为三级。
2. 供电电源：由室外引来一路电源。
3. 照明配电：照明，插座由不同的支路供电：所有插座回路为安全型并设漏电断路器保护。所有灯具均为为节能型灯具，所用荧光灯及镇流器为节能型。

四、设备安装

1. 设置配电箱一台，底边距地 1.4m 嵌墙暗装。
2. 电动伸缩门由自动伸缩门生产厂家配套提供，本工程仅作预留电源。
3. 除注明外，开关，插座分别距地 1.4m，0.3m 暗装。所有插座均为二加三安全型插座。
4. 开关，插座和照明灯具靠近可燃物应采取隔热，散热等防火保护措施。
5. 本工程自动起落杠控制箱以及接线盒随自动起落杠成套供应。
6. 30mA 为防止人身电击伤害设置的漏电保护器其动作时间不大于 0.1s。

五、导线选择及敷设

1. 电源进线由上一级配电开关确定，本设计预留进线套管，导线选型只作参考。进线电缆采用 YJV22-1kV（工作温度为 90℃）铠装交联电缆，穿管引入室内。
2. 照明线路选用 BV-450V 聚氯乙烯绝缘铜芯导线，穿 SC 管埋地、墙暗敷。

六、接地及安全措施

1. 本工程接地形式采用 TN-C-S 系统，电源在进户处做重复接地，并与接地、电气设备的保护接地共用接地极。要求接地电阻不大于 10 欧姆。
2. 接地极优先利用建筑物基础钢筋，实测不满足要求时，增设人工接地极。
3. 凡正常不带电，而当绝缘破坏有可能呈现电压的一切电气设备金属外壳均应可靠接地。
4. 本工程采用总等电位联结，总等电位板由紫铜板制成，应将建筑物内保护干线、设备进线总管等进行联结，总等电位联结线采用 40×4 镀锌扁钢，总等电位联结均应采用等电位卡子，禁止在金属管道上焊接。具体做法参见国标图集《等电位联结安装》02D-501-2。
5. 过电压保护：在电源总配电柜内装第一级电涌保护器（SPD）。

七、有线电视系统、电话、网络系统

1. 数据网线及电话线由校区弱电机房埋地引来。
2. 计算机插座选用 RJ45 六类型，与网线匹配，底边距地 0.3m 暗装；电话插座底边距地 0.3m。
3. 数据网线及电话线选用 RVS-2（2×0.5），穿 SC20 管。管线均沿墙暗敷。

八、其他

1. 凡与施工有关而未说明之处，参照国标图集和《建筑电气通用图集》05D 施工，或与设计院协商解决。
2. 电气施工中应及时与土建专业配合，做好电气管线和各类电气设备固定构件的预埋工作；同时，可现场调整电气预留孔洞的位置尺寸，以方便电气施工安装。
3. 本工程所选设备，材料，必须具有国家级检测部门的测试合格证书；供电产品应具有入网许可证。
4. 所有设备确定厂家后均需建设、施工、设计、监理四方进行技术交底。

材料表

序号	图例	名　称	规　格	单位	数量	备注
1	▬	照明配电箱		台	1	见系统图
2	MEB	总等电位端子箱		台	1	底边距地 0.5m 明装
3	◛	天棚灯	1×22W	盏	1	
4	⊗	普通灯	E27 灯，250V	盏	2	预留灯口
5	⊙	防水防尘灯	1×22W	盏	1	吸顶
6		安全型二十三极暗装插座	250V10A	个	3	底边距地 0.3m
7		开关	250V10A	个	2	底边距地 1.4m
8		双联单控开关	250V10A	个	1	底边距地 1.4m
9	TP	电话插座		个	1	底边距地 0.3m
10	TO	信息出线口		个	1	底边距地 0.3m

注：材料表中设备数量仅供参考，具体详预算，箱体尺寸仅为参考，不作为订货依据，具体尺寸及面板布置待定货时与生产厂家协商。

电气设计说明						编号	电施-01
审核		校对		设计		页	1/2

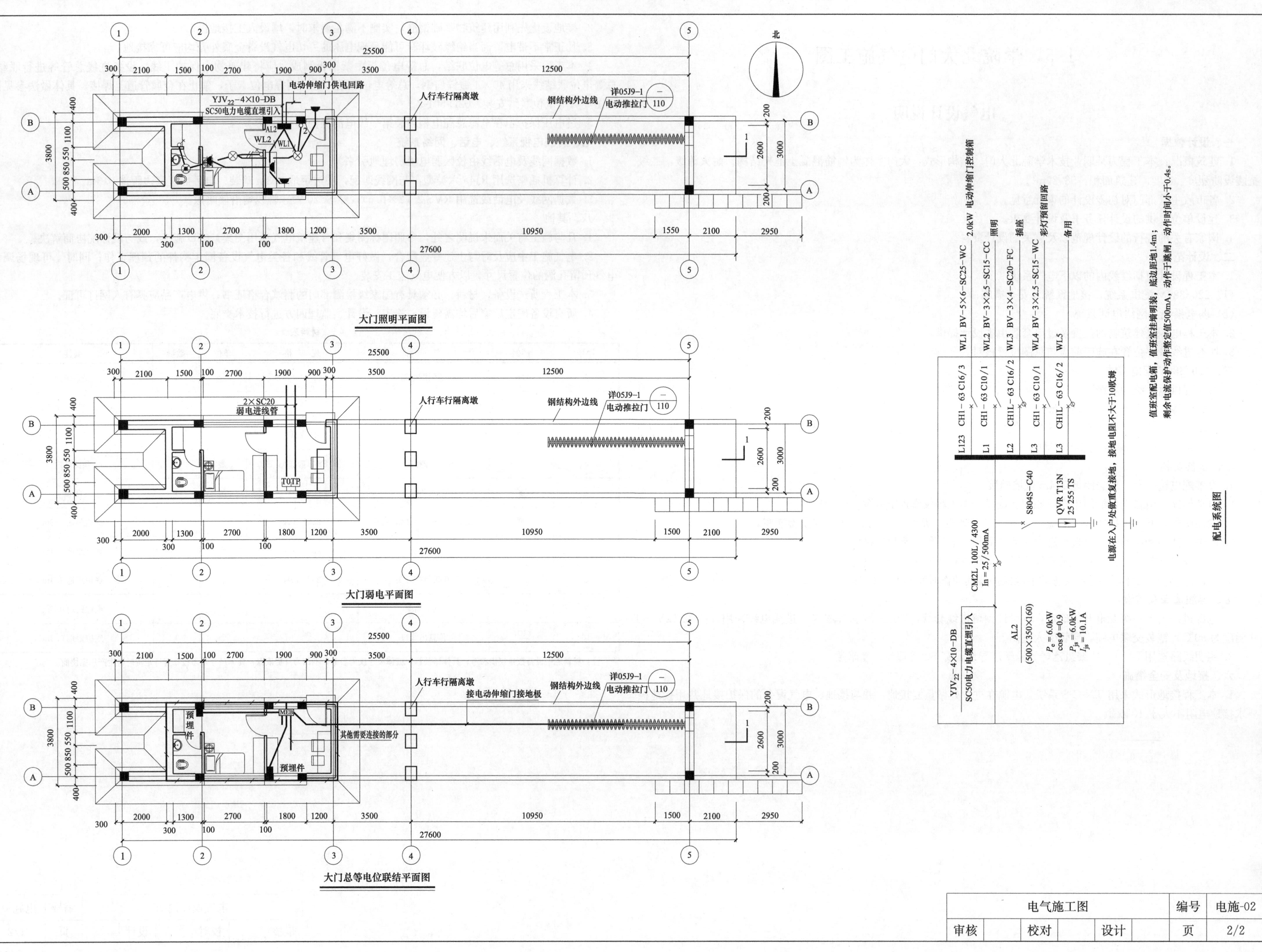

YJV22-4×10-DB
SC50电力电缆直埋引入
电动伸缩门供电回路
AL2
WL2
WL1
人行车行隔离墩
钢结构外边线
详05J9-1
电动推拉门
北
大门照明平面图
2×SC20
弱电进线管
TO TP
大门弱电平面图
接电动伸缩门接地极
预埋件
MEB
其他需要连接的部分
大门总等电位联结平面图
YJV22-4×10-DB
SC50电力电缆直埋引入
CM2L 100L/4300
In=25/500mA
AL2
(500×350×160)
Pe=6.0kW
cosφ=0.9
Pjs=6.0kW
Ijs=10.1A
S804S-C40
QVR T13N
25 255 TS
L123 CH1-63 C16/3 WL1 BV-5×6-SC25-WC 2.0kW 电动伸缩门控制箱
L1 CH1-63 C10/1 WL2 BV-3×2.5-SC15-CC 照明
L2 CH1L-63 C16/2 WL3 BV-3×4-SC20-FC 插座
L3 CH1-63 C10/1 WL4 BV-3×2.5-SC15-WC 彩灯预留回路
L3 CH1L-63 C16/2 WL5 备用
电源在入户处做重复接地，接地电阻不大于10欧姆
值班室配电箱，值班室挂墙明装，底边距地1.4m；
剩余电流保护动作整定值500mA，动作于跳闸，动作时间小于0.4s。
配电系统图
电气施工图
编号 电施-02
审核
校对
设计
页 2/2

2　某游泳池工程

游泳池附属用房

建筑、结构、给水排水、电气施工图

2.1 游泳池附属用房建筑施工图

建筑设计说明

一、设计依据

1. 甲方提供的设计条件及规划用地红线。

2. 国家现行建筑设计规范及规定。

二、工程概况

1. 本项目名称为××游泳池工程。

2. 本工程为框架结构，游泳池附属用房建筑面积：413.4m²，观众席（340 席），标准游泳池建筑面积：1250m²。

3. 本工程室内外高差为 0.300m，建筑总高 15.000m²，主体部分层数为 1 层，部分 4 层。

4. 本建筑物相对标高±0.000 与所对应的绝对标高（暂定 485.97m）最终由规划部门确定。

5. 本工程根据项目复杂程度为体育建筑丙级，耐火等级为二级，主体结构合理使用年限 50 年。

6. 本工程位于××内，具体位置见总平面位置图，抗震设防烈度为 8 度。

三、设计范围

本设计仅包括单体建筑、结构、给水排水，电气专业的设计。内装需进行二次设计的，由业主另行委托。

四、设计要求

1. 施工图中除应按照设计文件进行外还必须严格遵照国家颁发的各项现行施工和验收规范。

2. 图中平屋面、坡屋面标高均指结构面标高。

3. 图中注明由用户自理部分由建设方委托专业公司进行二装并应符合相应规范要求。

4. 施工中若有更改设计处，必须通过设计单位同意后方可进行修改，不得任意更改设计。

5. 施工中若发现图纸中有矛盾处或其他未尽事宜，应及时召集设计、建设、施工、监理单位现场协商解决。

五、砌体工程

1. 本工程墙体为页岩空心砖墙（未注明厚度 200 厚）。砌体及砂浆强度等级详结施。

2. 墙身防潮层：在室内地坪下 60 处做 20 厚 1：2 水泥砂浆内加 4%防水剂防潮层（在此标高为钢筋混凝土构造时，可不做）。

3. 在土建施工中各专业工种应及时配合敷设管道，减少事后打洞。

六、楼地面

1. 地面有积水的卫生间沿周边墙体作（120×120）C20 细石混凝土止水线。

2. 卫生间排水坡向地漏或蹲便器的排水坡度为 1%，穿过楼地面的管道，地漏以及蹲便器周围 50mm 范围内坡度为 5%。

3. 卫生间，消毒池的防水层采用 SBS 改性沥青防水卷材上反墙面 1800。设备安装及防水节点参照西南 04J517 31～34 页的相关节点执行。

七、屋面工程

1. 本工程屋面防水等级：上人屋面为Ⅱ级，非上人屋面为Ⅲ级，屋面防水材料为 SBS 改性沥青防水卷材，（每道≥3mm）。

2. 雨水管均为 ϕ110 白色 PVC 雨水管，长度见立面图。雨水管、雨水斗安装应牢固，排水通畅不漏。

八、门窗工程

1. 本工程门窗按不同尺寸，用途，材质编号，详门窗统计表。

2. 本工程应由设计确定门窗框料和玻璃的规格。单扇面积大于 1.5m² 的门窗玻璃，阳台推拉门及落地窗等部位必须使用安全玻璃且必须满足《建筑玻璃应用技术规程》JGJ 113—2015 和《建筑安全玻璃管理规定》发改运行[2003] 2116 号及地方主管部门的有关规定。

3. 门窗均表示洞口尺寸，加工尺寸要按照主体结构和装修面厚度由承包商予以调整。

4. 门窗立樘：门窗立樘除图中另有注明者外，其余均为居中立樘。所有门窗洞口间隙应以沥青麻丝填塞密实，窗樘下应留出 20～30mm 的缝隙，以沥青麻丝填实，外侧留 5～8mm 深槽口，填嵌密封材料，切实防止雨水倒灌。

九、抹灰工程

1. 抹灰应先清理基层表面，用钢丝刷清除表面浮土和松散部分，填补缝隙孔洞并浇水润湿。

2. 窗台、雨棚、女儿墙压顶等突出墙面部分其顶面做 1%斜坡，下面做滴水线（详见西南 04J516～J/8），宽窄应整齐一致。

十、油漆工程

本工程金属面油性调和漆详西南 04J312-P43-3289，木制面油性调和漆详西南 04J312-P41-3278。

十一、空调工程

平面图中洞 1 直径 85mm 空调洞，洞中距楼地面 150mm；洞 2 直径 75mm 空调洞，距地 2500mm，均靠所在墙边设置。空调洞内外墙设置护套。

十二、其他

1. 所有材料施工及备案均按国家有关标准办理，外墙装饰材料及色彩需经规划部门和设计单位看样后订货。

2. 所有楼面、吊顶等的二装饰面材料和构造不得降低本工程的耐火等级，遵照《建筑内部装修设计防火规范》GB 50222—95 中相关条文执行，并不得任意添加设计规定以外的超载物。

3. 本套设计图中所有栏杆立杆净距均要求不大于 110mm，否则应采取其他防攀爬措施。

室内装修表

名　称	做　法	部　位
地面 1	300×300 防滑地砖，详西南 04J517-2/34　西南 04J312-3182b/19	卫生间　淋浴间　消毒池
地面 2	水泥砂浆地面，详西南 04J312-3103/4	设备间
地面 3	600×600 地砖地面，详西南 04J312-3180a/18	办公室　更衣室　门厅　走廊　楼梯间
楼面 1	600×600 地砖地面，详西南 04J312-3180a/18	楼梯间
楼面 2	600×600 浅色防滑地砖，做法参西南 03J201-1-2205b/17	观众席
内墙面 1	水泥混合砂浆抹灰刮仿瓷底料两遍面料一遍，做法参西南 04J515-N05/4	办公室　更衣室　楼梯间
内墙面 2	300×300 面砖墙面(加 4%防水剂)至顶棚底，做法参西南 04J515-N11/5	卫生间　淋浴间　消毒池
顶棚 1	水泥砂浆抹灰刮仿瓷底料两遍面料一遍，做法参西南 04J515-P05/12	楼梯间　办公室　设备间
顶棚 2	铝合金条板吊顶，做法参西南 04J515-P22/16	卫生间　淋浴间　消毒池
踢脚	棕色地砖踢脚 150 高，做法详西南 04J312-3188/20	办公室　更衣室　楼梯间　卫生间　淋浴间　消毒池

建筑设计说明						编号	建施-01
审核		校对		设计		页	1/11

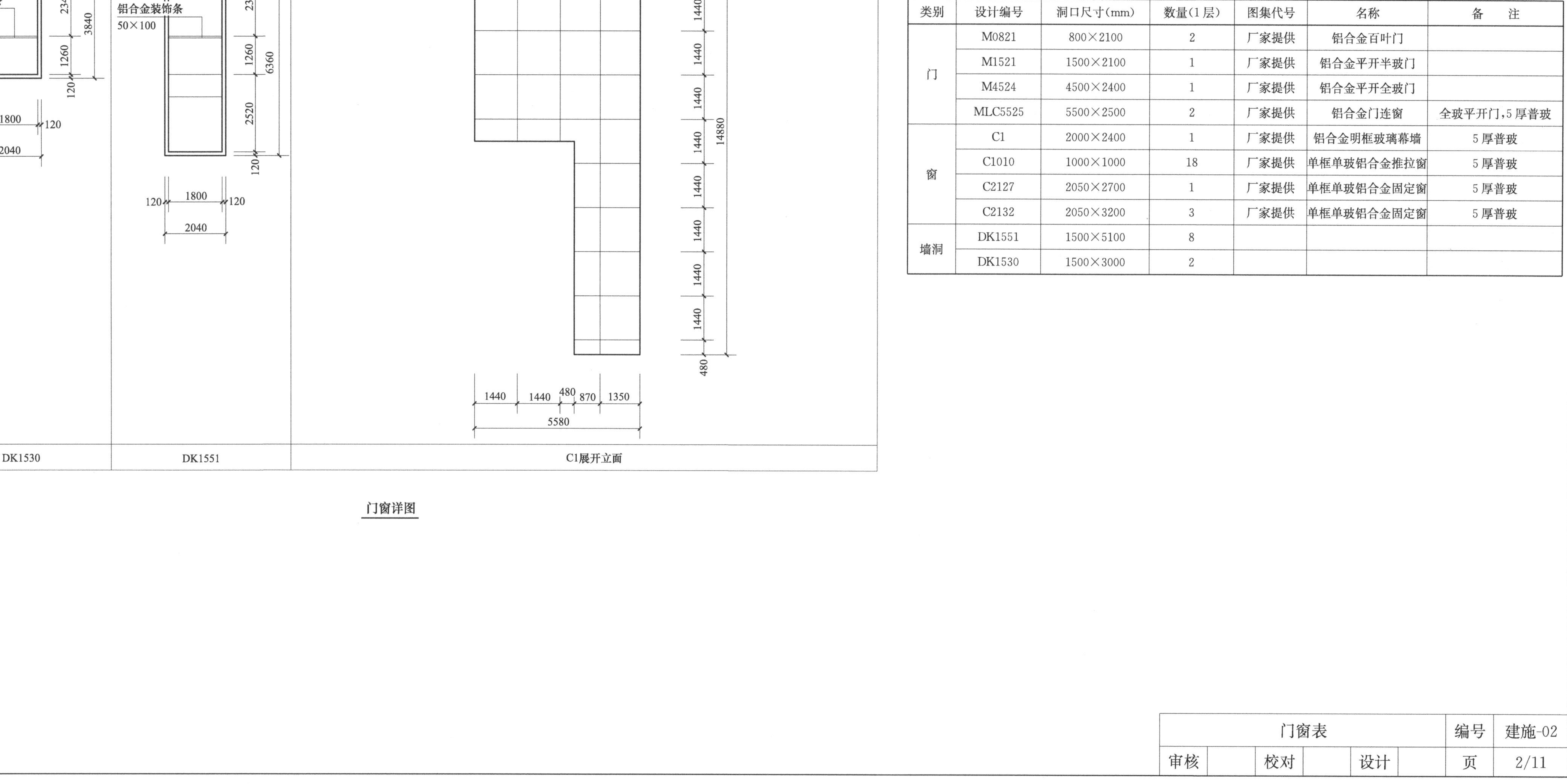

门窗详图

门窗统计表

类别	设计编号	洞口尺寸(mm)	数量(1层)	图集代号	名称	备　注
门	M0821	800×2100	2	厂家提供	铝合金百叶门	
	M1521	1500×2100	1	厂家提供	铝合金平开半玻门	
	M4524	4500×2400	1	厂家提供	铝合金平开全玻门	
	MLC5525	5500×2500	2	厂家提供	铝合金门连窗	全玻平开门,5厚普玻
窗	C1	2000×2400	1	厂家提供	铝合金明框玻璃幕墙	5厚普玻
	C1010	1000×1000	18	厂家提供	单框单玻铝合金推拉窗	5厚普玻
	C2127	2050×2700	1	厂家提供	单框单玻铝合金固定窗	5厚普玻
	C2132	2050×3200	3	厂家提供	单框单玻铝合金固定窗	5厚普玻
墙洞	DK1551	1500×5100	8			
	DK1530	1500×3000	2			

门窗表						编号	建施-02
审核		校对		设计		页	2/11

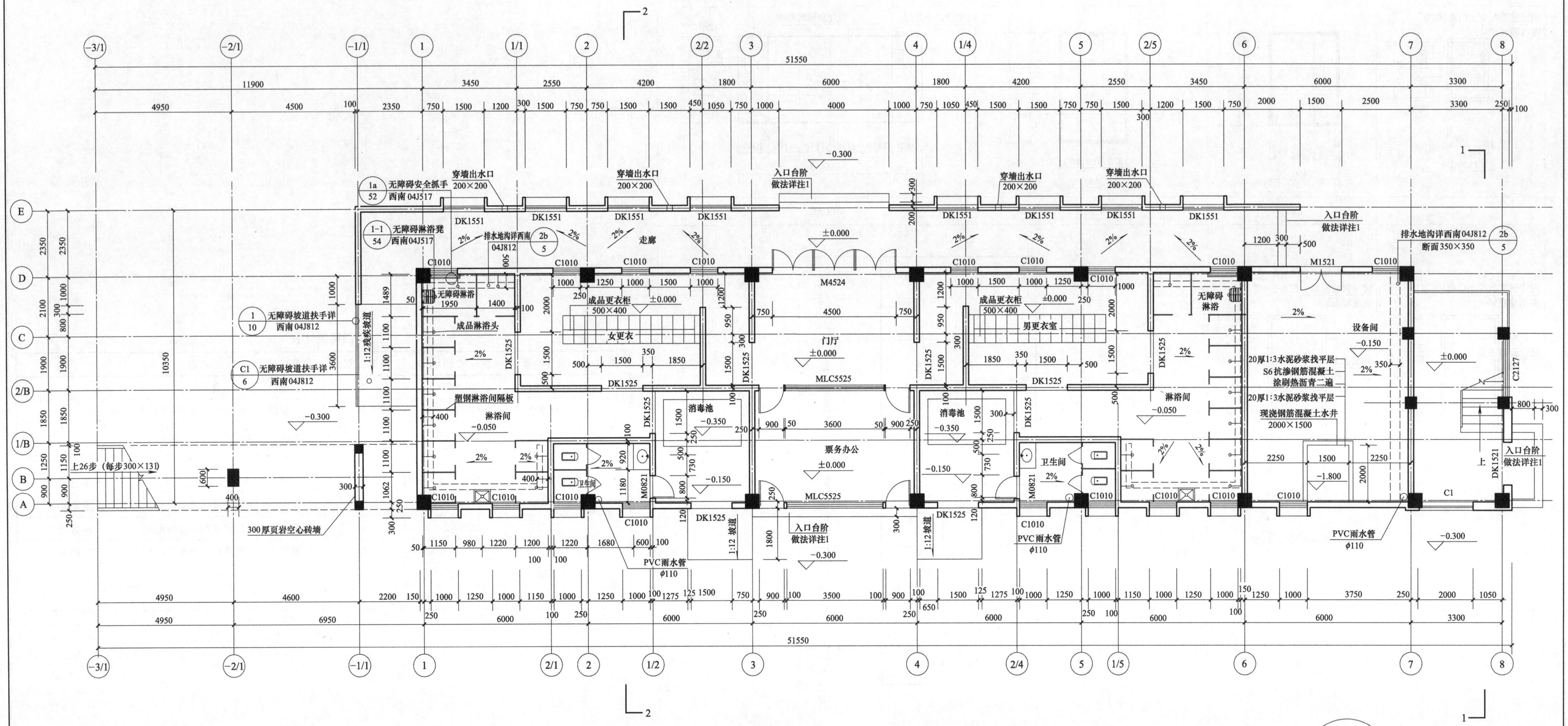

一层平面图 1:100

注1:

1. 本图中墙体为页岩空心砖砌体，未注明处200mm厚，未注明门垛均为60mm。
2. 本图中走廊、卫生间比相应楼面低0.050mm，所有走廊、卫生间1%坡向地漏。
3. 内排水管穿墙构造参96S406-穿地下室外墙/13，防水套管改为普通外管。
4. 地漏详西南04J517-34-5。
5. 雨水管详西南03J201-2-30-1，穿墙出水口详西南03J201-1-3/46。
6. 散水600宽做法详西南04J812-5/4页。
7. 排水暗沟做法详西南04J812-2a/3页。
8. 入口台阶做法详西南04J812-1c/7页。

注2:

1. 拖布池详西南04J517-50-3c。
2. 蹲便器详西南04J517-34-1。
3. 小便斗详西南04J517-39-1。
4. 单面盥洗台详西南04J517-48-2a。
5. 塑钢厕所隔板详西南04J517-42-1a。
6. 塑钢淋浴间隔板详西南04J517-46-2。
7. 淋浴头做法详西南04J517-31-1。
8. 消毒池做法参西南04J517-37-b，防水层采用SBS改性沥青防水卷材一道。
9. 男女淋浴间卫生间部分平面左右对称。

一层平面图						编号	建施-03
审核		校对		设计		页	3/11

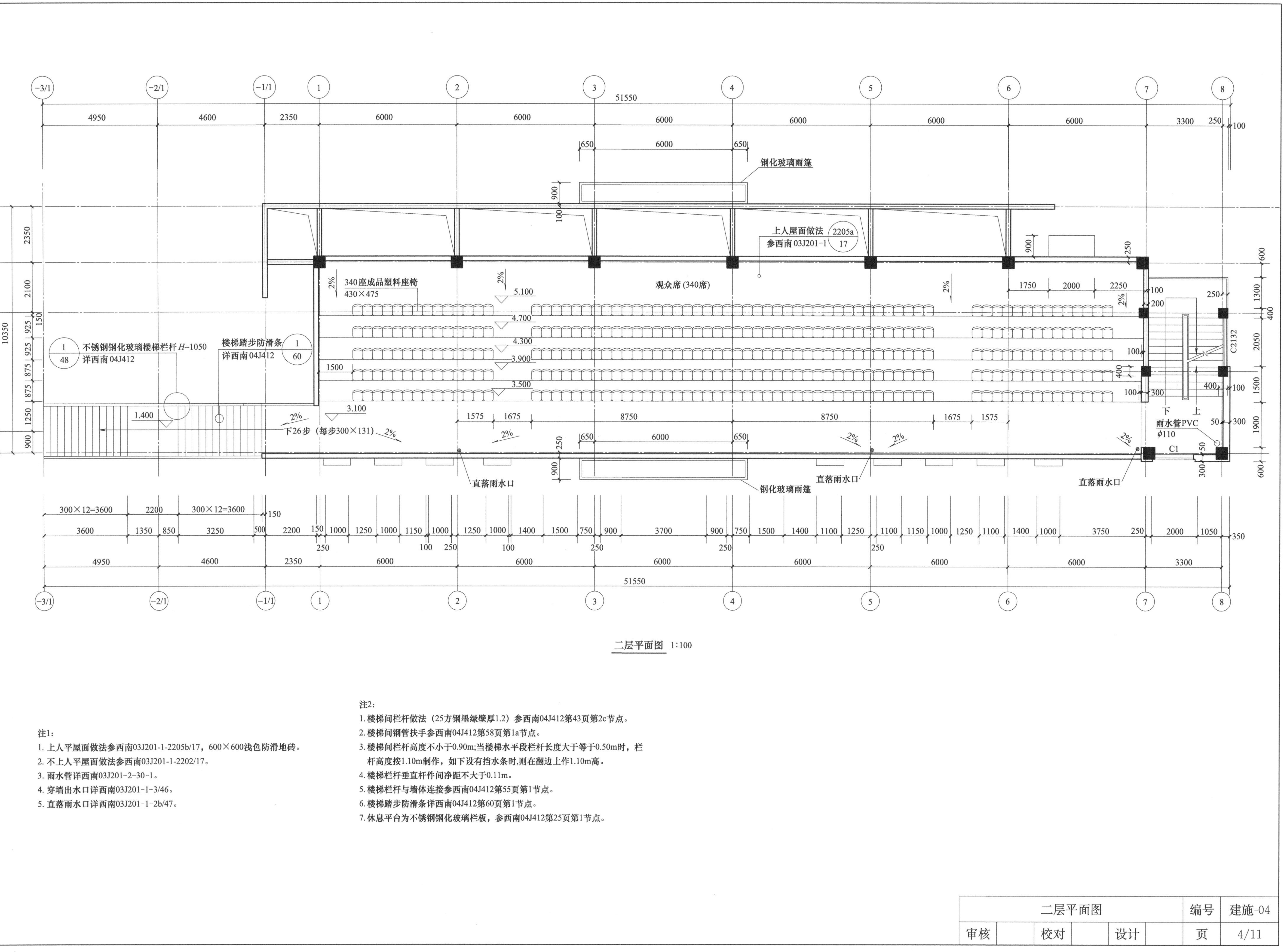

钢化玻璃雨篷
上人屋面做法
参西南03J201-1
2205a
17
观众席(340席)
340座成品塑料座椅
430×475
不锈钢钢化玻璃楼梯栏杆 H=1050
详西南04J412
1
48
楼梯踏步防滑条
详西南04J412
1
60
下26步（每步300×131）
直落雨水口
雨水管PVC
φ110
C2132
C1
下
上
二层平面图 1:100
注1:
1. 上人平屋面做法参西南03J201-1-2205b/17，600×600浅色防滑地砖。
2. 不上人平屋面做法参西南03J201-1-2202/17。
3. 雨水管详西南03J201-2-30-1。
4. 穿墙出水口详西南03J201-1-3/46。
5. 直落雨水口详西南03J201-1-2b/47。
注2:
1. 楼梯间栏杆做法（25方钢墨绿壁厚1.2）参西南04J412第43页第2c节点。
2. 楼梯间钢管扶手参西南04J412第58页第1a节点。
3. 楼梯间栏杆高度不小于0.90m;当楼梯水平段栏杆长度大于等于0.50m时，栏杆高度按1.10m制作，如下设有挡水条时,则在翻边上作1.10m高。
4. 楼梯栏杆垂直杆件间净距不大于0.11m。
5. 楼梯栏杆与墙体连接参西南04J412第55页第1节点。
6. 楼梯踏步防滑条详西南04J412第60页第1节点。
7. 休息平台为不锈钢钢化玻璃栏板，参西南04J412第25页第1节点。
二层平面图
编号
建施-04
审核
校对
设计
页
4/11

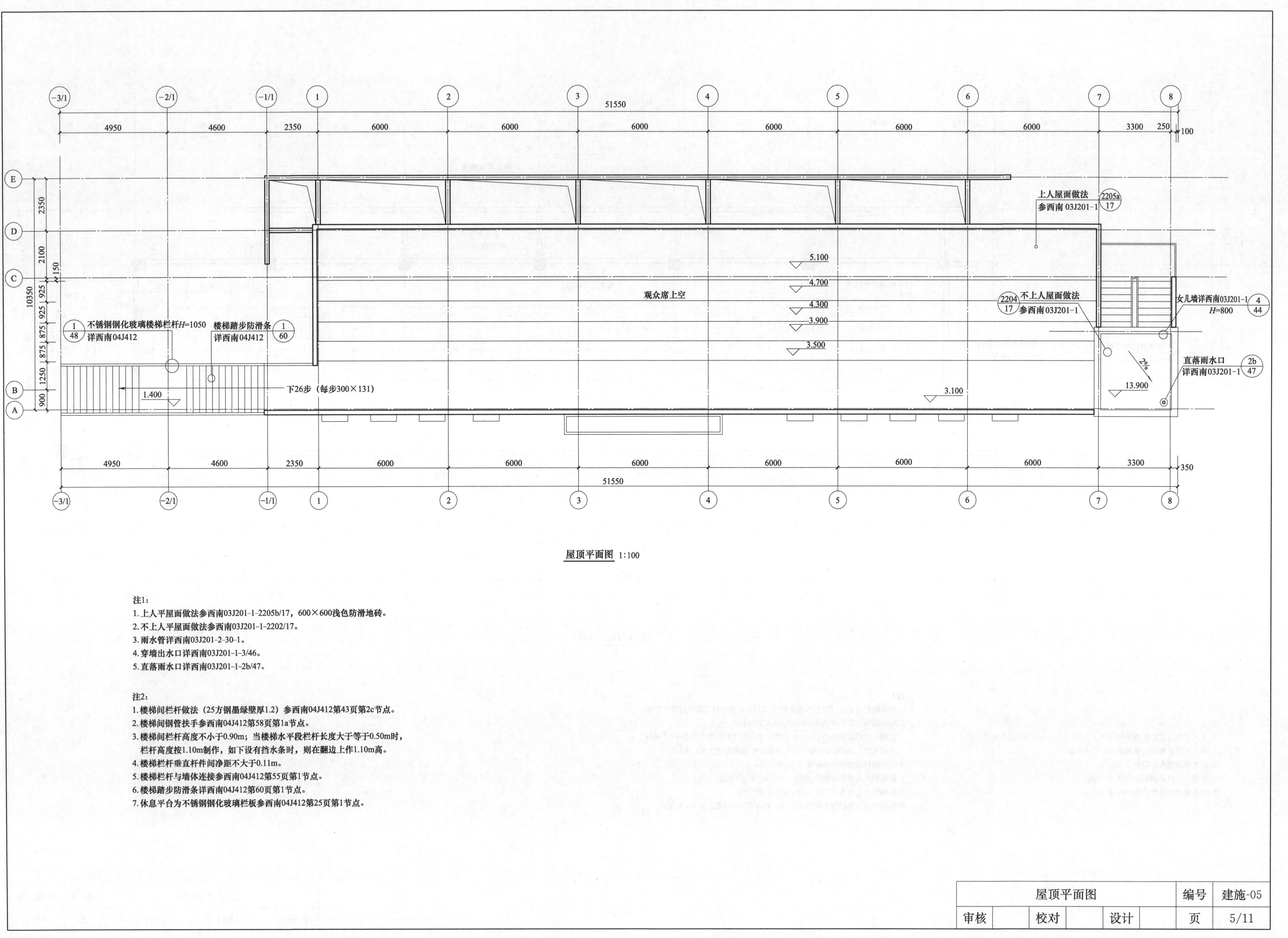

屋顶平面图 1:100

注1:

1. 上人平屋面做法参西南03J201-1-2205b/17，600×600浅色防滑地砖。
2. 不上人平屋面做法参西南03J201-1-2202/17。
3. 雨水管详西南03J201-2-30-1。
4. 穿墙出水口详西南03J201-1-3/46。
5. 直落雨水口详西南03J201-1-2b/47。

注2:

1. 楼梯间栏杆做法（25方钢墨绿壁厚1.2）参西南04J412第43页第2c节点。
2. 楼梯间钢管扶手参西南04J412第58页第1a节点。
3. 楼梯间栏杆高度不小于0.90m；当楼梯水平段栏杆长度大于等于0.50m时，栏杆高度按1.10m制作，如下设有挡水条时，则在翻边上作1.10m高。
4. 楼梯栏杆垂直杆件间净距不大于0.11m。
5. 楼梯栏杆与墙体连接参西南04J412第55页第1节点。
6. 楼梯踏步防滑条详西南04J412第60页第1节点。
7. 休息平台为不锈钢钢化玻璃栏板参西南04J412第25页第1节点。

屋顶平面图						编号	建施-05
审核		校对		设计		页	5/11

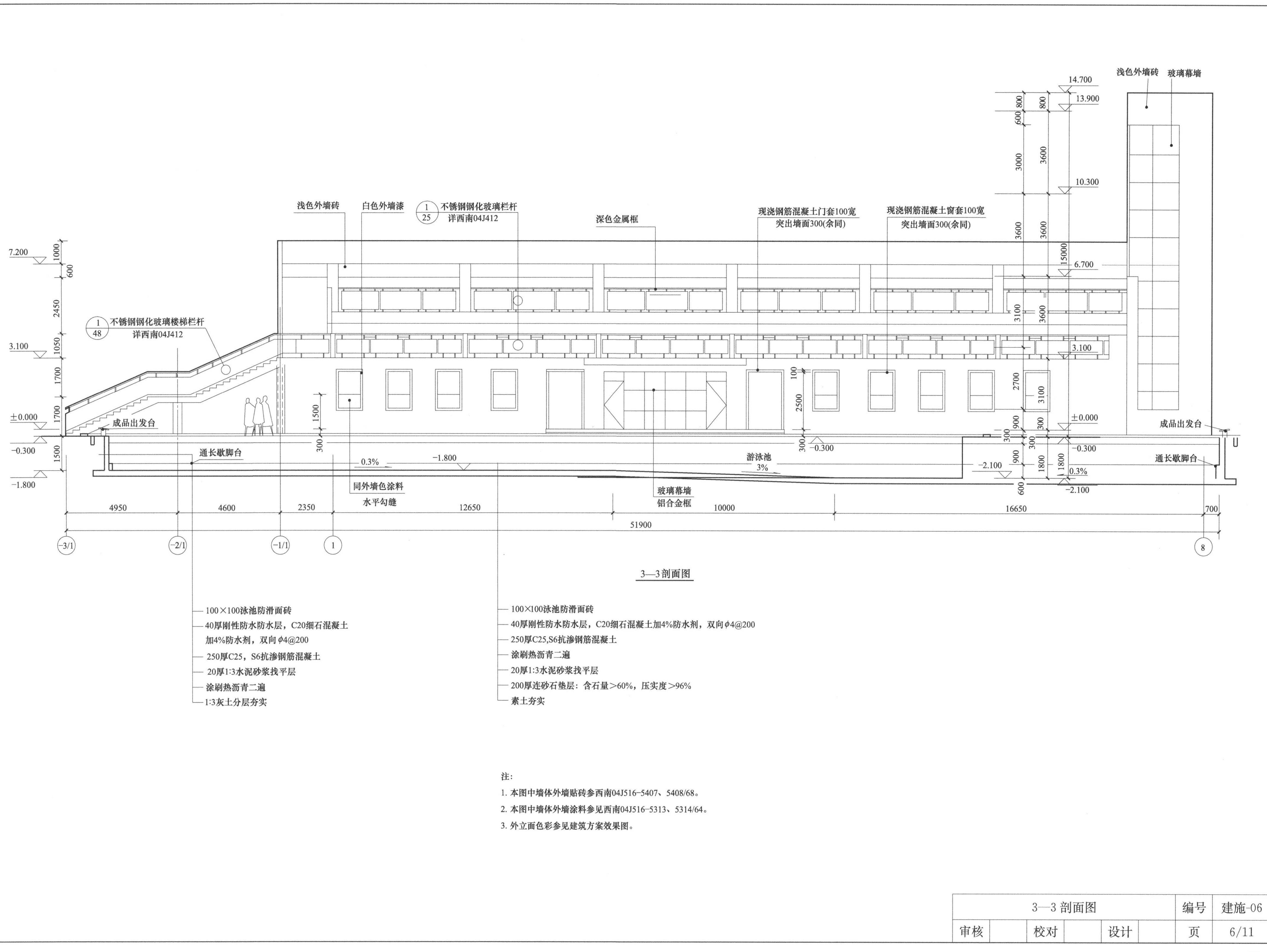

3—3剖面图

- 100×100泳池防滑面砖
- 40厚刚性防水防水层，C20细石混凝土加4%防水剂，双向φ4@200
- 250厚C25，S6抗渗钢筋混凝土
- 20厚1:3水泥砂浆找平层
- 涂刷热沥青二遍
- 1:3灰土分层夯实

- 100×100泳池防滑面砖
- 40厚刚性防水防水层，C20细石混凝土加4%防水剂，双向φ4@200
- 250厚C25,S6抗渗钢筋混凝土
- 涂刷热沥青二遍
- 20厚1:3水泥砂浆找平层
- 200厚连砂石垫层：含石量>60%，压实度>96%
- 素土夯实

注：

1. 本图中墙体外墙贴砖参西南04J516-5407、5408/68。
2. 本图中墙体外墙涂料参见西南04J516-5313、5314/64。
3. 外立面色彩参见建筑方案效果图。

3—3 剖面图				编号	建施-06
审核		校对	设计	页	6/11

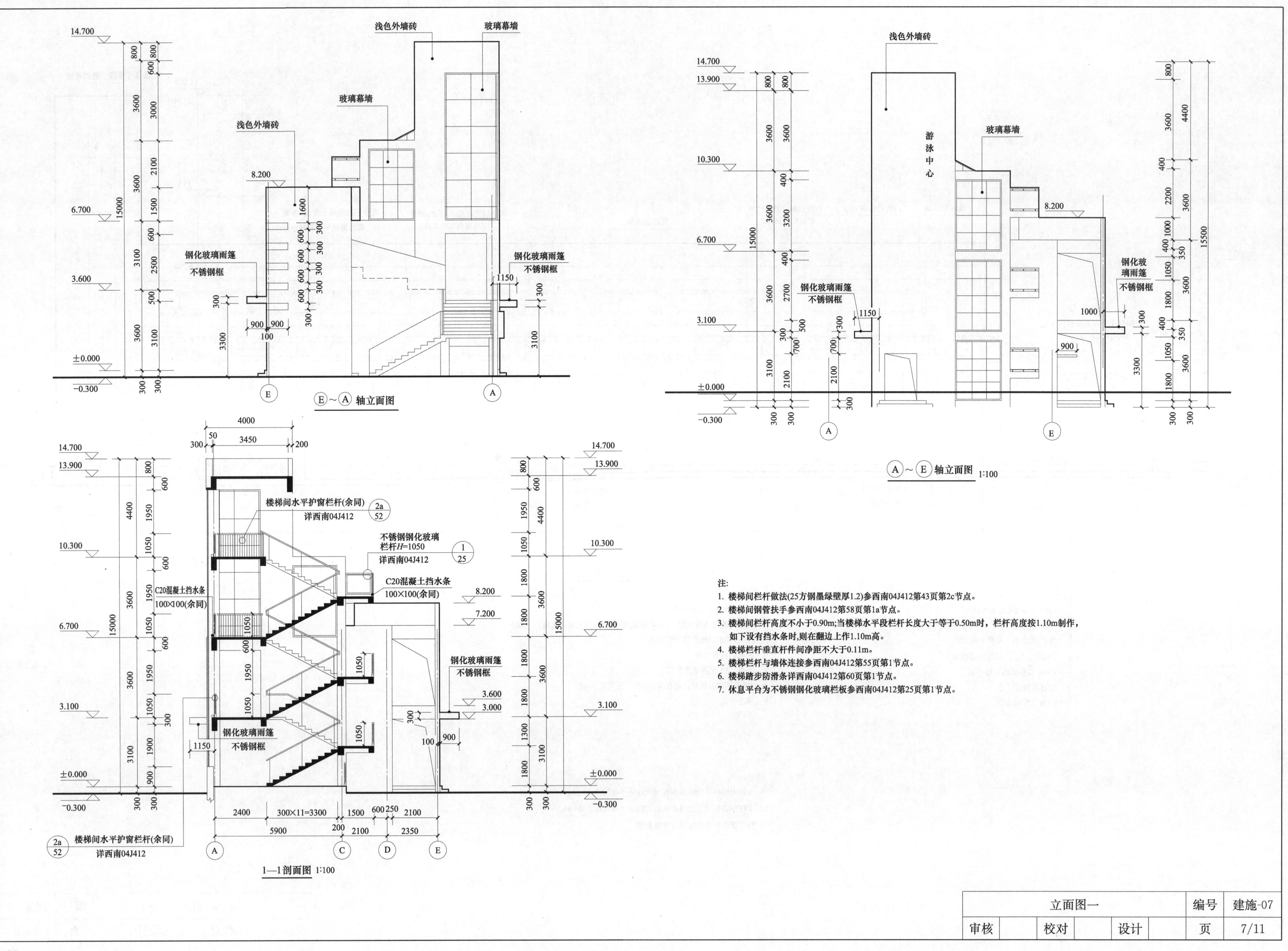

注:
1. 楼梯间栏杆做法(25方钢墨绿壁厚1.2)参西南04J412第43页第2c节点。
2. 楼梯间钢管扶手参西南04J412第58页第1a节点。
3. 楼梯间栏杆高度不小于0.90m;当楼梯水平段栏杆长度大于等于0.50m时，栏杆高度按1.10m制作，如下设有挡水条时,则在翻边上作1.10m高。
4. 楼梯栏杆垂直杆件间净距不大于0.11m。
5. 楼梯栏杆与墙体连接参西南04J412第55页第1节点。
6. 楼梯踏步防滑条详西南04J412第60页第1节点。
7. 休息平台为不锈钢钢化玻璃栏板参西南04J412第25页第1节点。

立面图一						编号	建施-07
审核		校对		设计		页	7/11

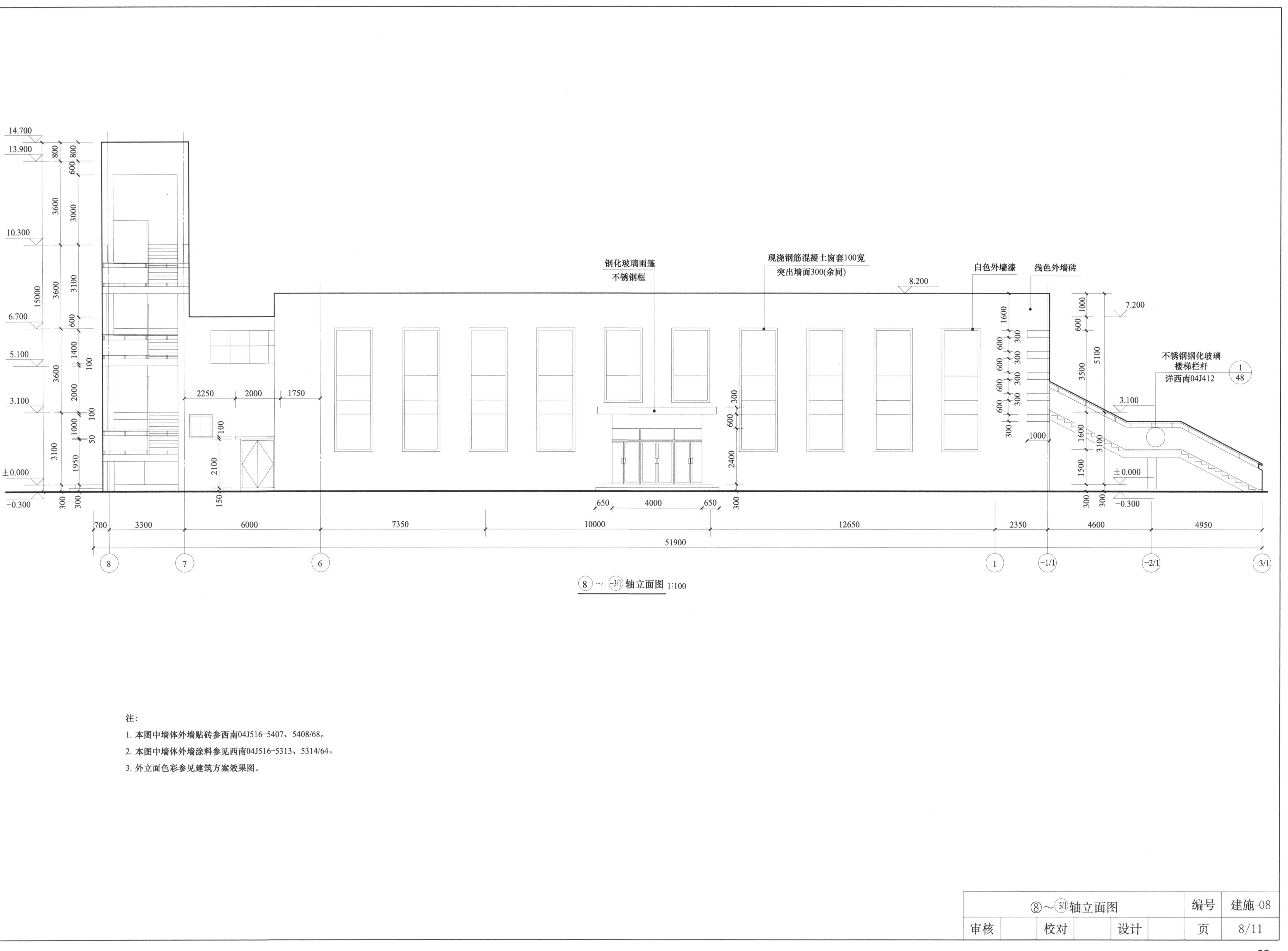

钢化玻璃雨篷
不锈钢框
现浇钢筋混凝土窗套100宽
突出墙面300(余同)
白色外墙漆
浅色外墙砖
不锈钢钢化玻璃
楼梯栏杆
详西南04J412
14.700
13.900
10.300
6.700
5.100
3.100
±0.000
-0.300
8.200
7.200
51900
8～-3/1轴立面图 1:100
注：
1. 本图中墙体外墙贴砖参西南04J516-5407、5408/68。
2. 本图中墙体外墙涂料参见西南04J516-5313、5314/64。
3. 外立面色彩参见建筑方案效果图。
8～-3/1轴立面图
编号
建施-08
审核
校对
设计
页
8/11

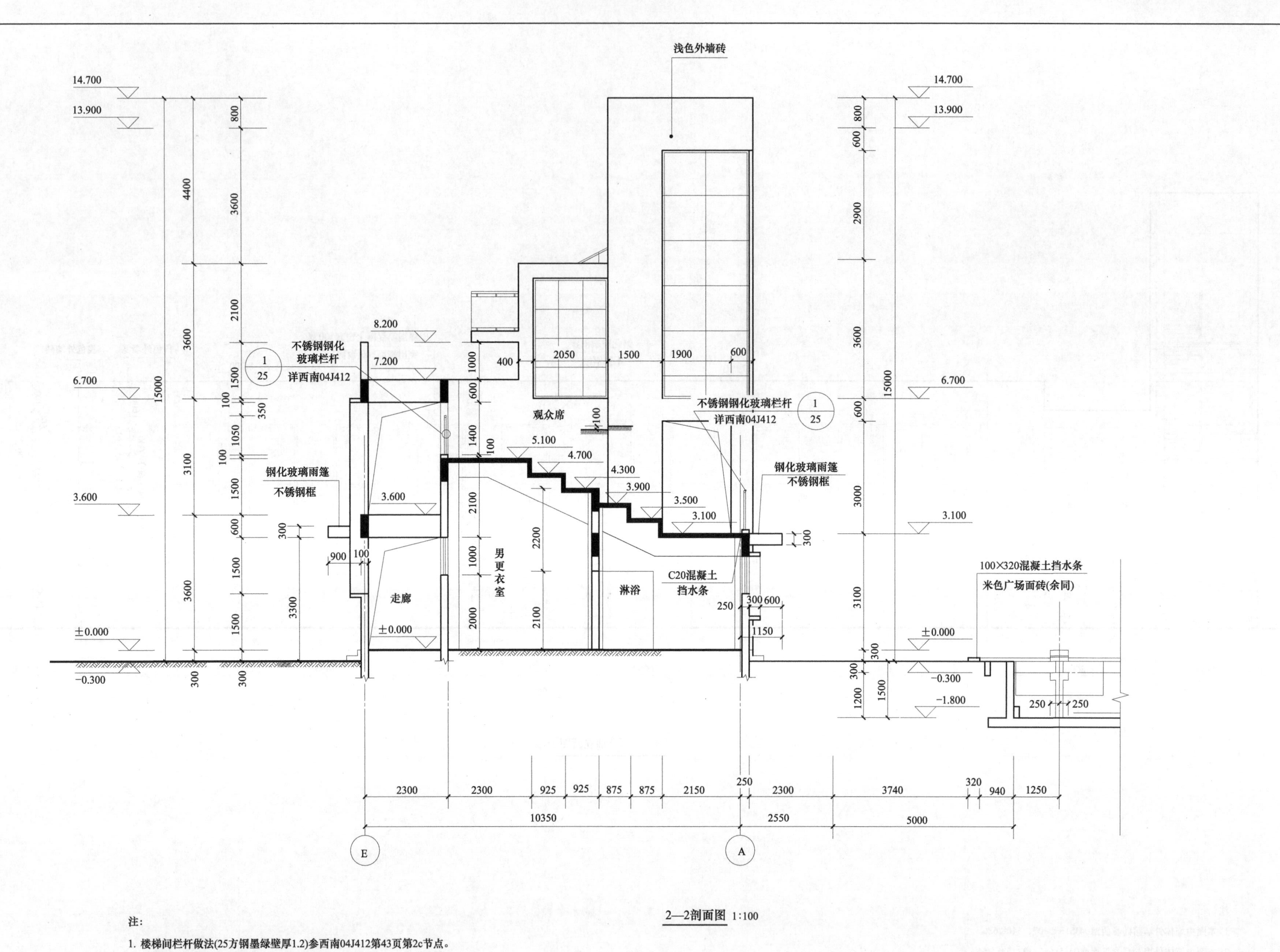

2—2剖面图 1:100

注:

1. 楼梯间栏杆做法(25方钢墨绿壁厚1.2)参西南04J412第43页第2c节点。
2. 楼梯间钢管扶手参西南04J412第58页第1a节点。
3. 楼梯间栏杆高度不小于0.90m；当楼梯水平段栏杆长度大于等于0.50m时，栏杆高度按1.10m制作，如下设有挡水条时，则在翻边上作1.10m高。
4. 楼梯栏杆垂直杆件间净距不大于0.11m。
5. 楼梯栏杆与墙体连接参西南04J412第55页第1节点。
6. 楼梯踏步防滑条详西南04J412第60页第1节点。
7. 休息平台为不锈钢钢化玻璃栏板参西南04J412第25页第1节点。

2—2 剖面图				编号	建施-09
审核		校对	设计	页	9/11

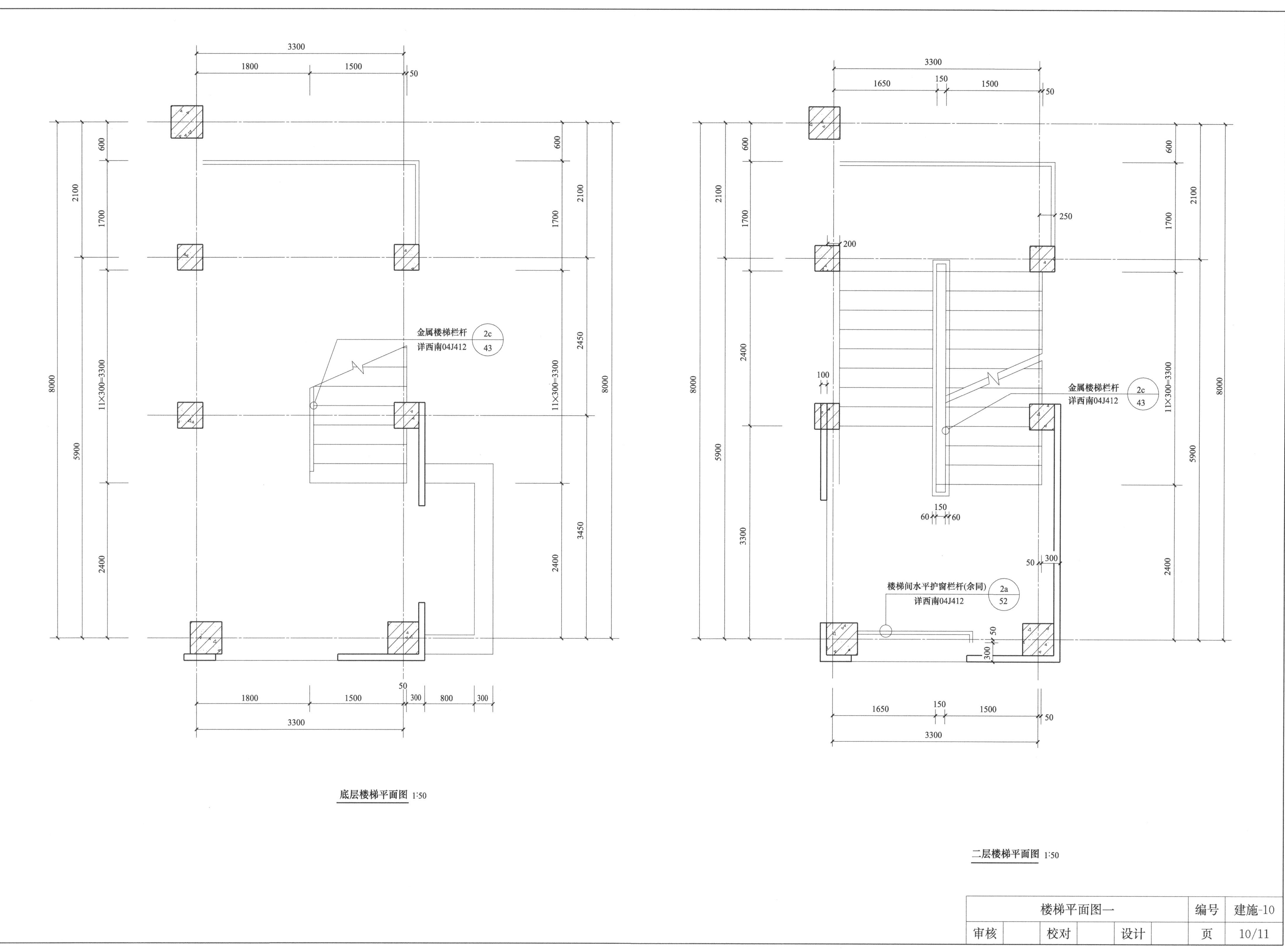
3300
1800
1500
50
600
2100
1700
11×300=3300
5900
8000
2400
2450
3450
金属楼梯栏杆
详西南04J412
2c
43
300
800
底层楼梯平面图 1:50
1650
150
250
200
100
60
楼梯间水平护窗栏杆(余同)
2a
52
二层楼梯平面图 1:50
楼梯平面图一
编号
建施-10
审核
校对
设计
页
10/11

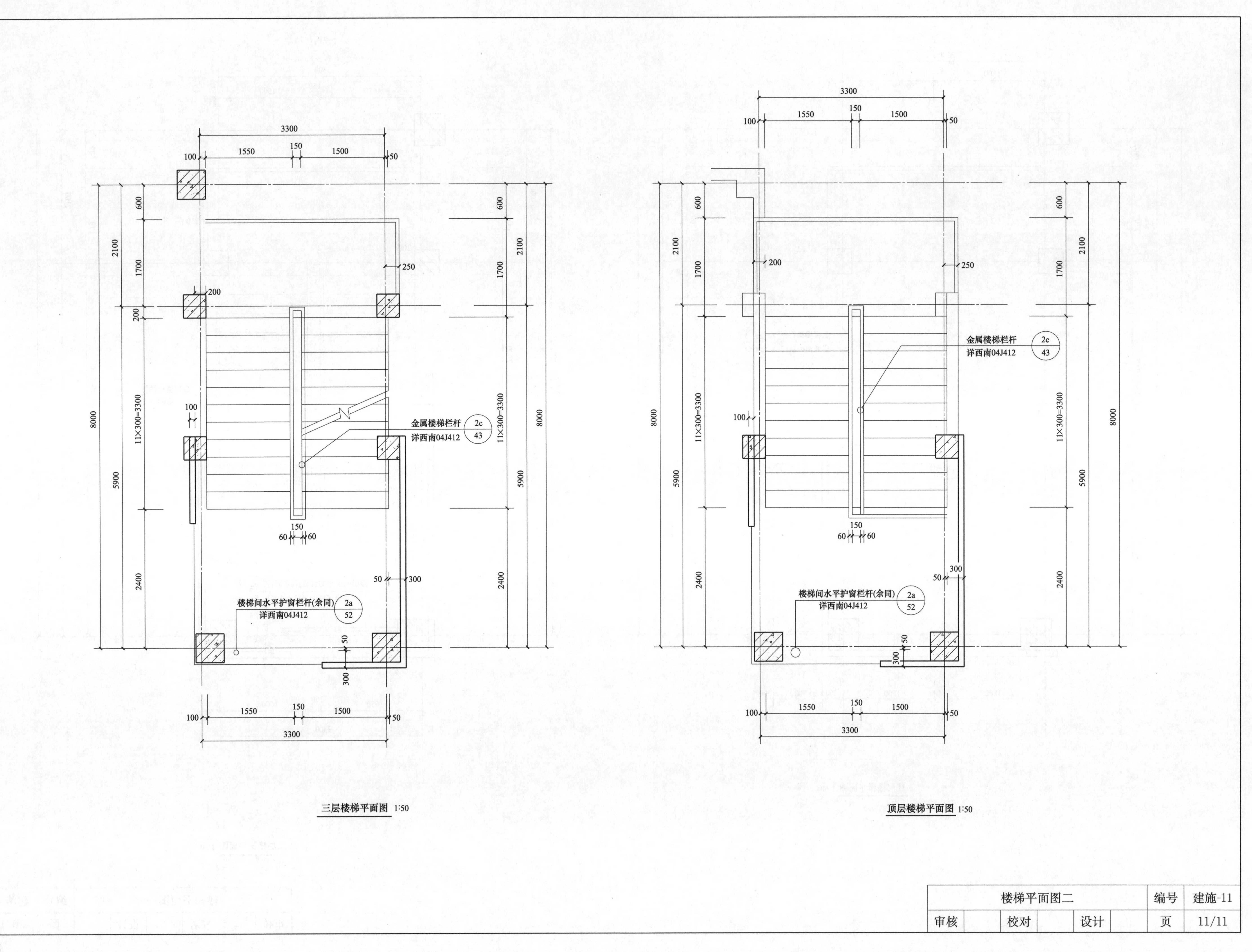

8000
5900
2100
2400
11×300=3300
200
1700
600
100
1550
150
1500
50
3300
300
250
60
楼梯间水平护窗栏杆(余同)
详西南04J412
2a
52
金属楼梯栏杆
详西南04J412
2c
43
三层楼梯平面图 1:50
顶层楼梯平面图 1:50
楼梯平面图二
编号
建施-11
审核
校对
设计
页
11/11

2.2 游泳池附属用房结构施工图

结构设计说明

一、工程概况和总则

1. 本工程位于××市内：分为游泳池及看台两个部分；看台采用现浇钢筋混凝土框架结构，主要柱网尺寸 6.0×8.0m，总长：39.300m。总宽 10.350m，看台标高：3.100m～5.100m。游泳池长 50.00m，宽 25.00m；室内外高差 300mm，设计标高±0.000 相当于绝对标高详建筑施工图。

2. 本工程在设计考虑的环境类别的结构设计使用年限为 50 年。建筑结构安全等级为二级。

3. 计量单位（除注明外）：(1) 长度 mm；(2) 角度：度；(3) 标高：m；(4) 强度：N/mm^2。

4. 本建筑物应按建筑图中注明的使用功能使用，未经技术鉴定或设计许可，不得改变结构的使用用途，不得在梁和板上增设建筑图中未标注的隔墙。

5. 凡预留洞、预埋件应严格按照结构图并配合其他工种图纸进行施工，未经结构专业许可不得任意开洞，并严禁事后凿洞。

6. 结构施工图中除特别注明外，均以本总说明为准。本说明未详尽处，请遵照现行国家有关规范与规程的规定施工。

7. 本工程钢筋混凝土梁、柱、基础均采用“平法表示”其制图规则详《混凝土结构施工图平面整体表示方法制图规则和构造详图》图集编号为：11G101-1（后简称 11G101-1 图集）。

8. 50 年一遇的基本风压：ω_0＝0.3kN/m^2，地面粗糙度：B 类。

二、设计依据

1. 国家有关的现行的设计规范以及有关的设计资料。

2. 本工程的混凝土结构的环境类别：室内正常环境为一类，室内潮湿，露天及与水土直接接触的环境为：二 a 类。所在地区的抗震设防烈度为 7 度，设计加速度：0.10g；设计地震分组：第二组；场地类别：Ⅱ类；特征周期：T_g＝0.40s，建筑结构的阻尼比 0.05；建筑设防分类为标准设防类建筑，框架抗震等级三级。结构周期折减系数：0.80。

3. 本工程使用和施工荷载标准值（kN/m^2）不得大于下表设计取值：

部位	外加恒载标准值	活载标准值	部位	恒载标准值	活载标准值
楼梯，走台	1.800	3.5	非上人屋面	3.500	0.5
走廊	1.800	3.5			

栏杆水平荷载 1.0kN/m，其余按《建筑结构荷载规范》GB 50009—2012 取用。

4. 本建筑物耐火等级为二级，相应各类主要构件的耐火极限，所要求的最小构件尺寸及保护层厚度应符合《建筑设计防火规范》GB 50016—2014 的相关要求。建筑结构安全等级：二级。

三、工程地质条件及基础

1. 本工程根据××岩土工程有限公司提供的《××游泳池及附属用房工程岩土工程勘察报告》进行设计。

2. 地下水：自然地面下埋深约 10.00m，对混凝土无侵蚀作用。

3. 场地土类型：本工程场地土类型属Ⅱ类。场地无不良地质作用，适宜建筑。

4. 本工程地基基础设计等级为丙级；基础安全等级为二级。不考虑地基土的液化。

5. 基础形式为：钢筋混凝土柱下独立基础：根据工程勘察报告，场地土层分布基本均匀，采用硬塑性黏土层作为地基持力层，地基承载力特征值 f_{ak}＝240kPa。

6. 当地基挖至设计标高后，应及时通知各有关部门共同验槽，满足要求后方可进行下步工序。

7. 基础回填土：要求其压实系数不小于 0.95。

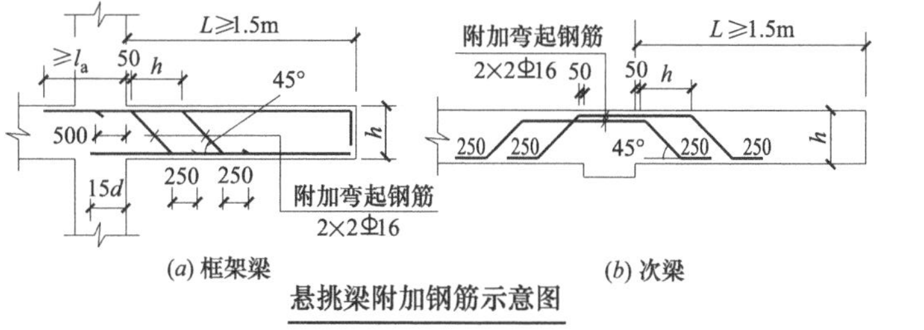

悬挑梁附加钢筋示意图

四、材料选用及要求

1. 混凝土

(1) 承重结构混凝土强度等级按下表采用：

部位＼标高	基础顶～建筑屋面
独立柱基础/垫层	C25/C15
梁、板、柱	C30
楼梯	C30
游泳池底板，侧壁及排水沟	C25

(2) 构造柱、压坝梁，过梁，栏板等，除特别注明者外均采用 C20。

(3) 基础垫层：C15 素混凝土垫层；基础混凝土采用 C25 混凝土，地梁采用 C30 混凝土。

(4) 工程中各梁、板、柱的施工要求详各结构施工图的说明。平面图中框架主次梁交接处未画吊筋者均加设 2Φ16 吊筋。

2. 钢筋及钢材

(1) 图中Φ表示 HPB300 钢筋；Φ表示 HRB335 钢筋；Φ表示 HRB400 钢筋。

钢筋均应符合抗震性能指标。钢板和型钢采用：Q235-B，Q345-B 钢。

(2) 抗震等级为一、二级的框架结构，其纵向受力钢筋采用普通热轧钢筋，钢筋的抗拉强度实测值与屈服强度实测值的比值不应小于 1.25；且钢筋的屈服强度实测值与强度标准值比值不应大于 1.3。

3. 砌体用材料

(1) 主体结构填充墙用 MU5.0 页岩空心砖（要求其重度≤10kN/m^3），M5 混合砂浆砌筑。

(2) 女儿墙、栏板墙按建施节点图用 MU10 页岩标准砖（要求其重度≤19kN/m^3）及 MU5.0 页岩空心砖 M5 水泥砂浆砌筑。

(3) ±0.000 以下的墙用 MU10 页岩标准砖（要求其重度≤19kN/m^3，M7.5 水泥砂浆砌筑）。

五、混凝土的构造要求

1. 纵向受力钢筋混凝土保护层厚度（钢筋外边缘至混凝土表面的距离）应符合下表规定：

纵向受力钢筋混凝土保护层最小厚度（mm）

环境类别		板、墙 ≤C20	板、墙 C25～C45	梁 ≤C20	梁 C25～C45	柱 ≤C20	柱 C25～C45	备注
一类环境		20	15	30	25	30	30	1. 基础中纵向受力钢筋的保护层厚度不应小于 40mm；当无垫层时不应小于 70mm。 2. 水池池壁：进水面 50mm，背水面 30mm。 3. 应用与构件相同强度的素混凝土垫块控制主筋保护层厚度
二类环境	a		20		30		30	
	b		25		35		35	

板、墙中分布钢筋的保护层厚度不应小于表中相应数值减 10mm，且不应小于 10mm；梁、柱箍筋的保护层厚度不应小于 15mm。

2. 图中Φ6 钢筋按Φ6.5；未注明板内分布钢筋为Φ6.5@250。

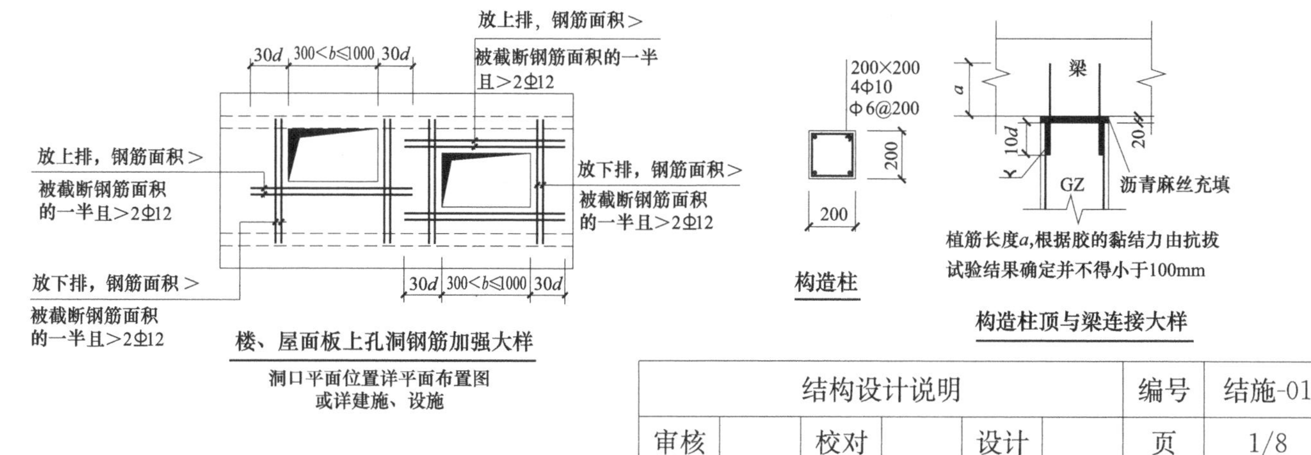

楼、屋面板上孔洞钢筋加强大样

构造柱

构造柱顶与梁连接大样

结构设计说明				编号	结施-01
审核	校对		设计	页	1/8

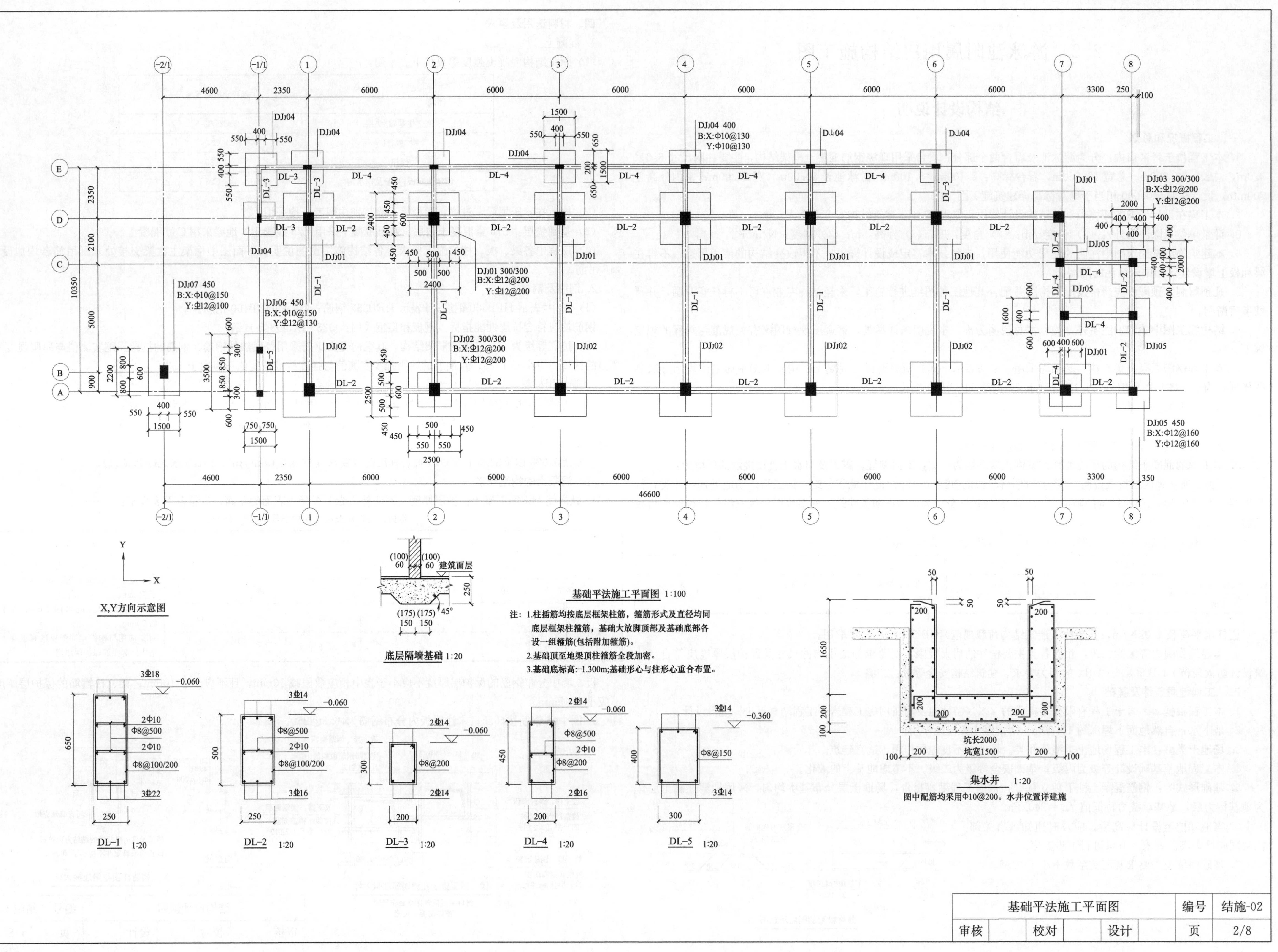

基础平法施工平面图 1:100
注：1.柱插筋均按底层框架柱筋，箍筋形式及直径均同底层框架柱箍筋，基础大放脚顶部及基础底部各设一组箍筋(包括附加箍筋)。
2.基础顶至地梁顶柱箍筋全段加密。
3.基础底标高-1.300m;基础形心与柱形心重合布置。
DJ07 450
B:X:Φ10@150
Y:Φ12@100
DJ06 450
B:X:Φ10@150
Y:Φ12@130
DJ02 300/300
B:X:Φ12@200
Y:Φ12@200
DJ01 300/300
B:X:Φ12@200
Y:Φ12@200
DJ04 400
B:X:Φ10@130
Y:Φ10@130
DJ03 300/300
B:X:Φ12@200
Y:Φ12@200
DJ05 450
B:X:Φ12@160
Y:Φ12@160
X,Y方向示意图
底层隔墙基础 1:20
建筑面层
集水井 1:20
坑长2000
坑宽1500
图中配筋均采用Φ10@200。水井位置详建施
DL-1 1:20
DL-2 1:20
DL-3 1:20
DL-4 1:20
DL-5 1:20
基础平法施工平面图
编号 结施-02
审核 校对 设计 页 2/8

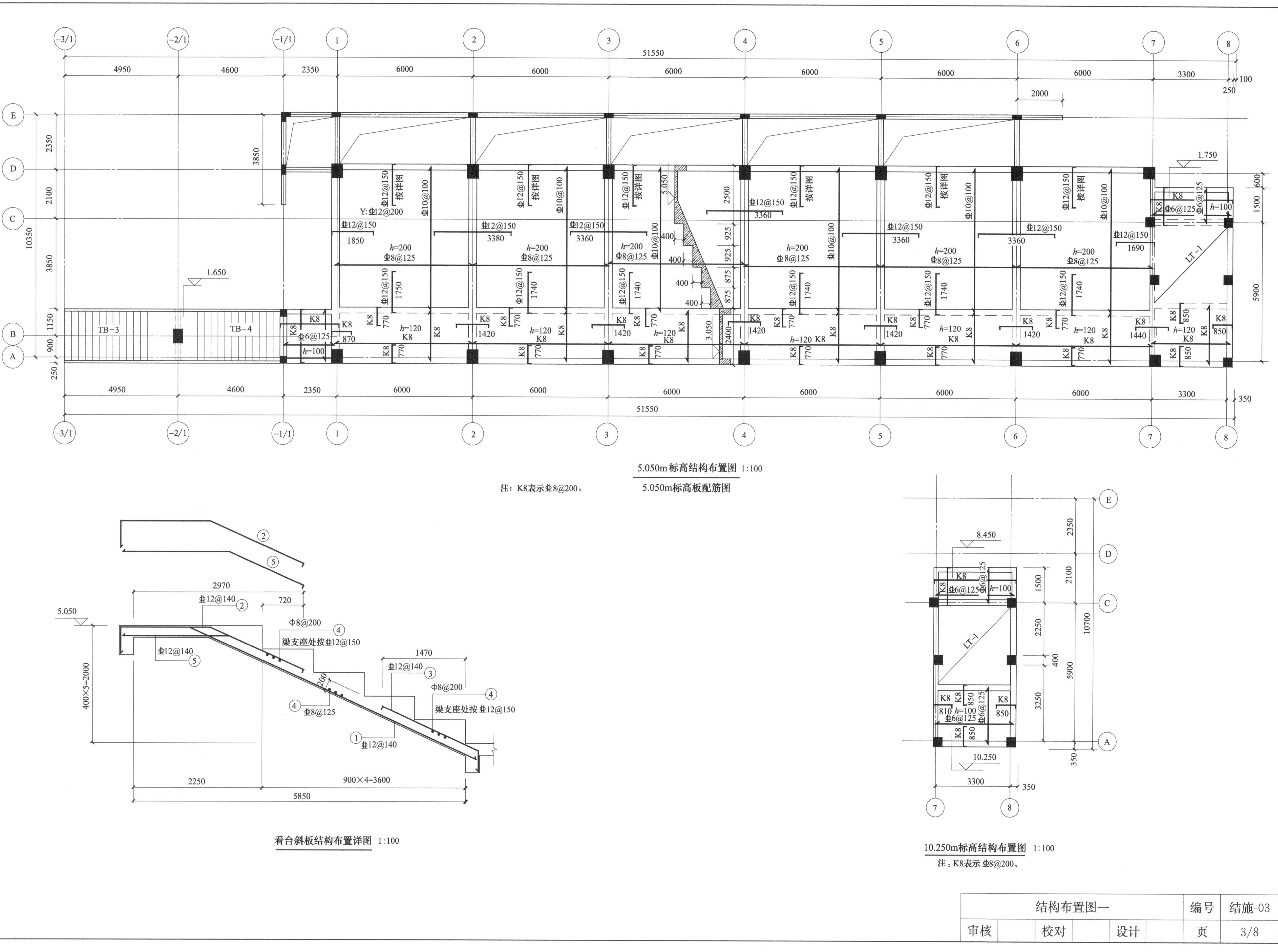
5.050m标高结构布置图 1:100
5.050m标高板配筋图
注：K8表示⌀8@200。
看台斜板结构布置详图 1:100
10.250m标高结构布置图 1:100
注：K8表示 ⌀8@200。
结构布置图一
编号
结施-03
审核
校对
设计
页
3/8

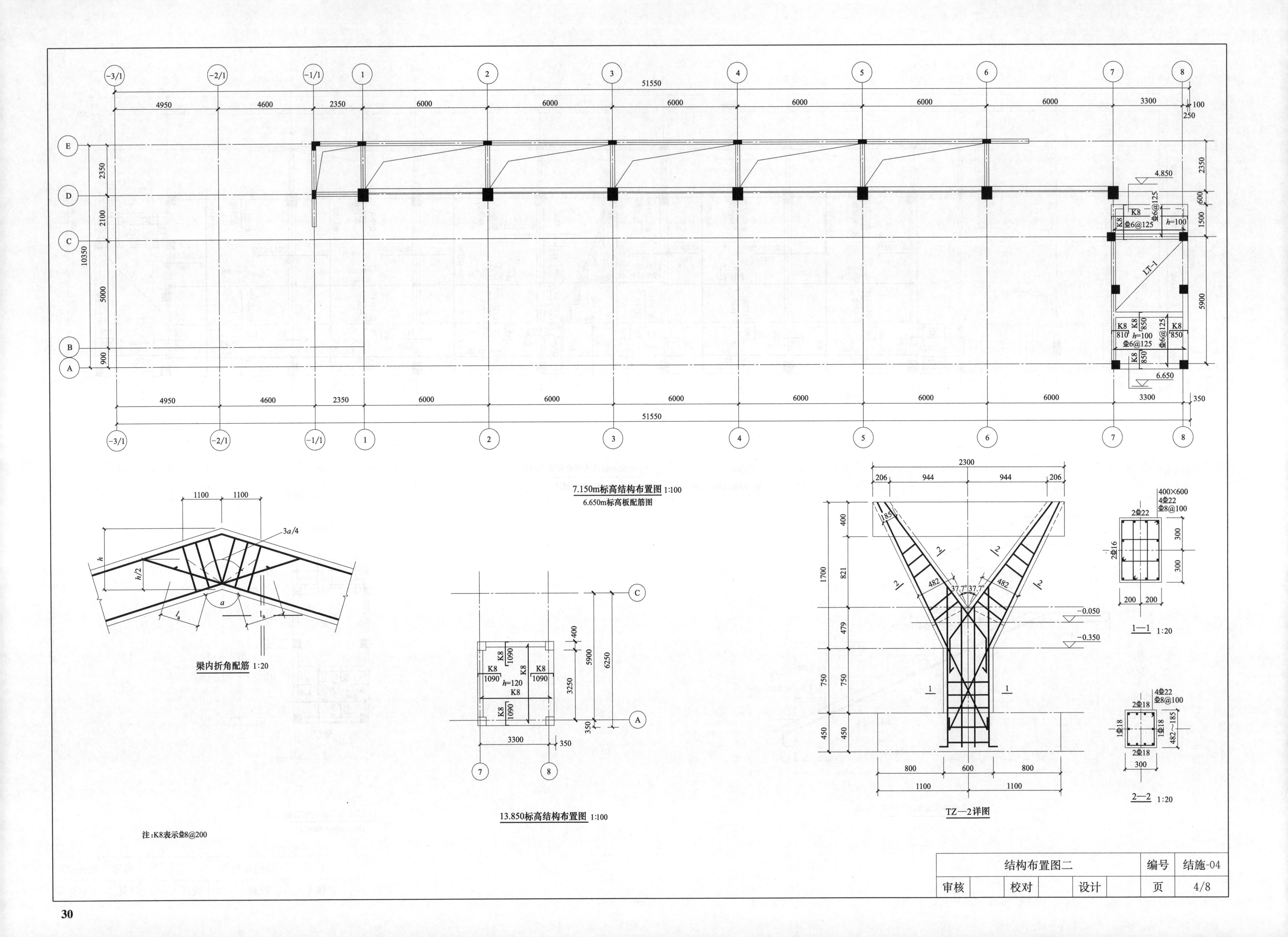
7.150m标高结构布置图 1:100
6.650m标高板配筋图
梁内折角配筋 1:20
13.850标高结构布置图 1:100
TZ—2详图
1—1 1:20
2—2 1:20
注:K8表示⌀8@200
LT-1
400×600
4⌀22
⌀8@100
结构布置图二
编号 结施-04
审核 校对 设计
页 4/8

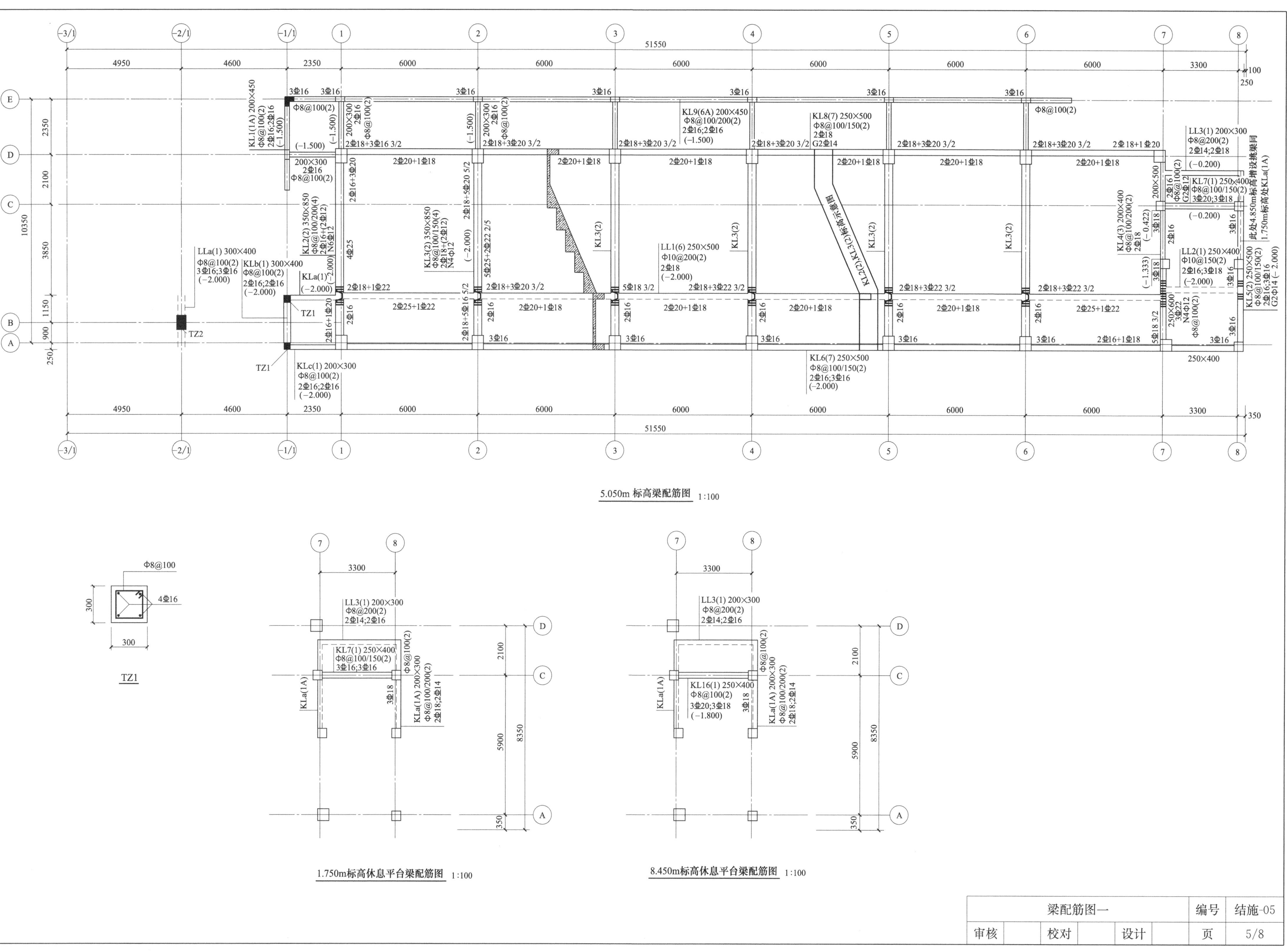

5.050m 标高梁配筋图 1:100
1.750m标高休息平台梁配筋图 1:100
8.450m标高休息平台梁配筋图 1:100
TZ1
Φ8@100
4Φ16
300
TZ2
51550
4950
4600
2350
6000
3300
10350
KL1(1A) 200×450
KL2(2) 350×850
KL3(2) 350×850
KL4(3) 200×400
KL5(2) 250×500
KL6(7) 250×500
KL8(7) 250×500
KL9(6A) 200×450
KLa(1)
KLb(1) 300×400
KLc(1) 200×300
LLa(1) 300×400
LL1(6) 250×500
LL2(1) 250×400
LL3(1) 200×300
KL7(1) 250×400
KL16(1) 250×400
KLa(1A) 200×300
KL2(2),KL3(2)标高示意图
此处4.850m标高增设挑梁同1.750m标高处KLa(1A)
梁配筋图一
编号
结施-05
审核
校对
设计
页
5/8

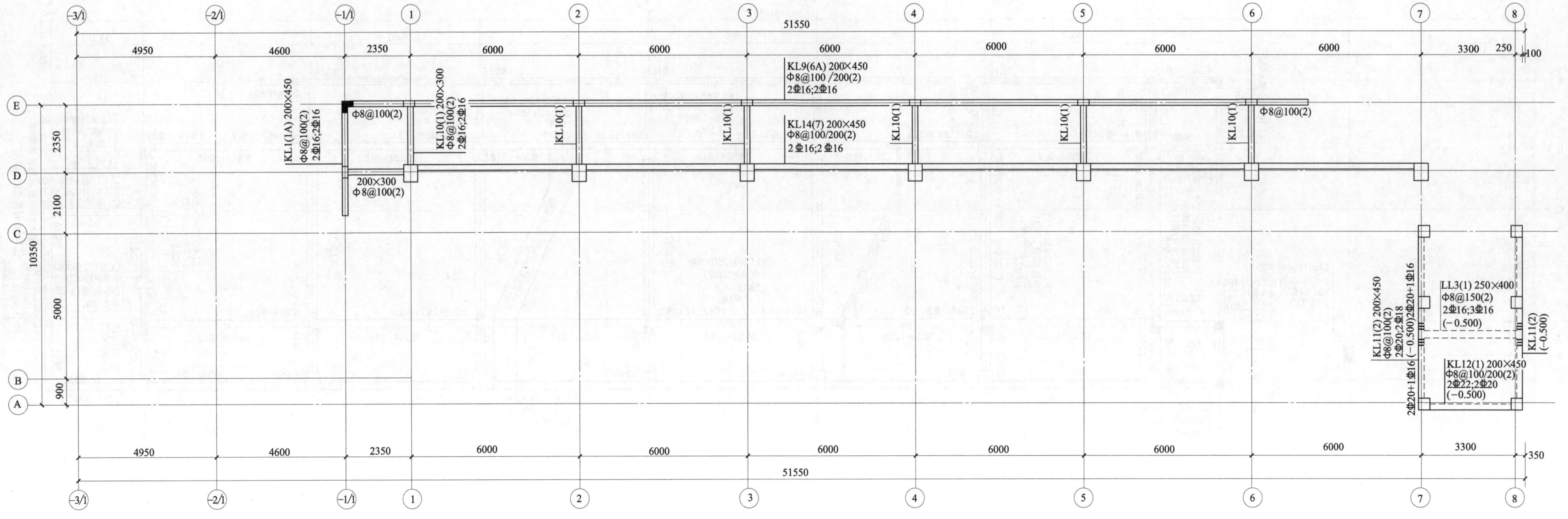

7.150m标高梁配筋图 1:100

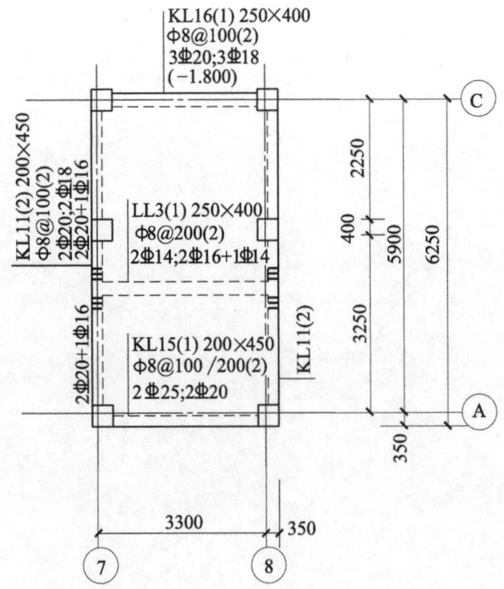

10.250m标高休息平台梁配筋图 1:100

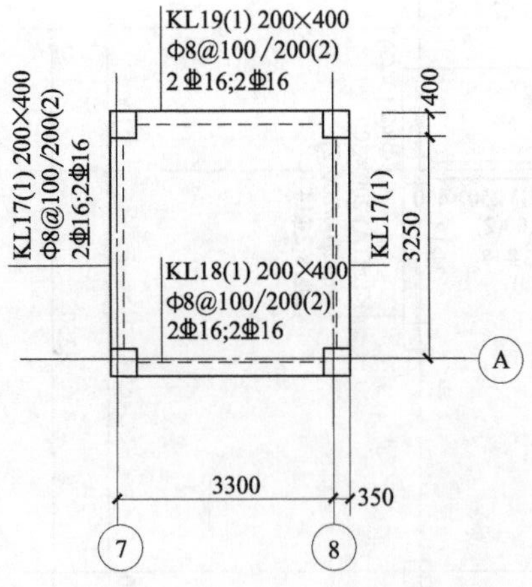

13.850m标高休息平台梁配筋图 1:100

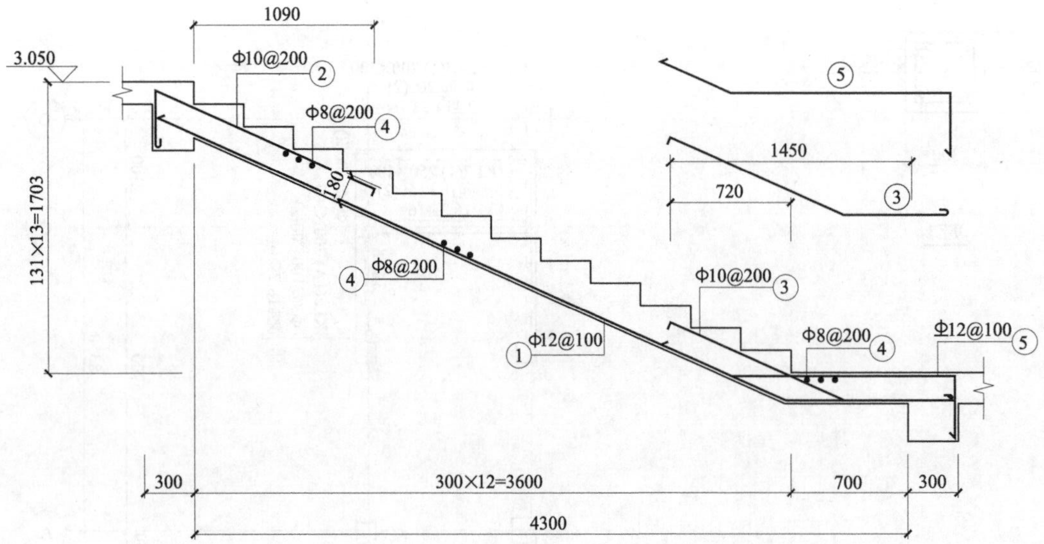

TB-4

梁配筋图二				编号	结施-06
审核		校对	设计	页	6/8

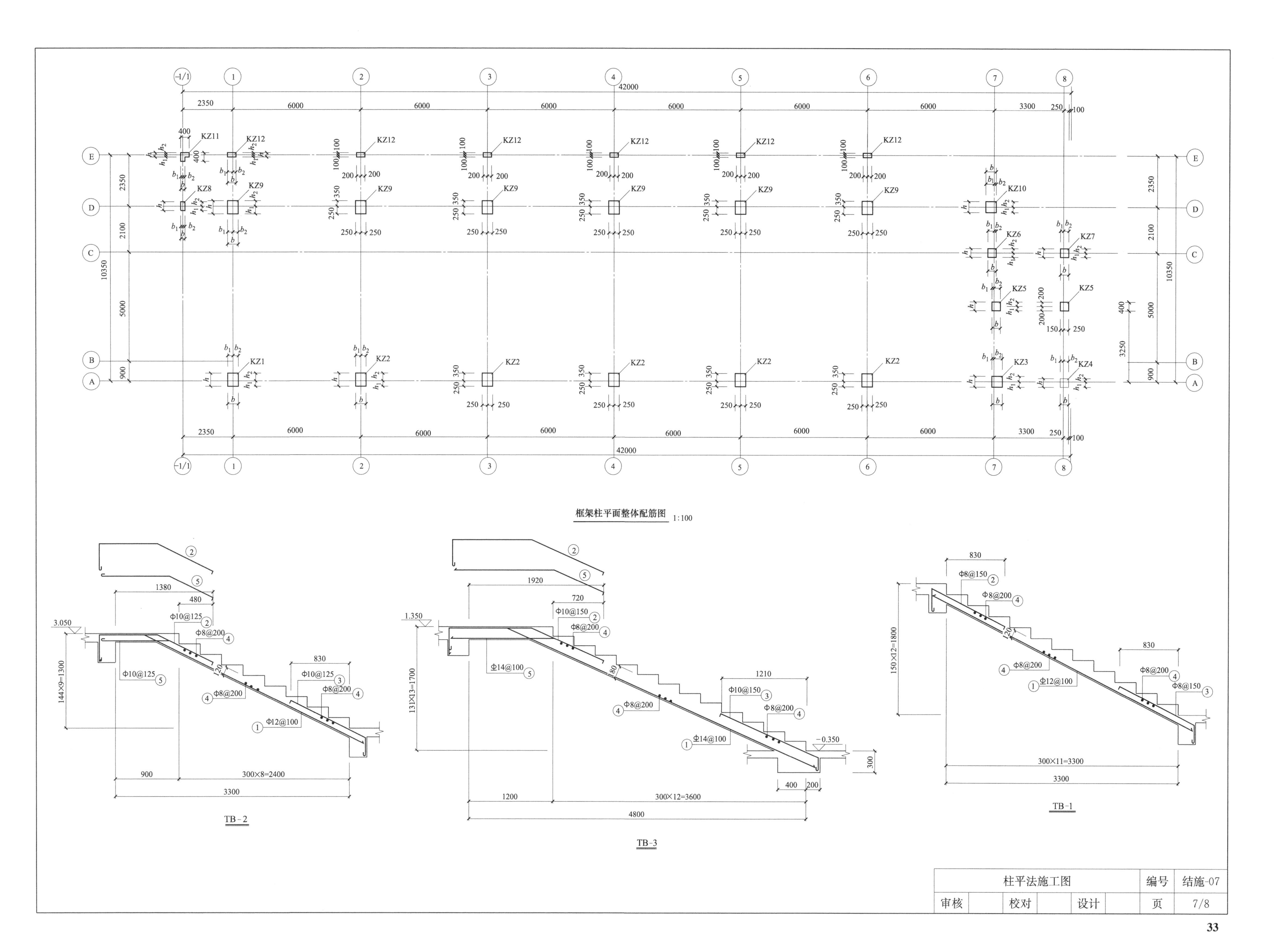

柱平法施工图					编号	结施-07
审核		校对		设计	页	7/8

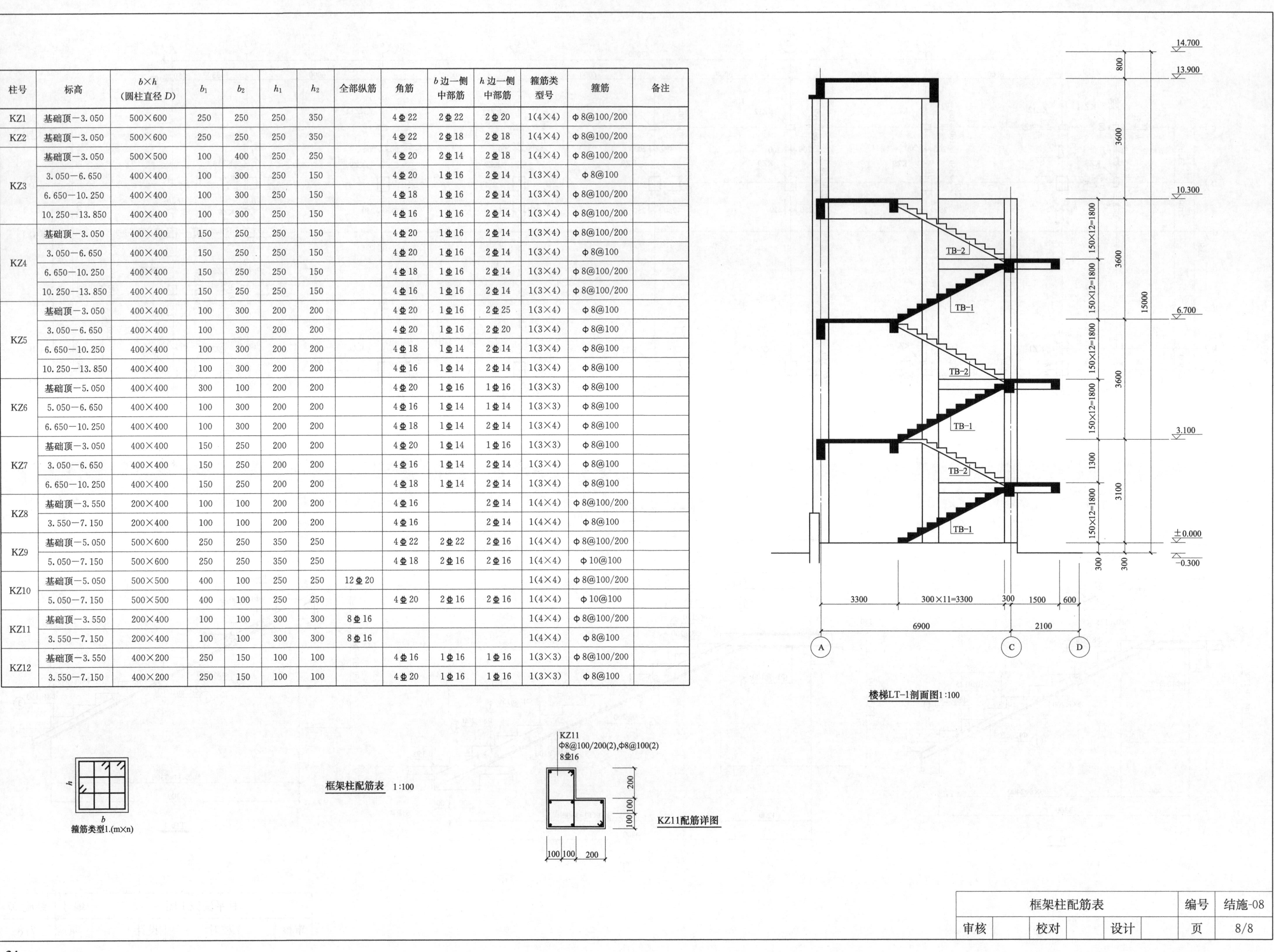

柱号	标高	$b\times h$（圆柱直径 D）	b_1	b_2	h_1	h_2	全部纵筋	角筋	b边一侧中部筋	h边一侧中部筋	箍筋类型号	箍筋	备注
KZ1	基础顶—3.050	500×600	250	250	250	350		4Φ22	2Φ22	2Φ20	1(4×4)	Φ8@100/200	
KZ2	基础顶—3.050	500×600	250	250	250	350		4Φ22	2Φ18	2Φ18	1(4×4)	Φ8@100/200	
KZ3	基础顶—3.050	500×500	100	400	250	250		4Φ20	2Φ14	2Φ18	1(4×4)	Φ8@100/200	
	3.050—6.650	400×400	100	300	250	150		4Φ20	1Φ16	2Φ14	1(3×4)	Φ8@100	
	6.650—10.250	400×400	100	300	250	150		4Φ18	1Φ16	2Φ14	1(3×4)	Φ8@100/200	
	10.250—13.850	400×400	100	300	250	150		4Φ16	1Φ16	2Φ14	1(3×4)	Φ8@100/200	
KZ4	基础顶—3.050	400×400	150	250	250	150		4Φ20	1Φ16	2Φ14	1(3×4)	Φ8@100/200	
	3.050—6.650	400×400	150	250	250	150		4Φ20	1Φ16	2Φ14	1(3×4)	Φ8@100	
	6.650—10.250	400×400	150	250	250	150		4Φ18	1Φ16	2Φ14	1(3×4)	Φ8@100/200	
	10.250—13.850	400×400	150	250	250	150		4Φ16	1Φ16	2Φ14	1(3×4)	Φ8@100/200	
KZ5	基础顶—3.050	400×400	100	300	200	200		4Φ20	1Φ16	2Φ25	1(3×4)	Φ8@100	
	3.050—6.650	400×400	100	300	200	200		4Φ20	1Φ16	2Φ20	1(3×4)	Φ8@100	
	6.650—10.250	400×400	100	300	200	200		4Φ18	1Φ14	2Φ14	1(3×4)	Φ8@100	
	10.250—13.850	400×400	100	300	200	200		4Φ16	1Φ14	2Φ14	1(3×4)	Φ8@100	
KZ6	基础顶—5.050	400×400	300	100	200	200		4Φ20	1Φ16	1Φ16	1(3×3)	Φ8@100	
	5.050—6.650	400×400	100	300	200	200		4Φ16	1Φ14	1Φ14	1(3×3)	Φ8@100	
	6.650—10.250	400×400	100	300	200	200		4Φ18	1Φ14	2Φ14	1(3×4)	Φ8@100	
KZ7	基础顶—3.050	400×400	150	250	200	200		4Φ20	1Φ14	1Φ16	1(3×3)	Φ8@100	
	3.050—6.650	400×400	150	250	200	200		4Φ16	1Φ14	2Φ14	1(3×4)	Φ8@100	
	6.650—10.250	400×400	150	250	200	200		4Φ18	1Φ14	2Φ14	1(3×4)	Φ8@100	
KZ8	基础顶—3.550	200×400	100	100	200	200		4Φ16		2Φ14	1(4×4)	Φ8@100/200	
	3.550—7.150	200×400	100	100	200	200		4Φ16		2Φ14	1(4×4)	Φ8@100	
KZ9	基础顶—5.050	500×600	250	250	350	250		4Φ22	2Φ22	2Φ16	1(4×4)	Φ8@100/200	
	5.050—7.150	500×600	250	250	350	250		4Φ18	2Φ16	2Φ16	1(4×4)	Φ10@100	
KZ10	基础顶—5.050	500×500	400	100	250	250	12Φ20				1(4×4)	Φ8@100/200	
	5.050—7.150	500×500	400	100	250	250		4Φ20	2Φ16	2Φ16	1(4×4)	Φ10@100	
KZ11	基础顶—3.550	200×400	100	100	300	300	8Φ16				1(4×4)	Φ8@100/200	
	3.550—7.150	200×400	100	100	300	300	8Φ16				1(4×4)	Φ8@100	
KZ12	基础顶—3.550	400×200	250	150	100	100		4Φ16	1Φ16	1Φ16	1(3×3)	Φ8@100/200	
	3.550—7.150	400×200	250	150	100	100		4Φ20	1Φ16	1Φ16	1(3×3)	Φ8@100	

框架柱配筋表 1:100

KZ11配筋详图

楼梯LT-1剖面图1:100

框架柱配筋表						编号	结施-08
审核		校对		设计		页	8/8

2.3 游泳池附属用房给水排水施工图

给水排水施设计及施工说明

一、设计依据

国家有关的现行的设计规范以及有关的设计资料。

二、设计范围

本工程包括游泳池附属用房及游泳池给水、排水系统及室内灭火器设置等。

三、给水排水系统

1. 游泳池附属用房给水排水系统

(1) 给水系统：给水来自校区内给水干管。

(2) 排水系统：淋浴间采用地沟排水，地沟末端设地漏排出室外。

(3) 卫生间生活污水采用不设立管，由排出管直接排出室外，生活污水进入室外沼气化粪池后排入校区排水管道系统。

2. 游泳池给水排水系统

(1) 机房最大设备尺寸 ϕ1200mm×1600mm（高）

(2) 机房采用三相五线电源。

(3) 无压排水管采用 U-PVC 工程塑料管；连接方式为粘接。

(4) 加压排水管采用内外涂塑复合镀锌钢管，采用沟槽式连接。管材和管件的标称工作压力为 1.0MPa。

(5) 潜水排污泵的安装及具体材料表按国标 01S305 选用及施工。

(6) 室外埋地给水管采用 PVC-M 塑料给水管，接口采用承插连接。管材、管件公称压力采用 1.6MPa 等级。

四、室内灭火器配置

本工程建筑火灾危险等级为中危险级，A 类火灾。灭火器选用手提式磷酸铵盐干粉灭火器，型号 2-MF/ABC4。放置于专用消防器材箱内，详一层平面布置。

五、管材及连接、阀门

1. 给水系统：给水管道均采用 PPR 塑料给水管，热熔连接。

塑料给水管管径对照表

塑料管外径 *De*	20	25	32	40	50	63	75	90	110
公称直径 *DN*	15	20	25	32	40	50	65	80	100

2. 排水系统：排水管道采用 UPVC 硬聚氯乙烯塑料排水管道，承插粘接，施工要求参照标准图集 96S341 总说明及各分页相关说明。

3. 阀门的选用，塑料给水管上采用铜质球阀。

六、管道敷设及设备安装

1. 给水排水管道穿越建筑基础、楼板、墙体等处预留洞口，管道安装前应先核对各洞口位置无误后再行安装。冷水管道均为明装。

室内排水管均为埋地暗装，排水管道坡度见下表：

排水管直径	*DN*50	*DN*75	*DN*100	*DN*150	*DN*200
排水坡度	0.035	0.025	0.020	0.010	0.008

2. 卫生洁具型号及配套件由建设单位选型（节水型产品），并根据卫生洁具型号确定楼板预留洞口位置。洁具安装参照国标图集 99S304。

3. 管道穿楼板设钢制套管，楼板处套管应高出楼面 50mm。墙面套管，其两端应与饰面相平。套管与管道之间应填实油麻。

4. 室内管道支吊架的形式根据现场情况确定，采用膨胀螺栓固定在结构墙、柱、梁、板等主体上，支吊架构造参照国标图集 03S402。

七、保温、防腐与油漆

管道支吊架刷防锈漆二道，银粉漆二道。

八、试压与冲洗

给水系统、消火栓系统管道水压试验，试水压 0.60MPa。排水系统灌水、通水、通球试验。生活给水系统在交付使用前应对管网进行冲洗和消毒。各系统试压、冲洗和试水的方法及要求参照《建筑给水排水及采暖工程施工质量验收规范》GB 50242—2002 执行。

九、其他

本设计底层给水排水管道的方向和埋深等请建设单位现场核对，以利与室外管网的衔接。本设计图注尺寸：除标高以“m”计外，其余以“m”计；管道标高除图中注明者外，其余均以“m”计。游泳池设备间的设备及管道设置，根据给水排水参数请咨询厂家确认，如有更改请通知设计方。

主要材料设备表

序号	名称	型号规格	数量	单位	备注
1	PPR 给水管	*DN*15～*DN*40		m	
2	铜质球阀	Q11F-16T, *DN*32	2	个	
3	UPVC 排水管	*DN*50～*DN*100		m	
4	洗脸盆		2	套	配单水嘴
5	蹲便器		4	套	配 *DN*20 冲洗阀
6	污水盆		2	套	配单水嘴
7	淋浴器		22	套	配单水嘴
8	地漏	*DN*100	4	个	
9	地漏	*DN*75	2	个	

注：上表为游泳池附属用房主要材料设备，游泳池主要材料设备见施工图。

水施设计及施工说明						编号	水施-01
审核		校对		设计		页	1/5

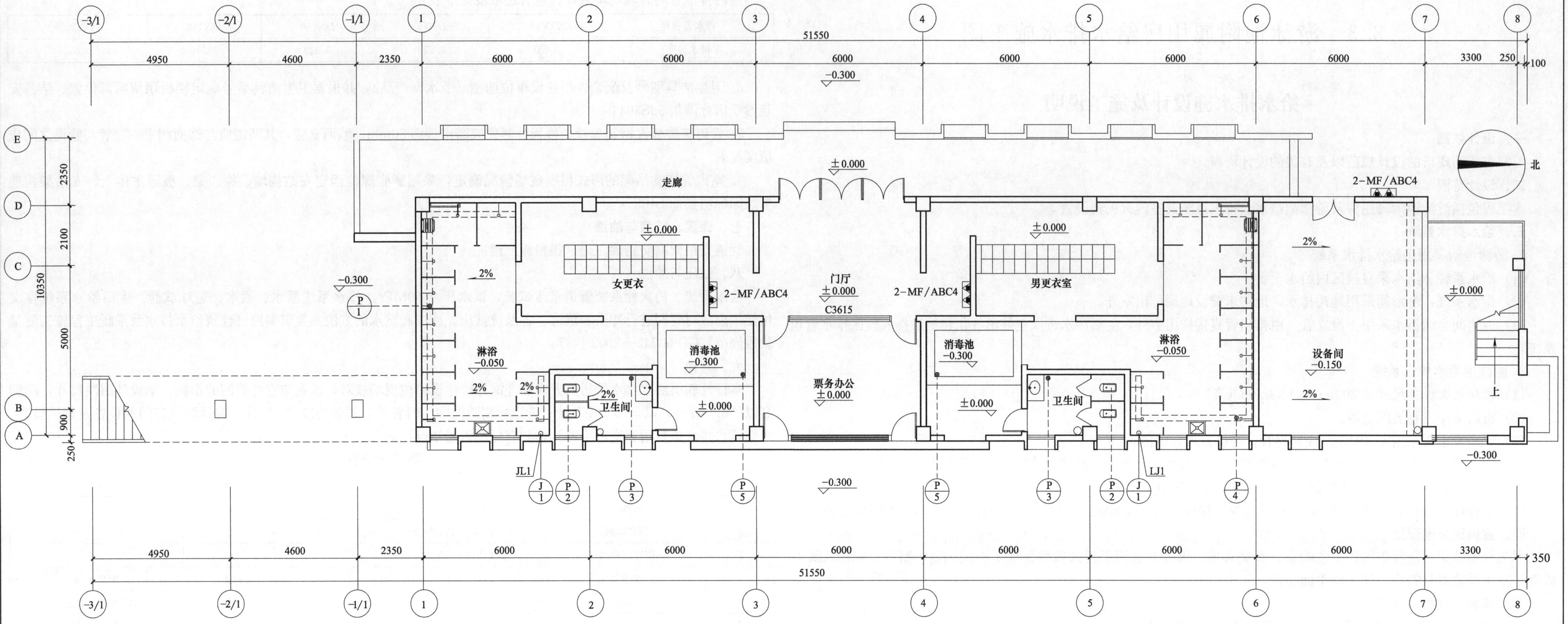

附属用房一层给水排水平面图 1:100

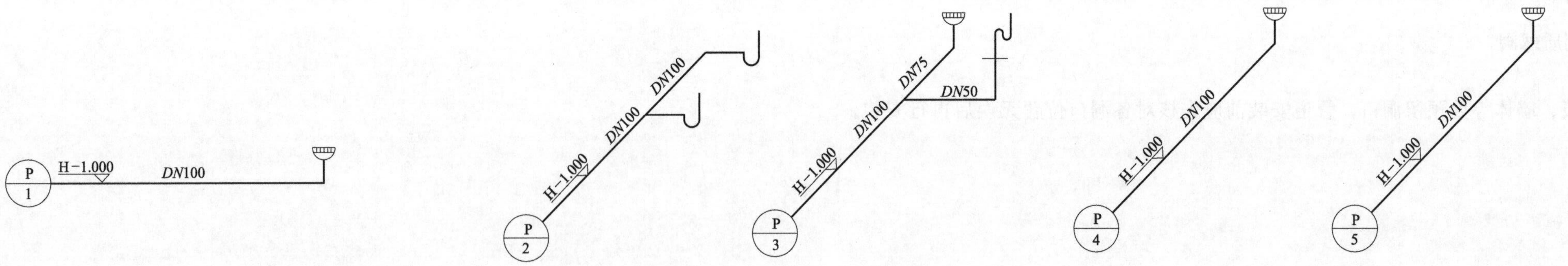

淋浴间及卫生间排水系统图

一层给水排水平面图						编号	水施-02
审核		校对		设计		页	2/5

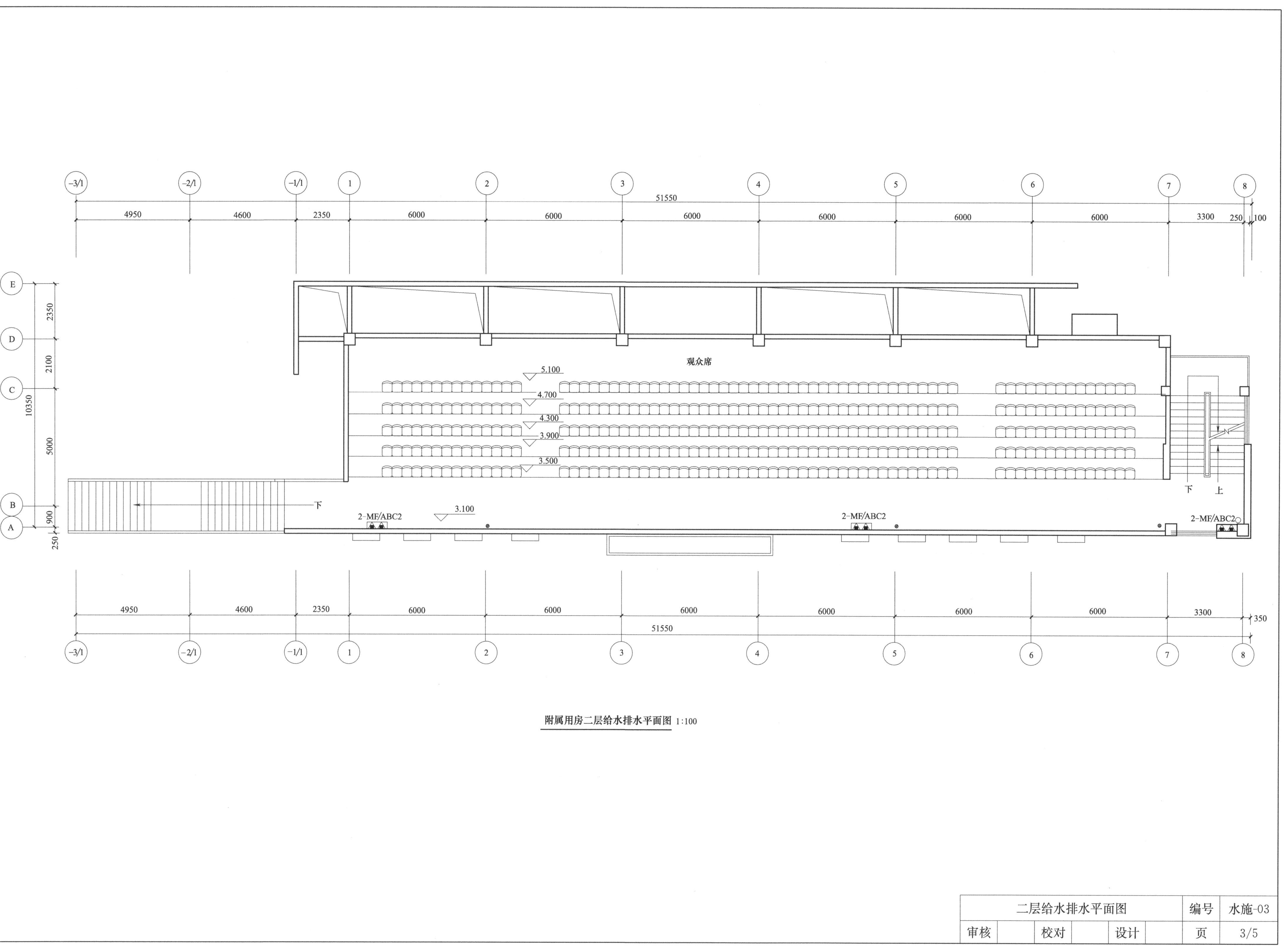

附属用房二层给水排水平面图 1:100

二层给水排水平面图						编号	水施-03
审核		校对		设计		页	3/5

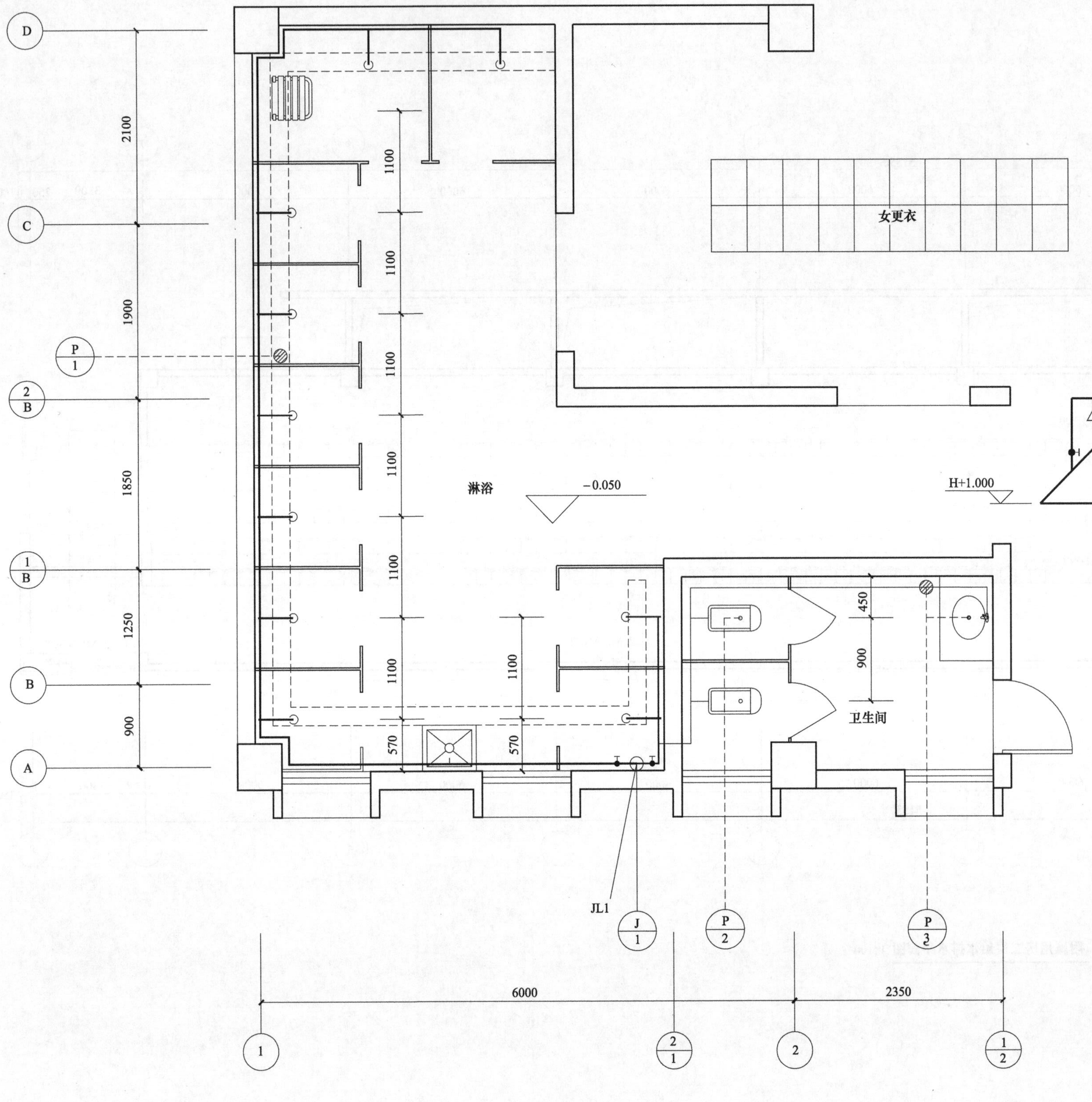

女更衣

淋浴

−0.050

卫生间

H+1.000

H−0.900

JL1

淋浴间及卫生间给水排水系统图

淋浴间及卫生间给水排水大样图 1:50

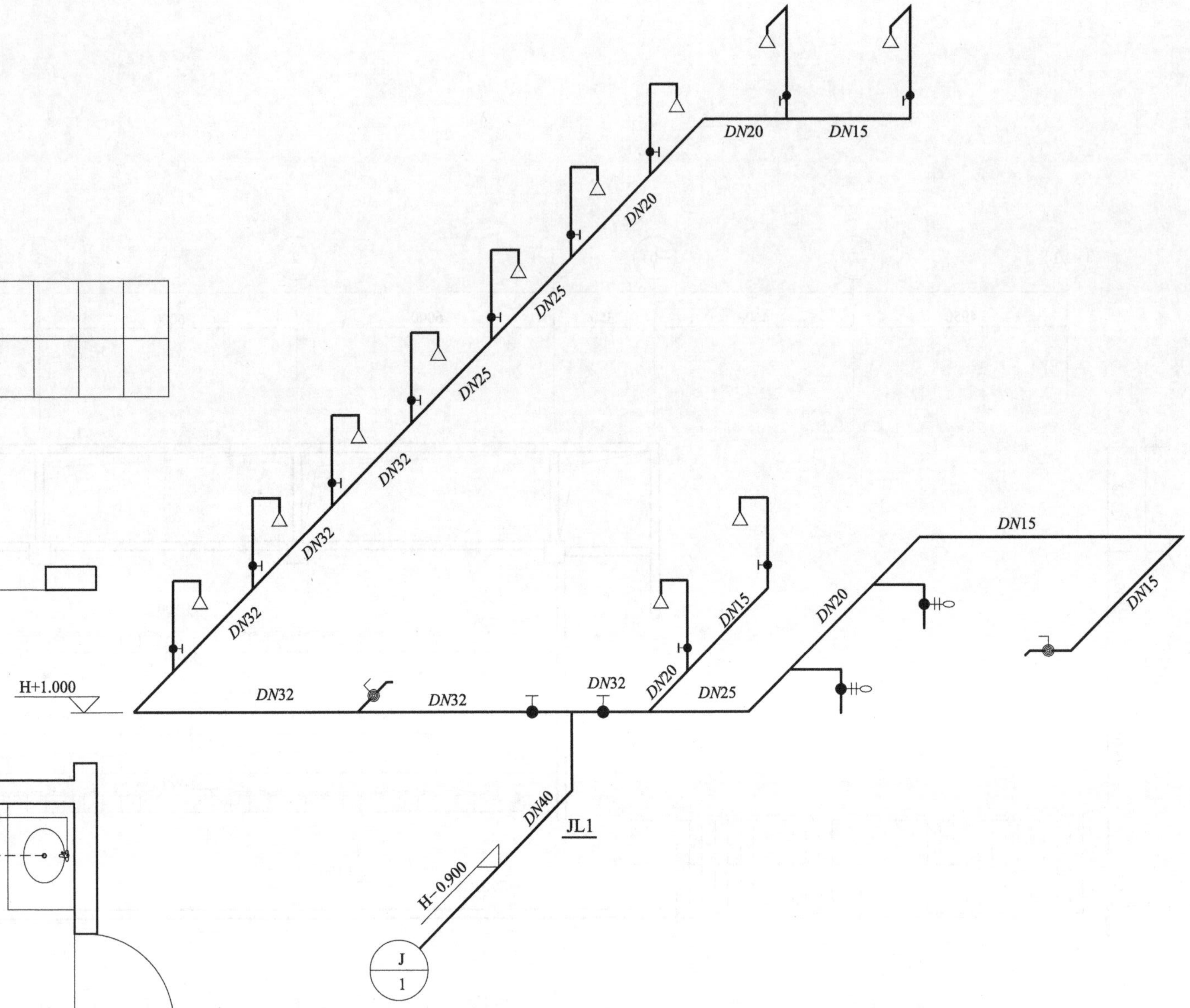

给水排水大样图						编号	水施-04
审核		校对		设计		页	4/5

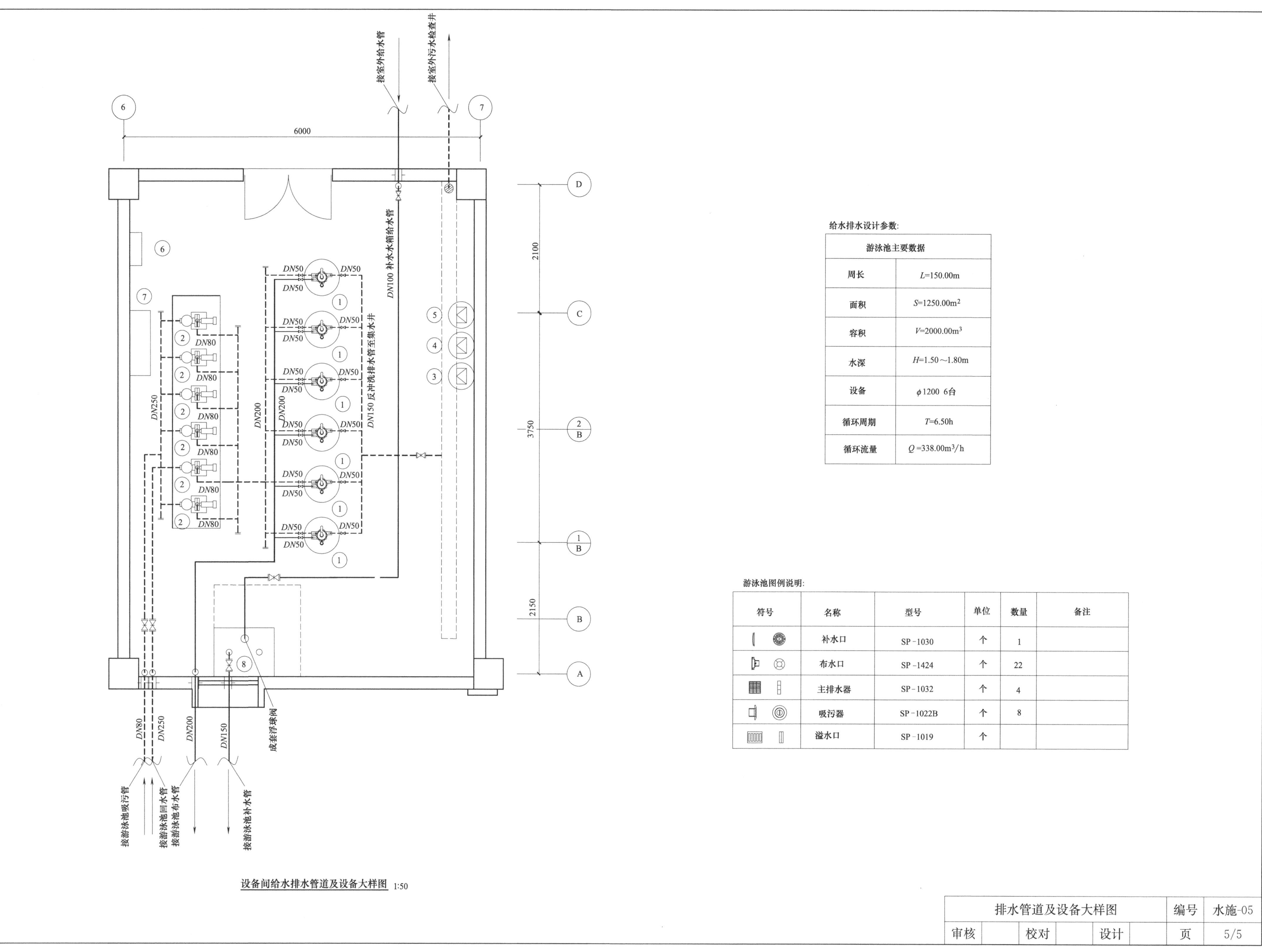

设备间给水排水管道及设备大样图 1:50

给水排水设计参数:

游泳池主要数据	
周长	L=150.00m
面积	S=1250.00m^2
容积	V=2000.00m^3
水深	H=1.50～1.80m
设备	ϕ1200 6台
循环周期	T=6.50h
循环流量	Q=338.00m^3/h

游泳池图例说明:

符号	名称	型号	单位	数量	备注
	补水口	SP-1030	个	1	
	布水口	SP-1424	个	22	
	主排水器	SP-1032	个	4	
	吸污器	SP-1022B	个	8	
	溢水口	SP-1019	个		

排水管道及设备大样图						编号	水施-05
审核		校对		设计		页	5/5

2.4 游泳池附属用房电气施工图

电气设计说明

一、工程概况

1. 本项目为某游泳池工程。
2. 本工程为框架结构，游泳池附属用房建筑面积：413.4m²，标准游泳池建筑面积：1250m²。
3. 本工程室内外高差为 0.300m，建筑总高 15.000m，主体部分层数为 1 层，部分 4 层。
4. 本建筑物相对标高±0.000 与所对应的绝对标高（暂定 485.97m）最终由规划部门确定。
5. 本工程根据项目复杂程度为四级建筑，耐火等级为二级，主体结构合理使用年限 50 年。
6. 本工程位于市内，具体位置见总平面位置图，抗震设防烈度为 8 度。

二、设计依据

1. 相关专业提供的工程设计资料。
2. 国家有关的现行的设计规范以及有关的设计资料。

三、设计范围

本设计包括照明及供电系统、防雷及接地系统、电话系统、网络系统等。

四、负荷等级

本工程属于三类民用建筑，负荷按三级设计。

五、照明及供电系统

1. 本工程供电采用 TN-C-S 系统，电源在进户总箱处做重复接地。
2. 本工程在设备间设一总配电箱（内设三相电度表进行电能计量）；由总配电箱 A0 分三路分别向动力配电箱 AP、附属用房照明配电箱 AL1、游泳池照明配电箱 AL2 供电；其中 AL1 除了分五路分别向观众席照明、设备间照明、楼梯间照明、票务办公室空调插座、票务办公室普通插座供电外，还有一路向浴室、厕所、票务办公室等照明开关箱 AL1-1 供电。
3. 浴室、厕所、票务办公室等照明开关箱 AL1-1 对门厅、浴室、更衣间、消毒池室及厕所等位置的照明进行集中控制，办公室、设备间的照明使用翘板开关就地控制。

六、线路的敷设

1. 低压配电回路中，使用的绝缘导线，其额定电压不低于 500V，使用的电力电缆，其额定电压不低于 1000V。
2. 电力电缆线路，按国标 94D101-5 图集中的有关内容进行施工。
3. 凡穿管导线，在管内不得有接头。
4. 不同电压等级，不同回路的导线不宜共管敷设。
5. 金属管的螺纹连接处应加接地跨接线。
6. 聚氯乙烯管的配线工程中，应选用难燃型材质，其附件禁止采用金属盒。
7. PE 线在插座间不得串联连接。
8. 导线敷设长度超过规定距离时需加装接线盒。

七、建筑物防雷

1. 本工程年预计雷击次数 N=0.033 次/a，按三类防雷建筑设计。
2. 分别 5 个在装饰物的立柱上装设 5 支避雷针，针长 1m。同时利用金属立柱作引下线，再通过柱内两根对角主筋与接地装置焊接。
3. 对于 4 层楼梯间的位置，在女儿墙压顶内暗敷设 ϕ8 圆钢做避雷带，利用柱内两根对角主筋作引下线，并在离地 0.5m 的位置设接地电阻测试盒。
4. 凡突出屋面的金属物体均应就近与接闪器焊接。

八、等电位联结及接地

1. 利用建筑物的基础钢筋作接地装置，并用−40×4 镀锌扁钢沿建筑四周敷设成一圈闭合的接地体，接地电阻 $R \leqslant 4\Omega$。
2. 在电源引入处（设备间）设一总等电位联结箱 MEB，同时在浴室、厕所、更衣室各设一局部等电位联结箱 LEB，共 6 个局部等电位联结箱 LEB。
3. 总等电位联结箱 MEB 通过两根接地干线与接地体相连，局部等电位联结箱 LEB 通过接地干线与总等电位联结箱 MEB 相连。本工程的接地干线由沿建筑物四周敷设的−40×4 镀锌扁钢。
4. 按标准图集 02D501-2 进行等电位联结安装。

九、电话、网络

本工程只在票务办公室设一个电话插座和网络插座。

十、其他

未尽事宜，按国家及地方的现行规程、规范、标准等规定执行。

线路敷设方法的标注		导线敷设部位的标注		灯具安装方法的标注	
穿焊接钢管敷设	SC	暗敷在梁内	BC	线吊式	SW
穿电线管敷设	MT	沿或跨柱敷设	AC	链吊式	CS
穿硬塑料管敷设	PC	沿墙面敷设	WS	管吊式	DS
电缆桥架敷设	CT	暗敷设在墙内	WC	壁装式	W
金属线槽敷设	MR	沿顶板面敷设	CE	吸顶式	C
塑料线槽敷设	PR	暗敷设在屋面或顶板内	CC	嵌入式	R
穿金属软管敷设	CP	吊顶内敷设	SCE	吊顶内安装	CR
直埋敷设	DB	地板或地面下敷设	FC	墙壁内安装	WR
电缆沟敷设	TC			支架上安装	S
碳素螺旋管敷设	KPC			柱上安装	CL

电气设计说明						编号	电施-01
审核		校对		设计		页	1/7

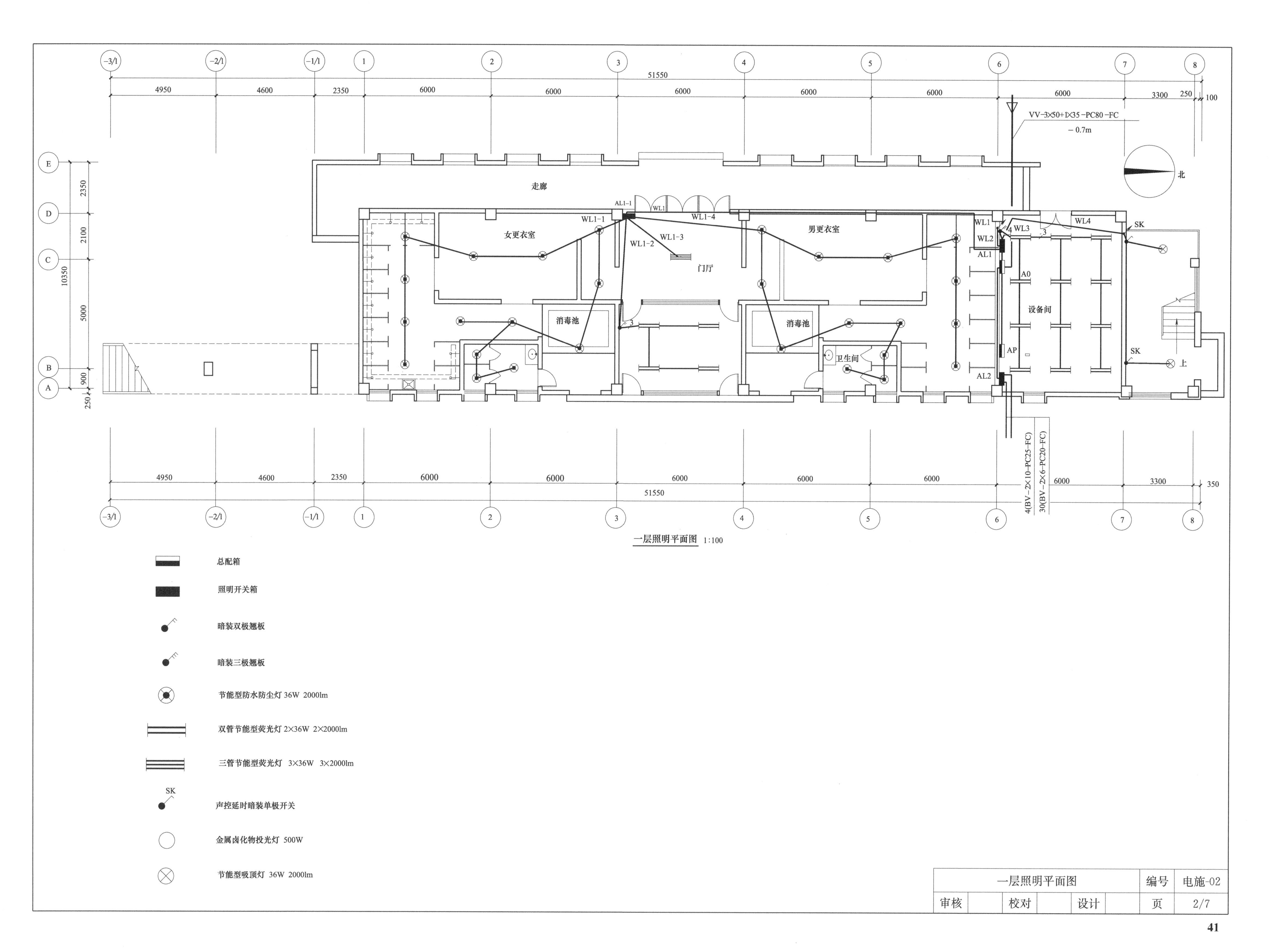

走廊
女更衣室
男更衣室
门厅
消毒池
消毒池
卫生间
卫生间
设备间
VV-3×50+1×35-PC80-FC
-0.7m
4(BV-2×10-PC25-FC)
30(BV-2×6-PC20-FC)
北
一层照明平面图 1:100
总配箱
照明开关箱
暗装双极翘板
暗装三极翘板
节能型防水防尘灯 36W 2000lm
双管节能型荧光灯 2×36W 2×2000lm
三管节能型荧光灯 3×36W 3×2000lm
声控延时暗装单极开关
金属卤化物投光灯 500W
节能型吸顶灯 36W 2000lm
一层照明平面图
编号 电施-02
审核
校对
设计
页 2/7

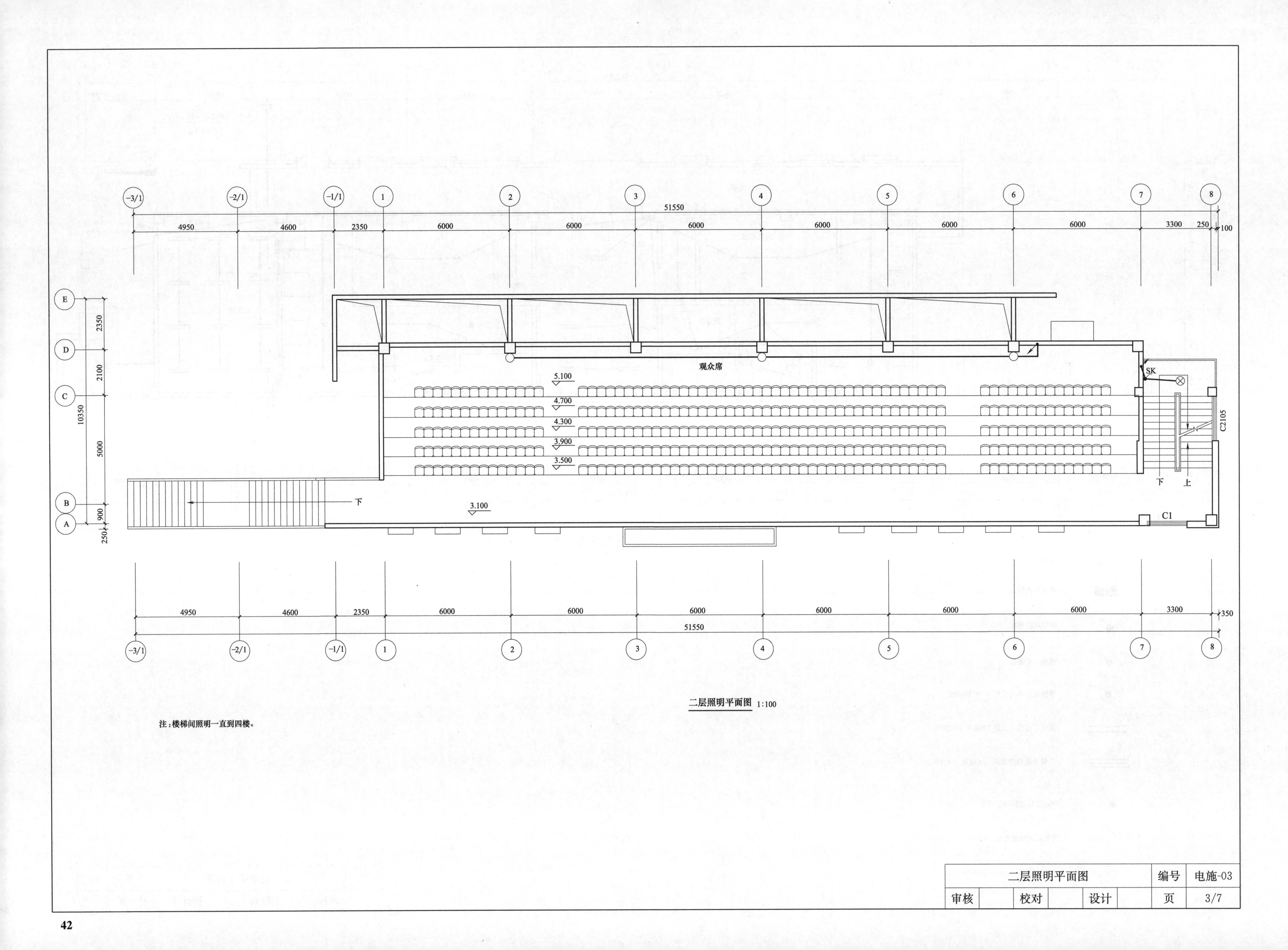

二层照明平面图 1:100

注：楼梯间照明一直到四楼。

二层照明平面图						编号	电施-03
审核		校对		设计		页	3/7

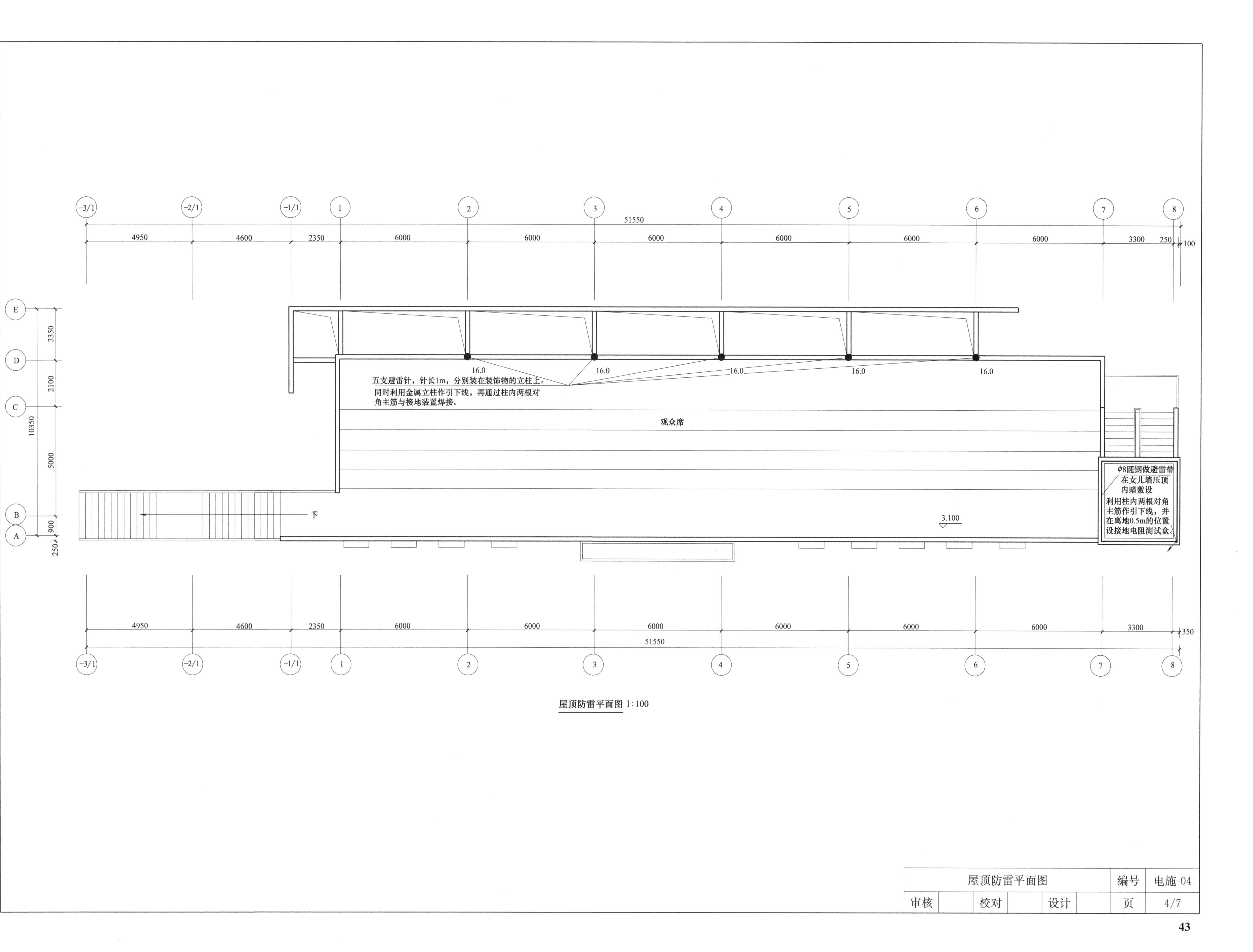

屋顶防雷平面图 1:100

屋顶防雷平面图						编号	电施-04
审核		校对		设计		页	4/7

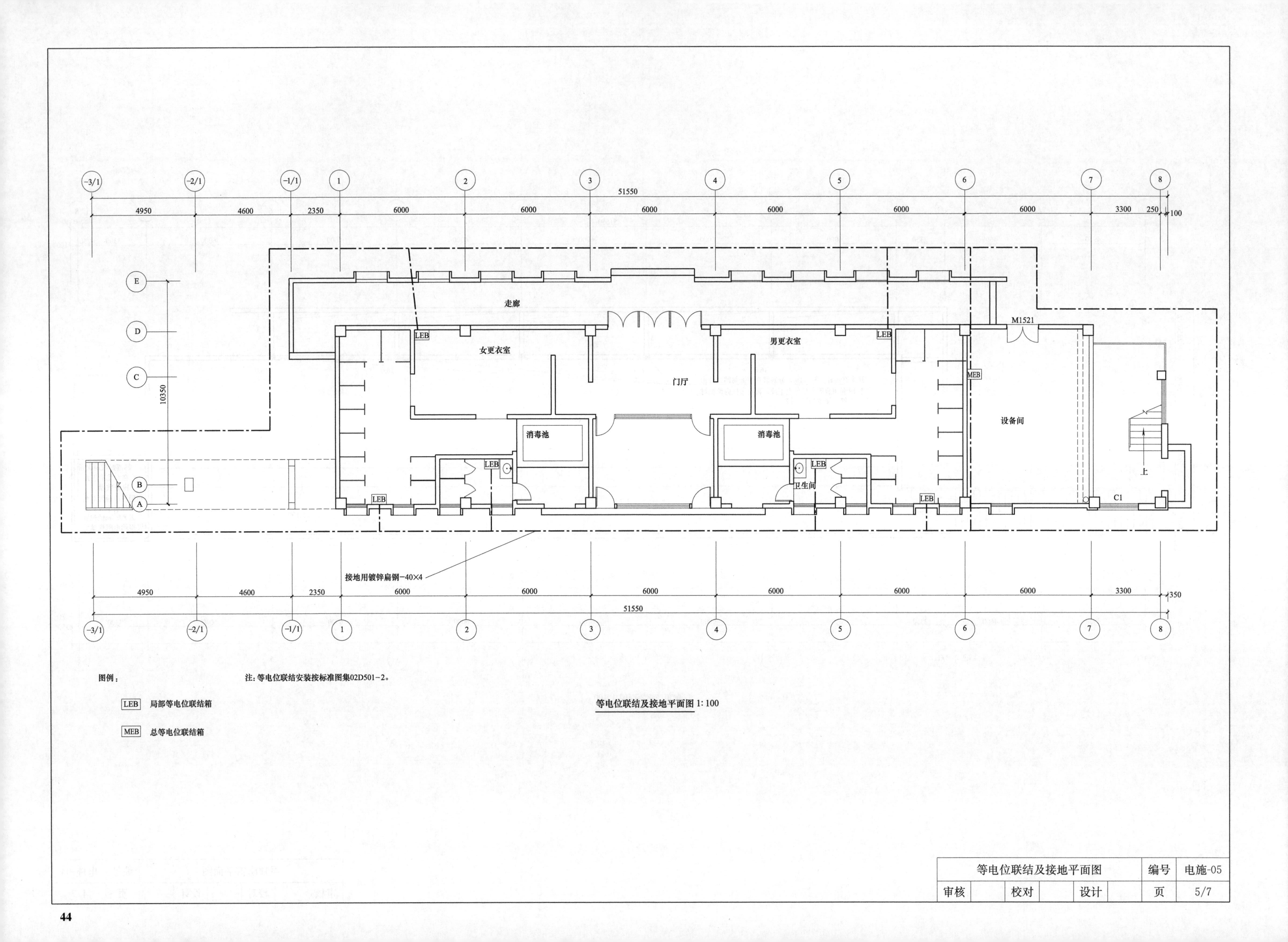

图例：

LEB 局部等电位联结箱

MEB 总等电位联结箱

注：等电位联结安装按标准图集02D501−2。

等电位联结及接地平面图 1:100

等电位联结及接地平面图						编号	电施-05
审核		校对		设计		页	5/7

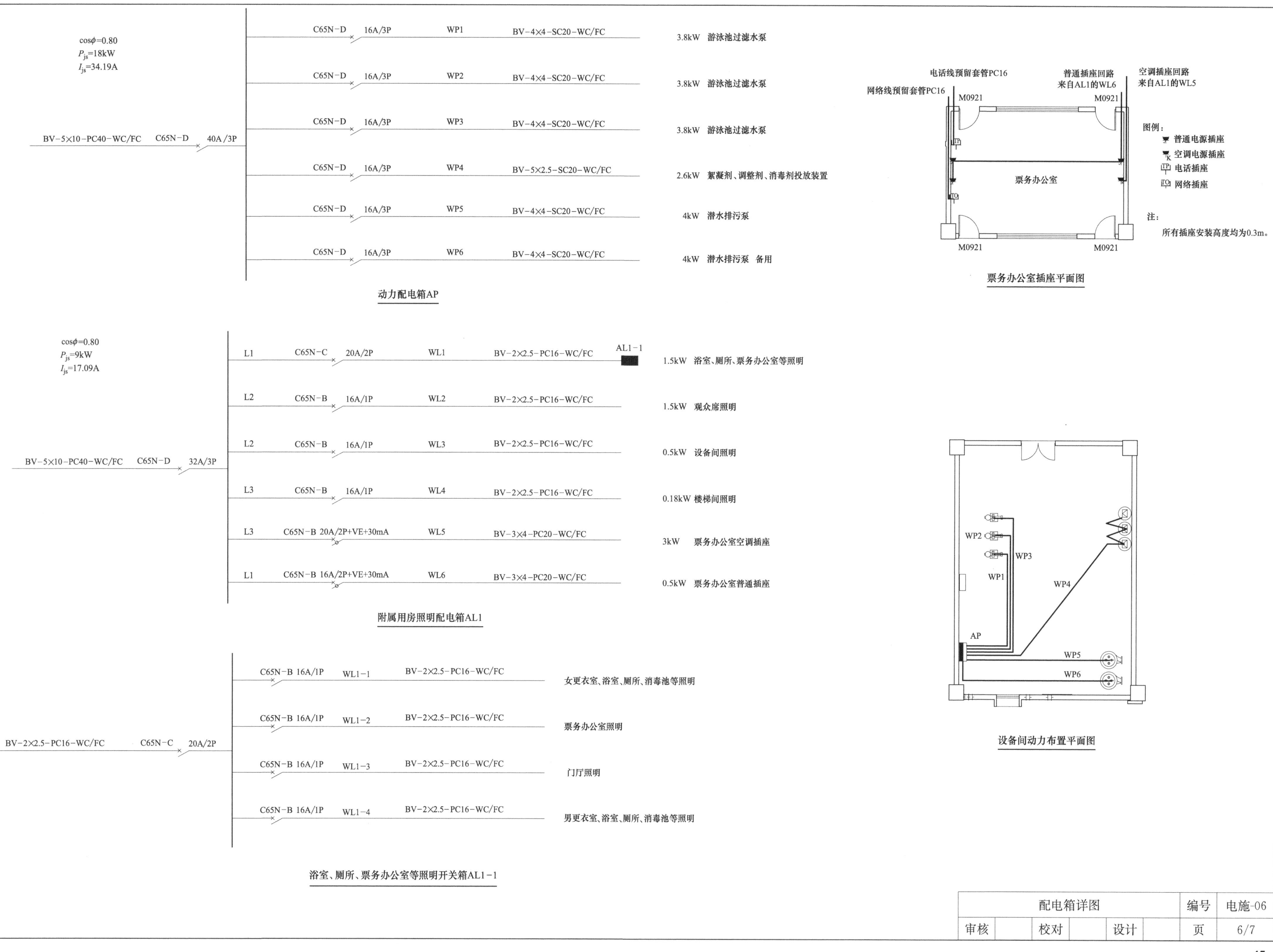

cosφ=0.80
Pjs=18kW
Ijs=34.19A
BV-5×10-PC40-WC/FC C65N-D 40A/3P
C65N-D 16A/3P WP1 BV-4×4-SC20-WC/FC 3.8kW 游泳池过滤水泵
C65N-D 16A/3P WP2 BV-4×4-SC20-WC/FC 3.8kW 游泳池过滤水泵
C65N-D 16A/3P WP3 BV-4×4-SC20-WC/FC 3.8kW 游泳池过滤水泵
C65N-D 16A/3P WP4 BV-5×2.5-SC20-WC/FC 2.6kW 絮凝剂、调整剂、消毒剂投放装置
C65N-D 16A/3P WP5 BV-4×4-SC20-WC/FC 4kW 潜水排污泵
C65N-D 16A/3P WP6 BV-4×4-SC20-WC/FC 4kW 潜水排污泵 备用
动力配电箱AP
cosφ=0.80
Pjs=9kW
Ijs=17.09A
BV-5×10-PC40-WC/FC C65N-D 32A/3P
L1 C65N-C 20A/2P WL1 BV-2×2.5-PC16-WC/FC AL1-1 1.5kW 浴室、厕所、票务办公室等照明
L2 C65N-B 16A/1P WL2 BV-2×2.5-PC16-WC/FC 1.5kW 观众席照明
L2 C65N-B 16A/1P WL3 BV-2×2.5-PC16-WC/FC 0.5kW 设备间照明
L3 C65N-B 16A/1P WL4 BV-2×2.5-PC16-WC/FC 0.18kW 楼梯间照明
L3 C65N-B 20A/2P+VE+30mA WL5 BV-3×4-PC20-WC/FC 3kW 票务办公室空调插座
L1 C65N-B 16A/2P+VE+30mA WL6 BV-3×4-PC20-WC/FC 0.5kW 票务办公室普通插座
附属用房照明配电箱AL1
BV-2×2.5-PC16-WC/FC C65N-C 20A/2P
C65N-B 16A/1P WL1-1 BV-2×2.5-PC16-WC/FC 女更衣室、浴室、厕所、消毒池等照明
C65N-B 16A/1P WL1-2 BV-2×2.5-PC16-WC/FC 票务办公室照明
C65N-B 16A/1P WL1-3 BV-2×2.5-PC16-WC/FC 门厅照明
C65N-B 16A/1P WL1-4 BV-2×2.5-PC16-WC/FC 男更衣室、浴室、厕所、消毒池等照明
浴室、厕所、票务办公室等照明开关箱AL1-1
电话线预留套管PC16
网络线预留套管PC16
普通插座回路
来自AL1的WL6
空调插座回路
来自AL1的WL5
M0921
M0921
票务办公室
M0921
M0921
图例：
普通电源插座
空调电源插座
电话插座
网络插座
注：
所有插座安装高度均为0.3m。
票务办公室插座平面图
WP2
WP3
WP1
WP4
AP
WP5
WP6
设备间动力布置平面图
配电箱详图
编号
电施-06
审核
校对
设计
页
6/7

图例及主要材料表

图例符号	名　称	规格及型号	安装方式	单位	数量
A0	总配电箱		H=1.50m 明设	个	1
AP	动力配电箱		H=1.50m 明设	个	1
AL1	附属用房照明配电箱		H=1.50m 明设	个	1
AL2	游泳池照明配电箱		H=1.50m 明设	个	1
AL1-1	浴室、厕所、票务办公室等照明开关箱		H=1.50m 明设	个	1
	暗装双极翘板	250V,10A	H=1.30m 暗设	个	1
	暗装三极翘板	250V,10A	H=1.30m 暗设	个	1
	节能型防水防尘灯	220V,36W,2000lm	吸顶安装	盏	28
	双管节能型荧光灯	220V,2×36W,2×2000lm	吸顶安装	盏	16
	三管节能型荧光灯	220V,3×36W,3×2000lm	吸顶安装	盏	1
SK	声控延时暗装单极开关	250V,10A	H=1.30m 暗设	个	5
	金属卤化物投光灯	220V,500W	贴梁或柱安装	盏	3
	节能型吸顶灯	220V,36W,2000lm	吸顶安装	盏	5
	杆上金属卤化物投光灯	220V,6000W	杆上安装 16m	盏	4
	游泳池嵌入式壁灯(地埋)	12V,300W	水下安装	盏	30
	普通五孔电源插座	250V,10A	H=0.3m 暗设	个	3
K	三孔空调电源插座	250V,20A	H=0.3m 暗设	个	1
TP	电话插座		H=0.3m 暗设	个	1
TO	网络插座		H=0.3m 暗设	个	1
LEB	局部等电位联结箱		H=0.3m 暗设	个	6
MEB	总等电位联结箱		H=0.3m 暗设	个	1

图例及主要材料表						编号	电施-07
审核		校对		设计		页	7/7

3　某省职业技术学院2号教学楼

建筑、结构、给水排水、电气施工图

3.1 2号教学楼建筑施工图

建筑设计说明

一、工程概况

1. 建设单位：某建筑公司
2. 单项名称：某省职业技术学院2号教学楼
3. 建设地点：××市
4. 建筑工程等级：三级
5. 设计使用年限：50年
6. 耐火等级：二级
7. 建筑物抗震设防烈度：7度
8. 建筑规模：23个教室
9. 建筑结构类型：框架结构
10. 总建筑面积：3680m^2
11. 建筑基底面积：920m^2
12. 建筑层数：地上4层
13. 建筑高度：19.950m。(由室外地坪算至坡顶高度一半处)
14. 设计标高：相对标高±0.000等于绝对标高486.5

二、设计范围

1. 本工程的施工图设计包括建筑结构、给水排水，电气等专业的配套内容。
2. 本建筑施工图仅承担一般室内装修设计，精装修及特殊装修另行委托设计。
3. 本建筑施工图含总平面布置图，主要表示建筑室内外高差。幕墙设计，室外道路，竖向设计另详。景观设计另行委托。

三、设计依据

相关主要规范，规定。

四、标注说明

除标高及总平面图中的尺寸以m为单位外，其他图纸的尺寸均以mm为单位。图中所注的标高除注明者外，均为建筑完成面标高。尺寸均以标注的数字为准，不得在图中量取。

五、本说明未提及的各项材料规格，材质，施工及验收等要求，均应遵照国家标准、各项工程施工及验收规范进行。

六、当门窗（含采光屋顶，防火门窗，人防门），幕墙（玻璃，金属及石材），电梯，特殊钢结构等建筑部件另行委托设计，制作和安装时，生产厂家必须具有国家认定的相应资质。其产品的各项性能指标应符合相关技术规范的要求。还应及时提供与结构主体有关的预埋件和预留洞口的尺寸，位置，误差范围，并配合施工。厂家在制作前应复核土建施工后的相关尺寸，以确保安装无误。

七、施工前请认真阅读本工程各专业的施工图文件，并组织施工图技术交底。施工中如遇图纸问题，应及时与设计单位协商处理。未经设计单位认可，不得任意变更设计图纸。

八、根据《建筑工程质量管理条例》第二章第十一条的规定，建设单位应将本工程的施工图设计文件报有关主管部门审查，未经审查，未经审查批准，不得使用。

九、未尽事宜应严格按国家及当地有关现行规范，规定要求进行施工。

■ 建筑防火

一、依据规范（选有关者书写）

1.《建筑设计防火规范》GB 50016—2014；
2.《建筑内部装修设计防火规范》GB 50222—95；
3. 相应建筑设计规范中的有关规定。

二、防火（防烟）分区的划分

本工程属多层民用建筑，耐火等级为二级。共划分三个防火分区。

三、每个防火分区设2疏散口，最小疏散宽度为3.0m。

四、疏散楼梯采用开敞楼梯间。两个安全出口之间的间距为25.6m，疏散距离满足规范要求。

五、施工注意事项

1. 防火墙及防火隔墙应砌至梁底，不得留有缝隙。
2. 管道穿过防火墙及楼板处应采用不燃烧材料将周围填实。管道的保温材料应为不燃烧材料。
3. 防火卷帘上部穿有管道时，应用防火板（或墙）封堵，并达到耐火极限要求。
4. 除工艺及通风竖井外，管道井安装完管线后，应在每层楼板处补浇相同强度等级的混凝土将楼板封实。
5. 金属结构构件应喷涂满足相应规范要求的防火涂料，并达到规范中要求的耐火极限。
6. 防火门，窗和防火卷帘等消防产品应选用国家颁发生产许可证的企业生产的合格产品，以及经国家有关部门检验合格并符合建筑工程消防安全要求的建筑构件，配件及装饰材料。

■ 建筑防水

一、屋面防水

根据《屋面工程技术规范》GB 50345—2012，主体工程防水等级为Ⅱ级，二道设防，且应符合有关技术规定。

二、其他防水

1. 卫生间的楼地面标高，应比同层楼地面标高低20mm。
2. 公共卫生间部分入口室内外地面应平顺，卫生间地面1%坡度坡向地漏。
3. 卫生间墙根部应用C15混凝土现浇150高条带。
4. 相关楼（地）面防水层详见工程做法。

■ 建筑节能

一、依据规范

1.《民用建筑热工设计规范》GB 50176—93。
2.《公共建筑节能设计标准》GB 50189—2015。

二、所居气候分区为夏热冬冷地区。

三、建筑体型系数为0.32。

四、围护结构保温材料的选择

1. 屋面保温采用40厚挤塑聚苯保温层，$k=0.63W/(m^2 \cdot K)$。
2. 外墙填充墙采用200mm厚非承重空心砖，外墙外贴20mm厚挤塑聚苯板保温层，$k \leqslant 0.88W/(m^2 \cdot K)$。
3. 外窗采用塑钢框，双层中空玻璃。$k=2.7W/(m^2 \cdot K)$

■ 无障碍设计

一、依据规范：《无障碍设计规范》GB 50763—2012。

二、在以下部位考虑无障碍设施：建筑入口及室内高差处的坡道，相关内外门，残疾人厕位（或专用厕所）等，详见有关建施图纸及《建筑无障碍设施》(03J926) 图集。

■ 安全防范设计

一、中庭，落地窗等处的防护栏杆离楼面200mm高度未留空，栏杆高度距建筑完成面为1050mm，栏杆形式由用户选择成品，但需以坚固耐久的材料制作，并能承受荷载规范规定的水平荷载。

二、楼梯栏杆选购成品，需满足扶手高度自踏步前缘线起为900mm高，靠楼梯梯井一侧水平扶手长度超过500mm时，其高度为1050mm。

三、安全玻璃使用的范围：

1. 面积大于1.5m^2的窗玻璃或玻璃底边离最终装修面小于500mm的落地窗采用钢化玻璃。
2. 飘板采光天窗采用夹层玻璃。
3. 中庭玻璃栏板，采用钢化玻璃，公称厚度及面积要求需满足《建筑玻璃应用技术规程》JGJ 113—2015第6.1.2、第6.2.5条要求。
4. 室内玻璃隔断，建筑物出入口门厅的门窗玻璃采用钢化玻璃。
5. 无框玻璃门和大于0.5m^2的有框固定门采用钢化玻璃。
6. 玻璃幕墙应采用安全玻璃，并应具有抗撞击的性能。
7. 凡属于《建筑玻璃应用技术规程》JGJ 113—2015所规定的安全范围的玻璃均采用安全玻璃。

建筑设计说明一						编号	建施-01
审核		校对		设计		页	1/17

■ 墙体

一、混凝土框架柱的位置，大小、构造详见结施图。

二、黏土砖墙

1. ±0.000 以上外墙及卫生间为 200mm 厚非承重空心砖，内墙为 200mm 厚加气混凝土块，卫生间内隔墙为 120mm 厚非承重空心砖。

2. 墙身防潮

（1）水平防潮层：设于底层室内地面以下 60 处，用料见工程做法。

（2）当室内墙身两侧地面有高差时，在邻土的一侧做竖向防潮层（用料同上），以保证防潮的连续性。

（3）当防潮层部位遇有钢筋混凝土基础梁或圈梁时，可不另作防潮层。

3. 砖墙配筋及其与钢筋混凝土墙，柱的连接构造详见结施图。

4. 过梁

（1）根据非承重墙上洞口宽度及该处的墙体厚度，按Ⅰ级荷载级别，选用《钢筋混凝土过梁》03G322-1 中相应的预制过梁。

（2）当洞口宽度≥2400 以及位于钢筋混凝土柱或墙边的现浇过梁，详见结施图。

5. 竖井的砌筑

空调送回风竖井的内侧应随砌随抹 20 厚保温砂浆压光，其他竖井内侧随砌随抹 20 厚水泥砂浆，并赶光压实。

6. 墙身留洞

钢筋混凝土构件上的留洞见结施图。建施图仅标示 300×300 以上的预留洞口，300×300 以下者根据设备工种图纸配合预留。

■ 门窗

一、依据规范

1.《建筑玻璃应用技术规程》JGJ 113—2015。

2.《建筑安全玻璃管理规定》（发改运行［2003］2116 号文）。

二、外门窗与玻璃幕墙防火设计，节能设计与安防设计详见本说明相应篇章。

1. 外门窗玻璃与玻璃幕墙框料与玻璃及铝板与石材装饰构件颜色形式需由专业幕墙公司提供样板经由建筑师与甲方确定。

2. 本建筑图仅示意外门窗玻璃与玻璃幕墙洞口尺寸，分樘示意，开启扇位置及形式，据此，幕墙公司应结合建筑使用功能及美观要求，根据当地气候及环境条件，确定玻璃幕墙的抗风压，水密性，气密性，隔声，隔热，防火，防雷，防玻璃炸裂等技术要求，按照相应规范负责二次设计（包括装饰构件的细部设计），制作与安装。幕墙公司须现场复核尺寸和数量，确定无误后再加工安装。

■ 室内二次装修

一、室内二次装修的部位详见内装施工图。

二、不得破坏建筑主体结构承重构件和超过结施图中标明的楼面荷载值。也不得任意更改公用的给水排水管道，暖通风管及消防设施。

三、不得任意降低吊顶控制标高以及改动吊顶上的通风与消防设施。

四、不应减少安全出口及疏散走道的净宽和数量。

五、室内二次装修设计与变更均应遵守《建筑内部装修设计防火规范》GB 50222—95，并应经原设计单位的认可。

六、二次装修设计应符合《民用建筑工程室内环境污染控制规范》GB 50325—2010 的规定。

■ 其他

一、所有预埋木砖及木门窗等木制品与墙体接触部分，均需涂刷两道环保型防腐剂。

二、室内为混合砂浆粉刷时，墙、柱和门洞口的阳角，应用 20 厚 1∶2 水泥砂浆做护角，其高度>2000，每侧宽度≥50。

三、屋面水落口：排水采用内落水。内落水详见水施图。

四、本工程所有露明铁件均涂防锈漆一道，树脂型调和漆两道，预埋木砖，铁件须做防腐，防锈处理后方可继续施工。

五、凡因结构降板导致面层厚度改变部分（未注明处）用轻骨料混凝土做相应厚度的垫层。

工程做法

做法详见 05J909

项目	编号	适用范围	类别	编号	备注
室外踏步与平台		建筑入口处	地砖面层台阶	台 8B	颜色规格另定
散水		建筑四周	混凝土散水	散 1B	$L=1200$
残疾人坡道		建筑入口处	地砖面层坡道	散 7B-1	
墙身砌体		外墙	非承重黏土空心砖		200(120)厚
		内墙	加气混凝土砌块		200 厚
		混凝土柱见结施			
外墙	外 1	位置详见立面	陶瓷饰面砖外墙	外墙 18A	保温层为 20 厚挤塑聚苯板
	外 2	位置详见立面	无机建筑涂料	外墙 9E	
内墙	内 1	除卫生间外其余房间	乳胶漆墙面	内涂 3	
	内 2	卫生间	贴面砖防水墙面	内 16	
地面	地 1	教室及办公用房	铺地砖地面(50 厚)	地 12A	垫层改为 20 厚
	地 2	卫生间	铺地砖地面(有防水)	地 13A	
	地 3	走廊及楼梯	铺地砖地面(30 厚)	地 12A	
楼面	楼 1	教室及办公用房	铺地砖楼面(50 厚)	楼 12A	垫层改为 20 厚
	楼 2	卫生间	铺地砖楼面(有防水)(70 厚)	楼 13A	
	楼 3	走廊及楼梯	铺地砖地面(30 厚)	楼 12A	
顶棚	棚 1	除卫生间外其余房间	板底涂料顶棚	棚 7A	
	棚 2	卫生间	耐潮纸面石膏板吊顶	棚 15A	
油漆	油 1	所有木门	清油	油 8	
	油 2	金属栏杆扶手	合成树脂调和漆	油 25	
踢脚			按楼面选用面层		
屋面	屋 1	不上人坡屋面	钢挂瓦条子瓦屋面	坡屋 9	保温层为 40 厚挤塑聚苯板
	屋 2	不上人平屋面	水泥砂浆保护层屋面	屋 15	保温层为 40 厚挤塑聚苯板
	屋 3	所有雨篷	水泥砂浆保护层屋面	屋 14	
	注：防水层为二道 3 厚双层 SBS 改性沥青防水卷材				

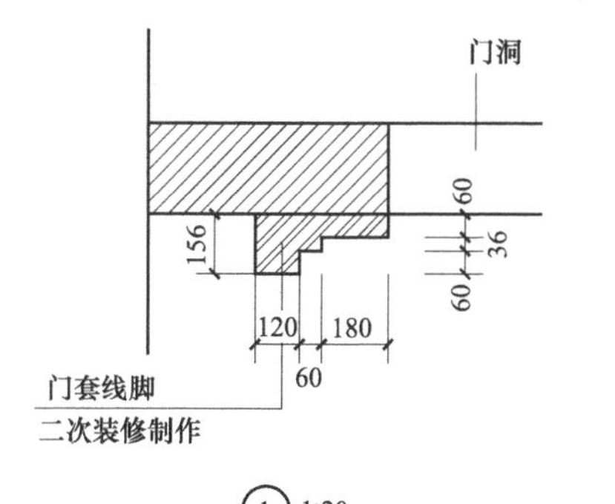
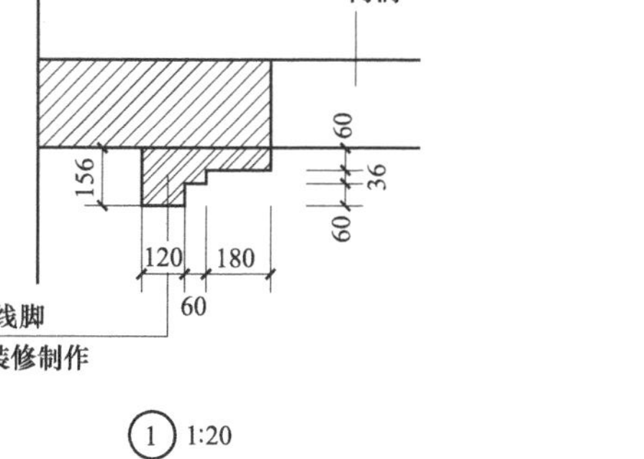

建筑设计说明二						编号	建施-02
审核		校对		设计		页	2/17

门窗明细表

类别	编号	使用图集		编号	砖口尺寸		总数	数量				附注
		图集代号	页次		宽	高		1层	2层	3层	4层	
防火门	FM甲-1	03J609	34	2M03-1521	1500	2100	8	2	2	2	2	
木门	MM-1	04J601-1	10	PJM05-1021	1000	2100	54	11	15	14	14	
	MM-2	04J601-1	10	PJM05-1521	1500	2100	8	2	2	2	2	居中安装
	MM-3	04J601-1	9	PJM04-0921	900	2100	8	2	2	2	2	
	MM-4	04J601-1	9	PJM04-0821	800	2100	8	2	2	2	2	
铝合门	LM-1	建施	02	LM-1	1800	3150	1	1				
	LM-2	建施	02	LM-2	2400	3150	1	1				
塑钢窗	SGC-1	建施	02	SGC-1	1800	2250	123	30	31	31	31	
	SGC-2	建施	02	SGC-2	1500	600	19	5	4	5	5	
	SGC-3	建施	02	SGC-3	1800	1500	11	2	3	3	3	
花格窗	C-1	建施	02	C-1	1500	1200	6		2	2	2	

注：用于教室的门，应在门扇的中部和下部增设金属护板做法详见 04J601-1 第 27 页。

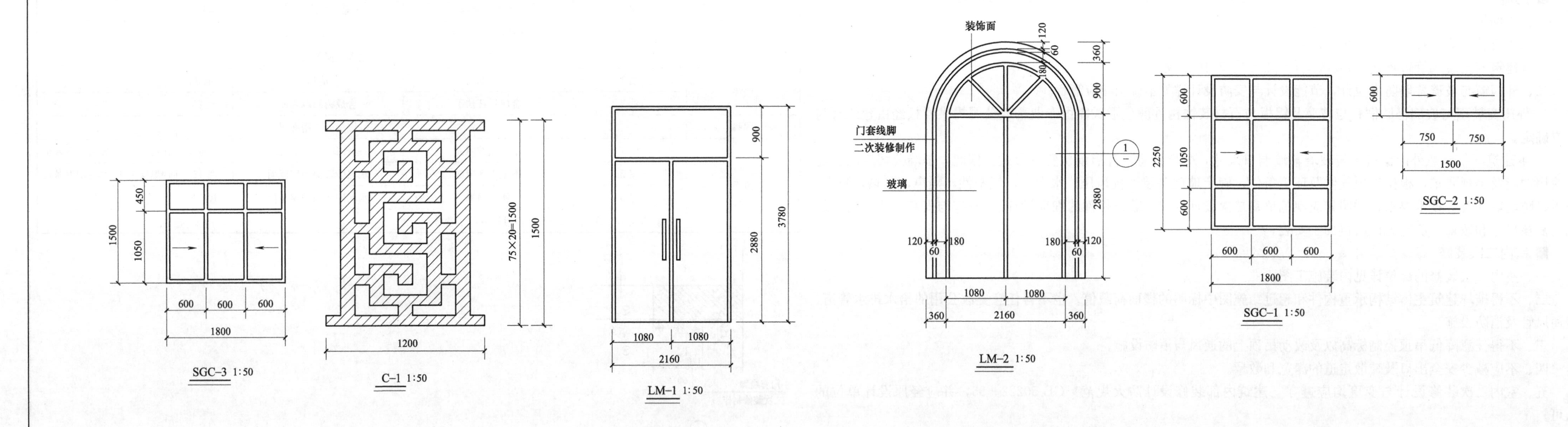

门窗明细表						编号	建施-03
审核		校对		设计		页	3/17

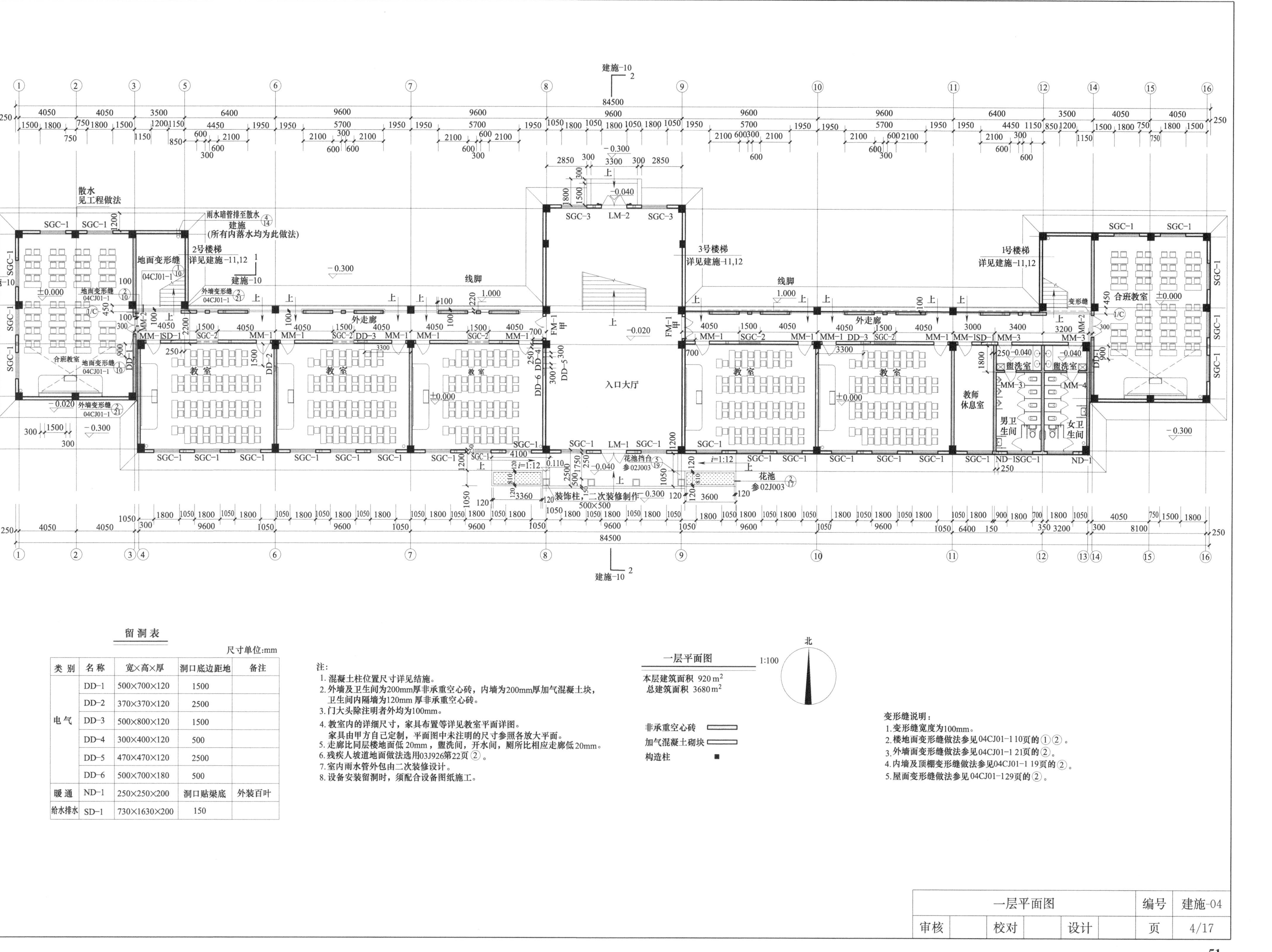

一层平面图

留洞表

尺寸单位:mm

类 别	名称	宽×高×厚	洞口底边距地	备注
电气	DD-1	500×700×120	1500	
	DD-2	370×370×120	2500	
	DD-3	500×800×120	1500	
	DD-4	300×400×120	500	
	DD-5	470×470×120	2500	
	DD-6	500×700×180	500	
暖 通	ND-1	250×250×200	洞口贴梁底	外装百叶
给水排水	SD-1	730×1630×200	150	

注:

1. 混凝土柱位置尺寸详见结施。
2. 外墙及卫生间为200mm厚非承重空心砖，内墙为200mm厚加气混凝土块，卫生间内隔墙为120mm 厚非承重空心砖。
3. 门大头除注明者外均为100mm。
4. 教室内的详细尺寸，家具布置等详见教室平面详图。家具由甲方自己定制，平面图中未注明的尺寸参照各放大平面。
5. 走廊比同层楼地面低 20mm，盥洗间，开水间，厕所比相应走廊低20mm。
6. 残疾人坡道地面做法选用03J926第22页②。
7. 室内雨水管外包由二次装修设计。
8. 设备安装留洞时，须配合设备图纸施工。

变形缝说明:

1. 变形缝宽度为100mm。
2. 楼地面变形缝做法参见04CJ01-1 10页的①②。
3. 外墙面变形缝做法参见04CJ01-1 21页的②。
4. 内墙及顶棚变形缝做法参见04CJ01-1 19页的②。
5. 屋面变形缝做法参见04CJ01-129页的②。

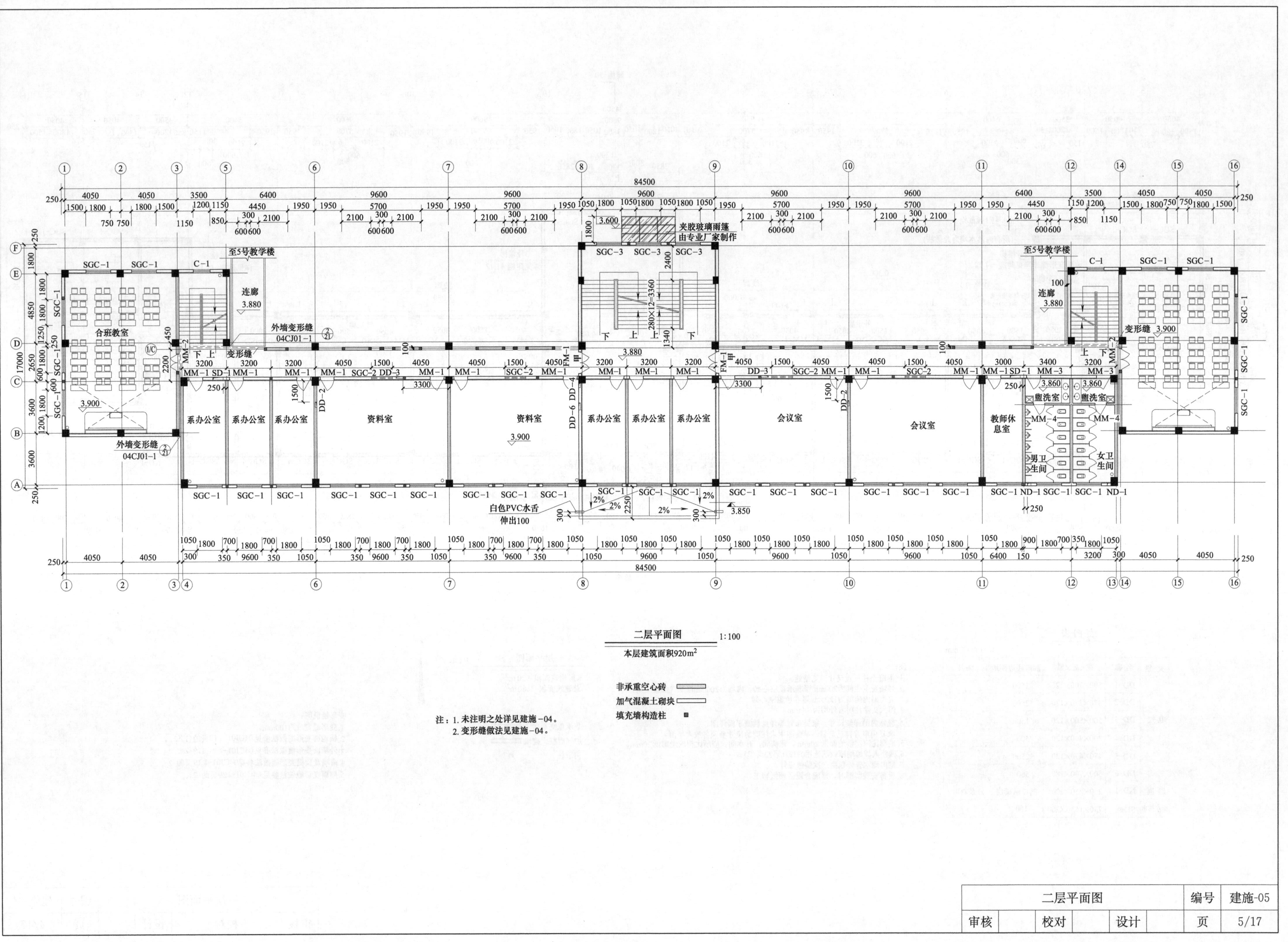
二层平面图 1:100
本层建筑面积920m²
非承重空心砖
加气混凝土砌块
填充墙构造柱
注：1. 未注明之处详见建施-04。
2. 变形缝做法见建施-04。
合班教室
系办公室
资料室
会议室
教师休息室
男卫生间
女卫生间
盥洗室
连廊
至5号教学楼
外墙变形缝
04CJ01-1
变形缝
夹胶玻璃雨篷
由专业厂家制作
白色PVC水舌
伸出100
280×12=3360
84500
17000
二层平面图
编号 建施-05
审核 校对 设计 页 5/17

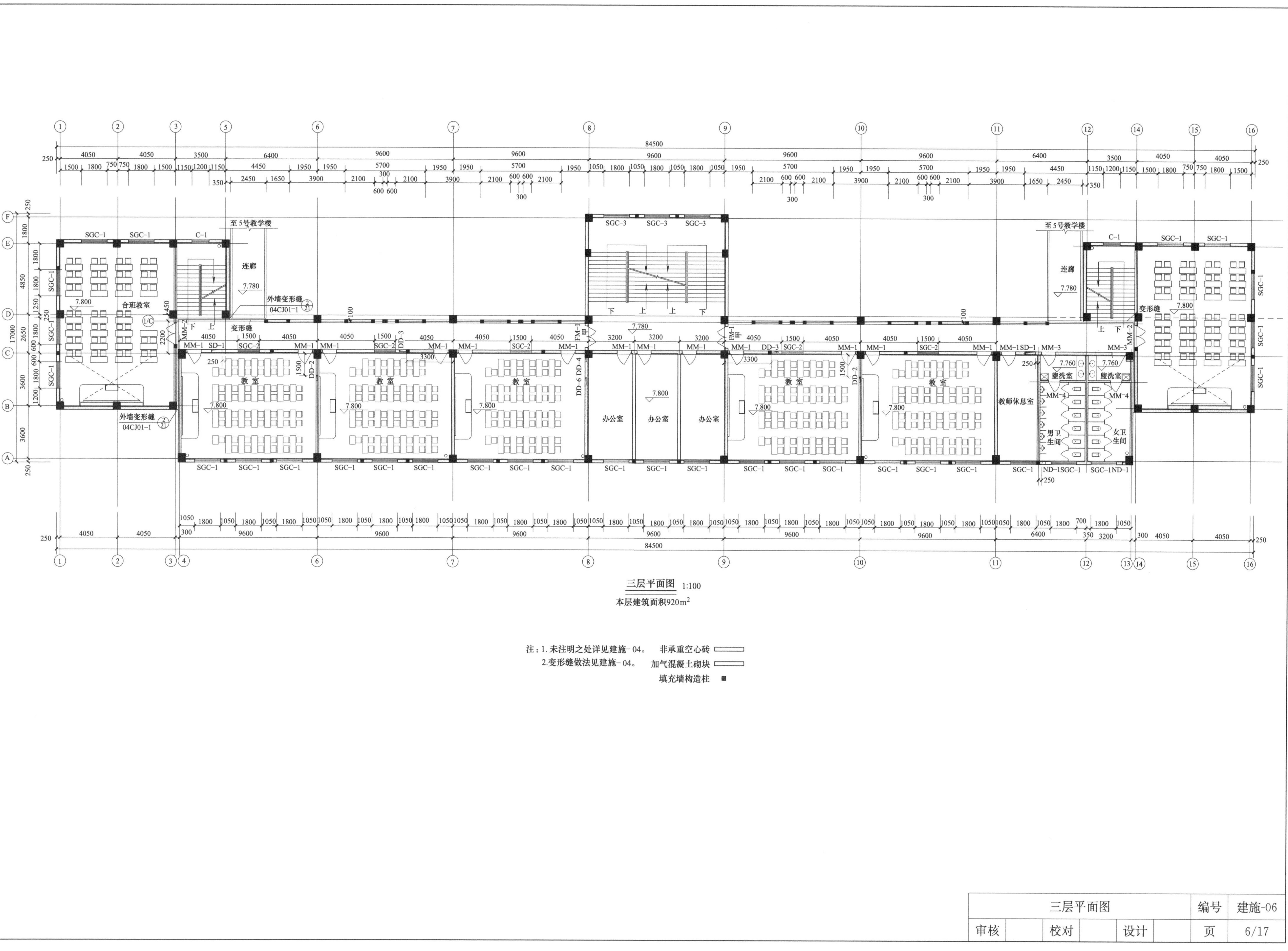
合班教室
连廊
至5号教学楼
外墙变形缝
04CJ01-1
变形缝
教室
办公室
教师休息室
盥洗室
男卫生间
女卫生间
三层平面图 1:100
本层建筑面积920m²
注：1. 未注明之处详见建施-04。
2.变形缝做法见建施-04。
非承重空心砖
加气混凝土砌块
填充墙构造柱
三层平面图
编号
建施-06
审核
校对
设计
页
6/17

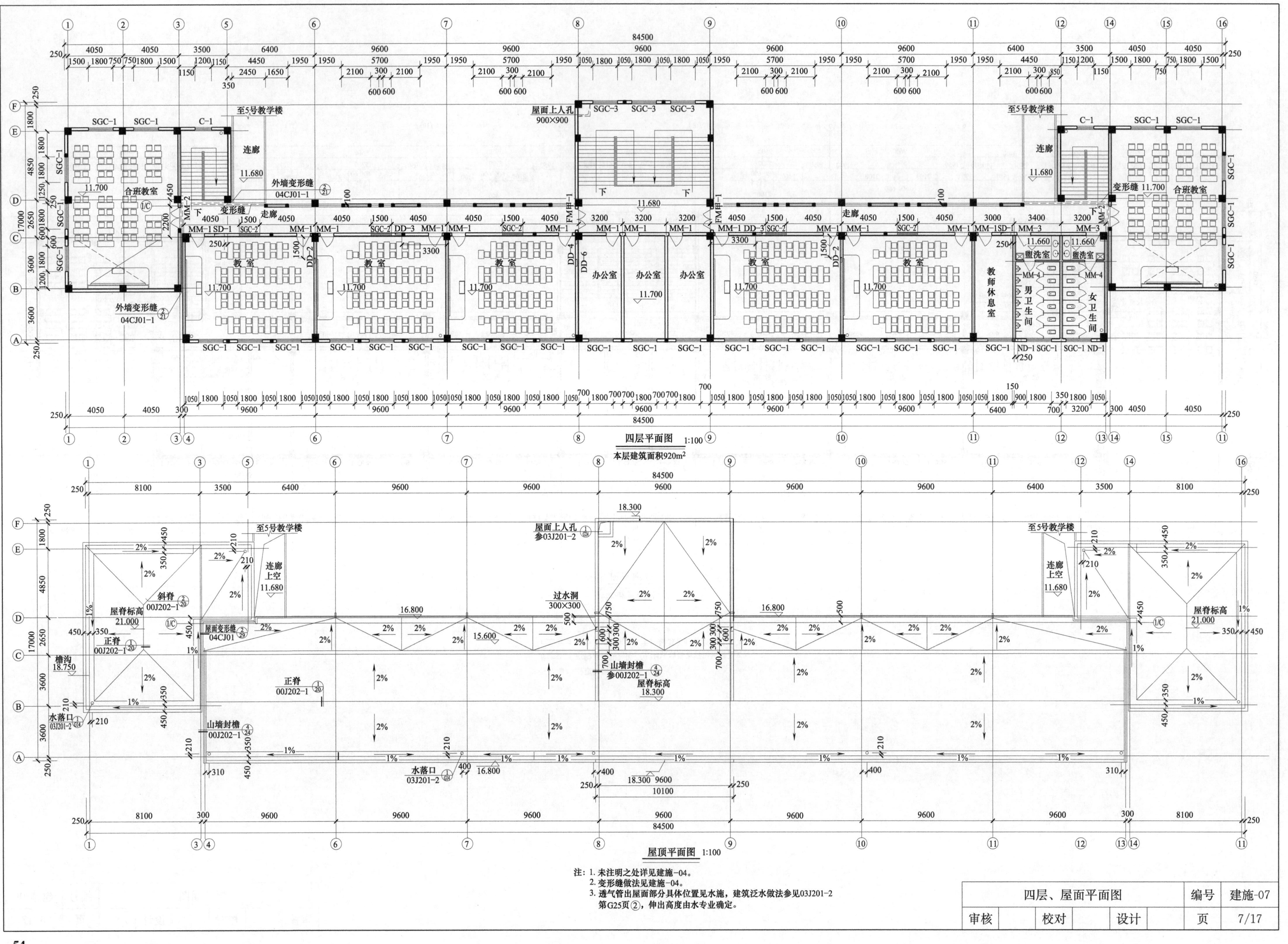
四层平面图 1:100
本层建筑面积920m²
屋顶平面图 1:100
注：1. 未注明之处详见建施-04。
2. 变形缝做法见建施-04。
3. 透气管出屋面部分具体位置见水施，建筑泛水做法参见03J201-2第G25页②，伸出高度由水专业确定。
四层、屋面平面图
编号 建施-07
审核 校对 设计 页 7/17

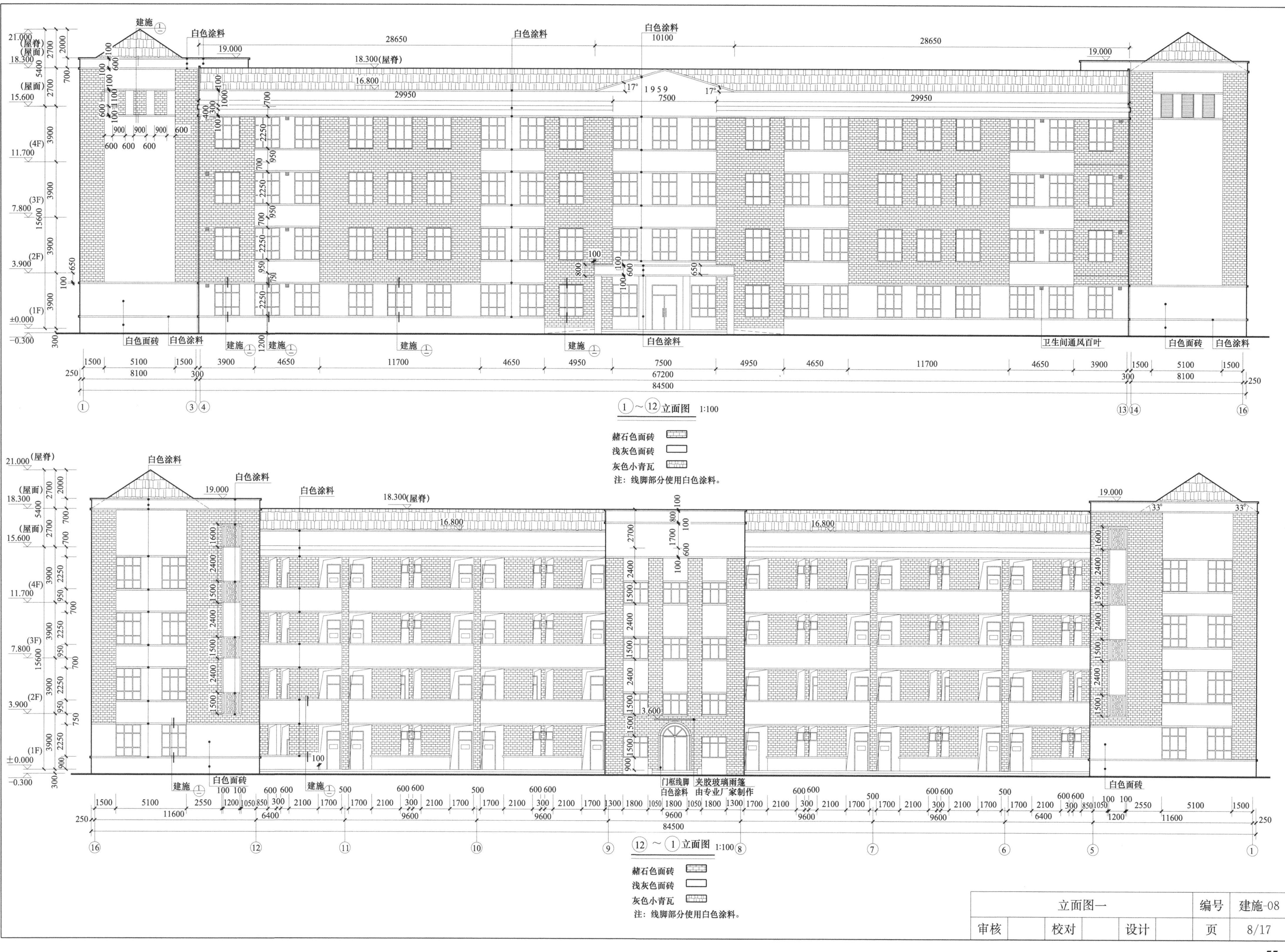

白色涂料
白色面砖
卫生间通风百叶
①～⑫立面图 1:100
赭石色面砖
浅灰色面砖
灰色小青瓦
注：线脚部分使用白色涂料。
门框线脚白色涂料
夹胶玻璃雨篷由专业厂家制作
⑫～①立面图 1:100
赭石色面砖
浅灰色面砖
灰色小青瓦
注：线脚部分使用白色涂料。
立面图一
编号 建施-08
审核 校对 设计 页 8/17

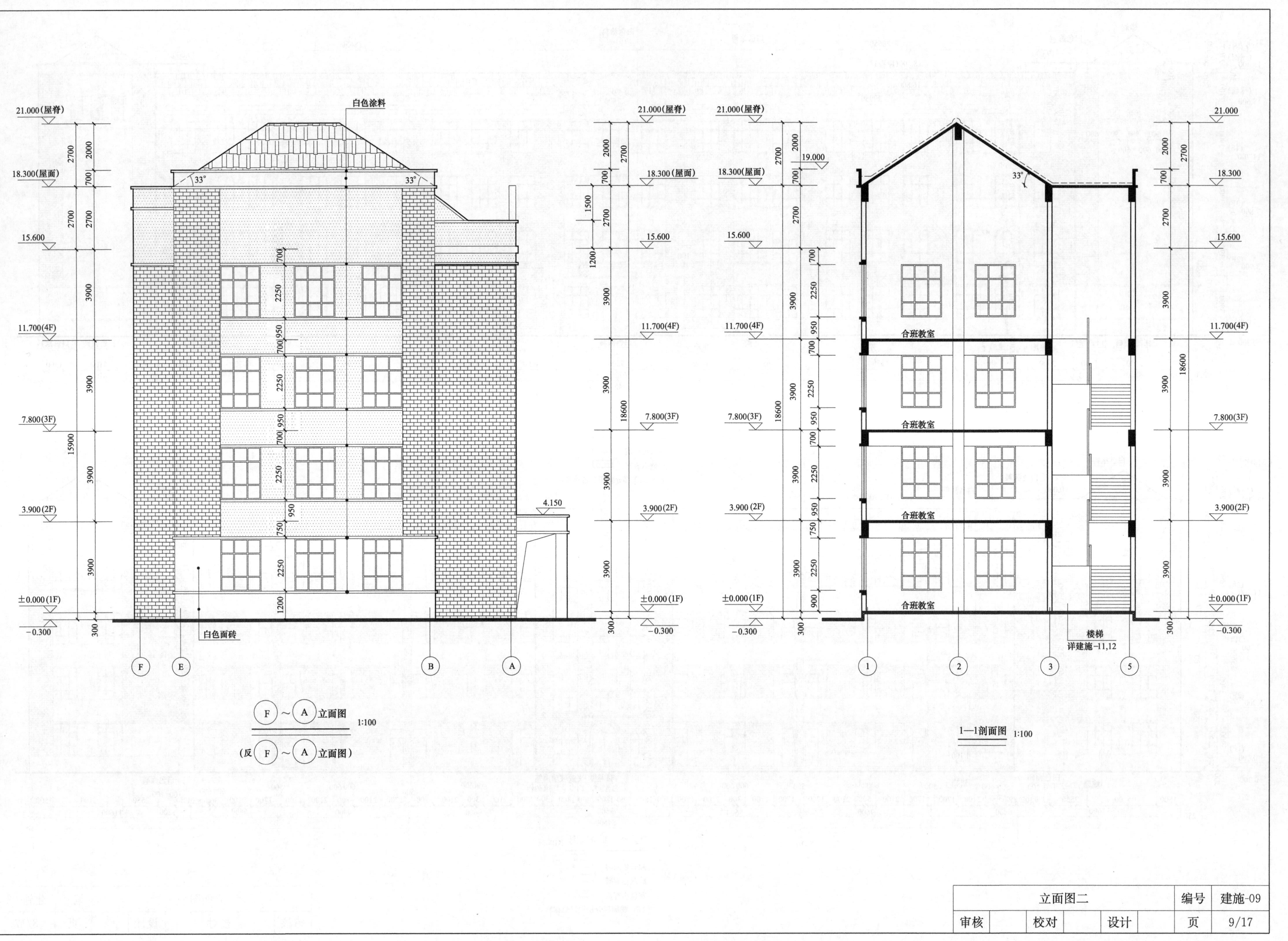
白色涂料
21.000(屋脊)
18.300(屋面)
15.600
11.700(4F)
7.800(3F)
3.900(2F)
±0.000(1F)
-0.300
19.000
4.150
21.000
18.300
白色面砖
合班教室
楼梯
详建施-11,12
F ~ A 立面图 1:100
(反 F ~ A 立面图)
1—1剖面图 1:100
立面图二
编号
建施-09
审核
校对
设计
页
9/17

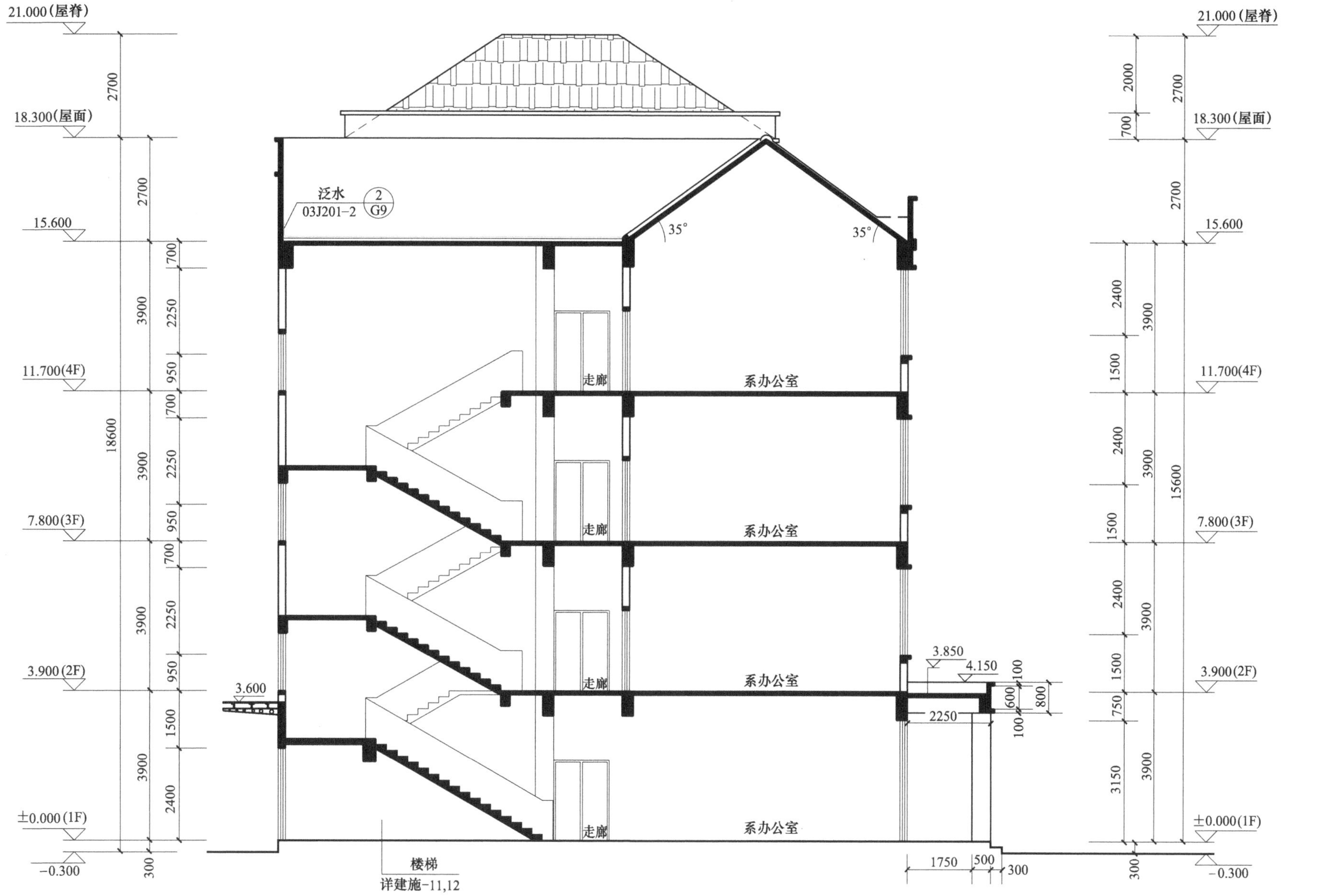

21.000(屋脊)
18.300(屋面)
15.600
11.700(4F)
7.800(3F)
3.900(2F)
±0.000(1F)
−0.300
2700
2700
3900
3900
3900
3900
18600
300
700
2250
950
700
2250
950
700
2250
950
1500
2400

泛水 03J201-2 (2/G9)
35°
35°
3.600
走廊
走廊
走廊
走廊
系办公室
系办公室
系办公室
系办公室
楼梯
详建施-11,12
3.850
4.150
100
600
800
100
2250
1750
500
300

21.000(屋脊)
18.300(屋面)
15.600
11.700(4F)
7.800(3F)
3.900(2F)
±0.000(1F)
−0.300
2000
700
2700
2700
2400
1500
2400
1500
2400
1500
750
3150
3900
3900
3900
3900
15600
300

2—2剖面图 1:100

2—2 剖面图						编号	建施-10
审核		校对		设计		页	10/17

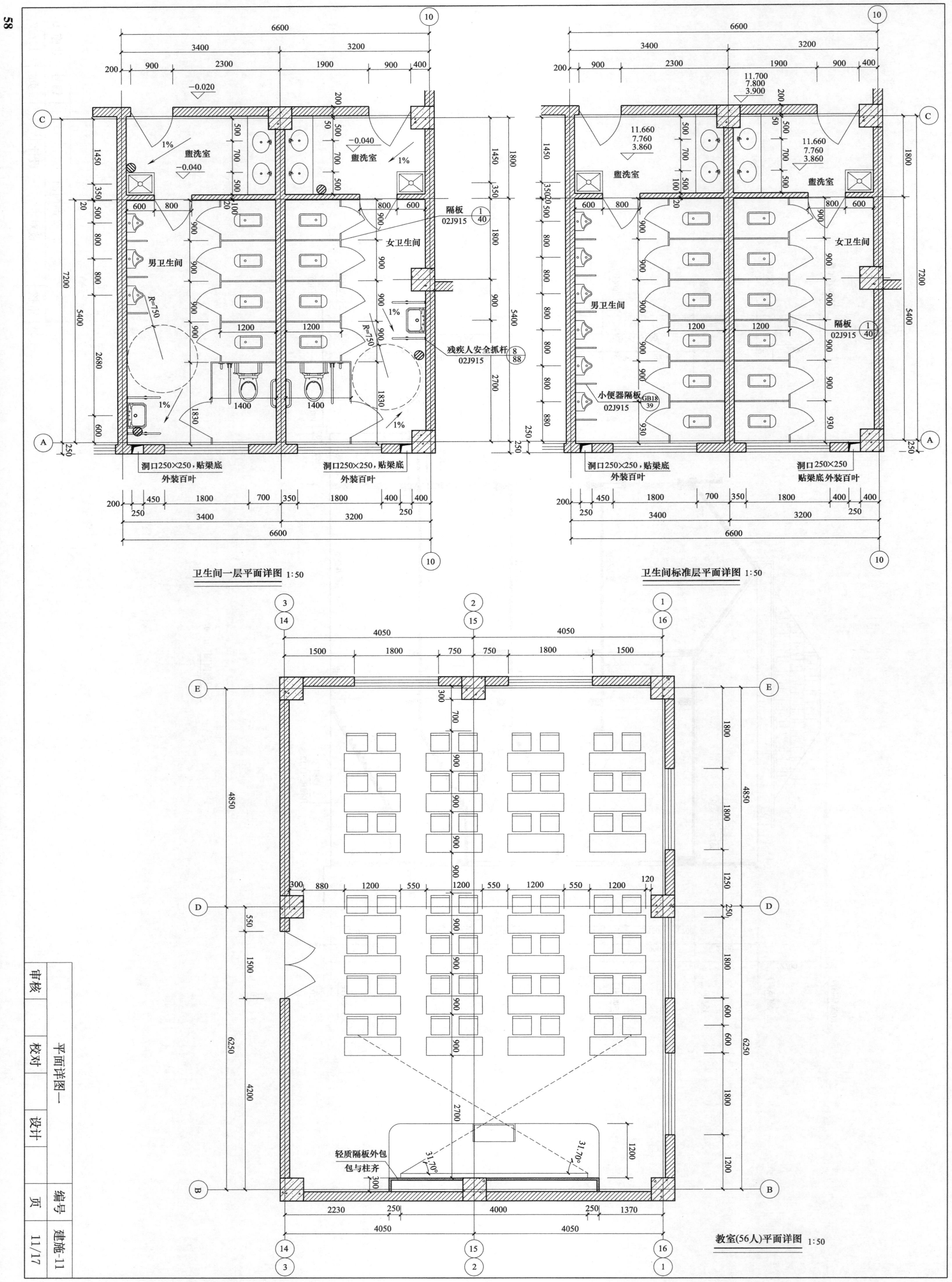

卫生间一层平面详图 1:50
卫生间标准层平面详图 1:50
教室(56人)平面详图 1:50
盥洗室
男卫生间
女卫生间
隔板
02J915
残疾人安全抓杆
02J915
小便器隔板
02J915
洞口250×250，贴梁底
外装百叶
洞口250×250
贴梁底外装百叶
-0.020
-0.040
11.700
7.800
3.900
11.660
7.760
3.860
R=750
1%
轻质隔板外包
包与柱齐
31.70°
6600
3400
3200
7200
5400
4050
6250
4850
平面详图一
审核
校对
设计
编号
建施-11
页
11/17

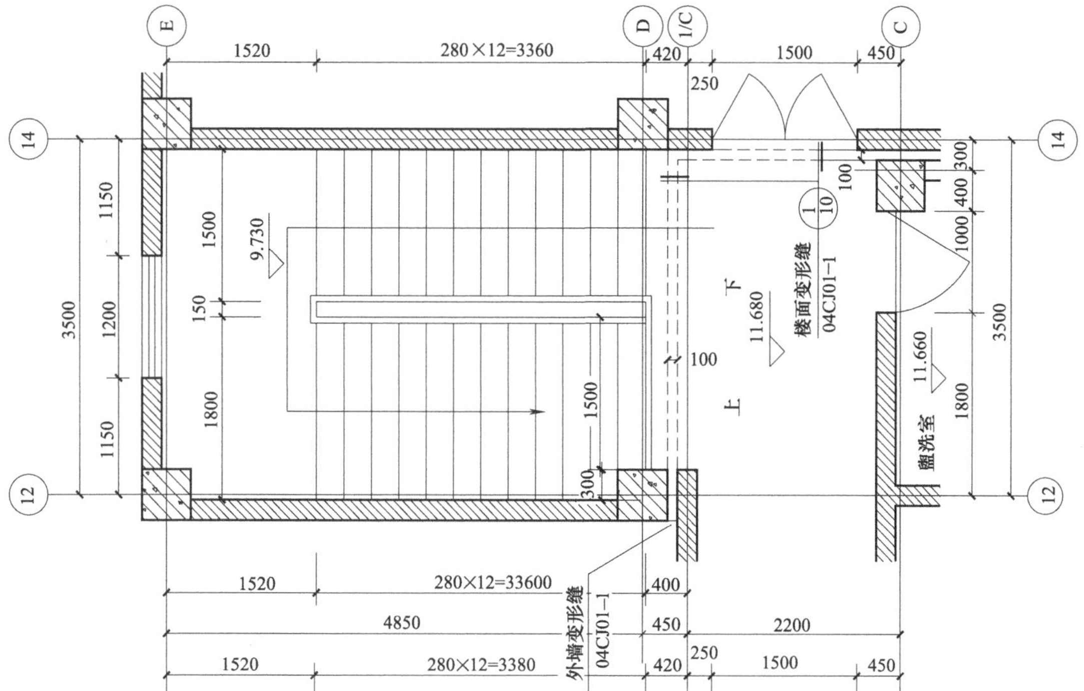
上
下
楼面变形缝
04CJ01-1
盥洗室
11.680
11.660
9.730
外墙变形缝
04CJ01-1

1,2号楼梯顶层平面详图 1:50

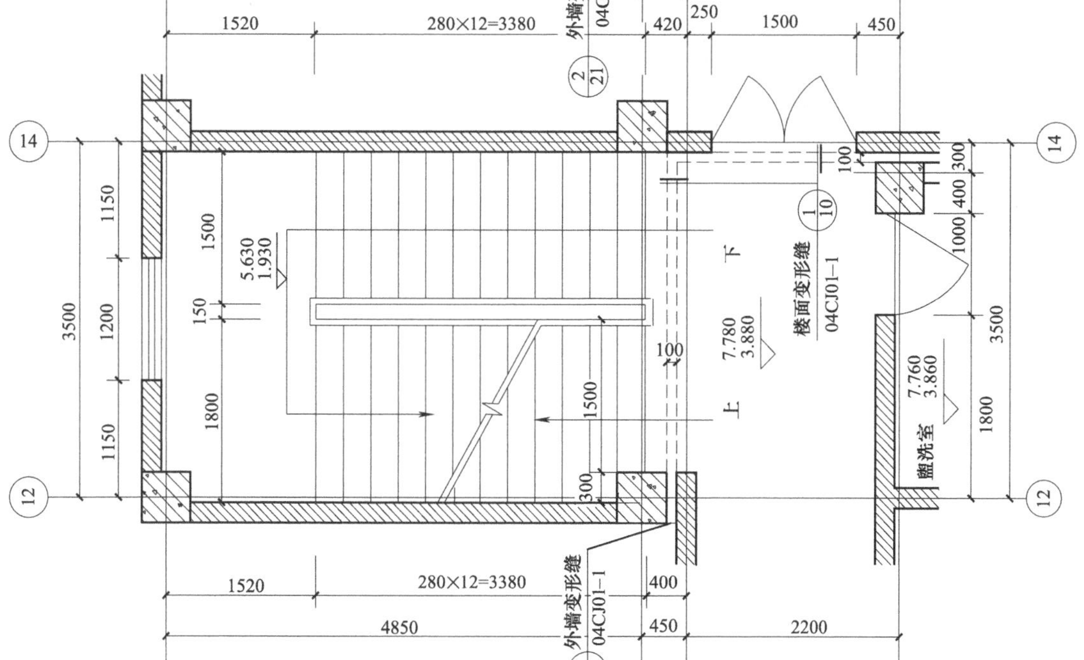
上
下
楼面变形缝
04CJ01-1
盥洗室
7.780
3.880
7.760
3.860
5.630
1.930
外墙变形缝
04CJ01-1

1,2号楼梯二、三层平面详图 1:50

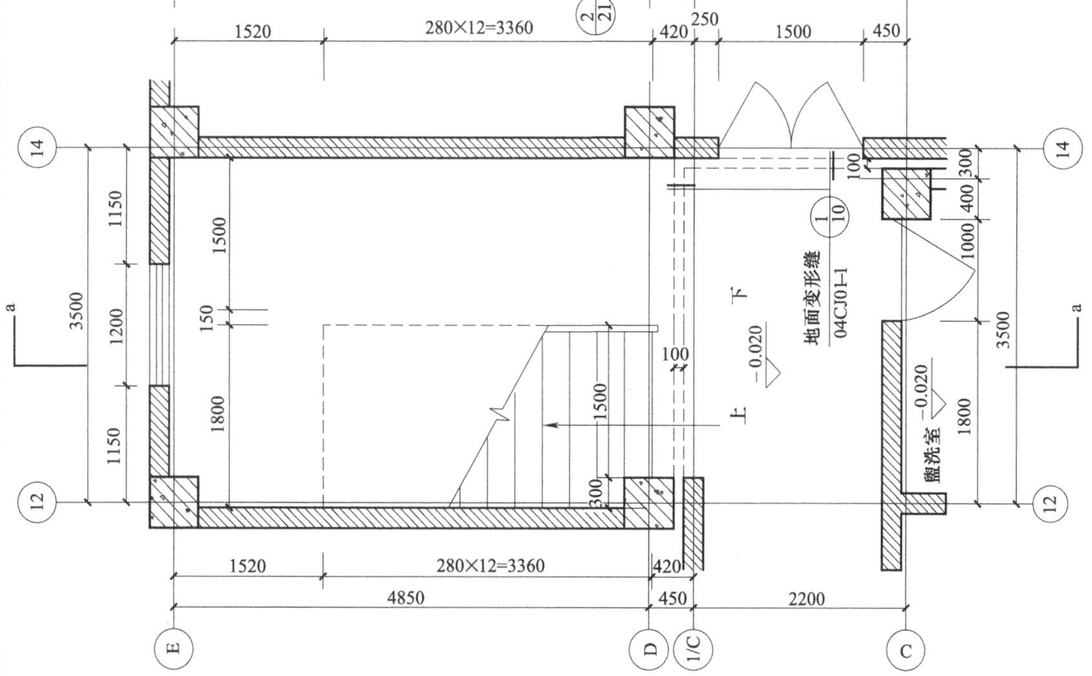
上
下
地面变形缝
04CJ01-1
盥洗室
-0.020

1,2号楼梯一层平面详图 1:50

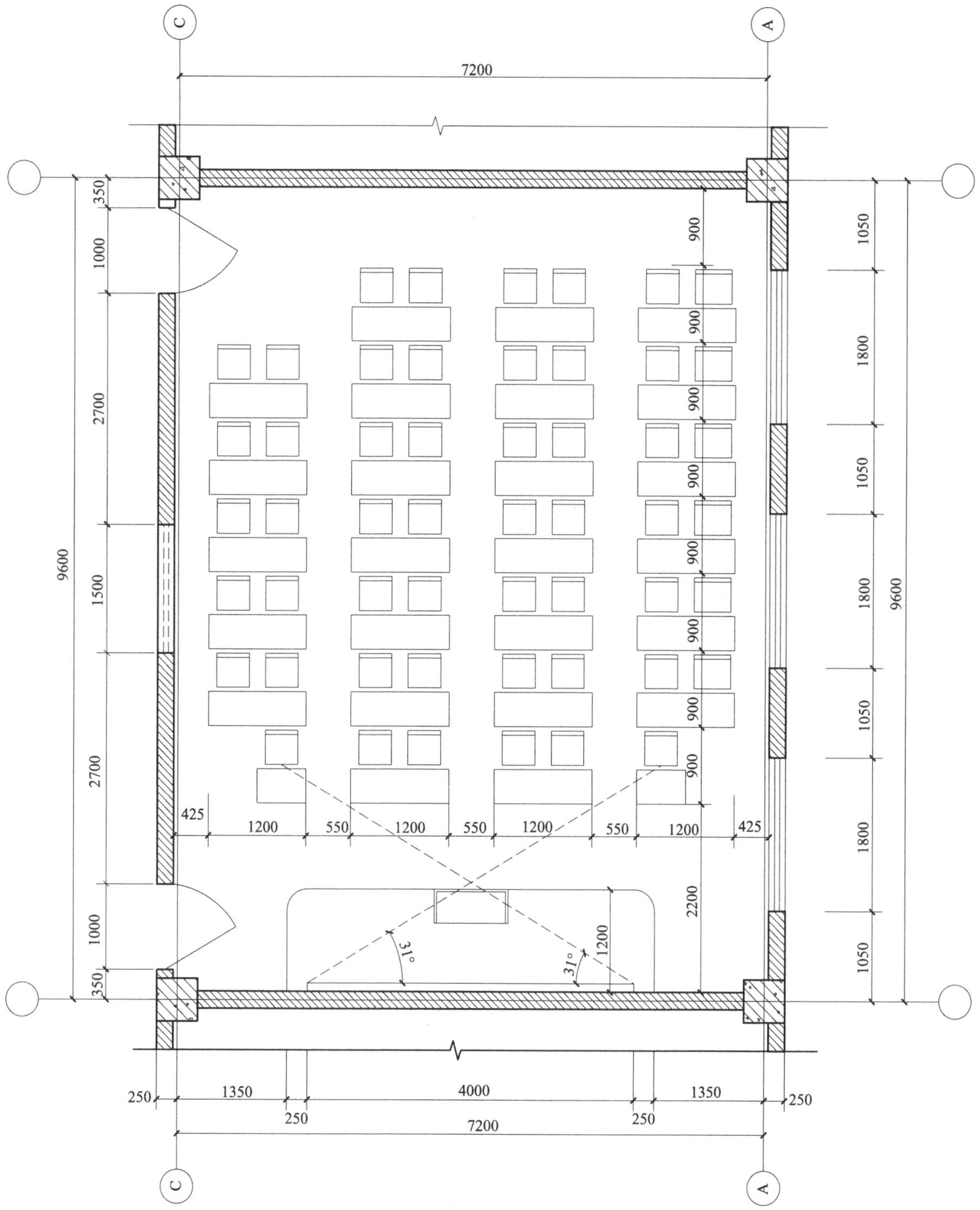

教室(52人)平面详图 1:50

平面详图二						编号	建施-12
审核		校对		设计		页	12/17

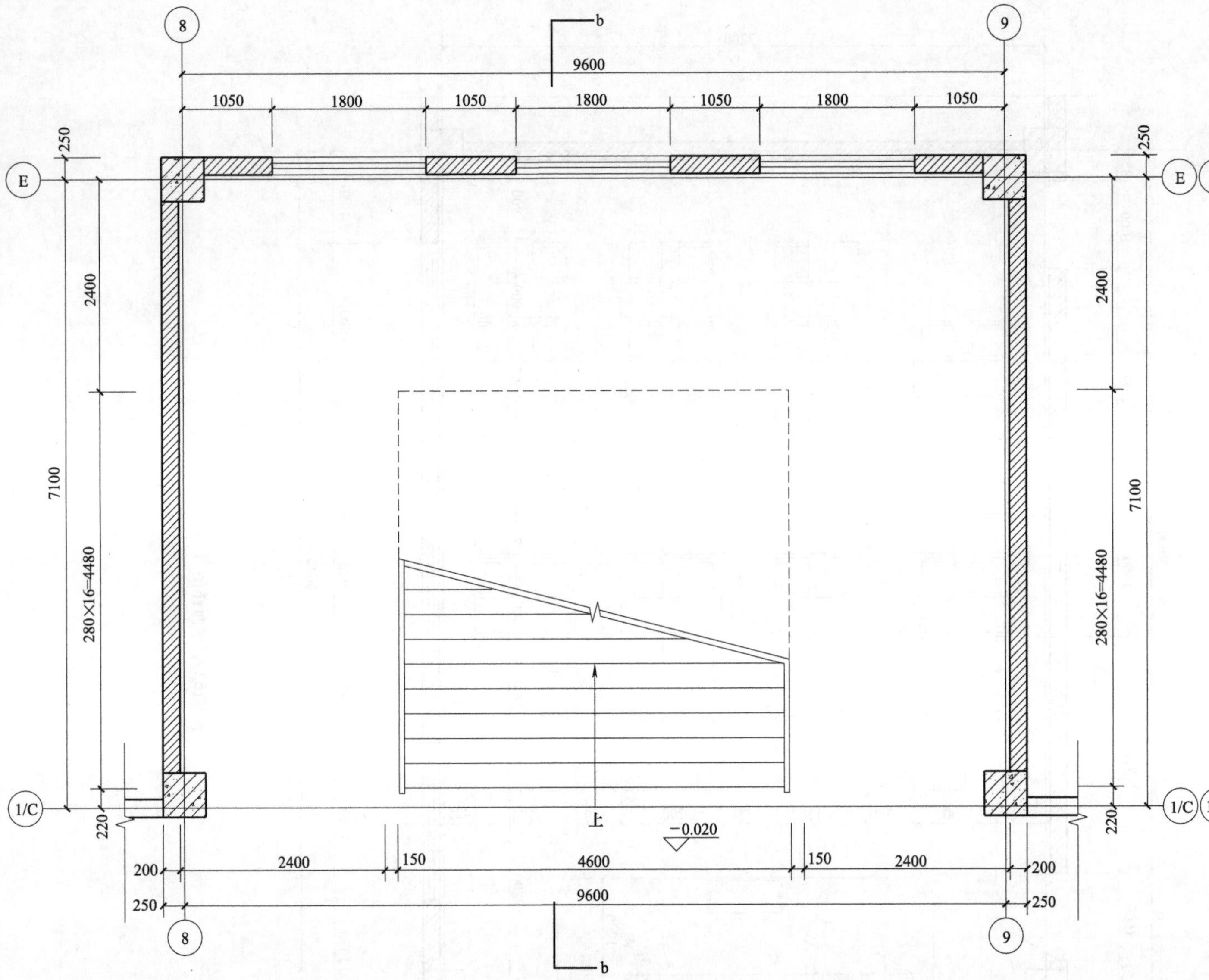

3号楼梯一层平面详图 1:50

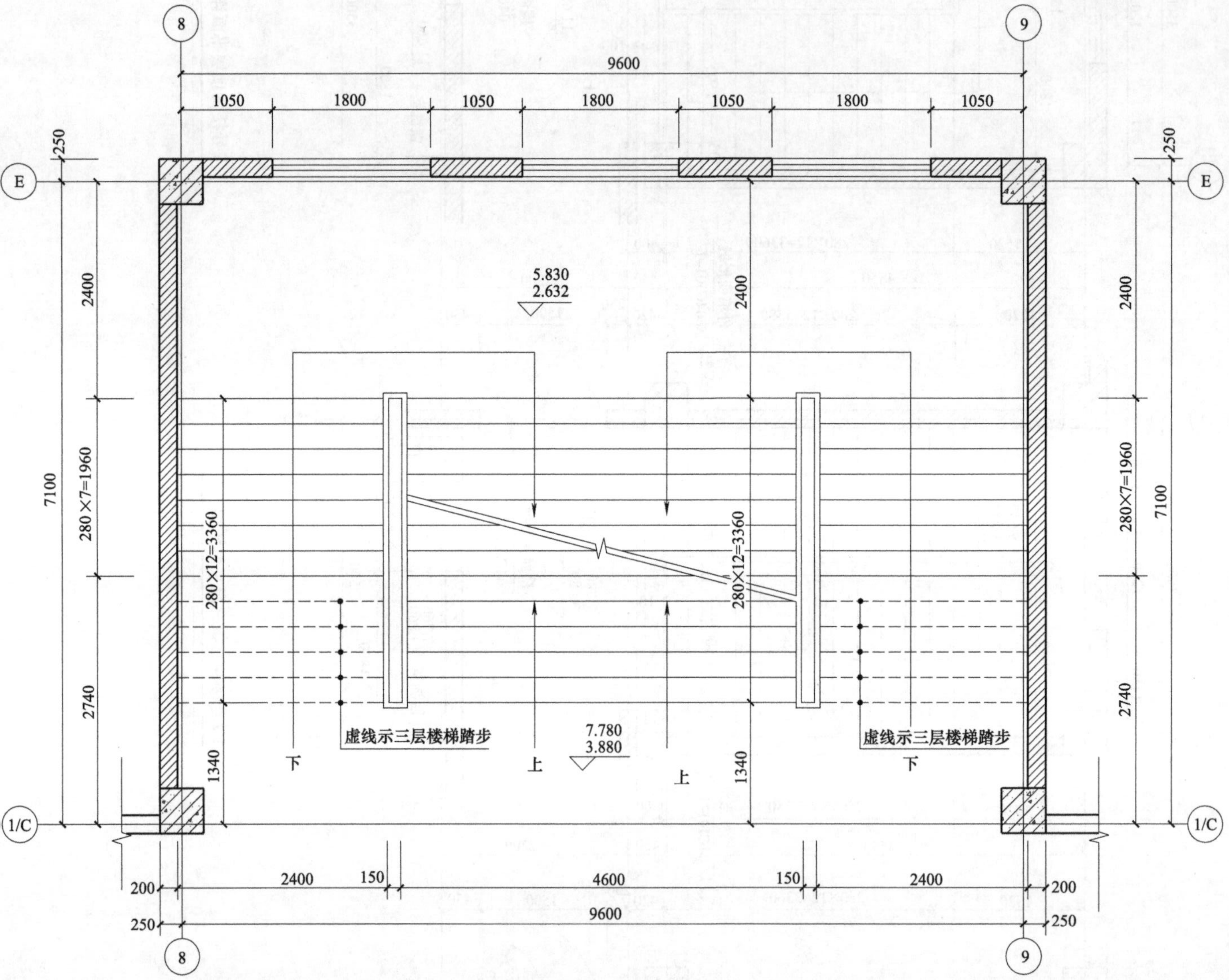

3号楼梯二、三层平面详图 1:50

虚线示三层楼梯踏步

平面详图三						编号	建施-13
审核		校对		设计		页	13/17

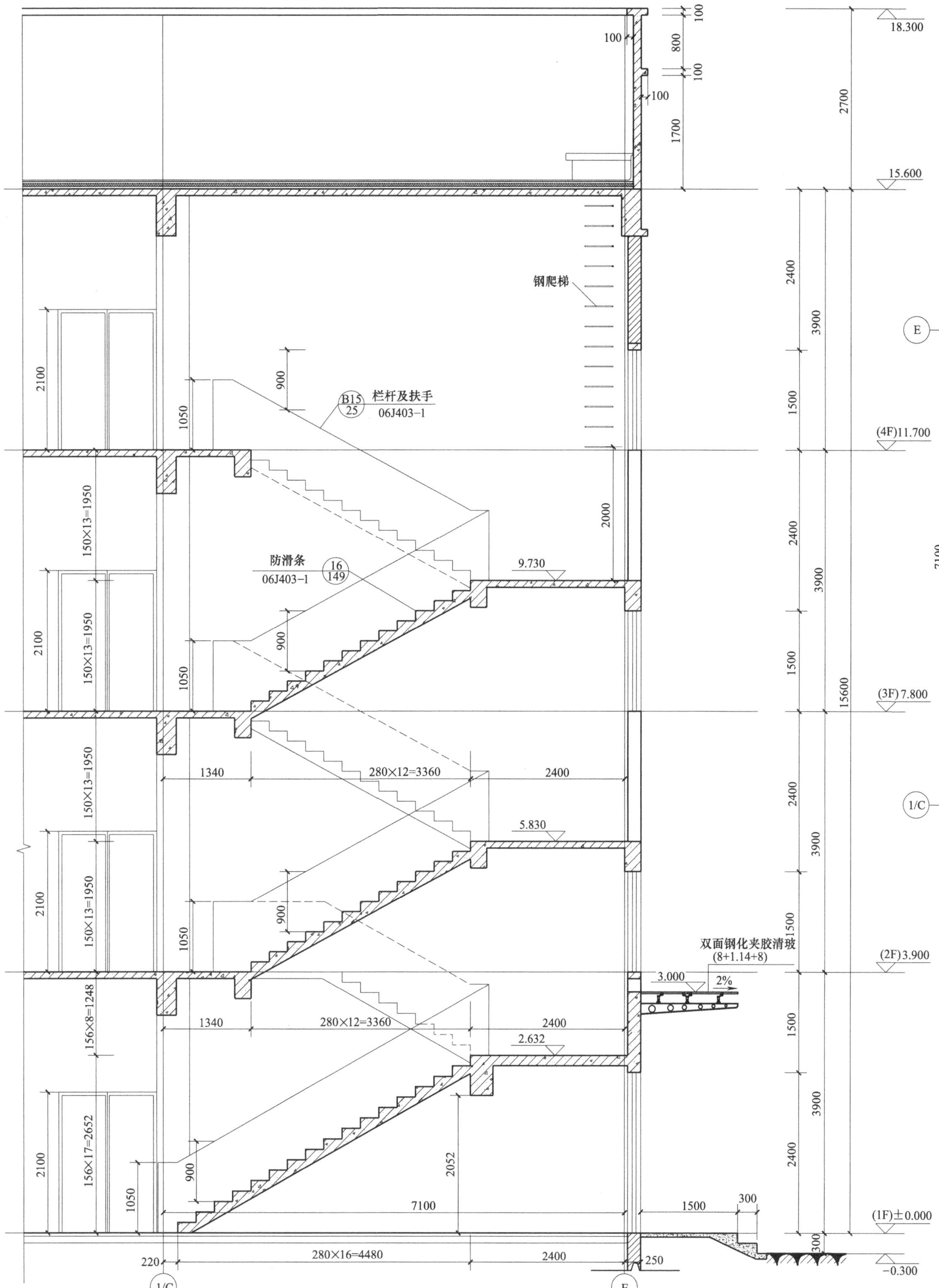

b—b剖面图 1:50

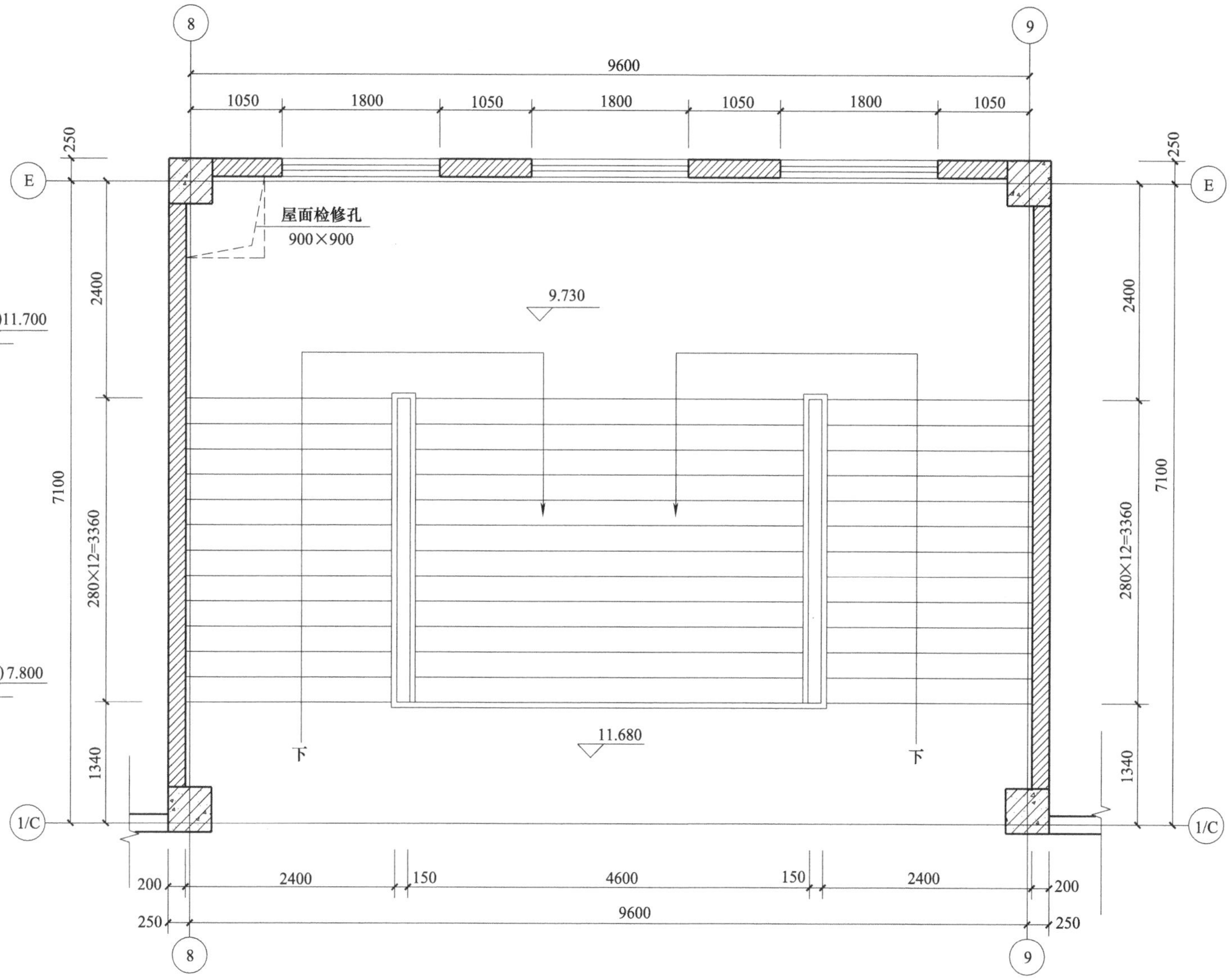

3号楼梯顶层平面详图 1:50

平面详图四						编号	建施-14
审核		校对		设计		页	14/17

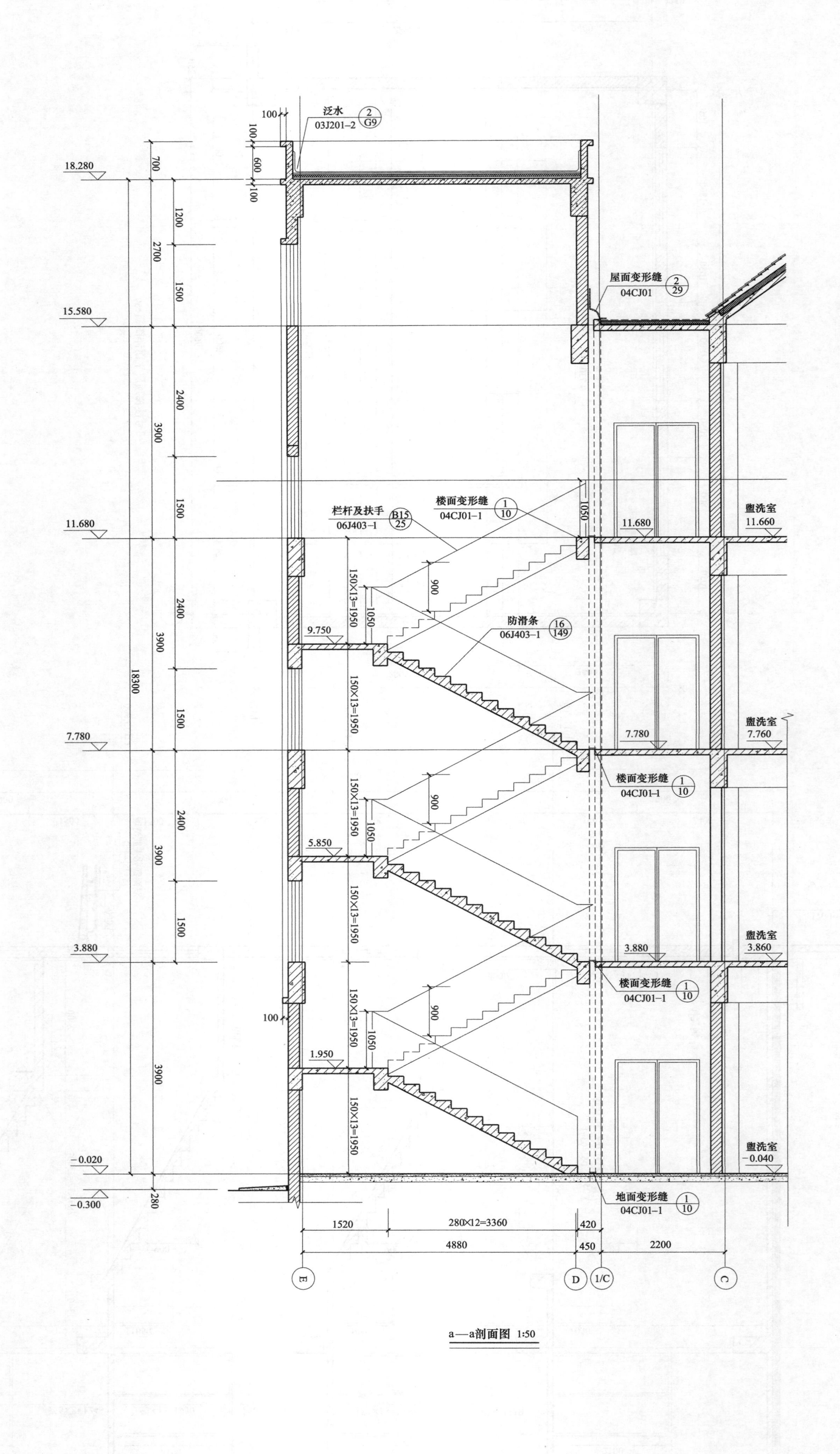

a—a剖面图 1:50

楼梯剖面图			编号	建施-15
审核	校对	设计	页	15/17

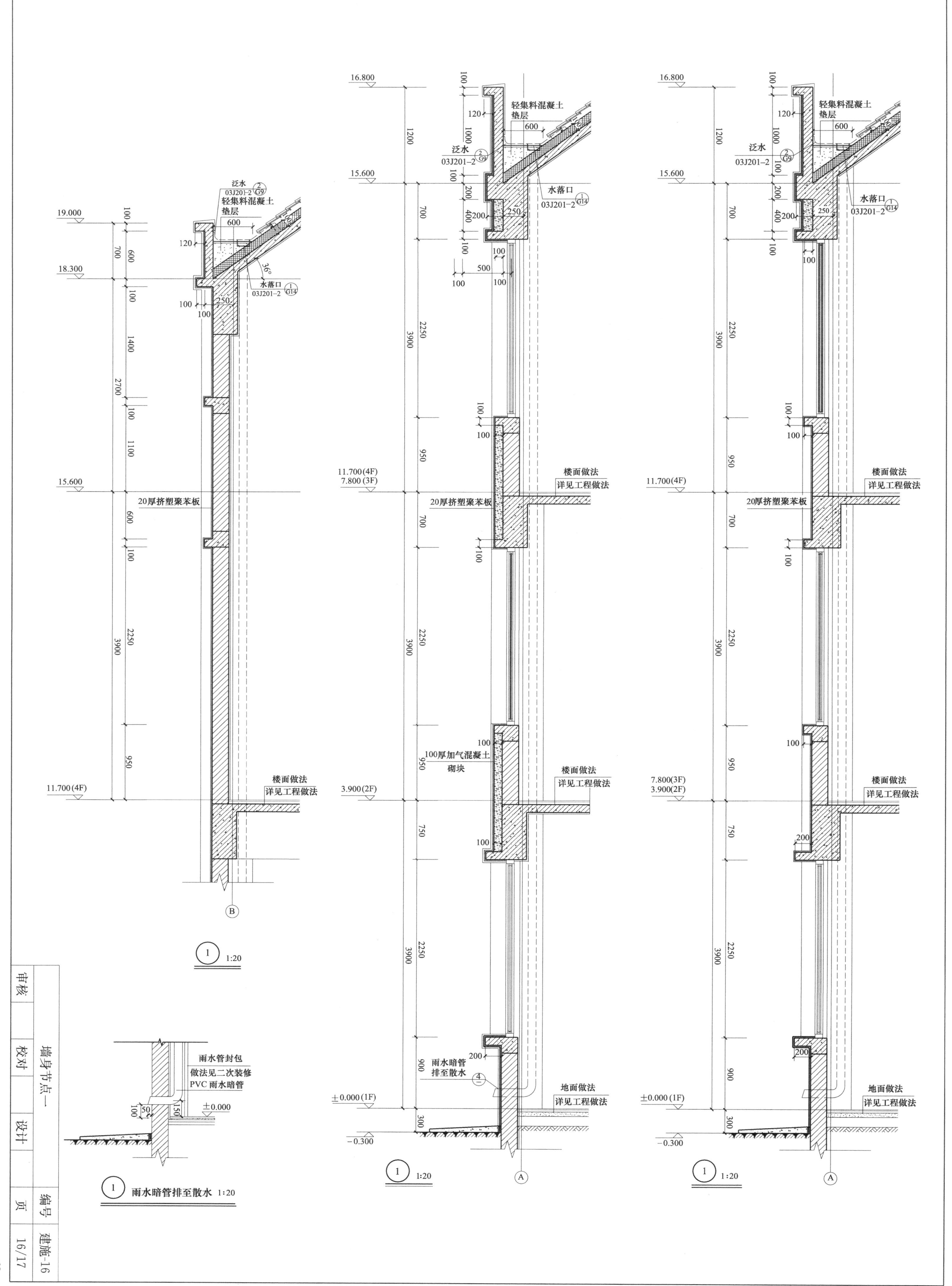

轻集料混凝土
垫层
泛水
03J201-2
水落口
20厚挤塑聚苯板
100厚加气混凝土
砌块
楼面做法
详见工程做法
地面做法
雨水暗管
排至散水
雨水管封包
做法见二次装修
PVC 雨水暗管
19.000
18.300
16.800
15.600
11.700(4F)
7.800(3F)
3.900(2F)
±0.000(1F)
-0.300
1 1:20
1 雨水暗管排至散水 1:20
审核
校对
设计
墙身节点一
编号
建施-16
页
16/17

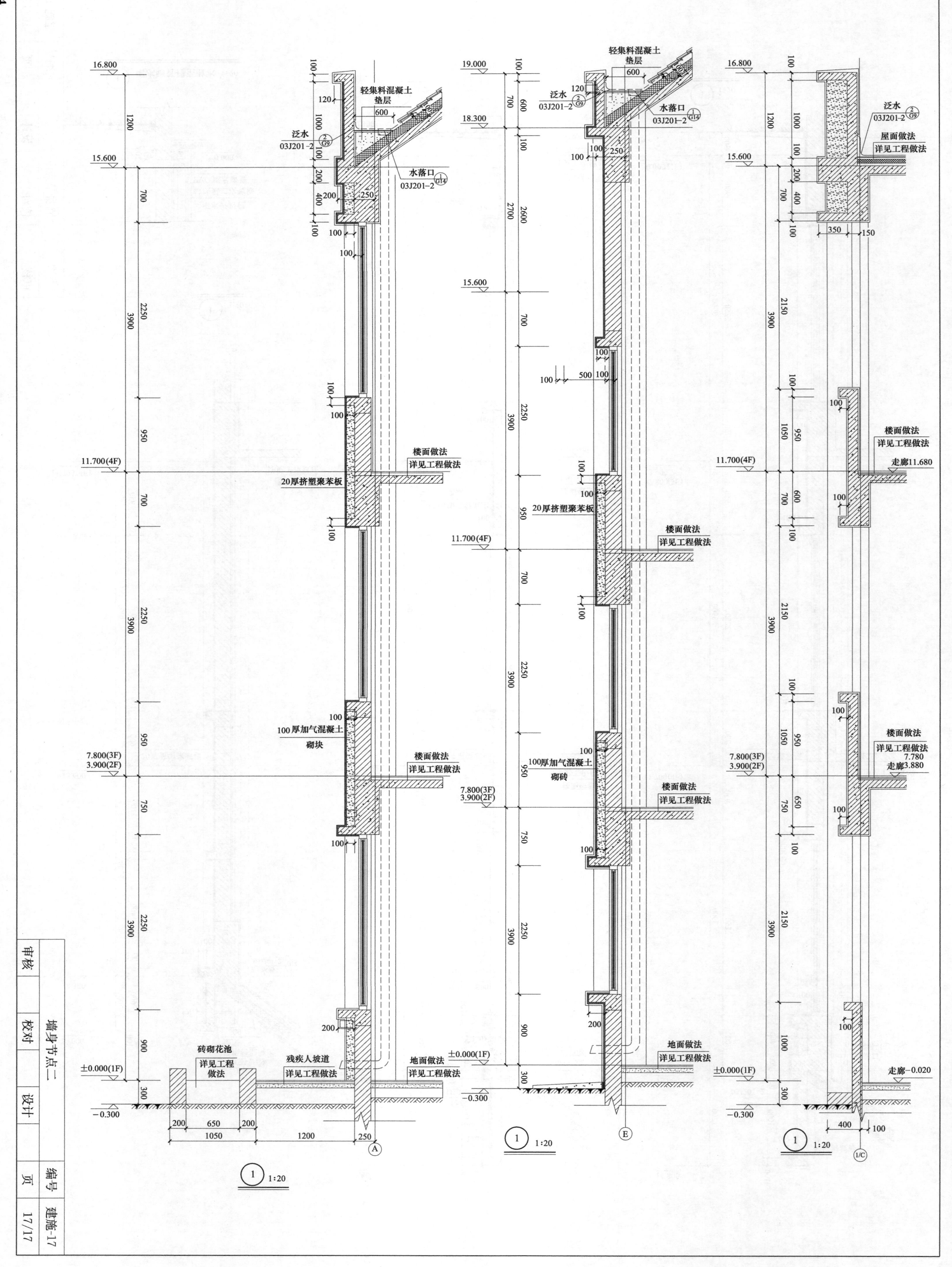

轻集料混凝土
垫层
600
泛水
03J201-2
水落口
03J201-2
16.800
15.600
19.000
18.300
11.700(4F)
7.800(3F)
3.900(2F)
±0.000(1F)
-0.300
20厚挤塑聚苯板
楼面做法
详见工程做法
100厚加气混凝土
砌块
100厚加气混凝土
砌砖
砖砌花池
详见工程
做法
残疾人坡道
详见工程做法
地面做法
详见工程做法
屋面做法
详见工程做法
走廊11.680
走廊3.880
7.780
走廊-0.020
1:20
1:20
1:20
审核
校对
设计
墙身节点二
编号
建施-17
页
17/17

3.2　2号教学楼结构施工图

结构设计说明

一、工程概况

1. 本工程建筑设计等级标准见下表：

设计等级标准	结构设计使用年限	50年	抗震设防分类	重点设防类
	结构安全等级	二级	地基基础设计等级	丙级
	人防等级		桩基安全等级	
	建筑防火分类等级	二级	建筑耐火等级	二级
	地下室防水等级		整体计算嵌固部位	柱墩，(标高-0.500)
	结构环境类别	地上：除大屋面以上，雨篷为二b类；卫生间为二a类．其余均为一类		
		地下：二b类		

2. 本工程建筑抗震设防烈度、结构类型、抗震设计要求、耐久性要求及结构主要楼面均布活荷载标准值见下表：

抗震设计要求	
抗震设防烈度	7
设计基本地震加速度值	0.10g
特征周期 T_g	0.40s
阻尼比	0.05
设计地震分组	第二组
场地类别	Ⅱ类
结构类型	框架
抗震等级	
	框架抗震等级，二级

主要楼面均布活荷载标准值	
办公，教室，会议室	2.0kN/m²
食堂，餐厅	2.5kN/m²
卫生间(有蹲厕)	8.0kN/m²
门厅	2.5kN/m²
多功能厅，阶梯教室有固定座位：3.0；无固定座位	3.5kN/m²
走廊	3.5kN/m²
书库，档案库，资料室	5.0kN/m²
消防楼梯	3.5kN/m²
上人屋面	2.0kN/m²
不上人屋面	0.5kN/m²
施工检修荷载(雨篷，挑檐)	1.0kN
栏杆水平推力	0.5kN/m

结构混凝土耐久性的基本要求

环境类别		最小水灰比	最小水泥用量(kg/m³)	最低混凝土强度等级	最大氯离子含量(%)	最大碱含量(kg/m³)
一		0.65	225	C20	1.0	不限制
二	a	0.60	250	C25	0.3	3.0
	b	0.55	275	C30	0.2	3.0
三		0.50	300	C30	0.1	3.0

注：有关结构抗震的构造措施应按上述相应的抗震设防烈度和抗震等级取用。

3. 本工程所注尺寸以mm为单位，标高以m为单位。所有几何尺寸均以图上标注为准，不得从图面上按比例丈量。

4. 本工程图纸须经施工图审查后方可施工。

5. 当该总说明与图纸分说明有矛盾时应以分说明为准。

二、地基与基础

1. 场地地质情况

（1）水文简介

	相对标高	绝对标高(m)	地下水对混凝土	无	腐蚀性	土对混凝土	无	腐蚀性
室内地坪	±0.000	486.500	地下水对钢筋	无	腐蚀性	土对钢筋	无	腐蚀性
场地地下水埋深	10.4～11.1							

（2）基础类型

独立基础	地基情况	地基持力层	承载力特征值(kPa)	
	天然地基与人工地基	⑨层与砂加石垫层	240	

2. 基坑开挖

（1）基础施工前应参照《建筑场地基坑探查与处理暂行规程》Q/XJ104进行墓探与处理，探墓资料应及时送交设计单位，以便商定处理方案。

（2）地下工程施工时，地下水位应降至工程底部最低高程以下500mm。基坑开挖其余要求见基坑开挖图。

3. 基础施工

（1）进行基槽检验，工程桩承载力检验和桩位验收后，方可浇筑基础，承台和地下室底板。除注明外。

（2）基础（含承台，基础梁）底部垫层厚度100，每边扩出基础边缘120。承台，基础梁侧面采用370、240厚实心砖模（砖MU7.5，水泥砂浆M5），1∶2水泥砂浆抹面。

4. 基坑回填

（1）其他范围若以砾石，卵石或块石作填料，分层夯实时最大粒径不宜大于400；分层压实时不宜大于200mm。不得使用淤泥，耕土，冻土，膨胀性土，生活垃圾以及有机质含量大于5%的土。

（2）回填素土或灰土，施工质量应用压实系数λ_c控制。采用土或灰土垫层处理地基时，垫层厚度小于或等于3m时，$\lambda_c \geqslant 0.95$，垫层厚度大于3m时，从垫层底面标高算起向上3m范围内$\lambda_c \geqslant 0.95$，3m至垫层顶面标高范围内$\lambda_c \geqslant 0.97$，基槽、地下室周边和地坪下回填土压实系数$\lambda_c \geqslant 0.94$。采用砂土回填时，干密度不小于1.65t/m³。

（3）当采用桩基或其他人工地基时，应及时将测试及检验报告送设计院，经认可后方准施工基础及上部结构。

（4）地坪上后砌隔墙基础按图1施工，且应保证地坪下的回填土夯实密实，压实系数不得小于0.94。

三、材料（所有材料必须符合现行规范对质量的要求）

1. 混凝土强度等级

层位	标高	柱	楼梯	外露构件	层位	标高	梁	楼板
基础以上	基础顶～屋脊	C30	C30	C30	一层及以上	3.850及以上	C30	C30
部位或构件		基础垫层	基础	过梁构造柱圈梁				
强度		C10	C30	C20				

2. 钢筋、钢材和焊条（钢筋的技术指标应符合《混凝土结构设计规范》GB 50010—2010的要求）

（1）钢筋

热轧钢筋	钢筋种类、符号	HPB300	HRB335	HRB400	冷轧	钢筋种类、符号	RRB400
	f_y，f'_y(N/mm²)	210	300	360	带肋	f_y，f'_y(N/mm²)	360
	f_{yk}(N/mm²)	300	335	400	钢筋	f_{yk}(N/mm²)	400

1）抗震等级为一、二级的框架结构，其纵向受力钢筋采用普通钢筋时，钢筋的抗拉强度实测值与屈服强度实测的比值不应小于1.25，且钢筋的屈服强度实测值与强度标准值的比值不应大于1.3，且钢筋在最大拉力下的总伸长率实测值不应小于9%。钢筋强度标准值应具有不小于95%的保证率。

2）当需要以强度等级较高的钢筋代替原设计中的纵向受力钢筋时，应按钢筋承载力设计相等的原则换算，并应满足最小配筋率，抗裂验算等要求。

3）吊钩和一般采用的预埋件埋脚钢筋采用HPB300钢筋，并不得采用冷加工钢筋。

（2）钢材：未注明者均为Q235碳素结构钢、B级。

1）钢材的屈服强度实测值与抗拉强度实测值的比值不应大于0.85。

2）钢材应有明显的屈服台阶，且伸长率不应小于20%。

3）钢材应有良好的焊接性和合格的冲击韧性。

（3）填充墙砌块和砂浆，成品墙板

位置		地下部分	外围维护墙	楼梯间墙体，分户墙	卫生间内隔墙
砌块	厚度(mm)	240	190	190	120，190
	材料	烧结空心砖	非承重空心砖	加气混凝砌土砌块	非承重空心砖
砌块强度等级		MU10	MU5.0	MU5.0	MU5.0
砂浆	强度等级	M10	M5	M5	M5
	材料	混合砂浆	混合砂浆	混合砂浆	混合砂浆
砌块允许容重		15.0	12.0	7.0	12.0
备注		墙体厚度详建施图，隔墙的施工质量等级为B级；砌块容重单位：kN/m³			

（4）油漆：凡外露钢铁件必须在除锈后涂防腐漆，面漆两道，并经常注意维护。

结构设计说明一				编号	结施-01
审核		校对	设计	页	1/18

四、混凝土结构一般要求

1. 受力钢筋的保护层厚度（有特殊要求者另见详图）

（1）普通混凝土构件纵向受力钢筋的混凝土保护层厚度

见 11G101-1 第 54 页。板、壳的混凝土最小保护层厚度与表中墙相同。

（2）构造柱：地面以下，露天或室内潮湿环境且与墙体不接触为 35；其他均为 25。

（3）防水混凝土构件，基础纵向受力钢筋的混凝土保护层厚度：

防水混凝土部位或构件	承台	地下室底板		地下室外墙		水箱水池	基础
		板	梁	墙	柱		独基或条基桩
保护层厚度	/	/	/	/	/	/	40

注：1. 梁板（墙柱）节点处一般存在多层纵筋交汇的情况，此时应满足最外层纵筋保护层厚度，内层纵筋保护层比表中数值相应增加。
2. 当承台，基础梁（地下室地梁）侧面处于迎水面时，纵筋侧面保护层厚度取 50，非迎水面时取 40。

2. HPB300，HRB335，HRB400 纵向钢筋受拉的最小锚固长度 l_a 及 l_{aE}，最小搭接长度 l_l 及 l_{lE} 分别见 11G101-1 图集第 53、55 页。

五、混凝土结构构件

1. 楼板

（1）楼板构造按 11G101-1 图集第 94～106 页相应的要求施工。

（2）双向板板底钢筋短向钢筋在长向钢筋之下，板面短向钢筋在长向钢筋之上，板在支座的锚固按图 7 施工。图中未注明的楼板分布筋为 ϕ6@250；屋面板分布筋 ϕ8@200。

（3）楼面板，屋面板开洞，当洞口长度 b（直径 ϕ）小于或等于 300 时，结构图不标注。施工时各工种必须以各专业图纸配合土建预留全部孔洞。

（4）楼面板，屋面板开洞处，当洞口长度 b（直径 ϕ）⩽300 时，钢筋可绕过不截断；当 300＜b（ϕ）⩽700 时，按图 3 设置①号加强钢筋（板底，板面分别为）：板厚 h⩽120 时，2Φ12；120＜h⩽150 时，2Φ14；150＜h⩽250 时，2Φ16。

（5）楼板内的设备预埋管上方无板面钢筋时，沿预埋管走向设置板面附加钢筋网带，钢筋网带取Φ6@150×200 最外排预埋管中心至钢丝网带边缘水平距离 150，见图 4。

（6）当结构体系为框架-核心筒或者是筒中筒时，核心筒四角的楼板设置斜放的加强钢筋，每侧各 8Φ14@100，放置在板厚的中部，见图 5。

（7）须封堵的水电等设备管井，板内钢筋不截断，管道安装完毕后再浇筑楼板混凝土。

（8）板或梁包括框架梁下有构造柱时，应在其下预埋钢筋，按图 6 施工。

（9）外露现浇挑檐板，女儿墙或通长阳台板，每隔 12m 宜设置温度缝，缝宽 20mm，位置现场确定。

2. 框架梁，次梁，井字梁，柱，框支梁，框支柱，剪力墙

梁、柱、墙表示方法按照《混凝土结构施工图平面整体表示方法制图规则和构造详图》11G101-1。

六、后浇带

1. 结构平面图中设置后浇带时，在后浇带内的梁，板混凝土墙钢筋可不断开。外露的钢筋可采用水泥浆保护。施工单位应将后浇带两侧的构件妥善支撑，并应注意由于分缝可能引起各部分结构的承载能力与稳定问题。浇灌时的温度应跟原有混凝土浇灌时的温度相接近，并加强养护。后浇带混凝土强度达到 100%后方可拆模。浇筑前必须将带内浮渣及杂物清理干净，用水冲洗后再刷纯水泥浆一道。

2. 对于超长结构中的伸缩后浇带简称后浇带 B，应在 61 天后且宜选择气温低的天气浇捣混凝土。对于高层主楼与低层裙房之间的沉降后浇带简称后浇带 A，应待高层主楼施工完且沉降基本稳定后浇捣。

3. 后浇带应采用补偿收缩混凝土浇筑，一般可内掺 12%水泥重量的 AEA 或 UEA 膨胀剂，后浇带混凝土强度等级比两侧高一级（C5）。底板后浇带形式按图 14 做法一，地下室外墙后浇带按图 15 做法二处理。楼层（含屋面层）梁板后浇带处按图 16。

4. 对于地下室混凝土外墙水平施工缝防水处理可按图 17 施工。

七、后砌墙的抗震构造措施

1. 后砌隔墙与框架柱或抗震墙的拉结按图 18 施工；施工时必须配合建施图纸按隔墙位置在柱或剪力墙内预留锚拉钢筋。

2. 墙长超过层高 2 倍时，应在填充墙长度中部位置以及两端无钢筋混凝土柱（墙）处设置钢筋混凝土构造柱 GZ-1，构造柱间距不大于 5.0m。

3. 墙高超过 4m 时，应在墙体半高处（一般结合门窗洞口上方过梁位置）设置与柱连接且沿墙全长贯通的钢筋混凝土水平系梁（圈梁），梁截面为墙宽 b×150，配筋：6、7 度为⩾4Φ10　Φ6@250；8 度为⩾4Φ12　Φ6@200，9 度为⩾4Φ14　Φ6@150，柱（或抗震墙）施工时相应预埋 4Φ10（4Φ12），＜4Φ14＞与水平系梁纵筋连接。水平系梁遇过梁时，分别按截面，配筋较大者设置。

4. 后砌隔墙，当墙长＞5m 时，墙顶部应与梁或板拉接。

5. 构造柱应在主体完工后施工，应先砌墙后浇柱。未注明构造柱截面为 240×240，配筋为 4Φ12　Φ6@200，柱内竖向钢筋锚入梁板内长 450。

6. 当圈梁兼过梁时圈梁在洞口处应另增设过梁配筋。圈梁与柱，混凝土墙的连接按图 6 施工。

7. 电梯井道当为填充墙围护时，设高为 300mm 高宽同墙厚的圈梁，配筋：6、7 度为⩾4Φ10　Φ6@250；8 度为⩾4Φ14　Φ6@150，9 度为⩾4Φ14　Φ6@150，具体圈梁间隔由电梯厂家配合确定。

8. 楼梯间填充墙拐角处未设柱时，应按图 22 设置墙体加强筋。8、9 度抗震时，拉筋沿墙全长贯通。

9. 砌体洞口净宽不小于 700 时，应采用钢筋混凝土过梁。

（1）当洞顶距梁底高 h 小于 h＋120 时，改用下挂板代替过梁，下挂板宜后浇。

（2）当洞侧与柱，抗震墙距离小于过梁支承长度 a 时，柱，墙应在相应位置预留连接钢筋。

	洞口净跨 l_0	l_0⩽1000	1000＜l_0⩽1500	1500＜l_0⩽2000	2000＜l_0⩽2500	2500＜l_0⩽3000	3000＜l_0⩽3500
过梁表	梁高 h	120	120	150	180	240	300
	支承长度 a	180	240	240	370	370	370
	面筋②	2Φ10	2Φ10	2Φ10	2Φ12	2Φ12	2Φ12
	底筋①	2Φ10	2Φ12	2Φ14	2Φ14	2Φ16	2Φ16

10. 对于剪力墙及柱边的现浇过梁，施工剪力墙及柱时应在现浇过梁处由墙内或柱内预留出钢筋。

11. 空心砌块外墙窗台处，设置现浇钢筋混凝土带，截面为墙厚×60，内配 2Φ10，水平拉筋Φ6@200，混凝土带两端各伸入砌体内不小于 150。

八、与设备专业以及非结构构件相关的要求

1. 所有预留孔洞，预埋套管，除按结构施工图纸设置外，尚须根据各专业图纸，由各工种的施工人员核对无误后方可施工。对于防水混凝土构件和框架柱，抗震墙等竖向受力构件，应特别重视孔洞的位置和尺寸的准确性。结构图纸标注与各专业不符时，应通知设计单位处理。

2. 预留孔洞，预埋套管一般在平面图中表示，图中的标高位置：圆洞为中心，方洞为洞底。各专业代号：N-通风，E-电气，S-给排水。除注明外，标高 H 为各层楼面结构标高。当标高中未带“H”而直接标注数据时，该数据为相对于地面±0.000 的标高。

3. 水电等设备管道竖直埋设在梁内时，须符合图 26 要求。埋管沿梁长度方向单列布置时，管外径 d＜b/6，双列布置时，d＜b/12；埋管最大直径 d⩽50。

4. 在钢筋混凝土墙，梁上水平预埋设备套管时，除注明者外，套管净距不小于套管外径和 150 之中的较大值。

5. 防雷接地应按电气施工图纸进行。

6. 埋件的设置：建筑吊顶，门窗安装，钢楼梯，楼梯栏杆，阳台栏杆，电缆桥架，管道支架以及电梯导轨与结构构件相连时，各工种应密切配合进行埋件的埋设。不得随意采用膨胀螺栓固定。

7. 膨胀螺栓设置：主体结构某些部位钢筋密集，又是重要受力构件，膨胀螺栓设置时应按下述要求。在禁止设置膨胀螺栓的部位需要连接时，应留设预埋件。

（1）禁止设置膨胀螺栓的部位：

1）框支柱；梁顶面、梁底面和梁高（h）的上下 1/3 范围；抗震墙的暗柱，端柱。

2）所有防水混凝土构件、人防构件，预应力构件。

（2）允许设置膨胀螺栓的部位（须征得设计同意后方可进行）：

1）梁高（h）的中部 1/3 范围的梁侧面；梁宽范围外的楼板。

2）抗震墙暗柱，端柱以外的墙体、框架柱。

8. 电梯订货，必须符合本施工图提供的洞口尺寸。订货后应提供电梯施工详图给设计单位，进行尺寸复核预留机房孔洞以及设置吊钩等工作。

9. 本图提供的设备基础，订货后的资料相符时方可施工。当本施工图未绘制设备基础详图时，采用复核后的资料直接施工。

结构设计说明二				编号	结施-02
审核		校对	设计	页	2/18

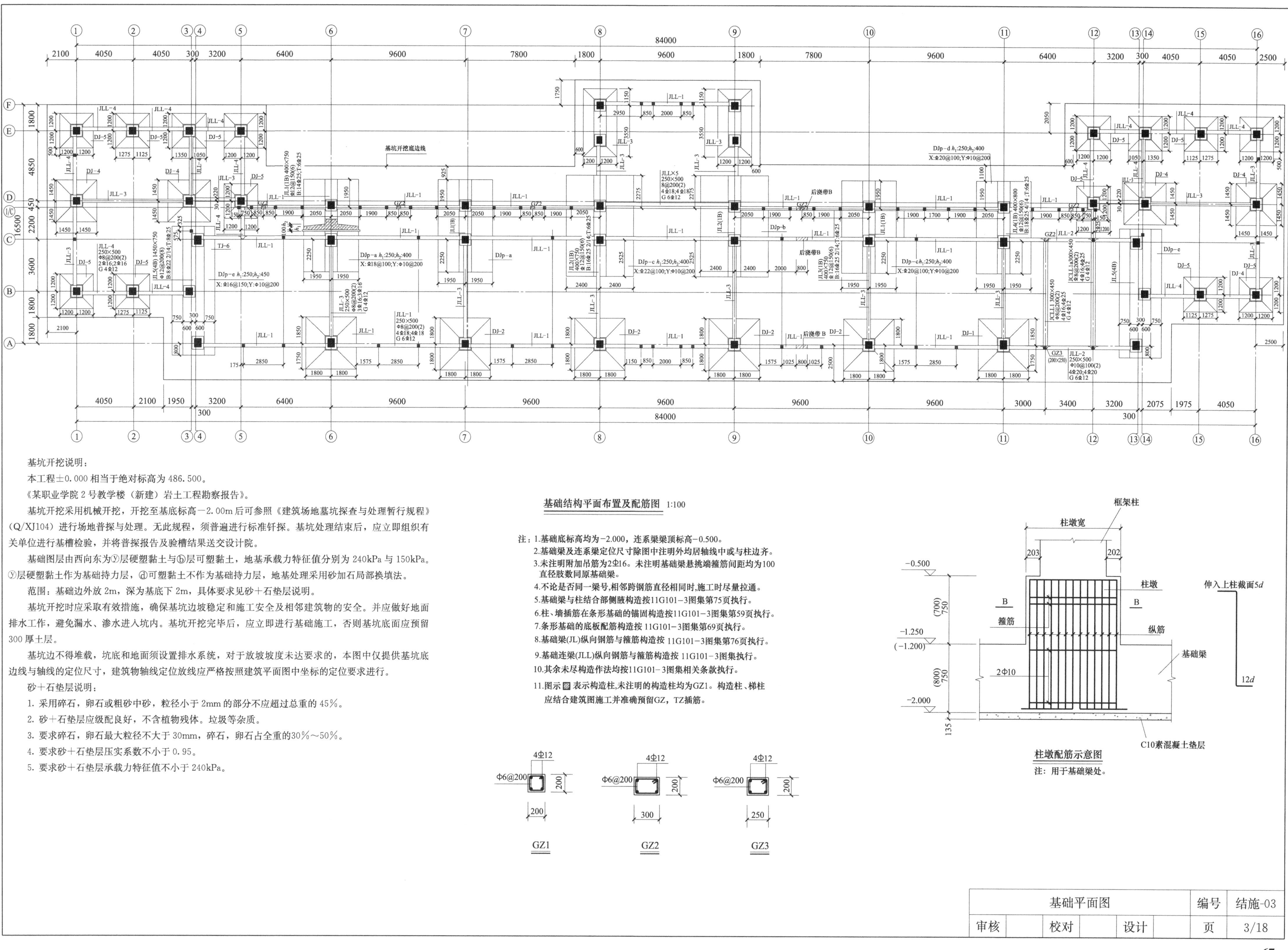
基坑开挖底边线
基坑开挖说明：
本工程±0.000 相当于绝对标高为 486.500。
《某职业学院 2 号教学楼（新建）岩土工程勘察报告》。
基坑开挖采用机械开挖，开挖至基底标高−2.00m 后可参照《建筑场地墓坑探查与处理暂行规程》（Q/XJ104）进行场地普探与处理。无此规程，须普遍进行标准钎探。基坑处理结束后，应立即组织有关单位进行基槽检验，并将普探报告及验槽结果送交设计院。
基础图层由西向东为⑦层硬塑黏土与⑥层可塑黏土，地基承载力特征值分别为 240kPa 与 150kPa。⑦层硬塑黏土作为基础持力层，④可塑黏土不作为基础持力层，地基处理采用砂加石局部换填法。
范围：基础边外放 2m，深为基底下 2m，具体要求见砂＋石垫层说明。
基坑开挖时应采取有效措施，确保基坑边坡稳定和施工安全及相邻建筑物的安全。并应做好地面排水工作，避免漏水、渗水进入坑内。基坑开挖完毕后，应立即进行基础施工，否则基坑底面应预留 300 厚土层。
基坑边不得堆载，坑底和地面须设置排水系统，对于放坡坡度未达要求的，本图中仅提供基坑底边线与轴线的定位尺寸，建筑物轴线定位放线应严格按照建筑平面图中坐标的定位要求进行。
砂＋石垫层说明：
1. 采用碎石，卵石或粗砂中砂，粒径小于 2mm 的部分不应超过总重的 45%。
2. 砂＋石垫层应级配良好，不含植物残体。垃圾等杂质。
3. 要求碎石，卵石最大粒径不大于 30mm，碎石，卵石占全重的30%～50%。
4. 要求砂＋石垫层压实系数不小于 0.95。
5. 要求砂＋石垫层承载力特征值不小于 240kPa。
基础结构平面布置及配筋图 1:100
注：1.基础底标高均为−2.000，连系梁顶标高−0.500。
2.基础梁及连系梁定位尺寸除图中注明外均居轴线中或与柱边齐。
3.未注明附加吊筋为2Φ16。未注明基础梁悬挑端箍筋间距均为100直径肢数同原基础梁。
4.不论是否同一梁号,相邻跨钢筋直径相同时,施工时尽量拉通。
5.基础梁与柱结合部侧腋构造按11G101−3图集第75页执行。
6.柱、墙插筋在条形基础的锚固构造按11G101−3图集第59页执行。
7.条形基础的底板配筋构造按11G101−3图集第69页执行。
8.基础梁(JL)纵向钢筋与箍筋构造按 11G101−3图集第76页执行。
9.基础连梁(JLL)纵向钢筋与箍筋构造按 11G101−3图集执行。
10.其余未尽构造作法均按11G101−3图集相关条款执行。
11.图示▩表示构造柱,未注明的构造柱均为GZ1。构造柱、梯柱应结合建筑图施工并准确预留GZ，TZ插筋。
GZ1
GZ2
GZ3
框架柱
柱墩宽
柱墩
箍筋
纵筋
基础梁
2Φ10
伸入上柱截面5d
12d
C10素混凝土垫层
柱墩配筋示意图
注：用于基础梁处。
基础平面图
编号 结施-03
审核 校对 设计 页 3/18

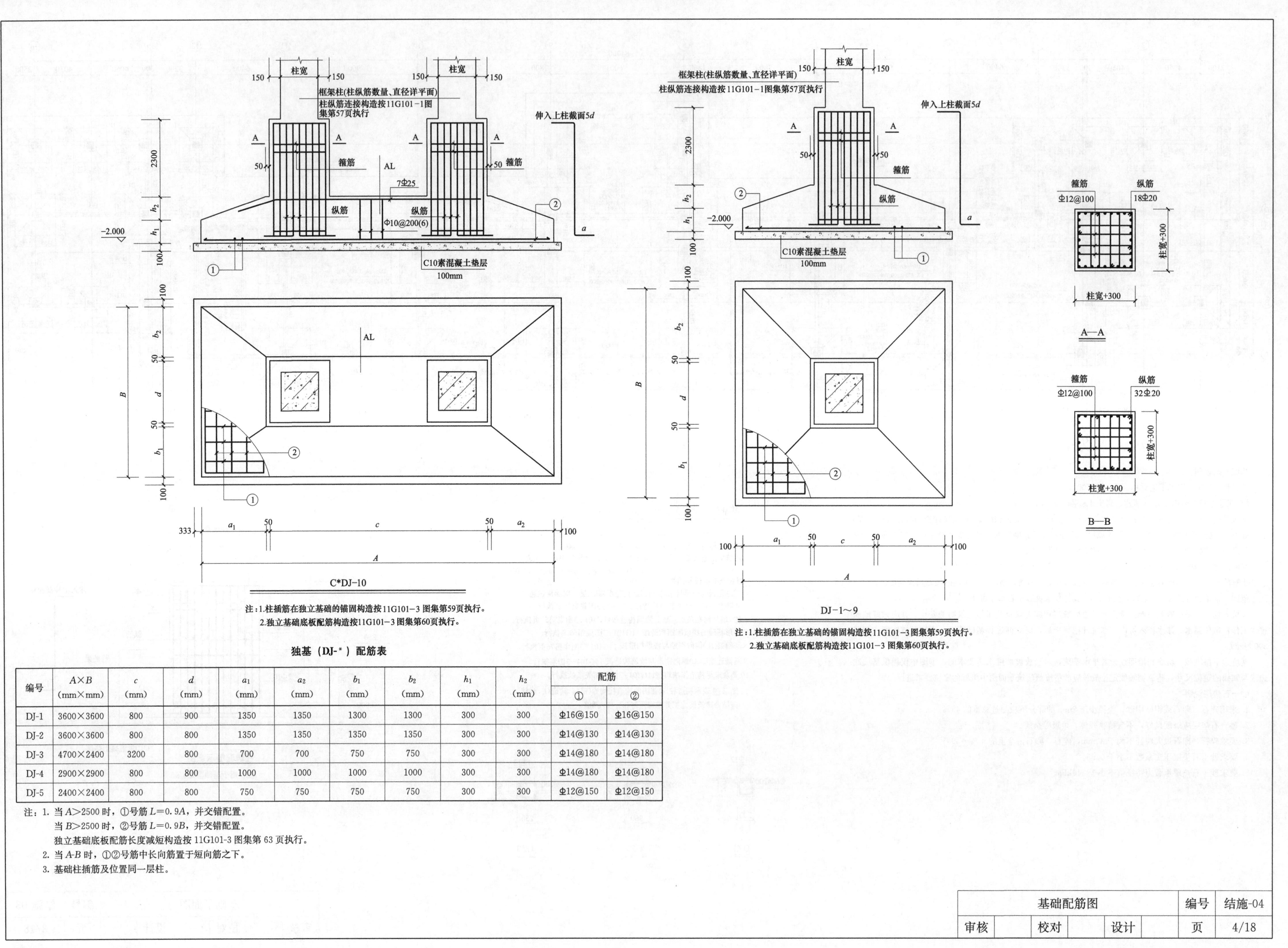

独基（DJ-*）配筋表

编号	A×B (mm×mm)	c (mm)	d (mm)	a_1 (mm)	a_2 (mm)	b_1 (mm)	b_2 (mm)	h_1 (mm)	h_2 (mm)	配筋 ①	配筋 ②
DJ-1	3600×3600	800	900	1350	1350	1300	1300	300	300	Φ16@150	Φ16@150
DJ-2	3600×3600	800	800	1350	1350	1350	1350	300	300	Φ14@130	Φ14@130
DJ-3	4700×2400	3200	800	700	700	750	750	300	300	Φ14@180	Φ14@180
DJ-4	2900×2900	800	800	1000	1000	1000	1000	300	300	Φ14@180	Φ14@180
DJ-5	2400×2400	800	800	750	750	750	750	300	300	Φ12@150	Φ12@150

注：1. 当$A>2500$时，①号筋$L=0.9A$，并交错配置。
当$B>2500$时，②号筋$L=0.9B$，并交错配置。
独立基础底板配筋长度减短构造按 11G101-3 图集第 63 页执行。
2. 当A-B时，①②号筋中长向筋置于短向筋之下。
3. 基础柱插筋及位置同一层柱。

基础配筋图				编号	结施-04
审核	校对		设计	页	4/18

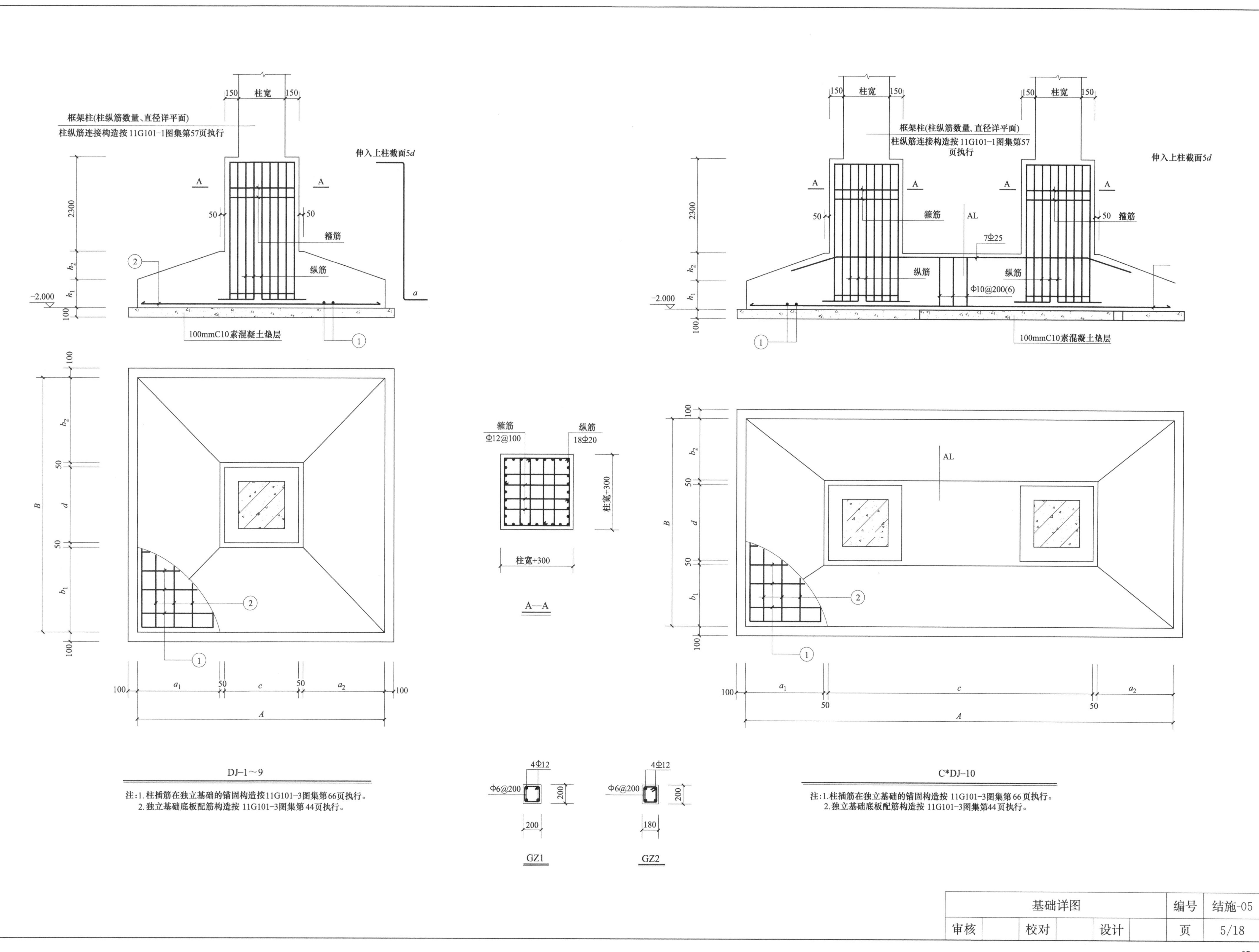
框架柱(柱纵筋数量、直径详平面)
柱纵筋连接构造按 11G101-1图集第57页执行
伸入上柱截面5d
150
柱宽
2300
A
50
箍筋
纵筋
-2.000
100
100mmC10素混凝土垫层
箍筋
Φ12@100
纵筋
18Φ20
柱宽+300
A—A
7Φ25
AL
Φ10@200(6)
DJ-1～9
注:1.柱插筋在独立基础的锚固构造按11G101-3图集第66页执行。
2.独立基础底板配筋构造按 11G101-3图集第44页执行。
4Φ12
Φ6@200
200
180
GZ1
GZ2
C*DJ-10
注:1.柱插筋在独立基础的锚固构造按 11G101-3图集第66页执行。
2.独立基础底板配筋构造按 11G101-3图集第44页执行。
基础详图
编号
结施-05
审核
校对
设计
页
5/18

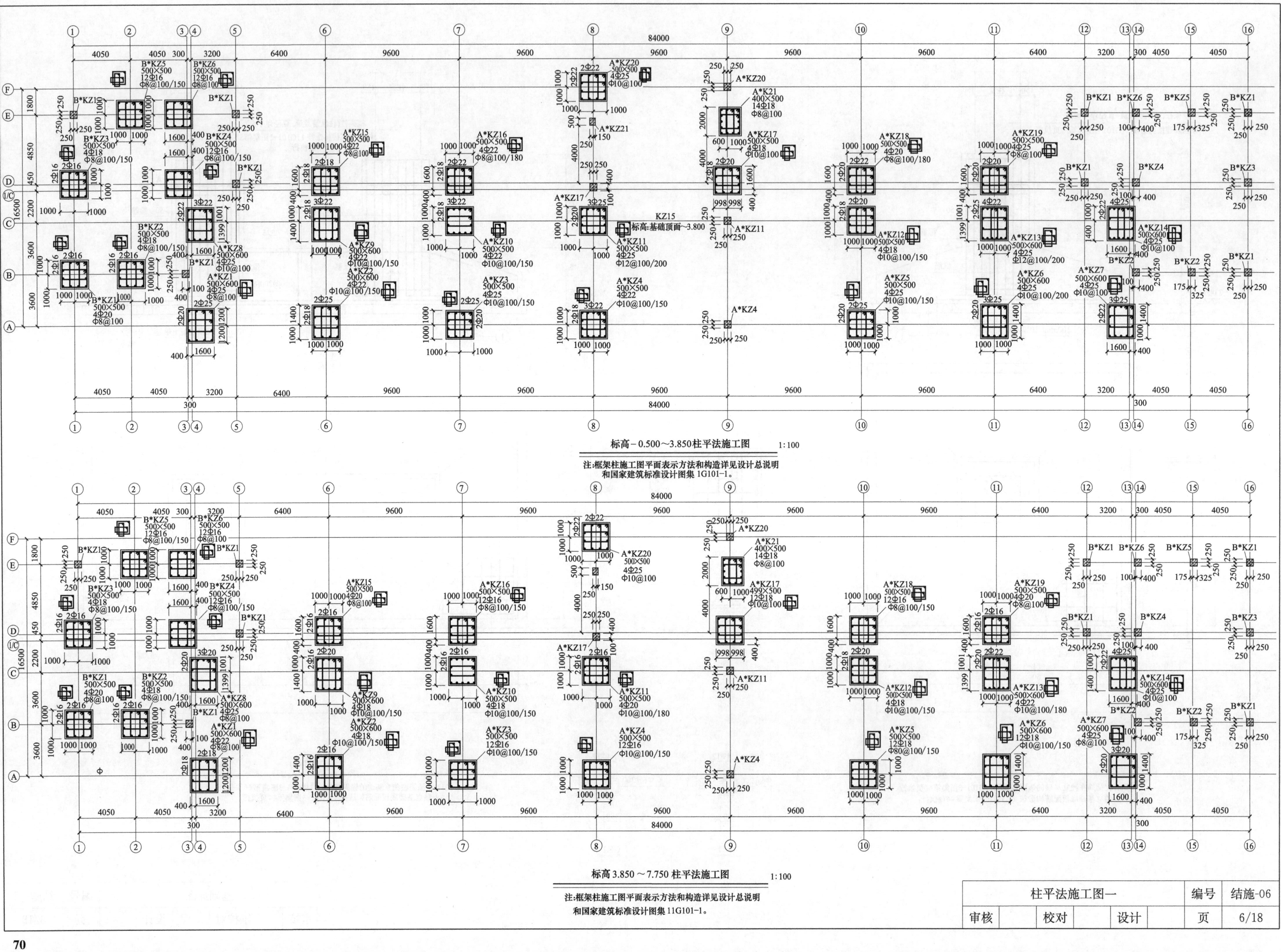
标高－0.500～3.850柱平法施工图 1:100
注:框架柱施工图平面表示方法和构造详见设计总说明
和国家建筑标准设计图集 1G101-1。
标高 3.850～7.750 柱平法施工图 1:100
注:框架柱施工图平面表示方法和构造详见设计总说明
和国家建筑标准设计图集 11G101-1。
柱平法施工图一
编号 结施-06
审核 校对 设计 页 6/18

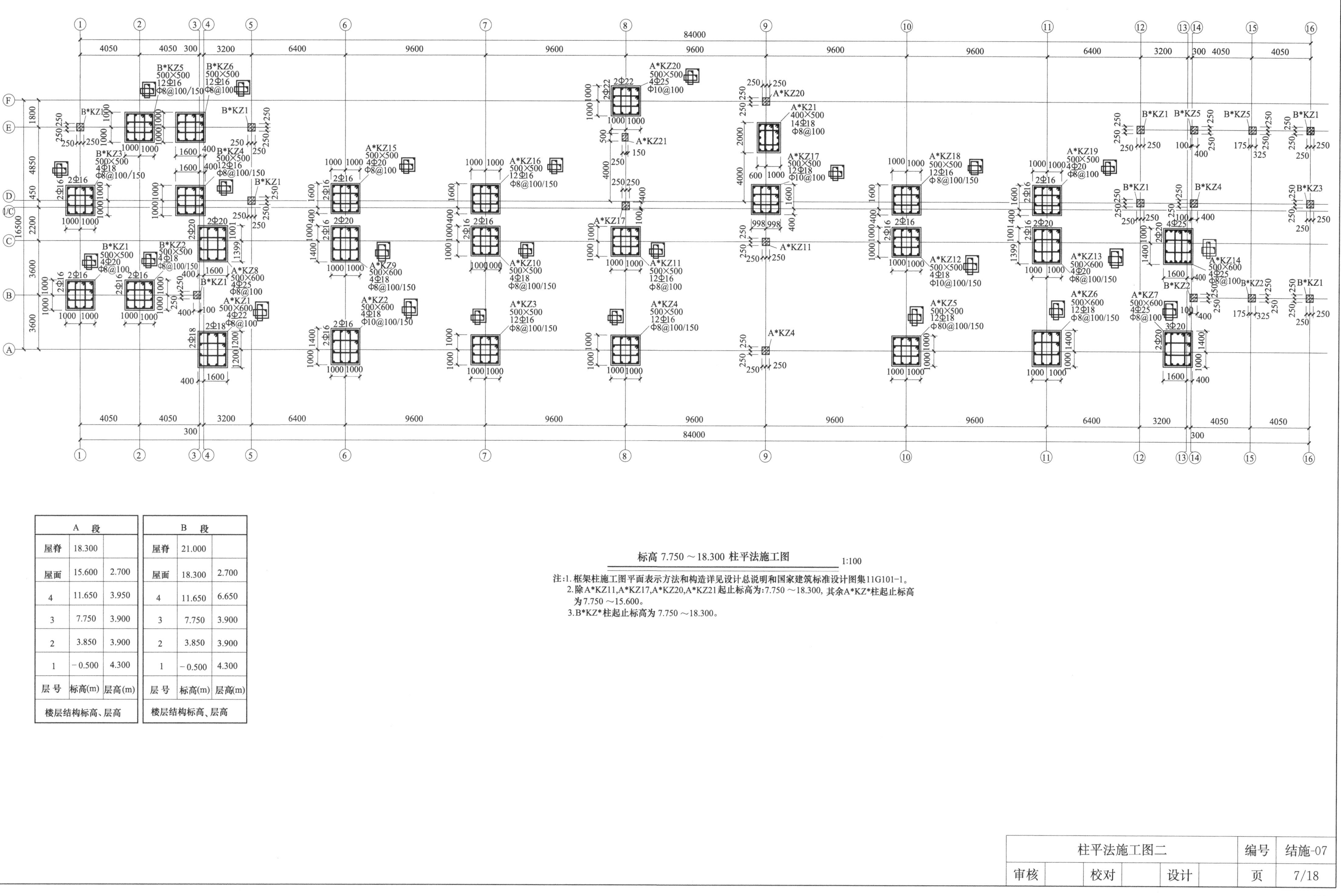

标高 7.750～18.300 柱平法施工图 1:100

注:1. 框架柱施工图平面表示方法和构造详见设计总说明和国家建筑标准设计图集11G101-1。
2. 除A*KZ11,A*KZ17,A*KZ20,A*KZ21起止标高为:7.750～18.300, 其余A*KZ*柱起止标高为7.750～15.600。
3. B*KZ*柱起止标高为 7.750～18.300。

A 段		
屋脊	18.300	
屋面	15.600	2.700
4	11.650	3.950
3	7.750	3.900
2	3.850	3.900
1	−0.500	4.300
层号	标高(m)	层高(m)
楼层结构标高、层高		

B 段		
屋脊	21.000	
屋面	18.300	2.700
4	11.650	6.650
3	7.750	3.900
2	3.850	3.900
1	−0.500	4.300
层号	标高(m)	层高(m)
楼层结构标高、层高		

柱平法施工图二				编号	结施-07
审核		校对	设计	页	7/18

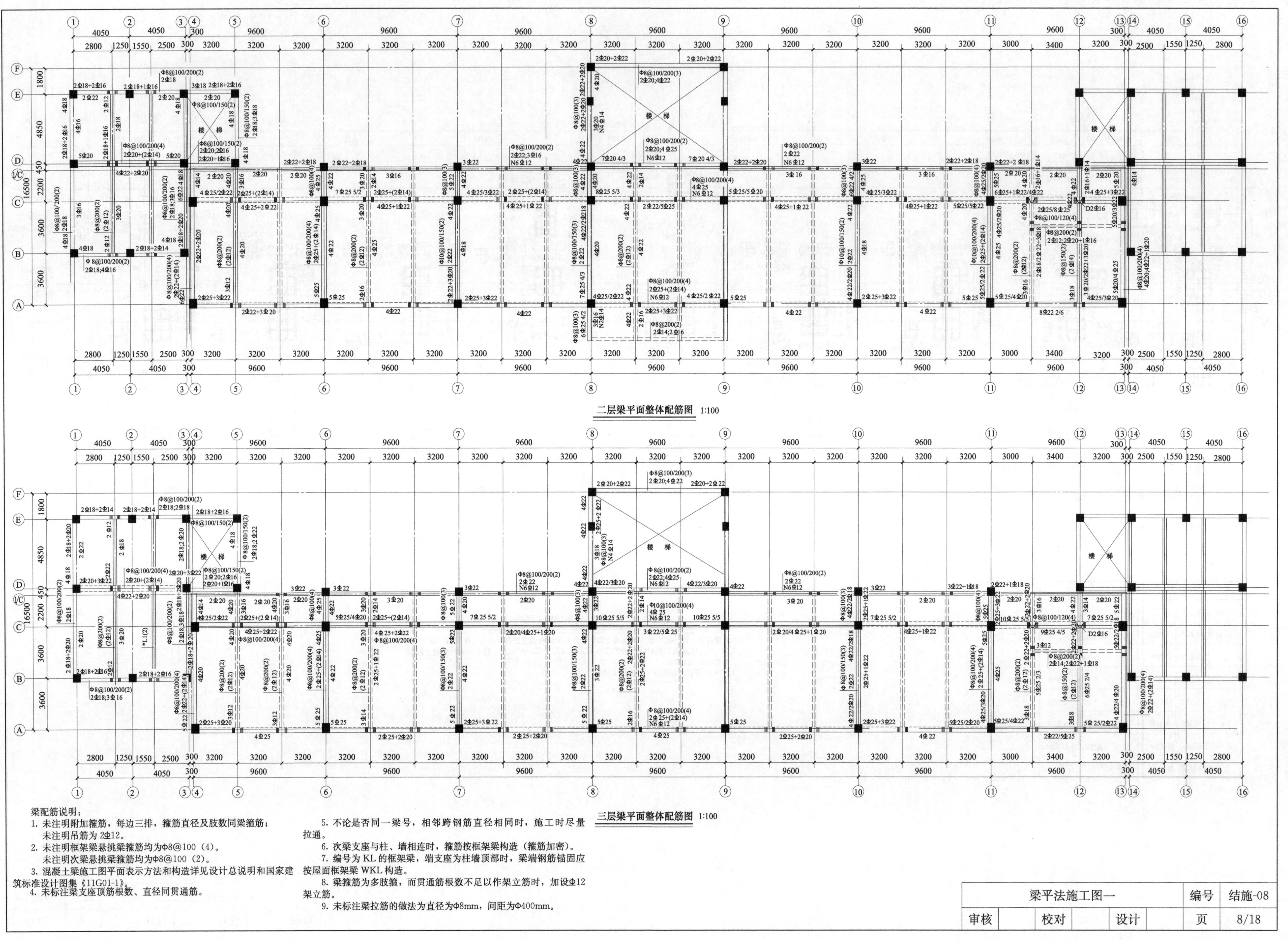

梁配筋说明：

1. 未注明附加箍筋，每边三排，箍筋直径及肢数同梁箍筋；
   未注明吊筋为 2Φ12。
2. 未注明框架梁悬挑梁箍筋均为Φ8@100（4）。
   未注明次梁悬挑梁箍筋均为Φ8@100（2）。
3. 混凝土梁施工图平面表示方法和构造详见设计总说明和国家建筑标准设计图集《11G01-1》。
4. 未标注梁支座顶筋根数、直径同贯通筋。
5. 不论是否同一梁号，相邻跨钢筋直径相同时，施工时尽量拉通。
6. 次梁支座与柱、墙相连时，箍筋按框架梁构造（箍筋加密）。
7. 编号为 KL 的框架梁，端支座为柱墙顶部时，梁端钢筋锚固应按屋面框架梁 WKL 构造。
8. 梁箍筋为多肢箍，而贯通筋根数不足以作架立筋时，加设Φ12架立筋。
9. 未标注梁拉筋的做法为直径为Φ8mm，间距为Φ400mm。

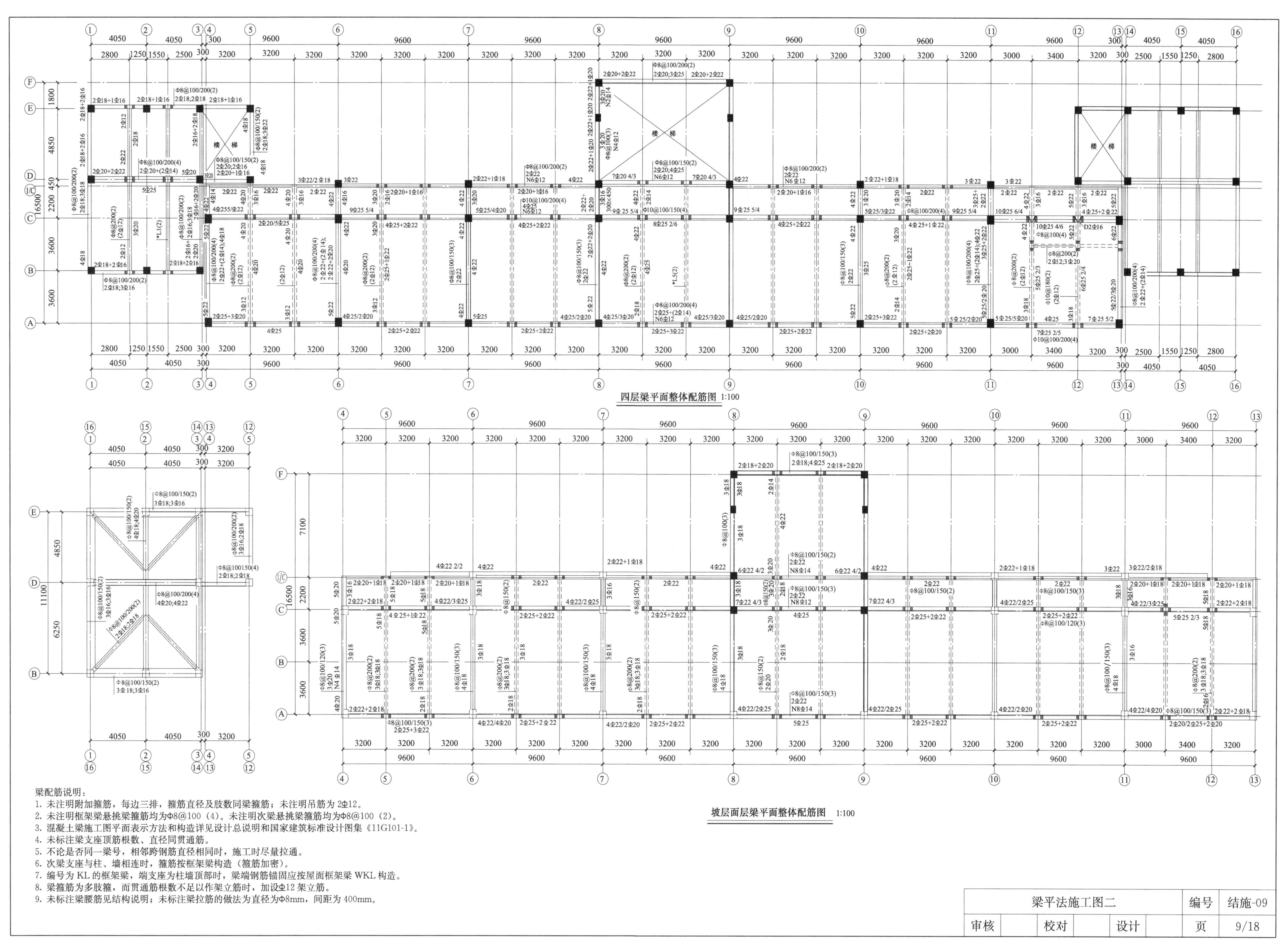

梁配筋说明：

1. 未注明附加箍筋，每边三排，箍筋直径及肢数同梁箍筋；未注明吊筋为 2Φ12。
2. 未注明框架梁悬挑梁箍筋均为Φ8@100（4）。未注明次梁悬挑梁箍筋均为Φ8@100（2）。
3. 混凝土梁施工图平面表示方法和构造详见设计总说明和国家建筑标准设计图集《11G101-1》。
4. 未标注梁支座顶筋根数、直径同贯通筋。
5. 不论是否同一梁号，相邻跨钢筋直径相同时，施工时尽量拉通。
6. 次梁支座与柱、墙相连时，箍筋按框架梁构造（箍筋加密）。
7. 编号为 KL 的框架梁，端支座为柱墙顶部时，梁端钢筋锚固应按屋面框架梁 WKL 构造。
8. 梁箍筋为多肢箍，而贯通筋根数不足以作架立筋时，加设Φ12 架立筋。
9. 未标注梁腰筋见结构说明；未标注梁拉筋的做法为直径为Φ8mm，间距为 400mm。

梁平法施工图二				编号	结施-09
审核		校对	设计	页	9/18

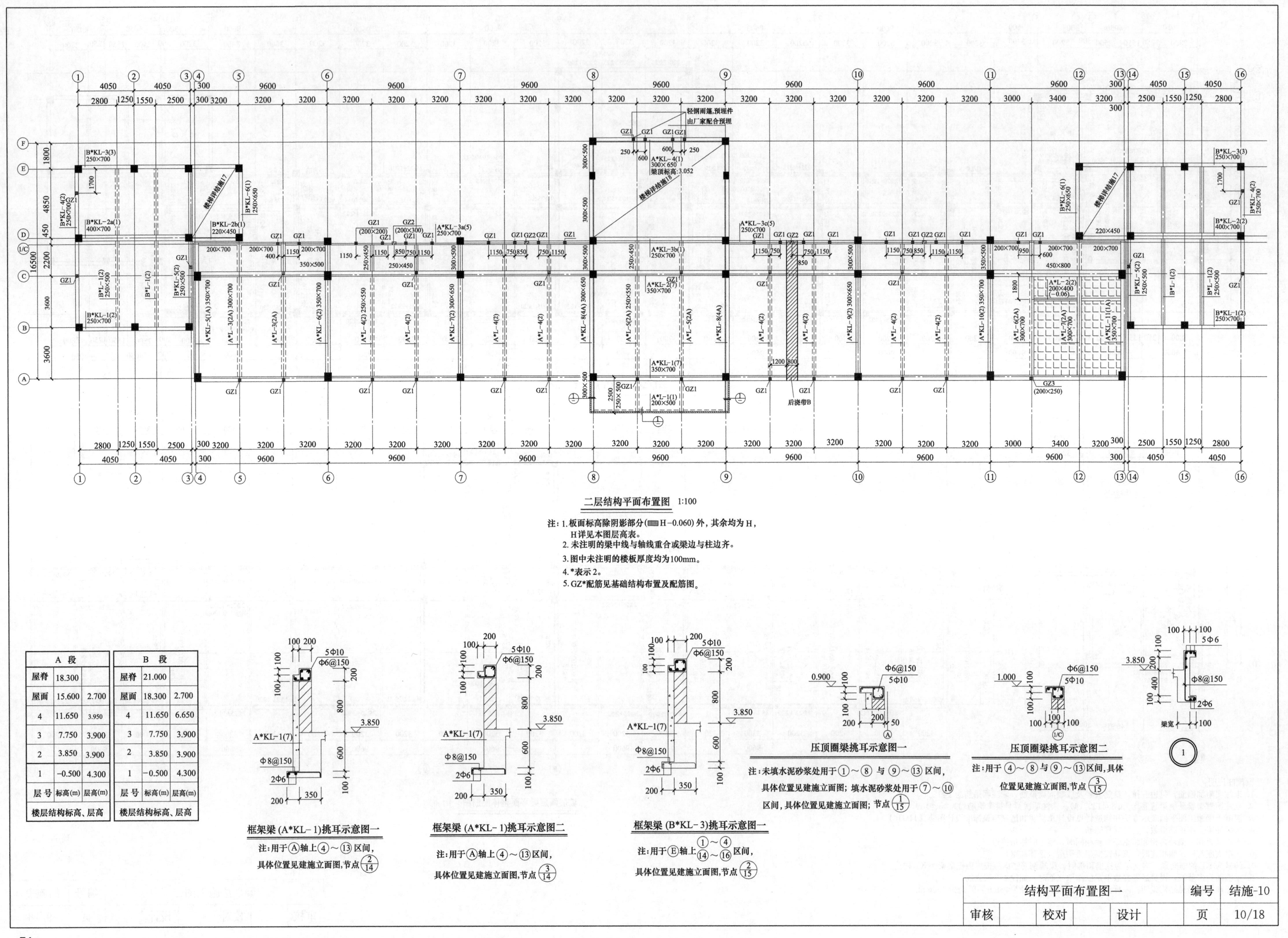
二层结构平面布置图 1:100
注：1.板面标高除阴影部分(▥H-0.060)外，其余均为H，
H详见本图层高表。
2.未注明的梁中线与轴线重合或梁边与柱边齐。
3.图中未注明的楼板厚度均为100mm。
4.*表示2。
5.GZ*配筋见基础结构布置及配筋图。
轻钢雨篷,预埋件
由厂家配合预埋
楼梯详结施16
楼梯详结施17
梁顶标高:3.052
后浇带B
框架梁 (A*KL-1)挑耳示意图一
注：用于Ⓐ轴上④～⑬区间，
具体位置见建施立面图，节点 2/14
框架梁 (A*KL-1)挑耳示意图二
注：用于Ⓐ轴上④～⑬区间，
具体位置见建施立面图，节点 3/14
框架梁 (B*KL-3)挑耳示意图一
注：用于Ⓔ轴上①～④、⑭～⑯区间，
具体位置见建施立面图，节点 2/15
压顶圈梁挑耳示意图一
注：未填水泥砂浆处用于①～⑧与⑨～⑬区间，
具体位置见建施立面图；填水泥砂浆处用于⑦～⑩
区间，具体位置见建施立面图；节点 1/15
压顶圈梁挑耳示意图二
注：用于④～⑧与⑨～⑬区间，具体
位置见建施立面图，节点 3/15
梁宽
结构平面布置图一
编号 结施-10
审核 校对 设计 页 10/18

A 段		
屋脊	18.300	
屋面	15.600	2.700
4	11.650	3.950
3	7.750	3.900
2	3.850	3.900
1	-0.500	4.300
层号	标高(m)	层高(m)
楼层结构标高、层高		

B 段		
屋脊	21.000	
屋面	18.300	2.700
4	11.650	6.650
3	7.750	3.900
2	3.850	3.900
1	-0.500	4.300
层号	标高(m)	层高(m)
楼层结构标高、层高		

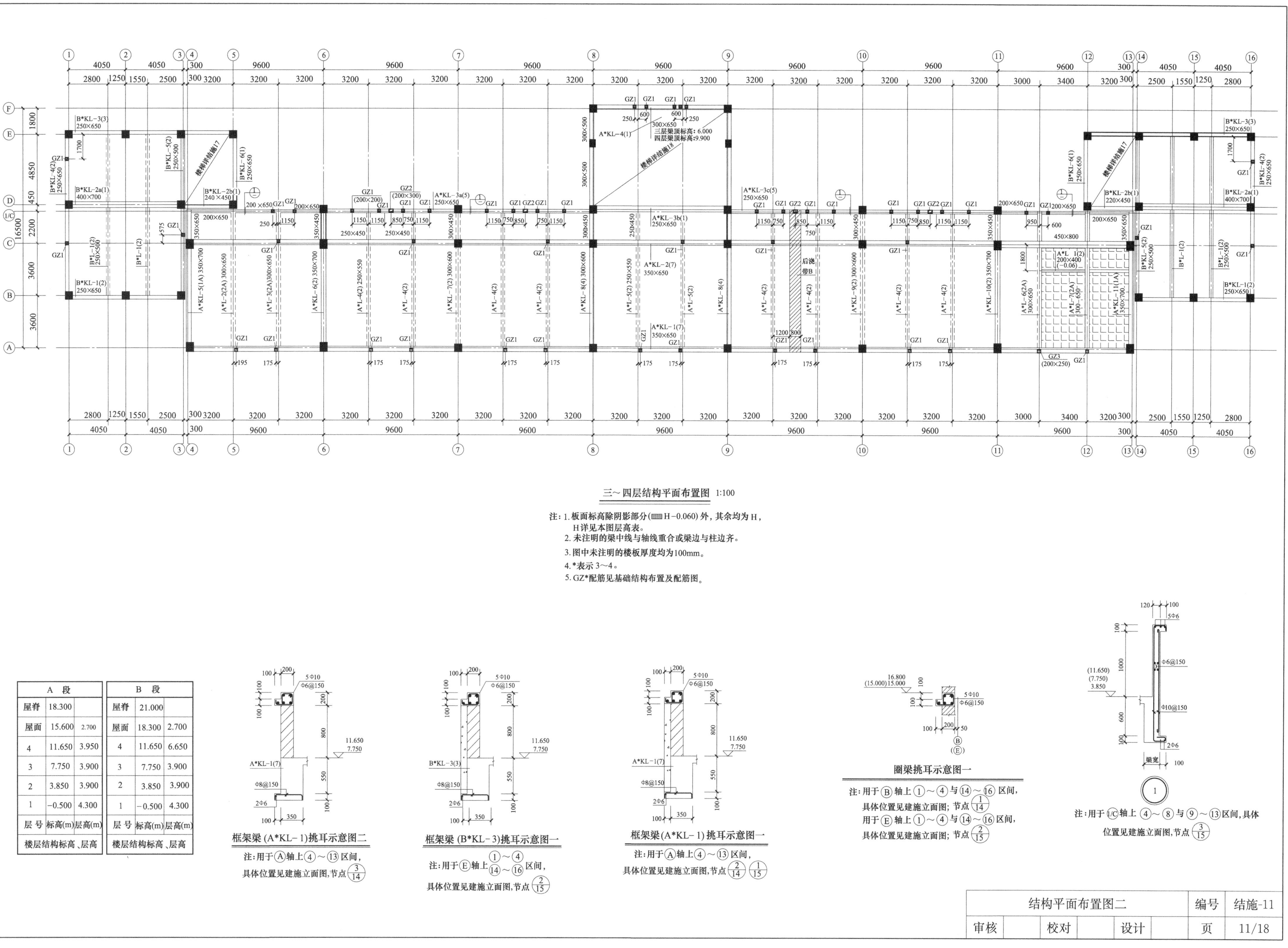
三～四层结构平面布置图 1:100
注：1.板面标高除阴影部分(▭H－0.060)外，其余均为H，
H详见本图层高表。
2.未注明的梁中线与轴线重合或梁边与柱边齐。
3.图中未注明的楼板厚度均为100mm。
4.*表示3～4。
5.GZ*配筋见基础结构布置及配筋图。
框架梁(A*KL－1)挑耳示意图二
注：用于Ⓐ轴上④～⑬区间，
具体位置见建施立面图，节点 3/14
框架梁(B*KL－3)挑耳示意图一
注：用于Ⓔ轴上 ①～④ ⑭～⑯ 区间，
具体位置见建施立面图，节点 2/15
框架梁(A*KL－1)挑耳示意图一
注：用于Ⓐ轴上④～⑬区间，
具体位置见建施立面图，节点 2/14 1/15
圈梁挑耳示意图一
注：用于Ⓑ轴上①～④与⑭～⑯区间，
具体位置见建施立面图；节点 1/14
用于Ⓔ轴上①～④与⑭～⑯区间，
具体位置见建施立面图；节点 2/15
注：用于1/C轴上④～⑧与⑨～⑬区间，具体
位置见建施立面图，节点 3/15
结构平面布置图二
编号 结施-11
审核 校对 设计 页 11/18

A 段		
屋脊	18.300	
屋面	15.600	2.700
4	11.650	3.950
3	7.750	3.900
2	3.850	3.900
1	−0.500	4.300
层号	标高(m)	层高(m)
楼层结构标高、层高		

B 段		
屋脊	21.000	
屋面	18.300	2.700
4	11.650	6.650
3	7.750	3.900
2	3.850	3.900
1	−0.500	4.300
层号	标高(m)	层高(m)
楼层结构标高、层高		

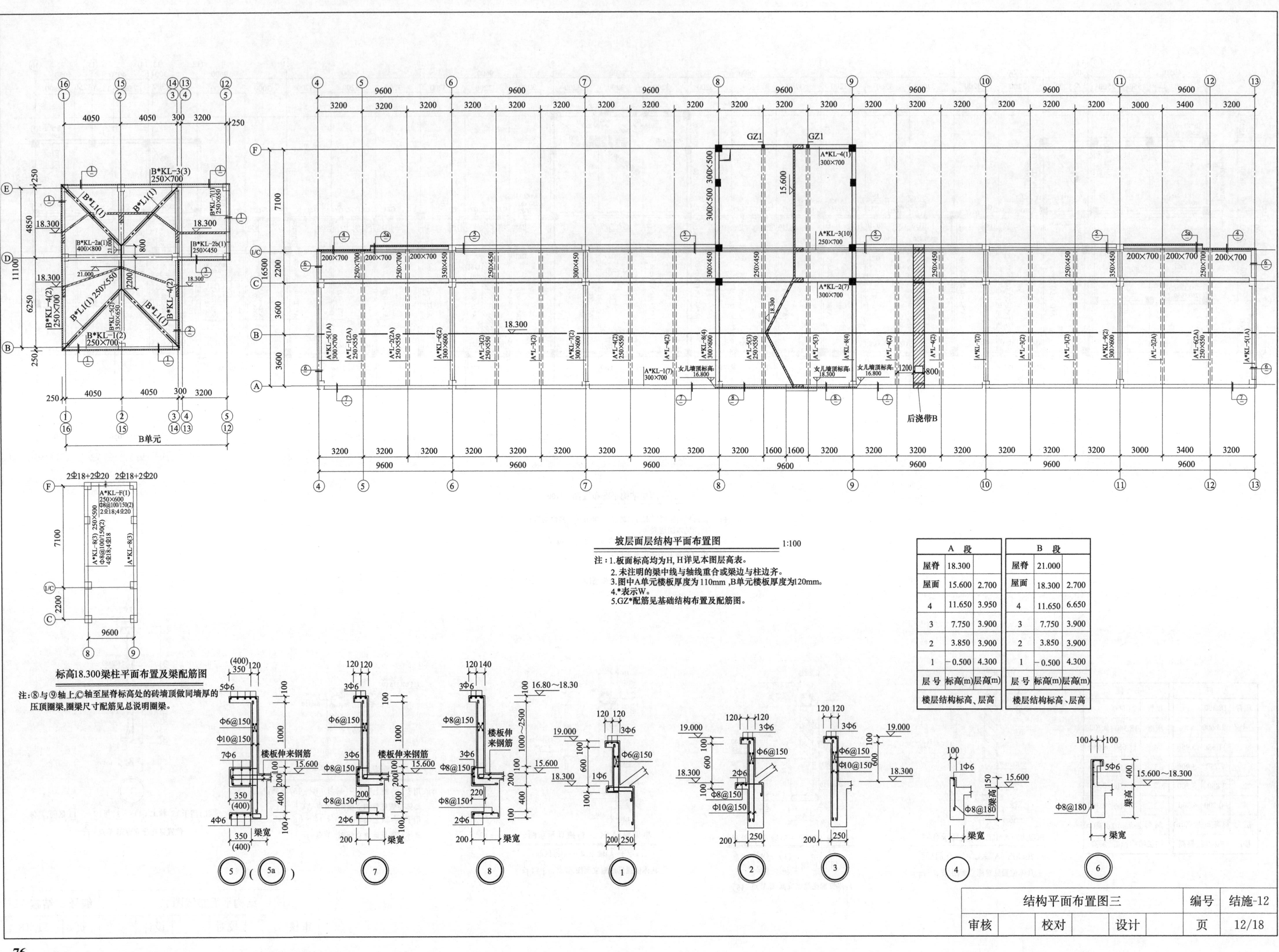
B单元
标高18.300梁柱平面布置及梁配筋图
注：⑧与⑨轴上,Ⓒ轴至屋脊标高处的砖墙顶做同墙厚的压顶圈梁,圈梁尺寸配筋见总说明圈梁。
坡层面层结构平面布置图 1:100
注：1.板面标高均为H, H详见本图层高表。
2.未注明的梁中线与轴线重合或梁边与柱边齐。
3.图中A单元楼板厚度为110mm ,B单元楼板厚度为120mm。
4.*表示W。
5.GZ*配筋见基础结构布置及配筋图。
后浇带B
A 段
屋脊 18.300
屋面 15.600 2.700
4 11.650 3.950
3 7.750 3.900
2 3.850 3.900
1 −0.500 4.300
层号 标高(m) 层高(m)
楼层结构标高、层高
B 段
屋脊 21.000
屋面 18.300 2.700
4 11.650 6.650
3 7.750 3.900
2 3.850 3.900
1 −0.500 4.300
层号 标高(m) 层高(m)
楼层结构标高、层高
结构平面布置图三
编号 结施-12
审核 校对 设计 页 12/18

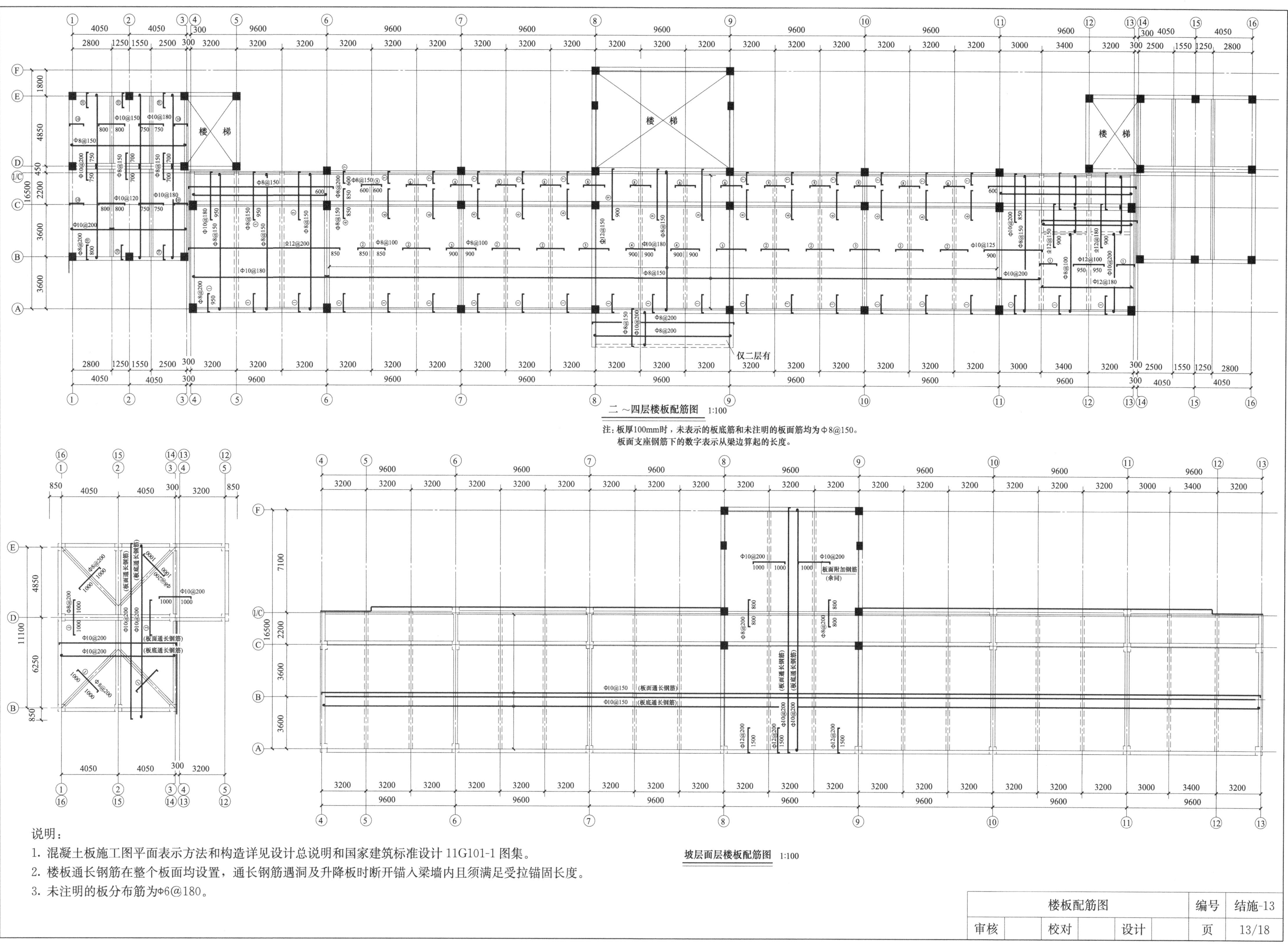

说明：

1. 混凝土板施工图平面表示方法和构造详见设计总说明和国家建筑标准设计 11G101-1 图集。
2. 楼板通长钢筋在整个板面均设置，通长钢筋遇洞及升降板时断开锚入梁墙内且须满足受拉锚固长度。
3. 未注明的板分布筋为Φ6@180。

楼板配筋图						编号	结施-13
审核		校对		设计		页	13/18

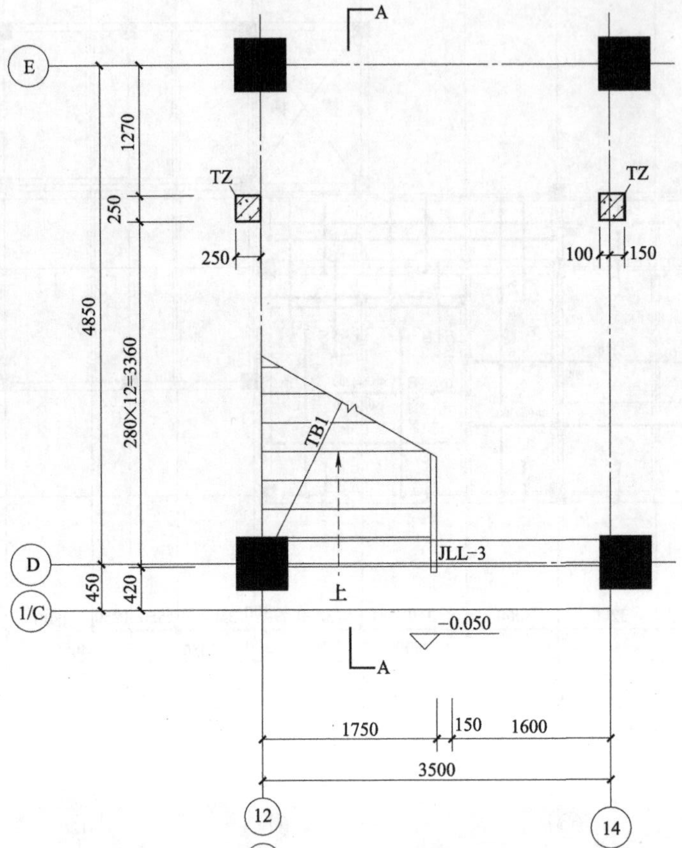

1—1
(1号,2号)

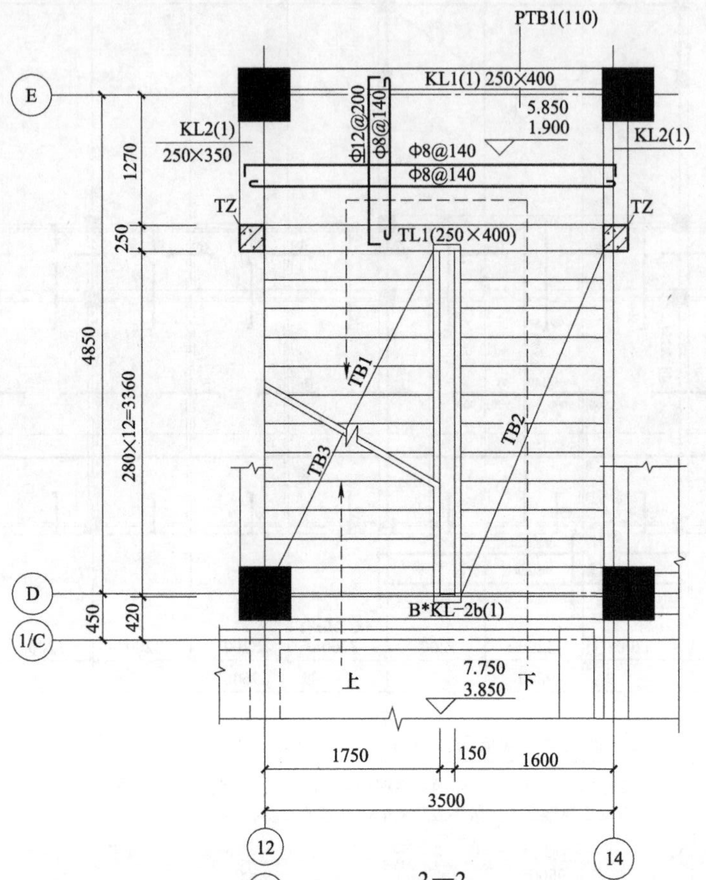

2—2
(1号,2号)

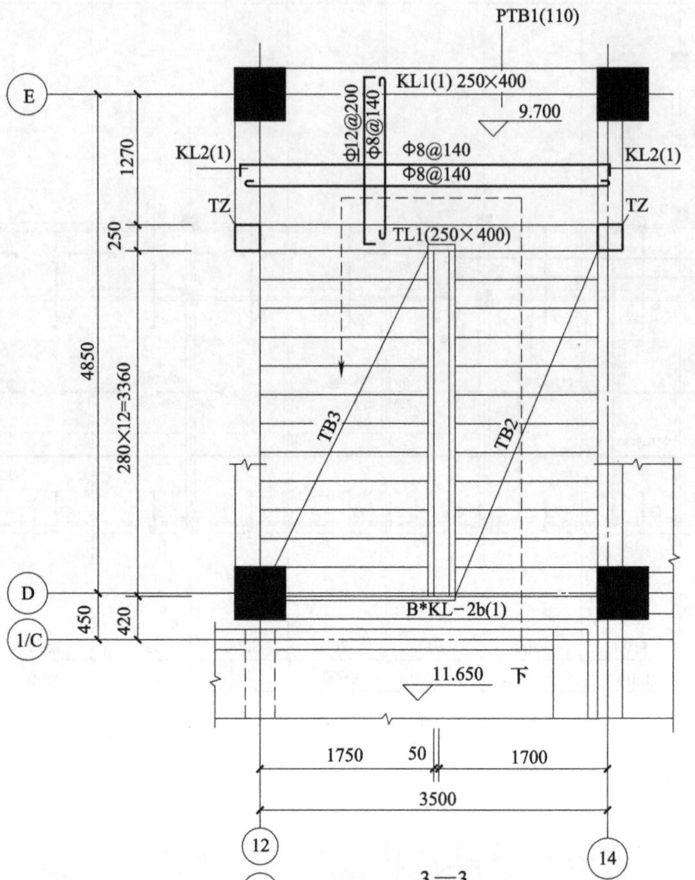

3—3
(1号,2号)

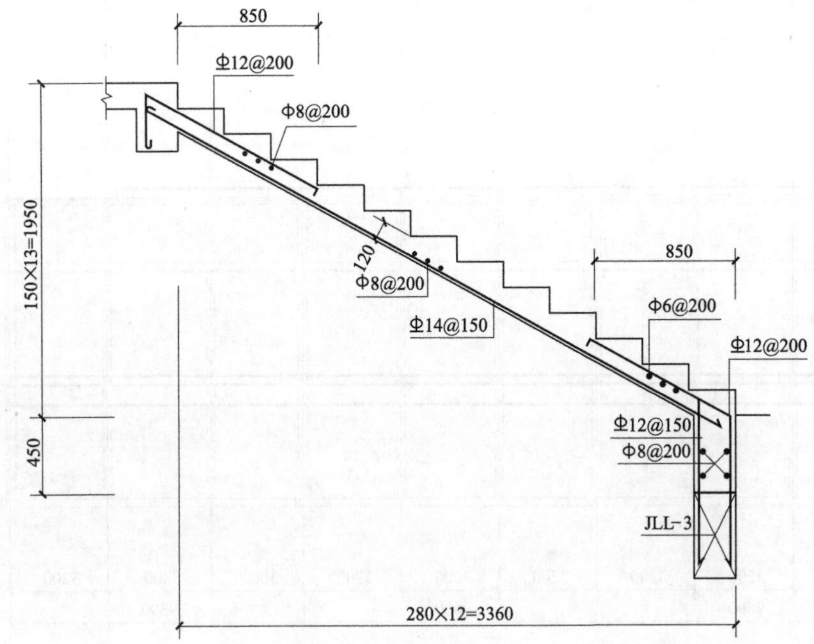

TB-1
(1号,2号)

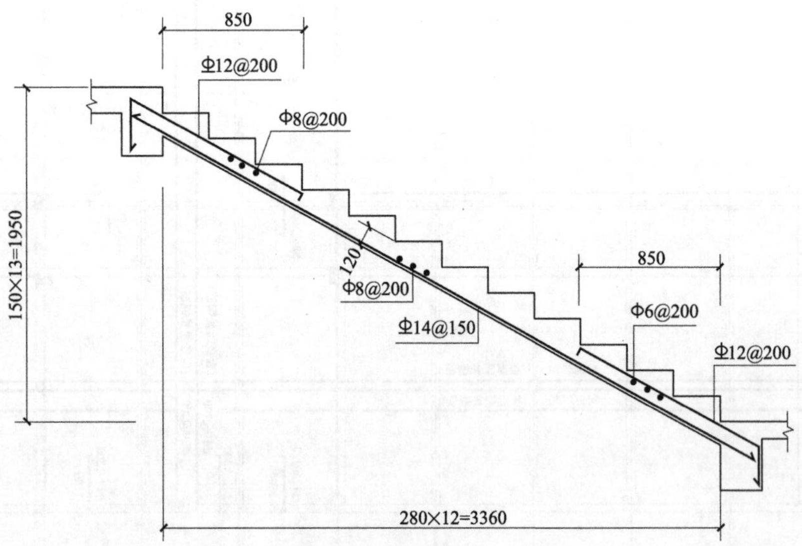

TB-2、TB-3
(1号,2号)

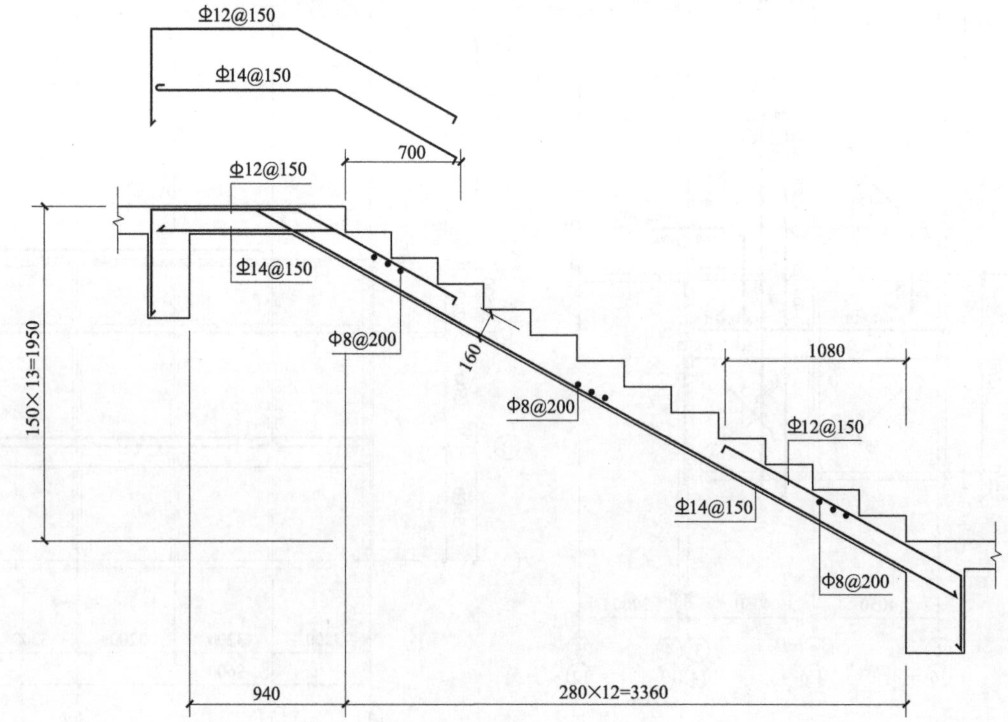

TB-3、TB-4
(3号)

楼梯图一						编号	结施-14
审核		校对		设计		页	14/18

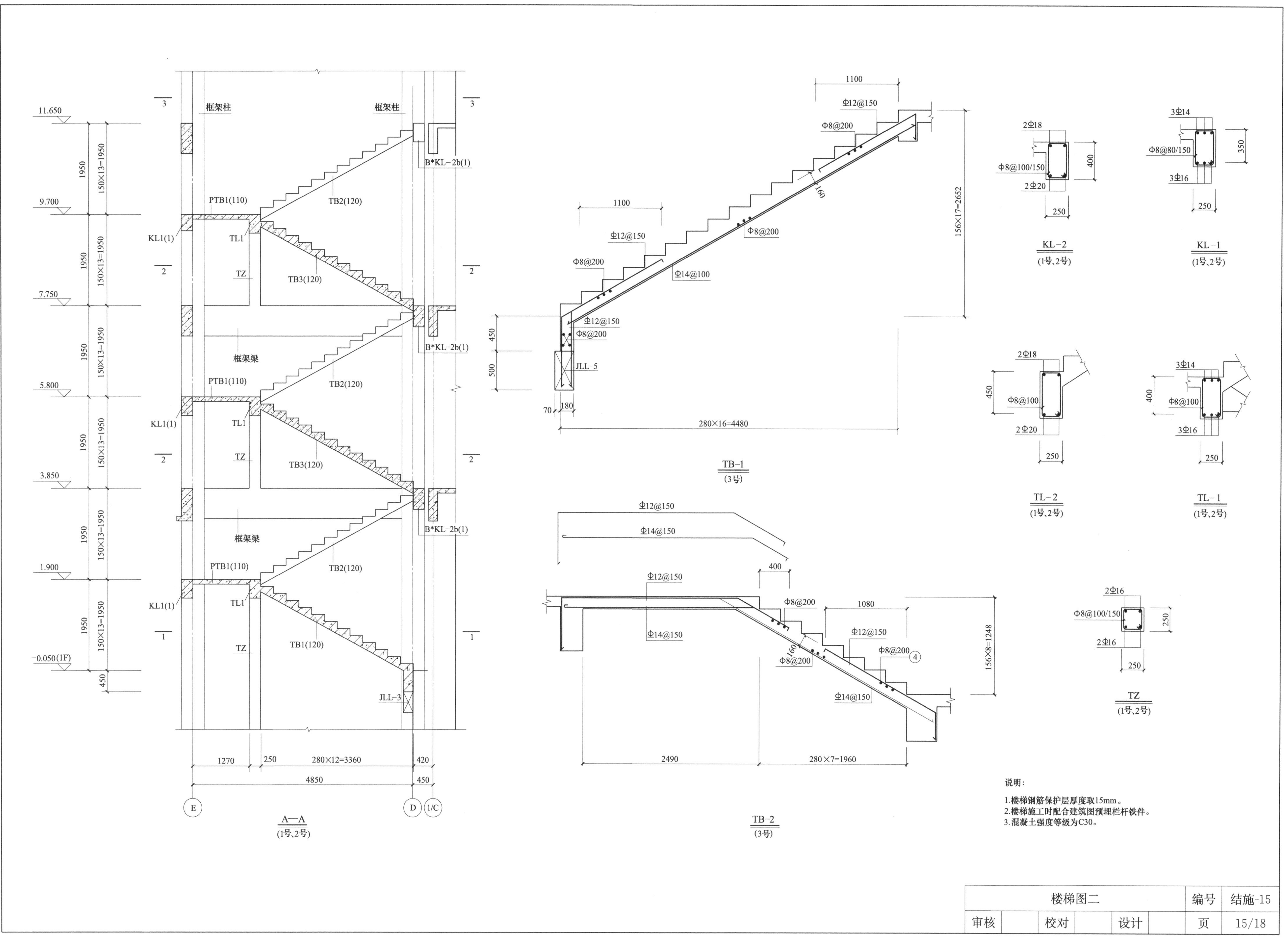
A—A
(1号、2号)
TB-1
(3号)
TB-2
(3号)
KL-2
(1号、2号)
KL-1
(1号、2号)
TL-2
(1号、2号)
TL-1
(1号、2号)
TZ
(1号、2号)
说明:
1.楼梯钢筋保护层厚度取15mm。
2.楼梯施工时配合建筑图预埋栏杆铁件。
3.混凝土强度等级为C30。
楼梯图二
编号
结施-15
审核
校对
设计
页
15/18

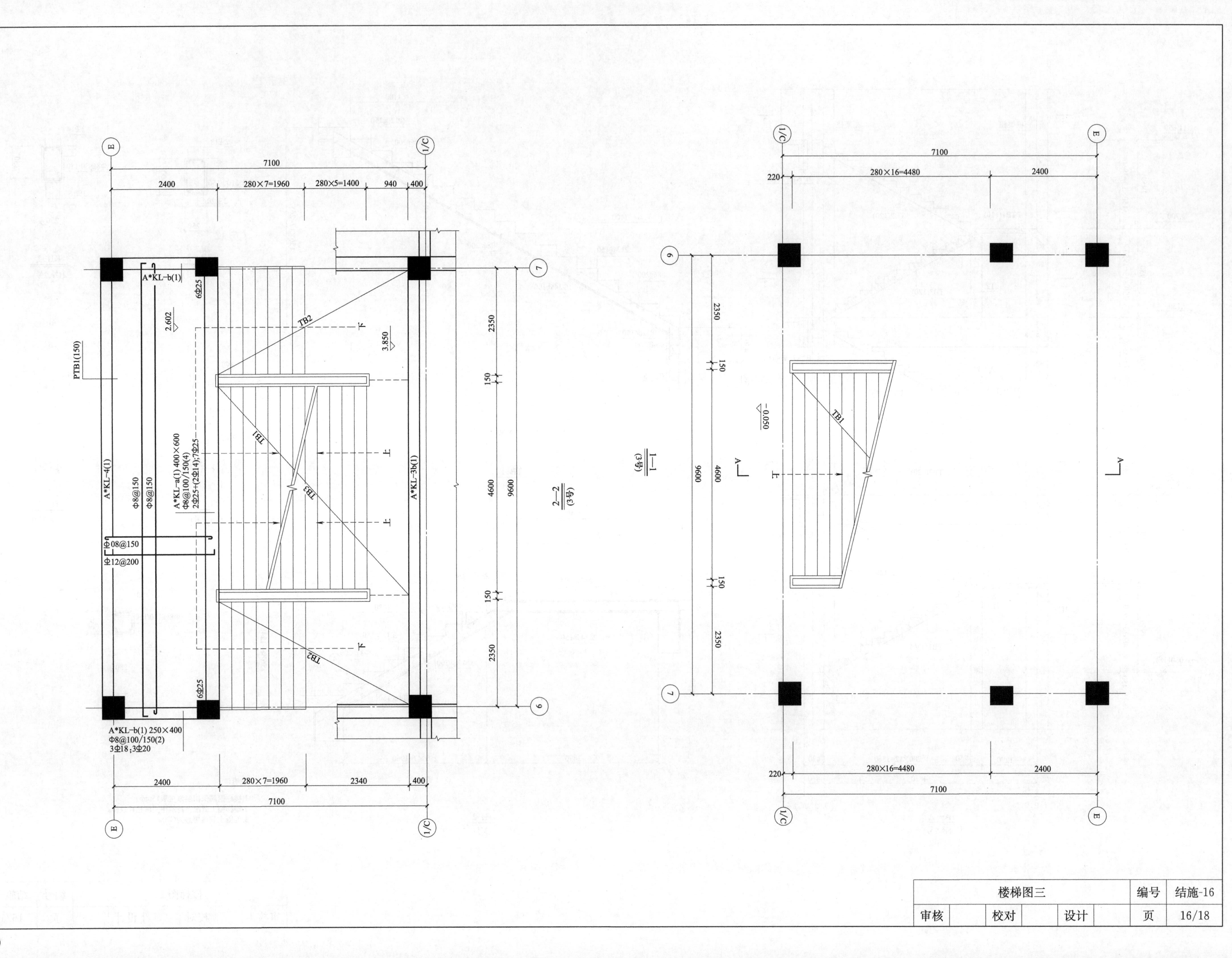
PTB1(150)
A*KL-4(1)
A*KL-b(1) 250×400
Φ8@100/150(2)
3Φ18;3Φ20
Φ8@150
Φ12@200
Φ8@150
Φ8@150
A*KL-b(1)
2.602
A*KL-a(1) 400×600
Φ8@100/150(4)
2Φ25+(2Φ14);7Φ25
6Φ25
6Φ25
TB1
TB2
TB3
TB2
下
上
上
下
3.850
A*KL-3b(1)
2400
280×7=1960
2340
400
7100
280×5=1400
940
E
1/C
2350
150
4600
150
2350
9600
6
7
2—2
(3号)
1—1
(3号)
-0.050
A
280×16=4480
220
TB1
楼梯图三
审核
校对
设计
编号
结施-16
页
16/18

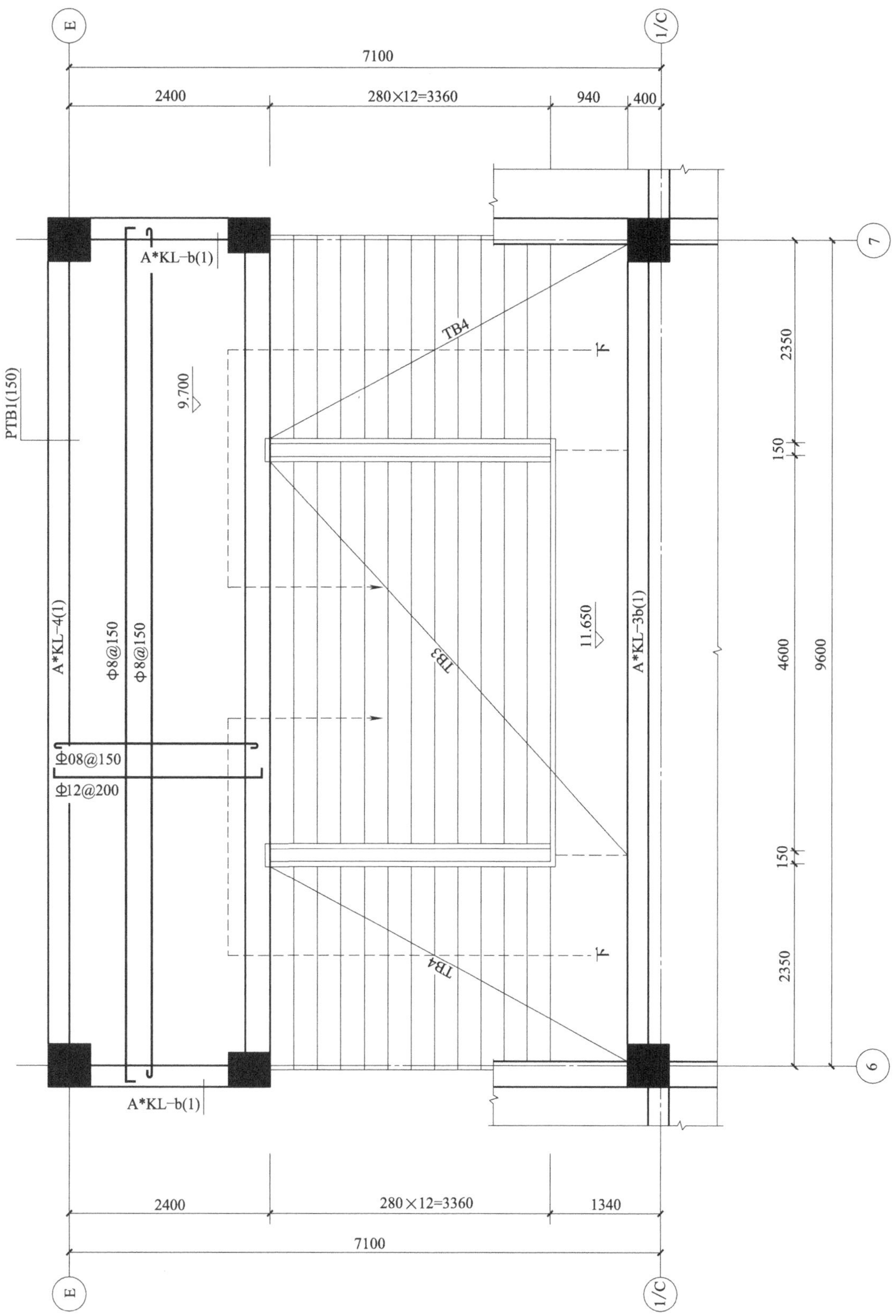
7100
2400
280×12=3360
940
400
1340
2350
150
4600
9600
A*KL-4(1)
A*KL-b(1)
A*KL-3b(1)
PTB1(150)
Φ8@150
Φ8@150
Φ08@150
Φ12@200
9.700
11.650
TB4
TB3
TB4
E
1/C
7
6

4—4
(3号)

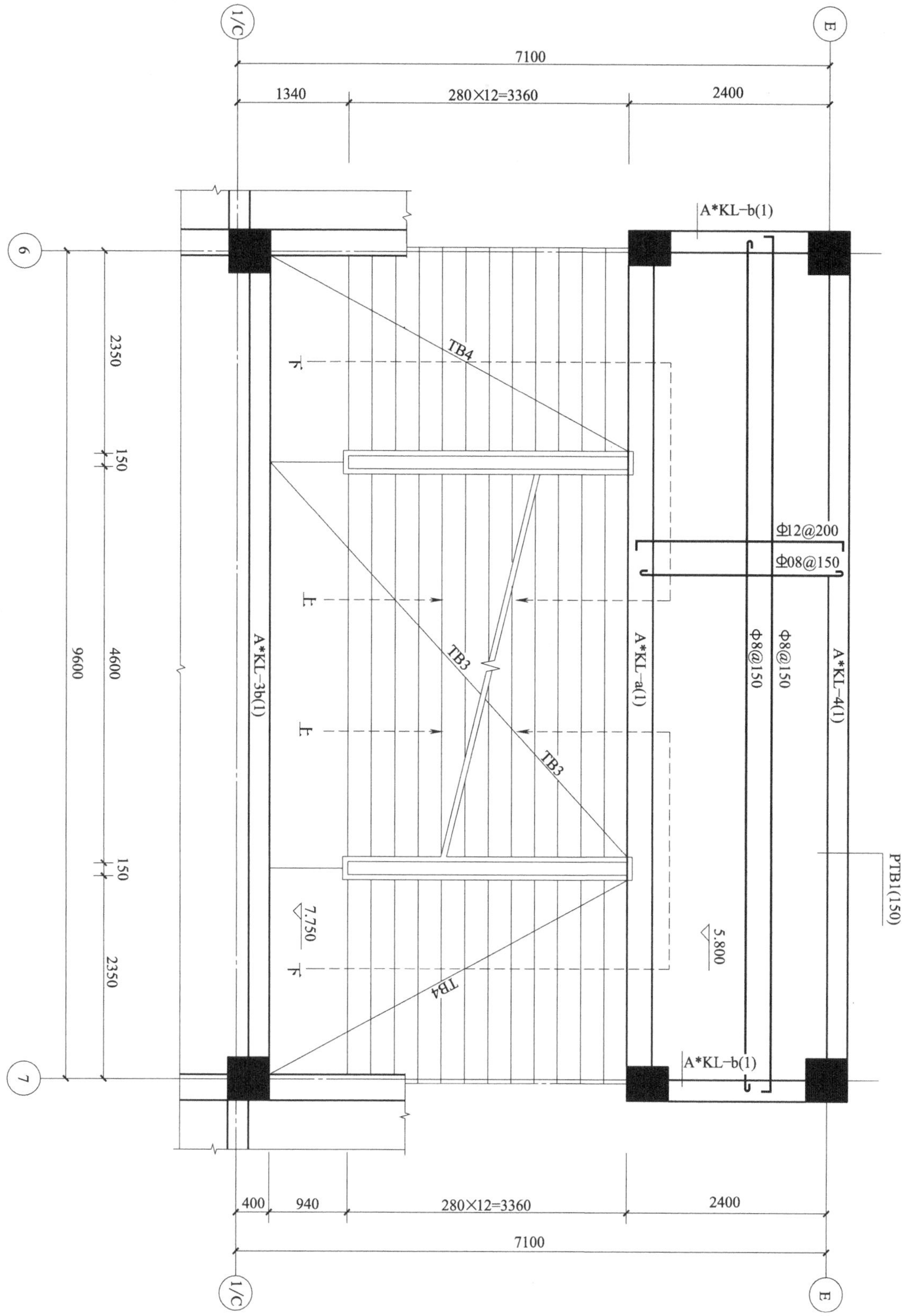
7100
1340
280×12=3360
2400
400
940
2350
150
4600
9600
A*KL-b(1)
A*KL-a(1)
A*KL-3b(1)
A*KL-4(1)
PTB1(150)
Φ12@200
Φ08@150
Φ8@150
Φ8@150
7.750
5.800
TB4
TB3
TB3
TB4
1/C
E
6
7

3—3

楼梯图四						编号	结施-17
审核		校对		设计		页	17/18

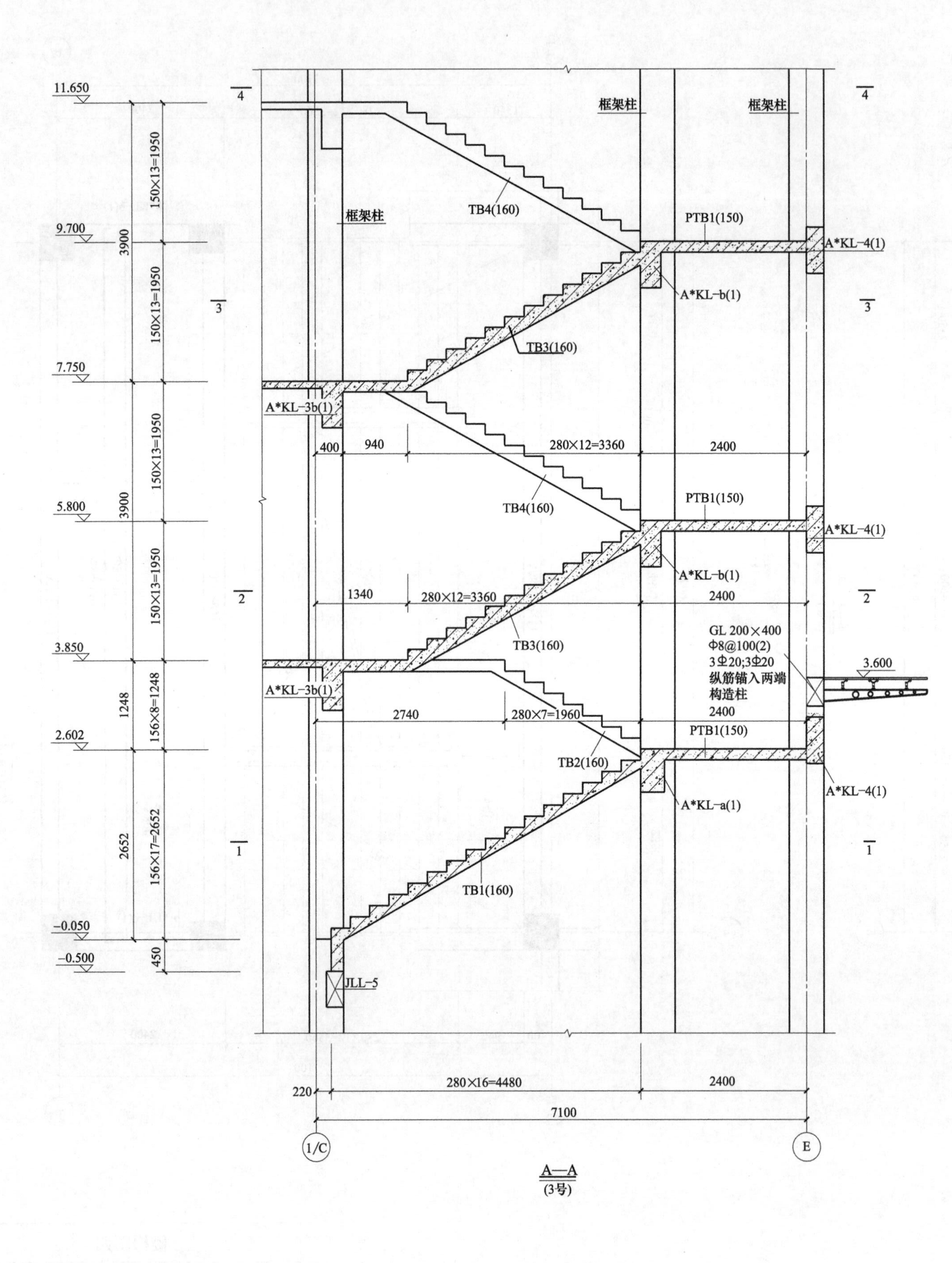

A—A
(3号)

说明：

1.楼梯钢筋保护层厚度取15mm。
2.楼梯施工时配合建筑图预埋栏杆铁件。
3.混凝土强度等级为C30。

楼梯图五						编号	结施-18
审核		校对		设计		页	18/18

3.3　2号教学楼给水排水施工图

给水排水设计说明

一、概述

本建筑为某省职业技术学院2号教学楼，多层建筑，共有地上4层，以下就本楼给排水设计图纸和施工中应注意的事项加以说明。

二、生活给水系统

1. 水源：由城市自来水供给本工程生活及消防用水，要求市政给水管网压力 $P \geqslant 0.25$MPa。

2. 生活给水系统：本楼生活用水由设在校区水泵房内的自动给水设备将市政自来水加压后，以下行上给供水方式送至本楼各用水点。

三、排水（生活排水，雨水）系统

本工程雨水与生活排水采用分流排放，生活污水与废水采用合流排放生活排水有组织排至室外，经化粪池生化处理后，排至市政污水管网。雨水采用外排水系统，雨水系统做法均见建施图。

四、消火栓给水系统：

本楼按建筑防火规范进行消防设计，设室内外消火栓系统，室内消防水量为15L/s，室外消防水量为20L/s。火灾初期10分钟水量（有效容积为18吨）贮存在校区最高建筑的中的屋顶消防水箱内。消火栓泵设在校区水泵房内，在室外另建有消防蓄水池保证火灾时的消防用水。

五、建筑灭火器配置

本工程灭火器按中危险级配置，各层均设有手提式磷酸铵盐干粉灭火器，每个设置点设两公斤装手提式灭火器三具，均设置在每个消火栓柜下半部分的手提式灭火器储柜内。

六、管材

1. 生活给水管采用内筋嵌入式衬塑钢管，采用卡环式连接，内衬PP管。管道压力等级均要求为1.0MPa生活给水管外壁为喷塑防腐。

2. 重力自流排水立管均采用PPI型UPVC螺旋低噪音抗震柔性排水管，连接采用配套的PPI-DRF螺母挤压密封圈管件连接，即接入立管的管件须采用旋转进水型三通或四通，立管在直管段上的连接应采用螺母挤压密封圈接头连接。重力自流排水横管及支管均采用PPI型低噪音UPVC排水管，连接采用配套管件专用胶粘接。

3. 消火栓系统给水管采PP-S钢套一体内外涂塑复合钢管，卡箍连接。管道压力等级均要求为1.0MPa。

七、管道防腐，保温及防结露

安装在吊顶，管井内的给水管应采取防结露措施，采用10mm厚硬聚氨酯泡沫塑料管壳防结露。

八、设备与管道安装

1. 给水管道上阀门：管径≤DN50的采用U11S-16Q型铜质柱塞阀：管径>DN50的采用HSF4 1S-16（J）型活塞阀。消火栓系统中的阀门采用PQ340F-16Q型双偏心半球阀门。

2. 消火栓柜均采用SG24D65-P柜内均设SN65消火栓及DN65，25m长的麻质衬胶水龙带，ϕ19mm水枪各一个。柜体尺寸为：1600mm×700mm×240mm。

3. 卫生间的地漏均采用普通高水封地漏，不锈钢面。

4. 管道穿过墙壁和楼板，应预埋比穿越管大一至二号的钢套管。楼板处的钢套其顶部应高出装饰地面20mm；安装在卫生间内的套管其顶部应高出装饰地面50mm，套管底部应与楼板底部相平。安装在墙内的套管其两端与饰面相平。穿过楼板的套管与管道之间缝隙应用阻燃密实材料和防水油膏填实，端面光滑。

5. 卫生间中的卫生洁具的板上留洞应在甲方将所购各种洁具型号确定后由施工单位现场确定预留。

6. 管道安装应注意平直美观，尽量靠墙贴柱贴梁。管道支、吊架应按国家现行的施工及验收规范设置。

7. 各种管道的配件应采用与管道相匹配的材料。所有设备器材阀门仪表和五金配件均应采用国家定型并经过鉴定检测合格的节能，节水类优质产品。大便器的冲洗水箱容积应≤6L，并有大小便两档冲洗按钮。图中卫生洁具定位详见建施图。

8. 除图中注明者外，排水管坡度采用如下：

$DN150\quad i \geqslant 0.003$；$DN125\quad i \geqslant 0.004$；　$DN100\quad i \geqslant 0.004$；

$DN75\quad i \geqslant 0.026$；$DN50\quad i \geqslant 0.026$。

9. 排水管道应按照施工安装规范的要求设置阻火圈和伸缩节，阻火圈为PPI，排水管配套型。

10. 图中尺寸以mm计，标高以m计；图中管道标高重力流管道指管内底，压力管道指管中心。

11. 管道交叉处采用以下原则躲让：压力流管道让重力流管道，小管道让大管道。躲让时采用乙字弯或45°弯头上下翻让。对于排水立管底部转弯处，采取措施，牢固支撑，以免水压过大损坏管道。

12. 管道工作压力：

生活给水系统：0.40MPa；消火栓给水系统：0.50MPa。

污水管应做灌水及通球试验；雨水管应做灌水试验；以上管道试验压力应根据如上工作压力，按现行有关施工及验收规范执行，并做好现场试压记录及安全工作。尤其注意室内埋设在垫层内的给水管道，必需在试压后确保不漏水后再进行暗埋，并在试压后及时将管道里的水排空以防管道冻裂。

13. 所有穿越沉降缝的管道，均在沉降缝处设置金属软管，长度为：$L=1200$mm，$PN=1.0$MPa。

14. 所有蹲便器采用低水箱冲洗方式，所有洗手盆采用HT-SZ01型感应龙头自动冲洗方式，所有小便器采用T-AX13a型感应小便斗冲洗器自动冲洗方式。

九、其他

1. 在本图中如发现土建部分内容与土建专业图不符时应以土建专业图为准，如与管道有关请及时通知设计院。

2. 本套水施图应报送有关审批部门审批，且应在建设方、监理、施工单位仔细阅读后，均认为无误后方可施工。

3. 建筑物进出户管道与室外管道连接及建筑物沉降缝两边管道的连接应在主体建筑沉降稳定后方可施工安装。

4. 本建筑内灭火器配置，应按消防主管部门日常管理要求进行核对，如有不妥之处请按消防主管部门意见执行。

5. 整个消火栓给水消防系统安装，验收合格后阀门除图上标明的外均应处在常开状态。

6. 本设计说明未尽之处，均按国家现行有关设计，施工、安装及验收规范和国家标准安装图集执行。

图例

图例	名称
——————	给水管道
——X——	消火栓管道
- - - - - -	污废水管道
(J/n)	给水进户管编号
(X/n)	消火栓进户管编号
(P/n)	污水出户管编号
	铜质柱塞阀
	双偏心半球阀
	BXJRD-1.0型金属软管
	微量排气阀
	单出口消火栓
	地漏
	清扫口
	检查口
L-	管道立管及编号
	水龙头
	管堵
	通气帽
	洗涤池
	坐式大便器
	蹲式大便器
	洗脸盆
	挂式小便器

给水排水设计说明						编号	水施-01
审核		校对		设计		页	1/5

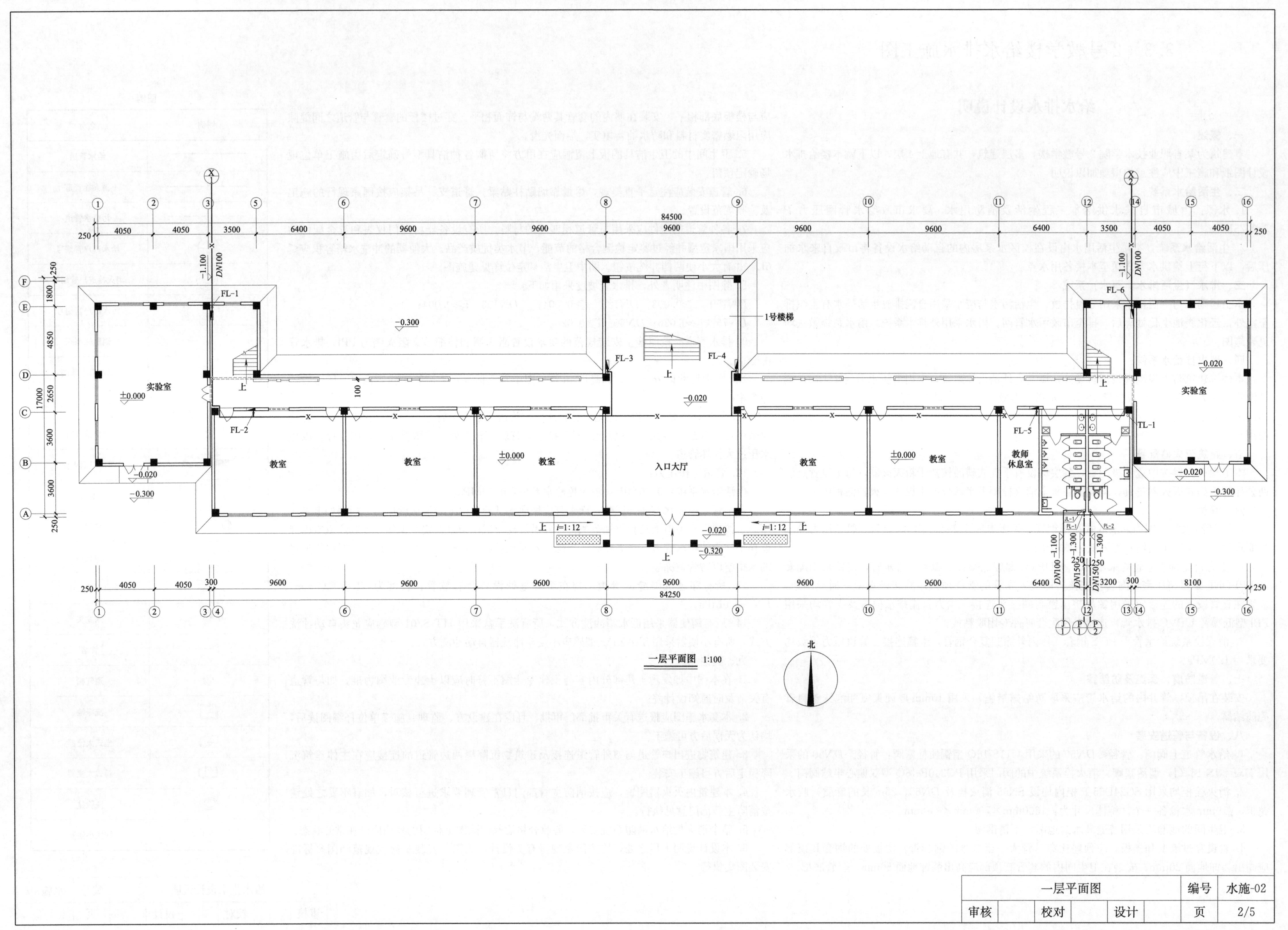
实验室
教室
入口大厅
教师
休息室
1号楼梯
一层平面图 1:100
北
一层平面图
编号
水施-02
审核
校对
设计
页
2/5

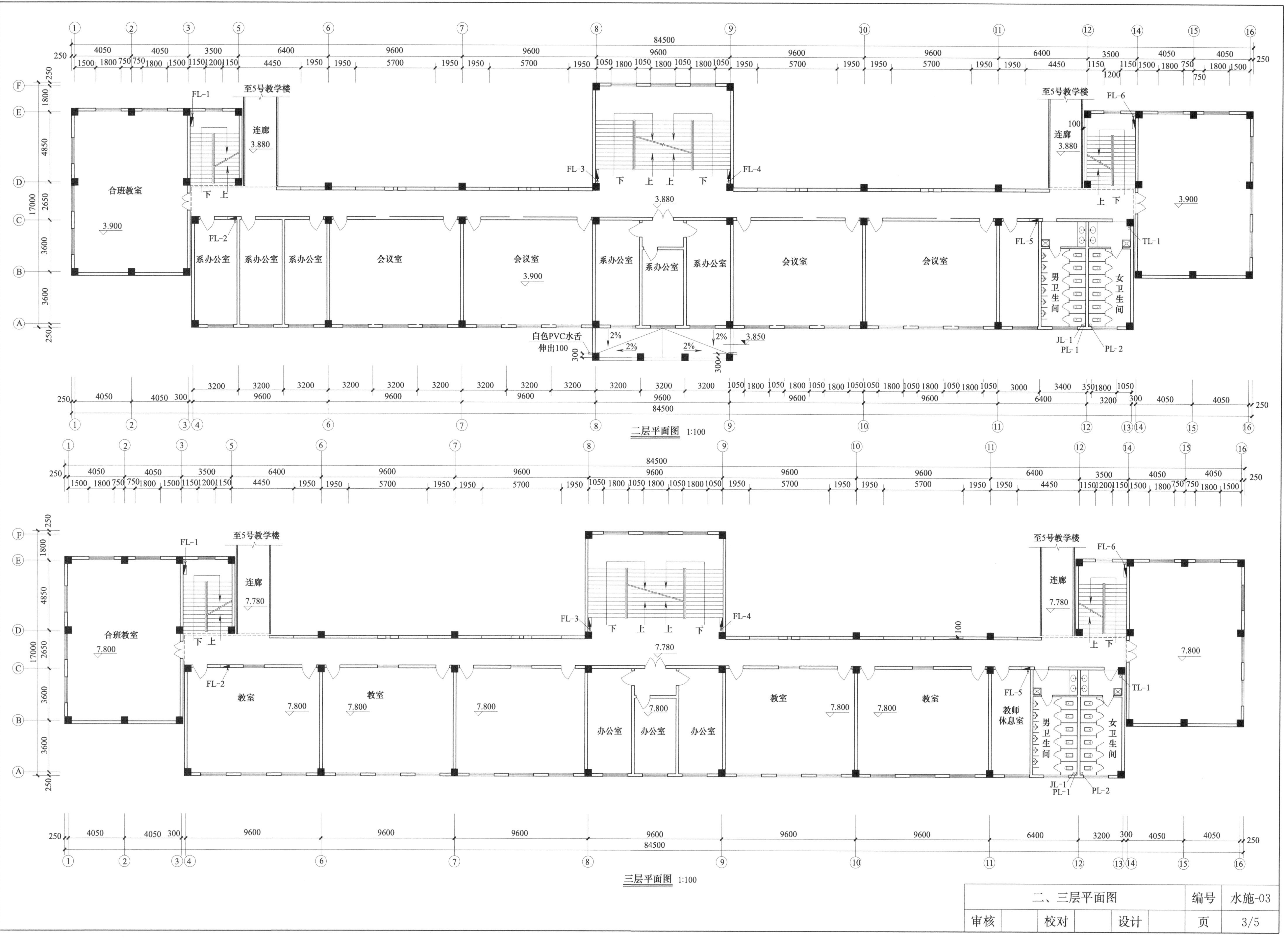
二层平面图 1:100
三层平面图 1:100
合班教室
连廊
至5号教学楼
系办公室
会议室
男卫生间
女卫生间
教室
办公室
教师休息室
白色PVC水舌伸出100
FL-1
FL-2
FL-3
FL-4
FL-5
FL-6
TL-1
JL-1
PL-1
PL-2
二、三层平面图
编号
水施-03
审核
校对
设计
页
3/5

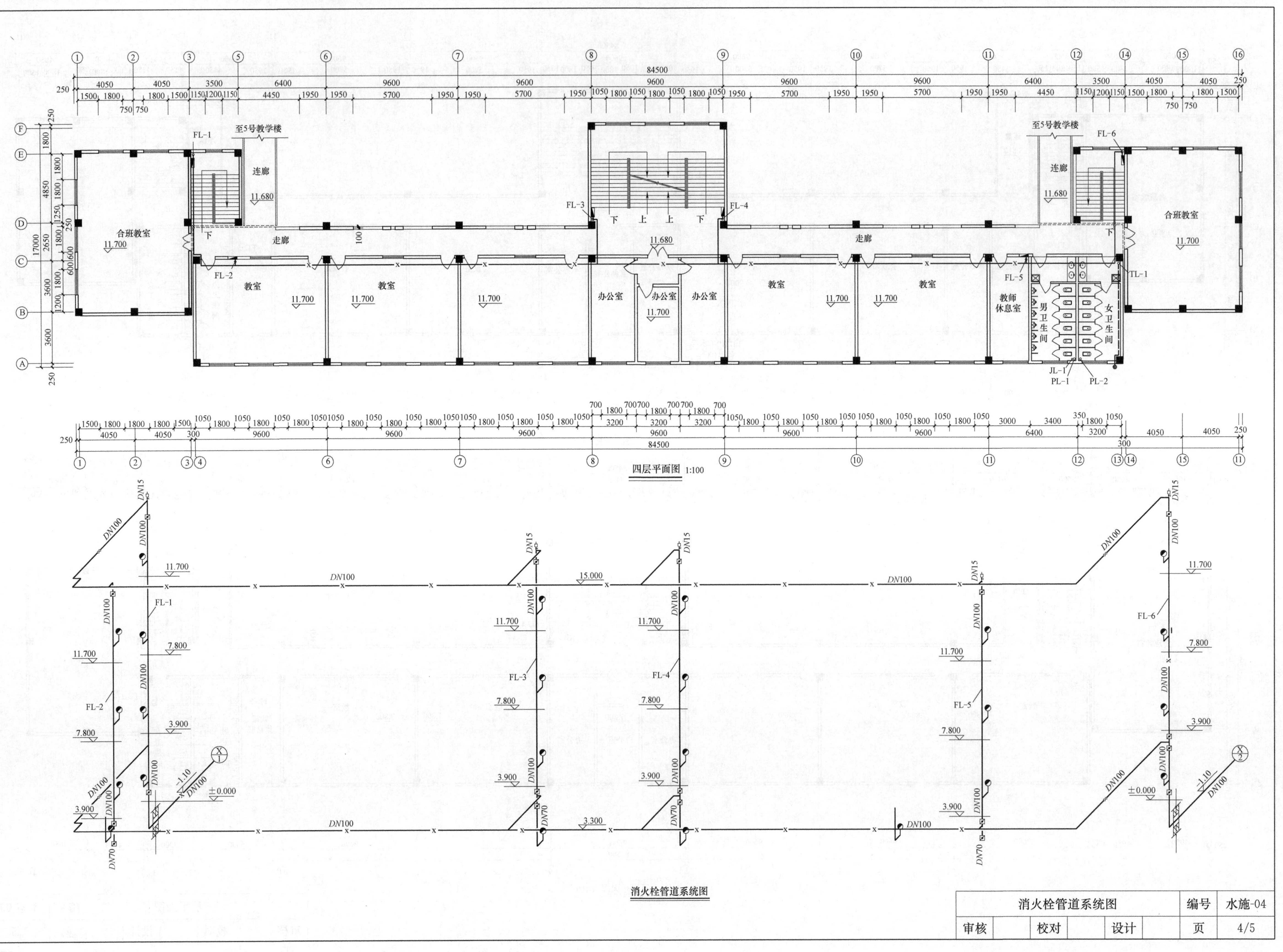

消火栓管道系统图						编号	水施-04
审核		校对		设计		页	4/5

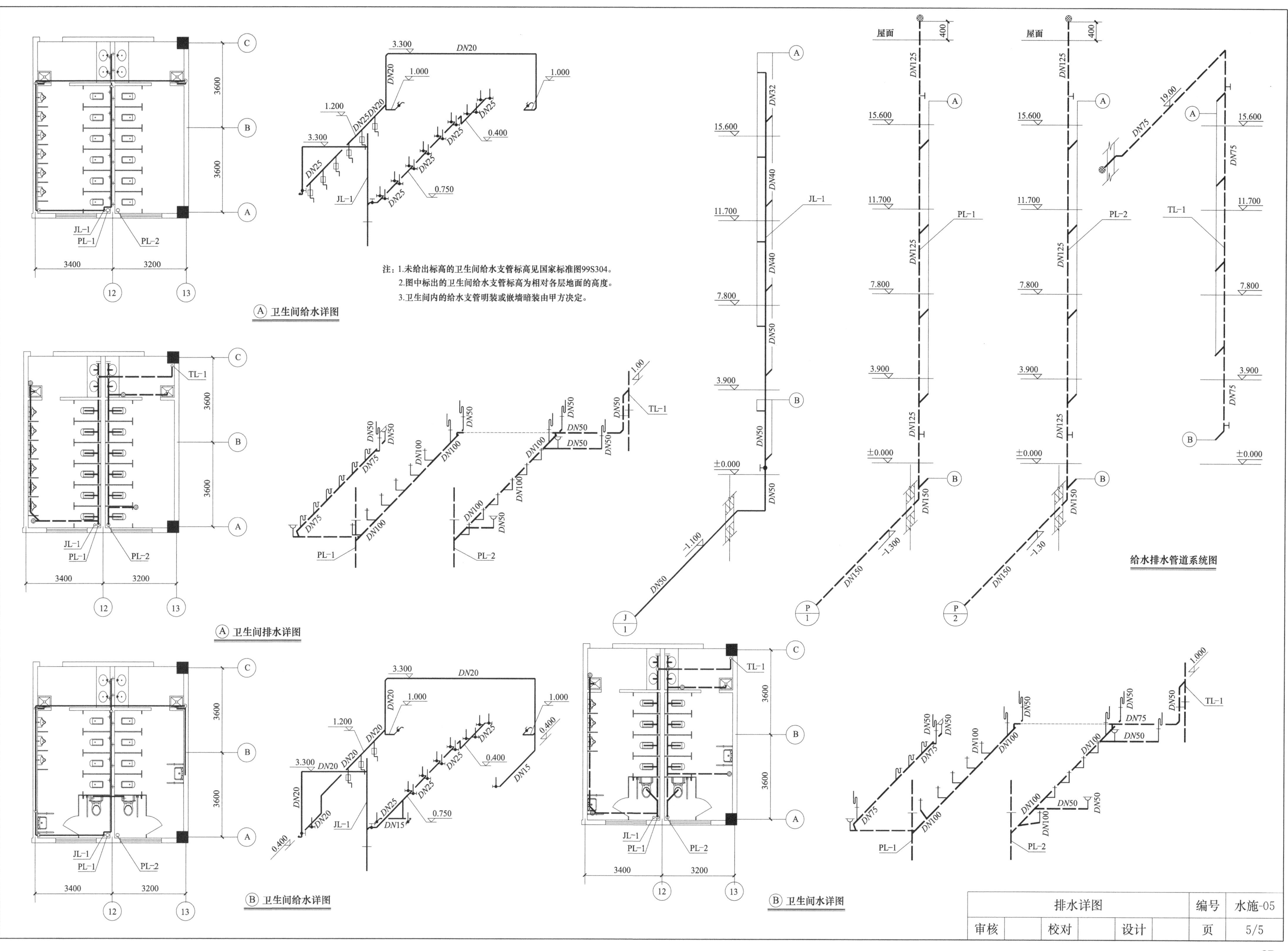
Ⓐ 卫生间给水详图
注：1.未给出标高的卫生间给水支管标高见国家标准图99S304。
2.图中标出的卫生间给水支管标高为相对各层地面的高度。
3.卫生间内的给水支管明装或嵌墙暗装由甲方决定。
Ⓐ 卫生间排水详图
Ⓑ 卫生间给水详图
Ⓑ 卫生间水详图
给水排水管道系统图
JL-1
PL-1
PL-2
TL-1
屋面
排水详图
编号
水施-05
审核
校对
设计
页
5/5

3.4　2号教学楼电气施工图

电气设计说明

一、工程概况

本工程为某省职业技术学院2号教学楼，地上四层，建筑高度为18.9m，建筑总面积约3680m^2。

二、设计依据

1. 国家相关法规及规范。
2. 建设单位的设计要求及本工程有关工种的工艺要求。

三、设计范围

1. 照明系统；2. 综合布线系统；3. 电话系统；4. 有线电视系统；5. 防雷、接地系统。

四、电源

本工程为多层公共建筑。其中所有用电设备均为三级负荷。电源从室外采用YJV22一型电缆引来，见系统图标注。

五、照明系统

1. 照明

（1）照度标准：公共走道50lx，楼梯间30lx，门厅100lx，教师300lx，办公室300lx，实验室300lx。

（2）照明分支线路，每回路均单独设置中性线，不得共用。所有照明分支线单独穿管，设PE线保护。

（3）设计光源采用T5荧光灯和紧凑型荧光灯，配电子镇流器，要求灯具的功率因数不低于0.9，否则应加装补偿电容器。

2. 线路及敷设

（1）照明干线采用BV-450/750V型铜芯导线穿钢管埋地，埋墙敷设。

（2）照明分支配线除图中注明外，均采用BV-450/750V-2.5mm^2导线穿钢管暗敷。未注明根数的线路均为三根。穿金属管布线要求：1～3根SC15；4～5根SC20，6～7根SC25。

六、有线电视系统

1. 本工程有线电视系统采用远地前端系统模式，信号从学校总前端机房引来。在教室等场所设置电视出线口。

2. 系统设计

（1）系统前端信号采用SYWV-75-12同轴电缆穿SC50管埋地引来。

（2）信号分配采用分配分支方式，用户终端电平设计要求为68±4dB，信噪比不得低于43dB。

（3）本设计仅为系统管线的预埋。前端设备及器件的型号规格，由承包商按规范要求配置，并负责系统的调试和开通。

3. 线路规格及敷设

（1）干线选用SYKV-75-9同轴电缆穿钢管埋地，埋墙敷设。

（2）分支线均采用SYKV-75-5同轴电缆穿钢管埋地，埋墙敷设。

4. 同轴电缆屏蔽层，各放大器及分支分配器的金属外壳应进行可靠连接，并在前端箱处进行接地。

七、综合布线系统

1. 本工程综合布线系统用于支持建筑物内语音、数据和图文信息的传输，传输频率为100MHz。

2. 系统设计

一层设总网络机柜，其余每层设层网络机柜。

3. 线路及敷设

（1）垂直数据干线选用大对数电缆穿钢管埋地、埋墙敷设。

（2）水平支线均选用六类4对非屏蔽双绞线，穿钢管保护暗敷。

八、电话系统

1. 本工程不设交换机，直接由公用电信网引来外线。

2. 系统设计

一层设总电话箱，其余每层设电话分线箱。

3. 线路及敷设

（1）电话干线采用HYA-N（2×0.5）通信电缆穿钢管埋地、埋墙敷设。

（2）电话支线采用HPV-2×0.5通信线穿钢管埋楼板、墙敷设。

九、防雷，接地系统

1. 建筑物防雷

（1）本工程按三类防雷建筑物设计。

（2）在屋面沿女儿墙明敷ϕ12镀锌圆钢避雷带作为接闪器，屋面避雷网格不大于24m×16m，利用结构柱内主筋不少于两根作为引下线，接地极利用建筑物基础内钢筋，作为防雷装置的钢筋之间的连接均应焊接。

（3）所有进出建筑物的电缆外皮、金属管道应就近与防雷接地装置相连。

（4）安装在屋面上的金属物体（如排气管、排风管、呼吸阀等）及垂直敷设的金属管道及金属物体的顶端和底端均应与防雷装置可靠连接。

（5）利用桩基，承台及地基梁内的钢筋作为接地体，要求所有地基梁内的二根主筋均应焊接成网格并与防雷引下线焊接。

2. 建筑物电子信息系统防雷

（1）本工程电子信息系统雷电防护等级为D级。

（2）为防止建筑物遭受雷击情况下引起的感应过电压，在低压配电系统设电涌保护器（具体见系统图）。

（3）所有进出建筑物的电子信息系统线路在进线处设置浪涌保护器，其接地端与等电位接地端子板连接。

3. 接地

（1）低压配电系统的接地形式采用TN-C-S系统。所有配电回路设专用保护线PE线，凡正常不带电而绝缘损坏时可能带电的电气设备的金属外壳，金属支架等物体均应与PE线可靠连接。

（2）本工程采用联合接地系统，防雷接地，电子信息系统接地等均与总等电位端子板连接。

（3）本工程采用联合接地系统，接地电阻不应大于1欧，当实测不满足要求时，利用外甩钢筋，加设人工接地极。

电气设计说明一						编号	电施-01
审核		校对		设计		页	1/11

十、其他

1. 所有电气设备及管线的施工安装必须遵循国家的有关规定。施工时，各工种须密切配合，做到管线到位，出线准确。施工过程中，如发现问题请及时与设计人员联系。

2. 电话，网络及有线电视系统在施工前应与当地相关管理部门联系，征得其同意后方可实施。

3. 本图中安装高度均为设备底边距地高度；图中设备尺寸均为宽×高×深。

4. 说明未尽事项按《建筑电气工程施工质量验收规范》GB 50303—2002 执行。

十一、本工程选用标准图图集

1.《建筑电气工程设计常用图形和文字符号》00DX001

2.《钢导管配线安装》03D301-3

3.《等电位联结安装》02D501-2

4.《接地装置安装》03D501-4

5.《建筑物防雷设施安装》99（03）D501-1

6.《智能建筑弱电工程施工安装图集》99×700（上），99×700（下）

十二、线型标注

———T———数据支线 1×4UTP CAT6 SC15

———2T———数据支线 1×4UTP CAT6 SC20

———3T———数据支线 1×4UTP CAT6 SC20

———V———电视支线 SYKV-75-5 SC15

———2V———电视支线 SYKV-75-5 SC25

———L———电铃支线 BV-2×1.5SC15

———nF———电话支线 nHPV-2×0.5SC-　n 为电话对数，1～3 根 SC15，4～6 根 SC20

———X———消火栓起泵线 BV-4×2.5SC20

十三、图例

序号	图例	名称	型号及规格	安装方式及高度	备注
1		总配电箱	见配电箱系统图	距地 1.0m 暗装	
2		照明配电箱	见配电箱系统图	距地 1.5m 暗装	
3	VH	电视前端箱	470×470×120	距地 2.5m 暗装	
4	VP	电视分支器箱	370×370×120	距地 2.5m 暗装	
5	Z	网络机柜	500×700×180	距地 0.5m 暗装	
6	F	电话箱	300×400×120	距地 0.5m 暗装	
7		单联单控开关	K31/1/2A	距地 1.3m 明装	250V,10A
8		双联单控开关	K32/1/2A	距地 1.3m 明装	250V,10A
9		三联单控开关	K33/1/2A	距地 1.3m 明装	250V,10A
10		双管日光灯	T5,2×36W	距地 2.5m 杆吊	
11		黑板灯	T5,1×36W	距黑板顶 0.3m	
12		单管日光灯	T5,1×28W	距地 2.2m 壁装	
13		镜前灯	T5,1×28W	距地 0.5m 壁装	
14		吸顶灯	T5,1×36W	吸顶安装	
15		排气扇	60W		见设施图
16		应急照明灯	18W,自带蓄电池	距地 2.5m 壁装	应急时间 30min
17		疏散标志灯	PAK-Y01-102	距地 0.5m 暗装	应急时间 30min
18		疏散标志灯	PAK-Y01-103	距地 0.5m 暗装	应急时间 30min
19		疏散标志灯	PAK-Y01-104	距地 0.5m 暗装	应急时间 30min
20	E	安全出口标志灯	PAK-Y01-101	门上 0.2m 暗装	应急时间 30min
21		吊扇	ϕ1200 66W	距地 2.7m 杆吊	
22		调速开关	配套	距地 1.3m 明装	
23		普通插座	T426/10USL	距地 0.5m 暗装	250V,10A
24		电视插座	T426/10US3	距顶 1.0m 暗装	250V,10A
25		卫生间插座	T426/10USL	距地 1.5m 暗装	250V,10A 加装防溅盖板
26	TV	电视出线口	KG31VTV75	距顶 1.0m 暗装	
27	TO	网络出线口	KGC01	距地 0.5m 暗装	
28	TP	电话出线口	KGT01	距地 0.5m 暗装	
29		电铃	UC4-75	距地 2.8m 明装	8W/220V
30		消火栓按钮	J-XAPD-02	距地 1.5m 明装	

电气设计说明二						编号	电施-02
审核		校对		设计		页	2/11

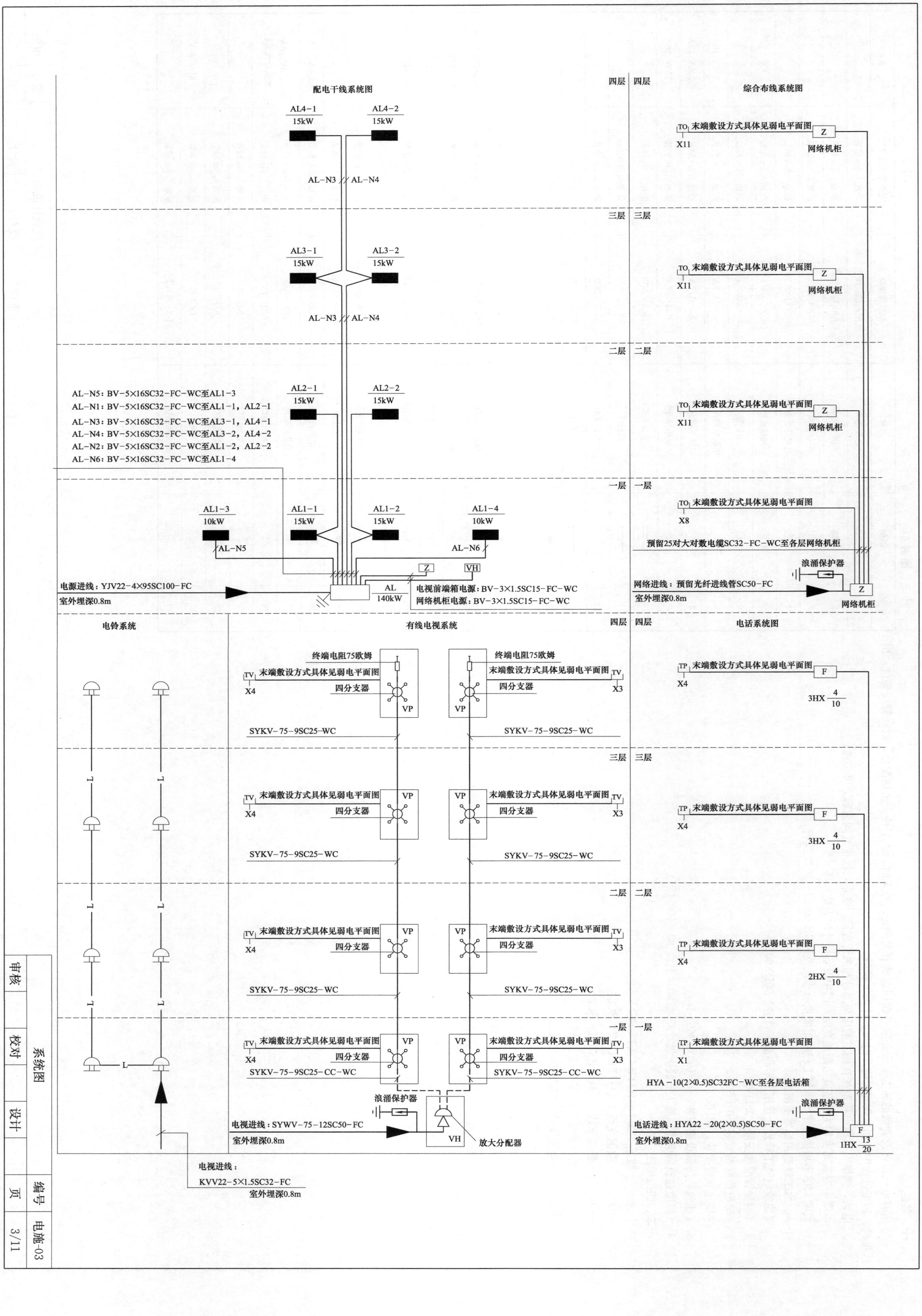
配电干线系统图
AL4-1 15kW
AL4-2 15kW
AL-N3 AL-N4
AL3-1 15kW
AL3-2 15kW
AL-N3 AL-N4
AL2-1 15kW
AL2-2 15kW
AL-N5：BV-5×16SC32-FC-WC至AL1-3
AL-N1：BV-5×16SC32-FC-WC至AL1-1，AL2-1
AL-N3：BV-5×16SC32-FC-WC至AL3-1，AL4-1
AL-N4：BV-5×16SC32-FC-WC至AL3-2，AL4-2
AL-N2：BV-5×16SC32-FC-WC至AL1-2，AL2-2
AL-N6：BV-5×16SC32-FC-WC至AL1-4
AL1-3 10kW
AL1-1 15kW
AL1-2 15kW
AL1-4 10kW
AL-N5
AL-N6
Z
VH
电源进线：YJV22-4×95SC100-FC
室外埋深0.8m
AL 140kW
电视前端箱电源：BV-3×1.5SC15-FC-WC
网络机柜电源：BV-3×1.5SC15-FC-WC
四层 三层 二层 一层
综合布线系统图
TO 末端敷设方式具体见弱电平面图
X11
Z 网络机柜
X8
预留25对大对数电缆SC32-FC-WC至各层网络机柜
浪涌保护器
网络进线：预留光纤进线管SC50-FC
室外埋深0.8m
网络机柜
电铃系统
L
电视进线：
KVV22-5×1.5SC32-FC
室外埋深0.8m
有线电视系统
终端电阻75欧姆
TV 末端敷设方式具体见弱电平面图
四分支器
X4
X3
VP
SYKV-75-9SC25-WC
SYKV-75-9SC25-CC-WC
浪涌保护器
电视进线：SYWV-75-12SC50-FC
室外埋深0.8m
VH
放大分配器
电话系统图
TP 末端敷设方式具体见弱电平面图
F
X4
X1
3HX 4/10
2HX 4/10
HYA-10(2×0.5)SC32FC-WC至各层电话箱
浪涌保护器
电话进线：HYA22-20(2×0.5)SC50-FC
室外埋深0.8m
1HX 13/20
审核
校对
设计
系统图
编号 电施-03
页 3/11

P_e=140kW
K_x=0.75
cosϕ=0.85
P_j=105kW
I_j=197.6A

NS250/3P 200A
DT862-4 1.5(6A)
200/5
PE
N

开关	相/回路	用途
C65N/3P -50A	N1	AL1-1+AL2-1 15kW+15kW
C65N/3P -50A	N2	AL1-2+AL2-2 15kW+15kW
C65N/3P -50A	N3	AL3-1+AL4-1 15kW+15kW
C65N/3P -50A	N4	AL3-2+AL4-2 15kW+15kW
C65N/3P -25A	N5	AL1-3 10kW
C65N/3P -25A	N6	AL1-4 10kW
C65N/4P -32A	PRD40r 3P+N	浪涌保护
C65N/3P -50A		备用
C65N/1P -16A	L1相	网络机柜电源
C65N/1P -16A	L2相	电视前端箱电源
C65N/1P -16A	L3相	备用

AL配电箱系统图(共1台)
参考尺寸:1000×800×200，暗装
距地1.0m

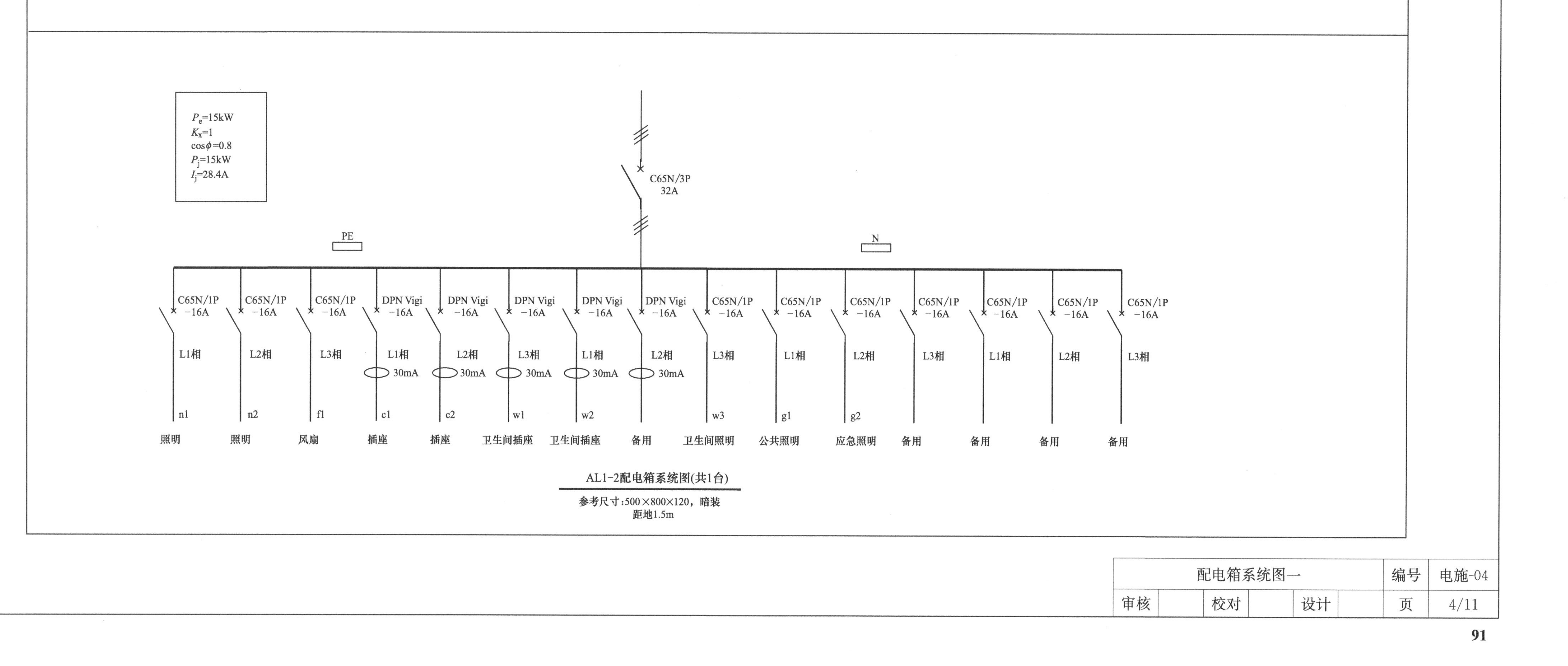

AL1-2配电箱系统图(共1台)
参考尺寸:500×800×120，暗装
距地1.5m

配电箱系统图一				编号	电施-04
审核		校对	设计	页	4/11

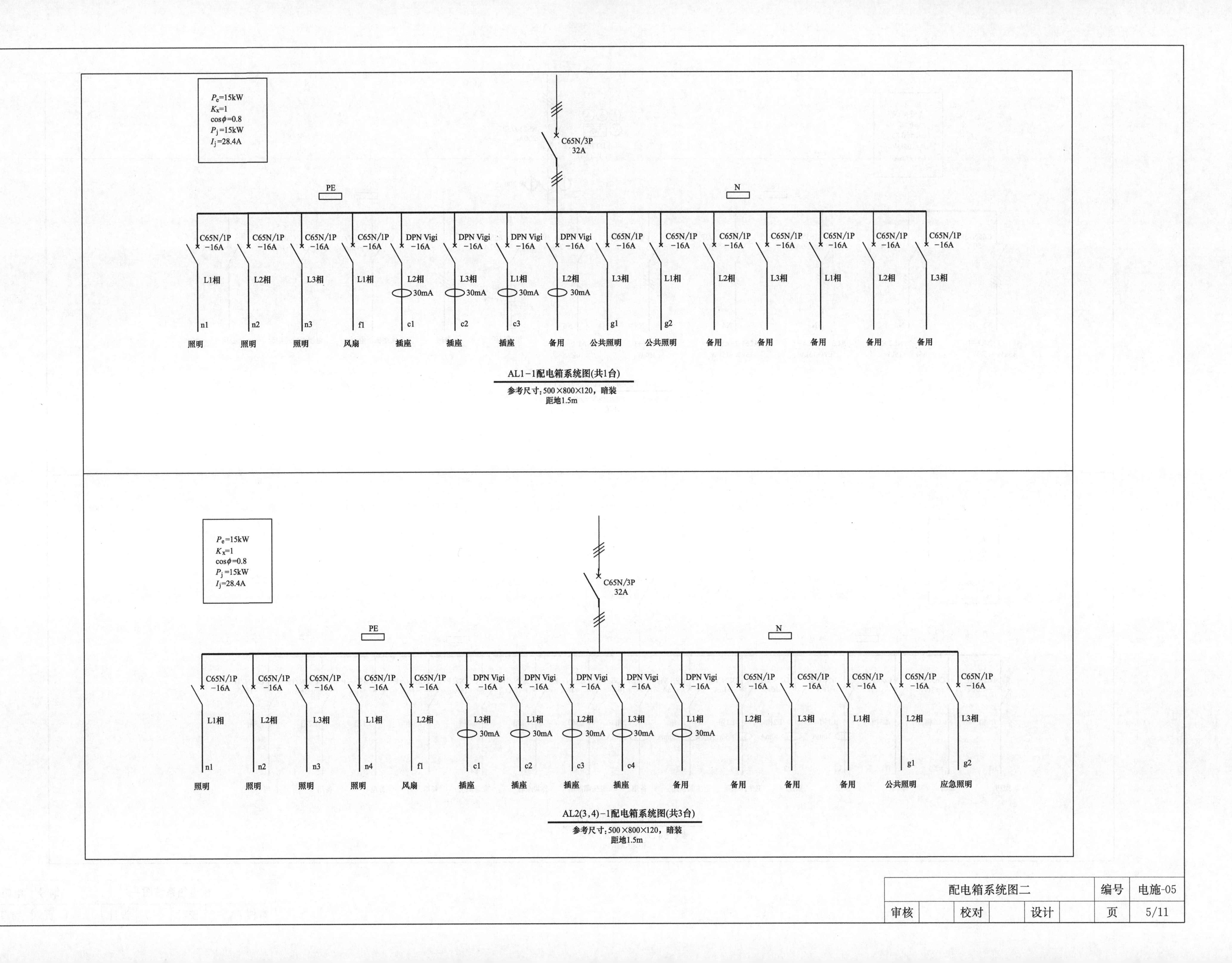

配电箱系统图二						编号	电施-05
审核		校对		设计		页	5/11

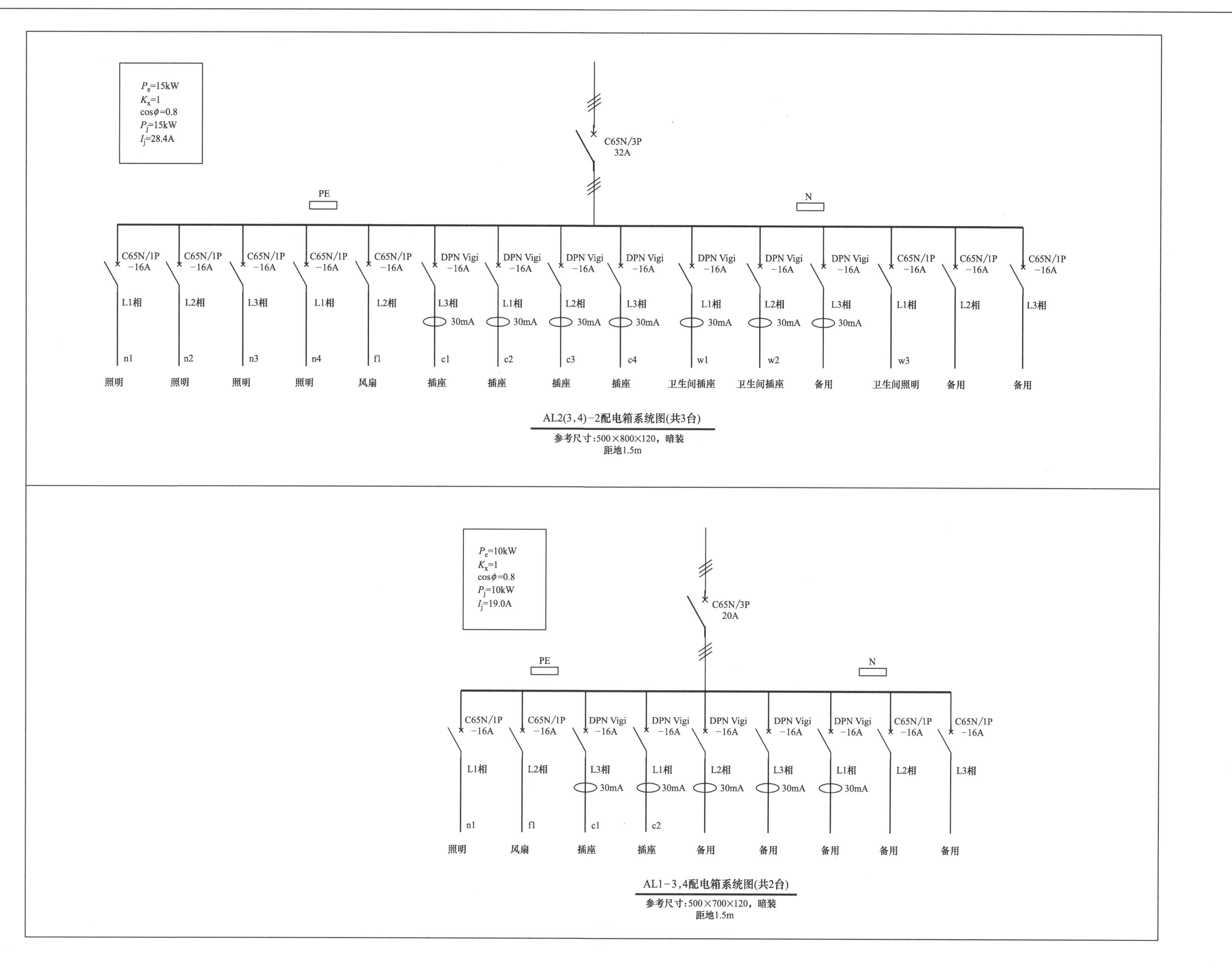

配电箱系统图

配电箱系统图三				编号	电施-06
审核		校对	设计	页	6/11

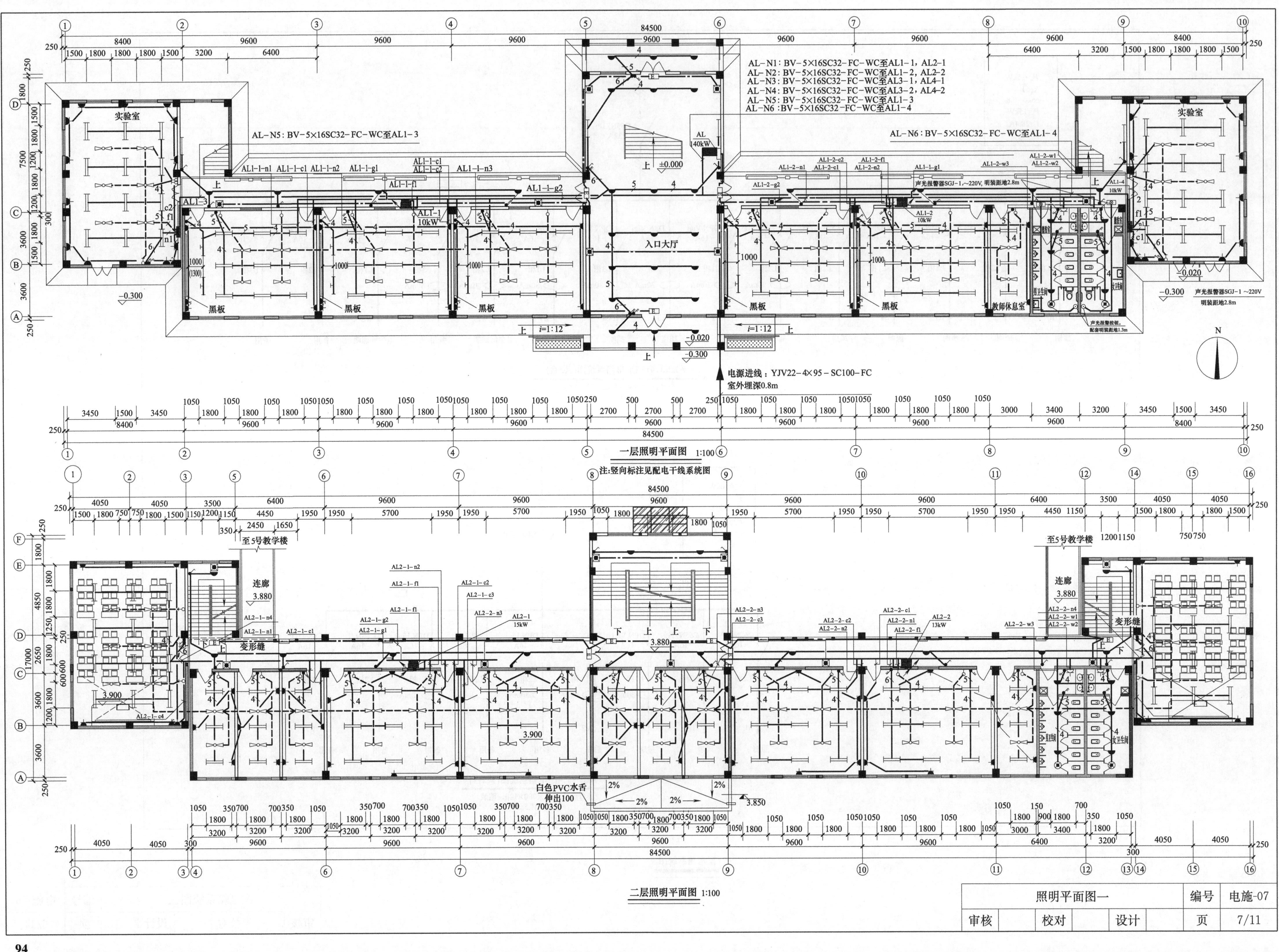

一层照明平面图 1:100

二层照明平面图 1:100

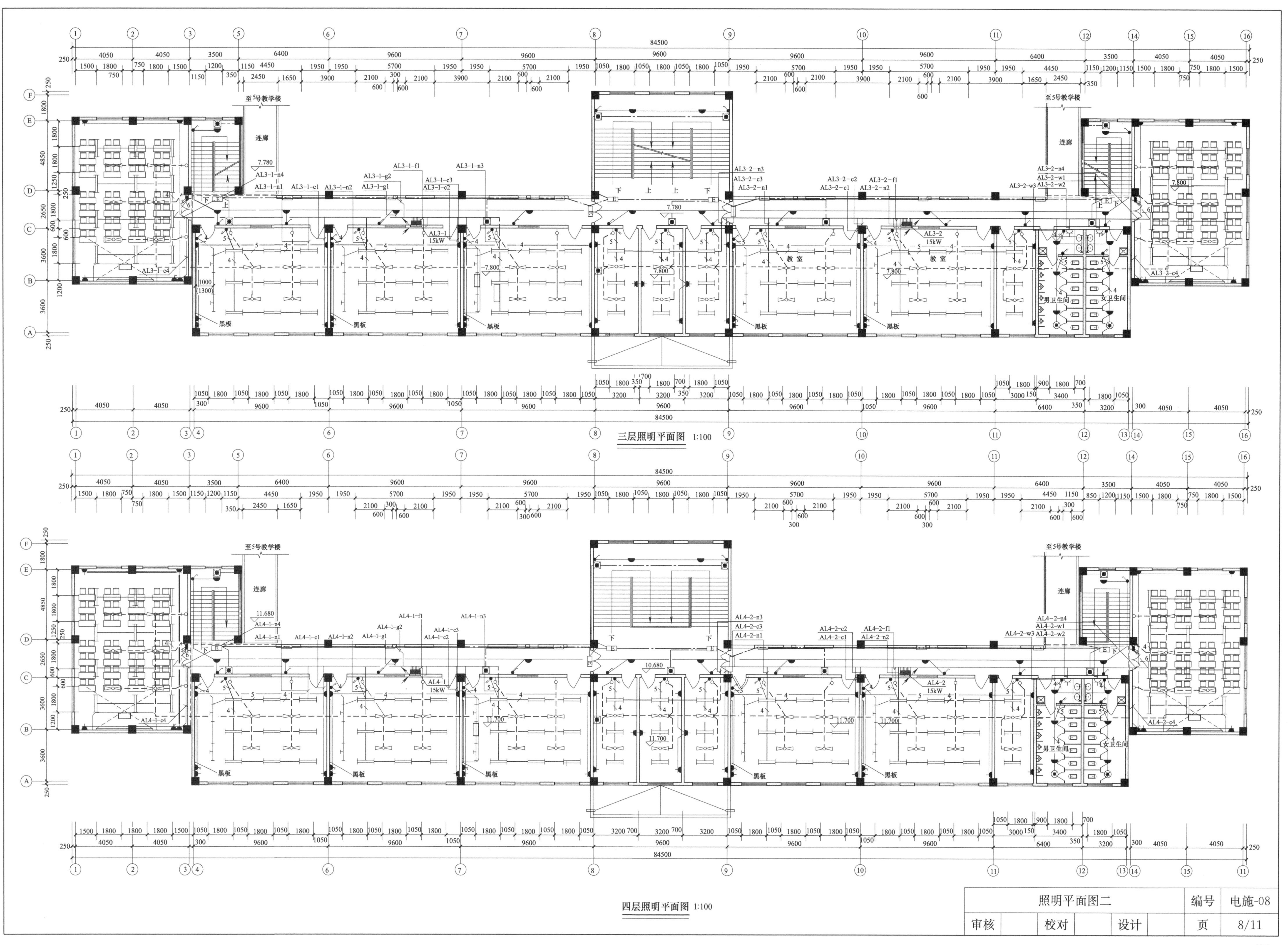

三层照明平面图 1:100

四层照明平面图 1:100

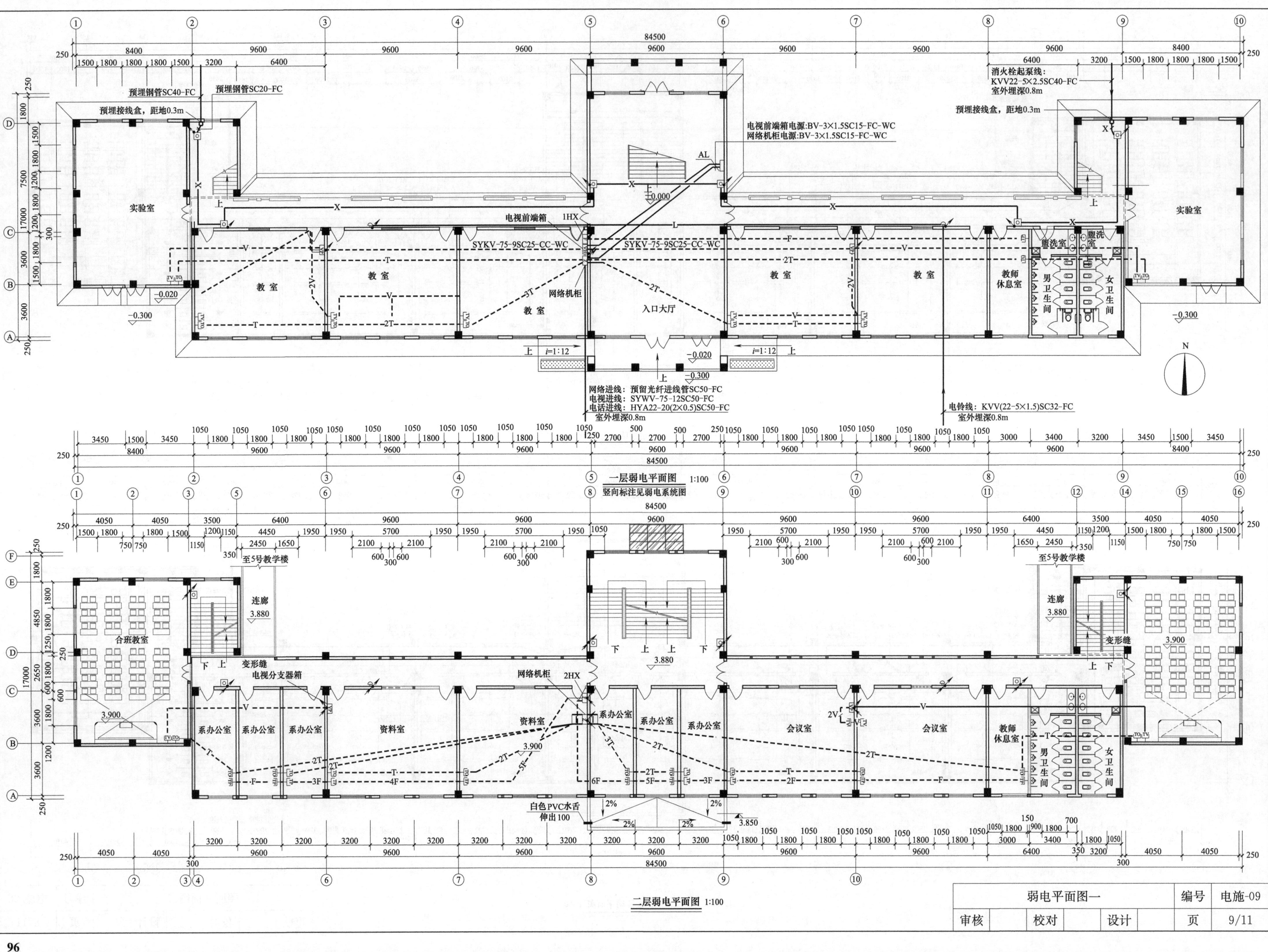

弱电平面图一				编号	电施-09
审核		校对	设计	页	9/11

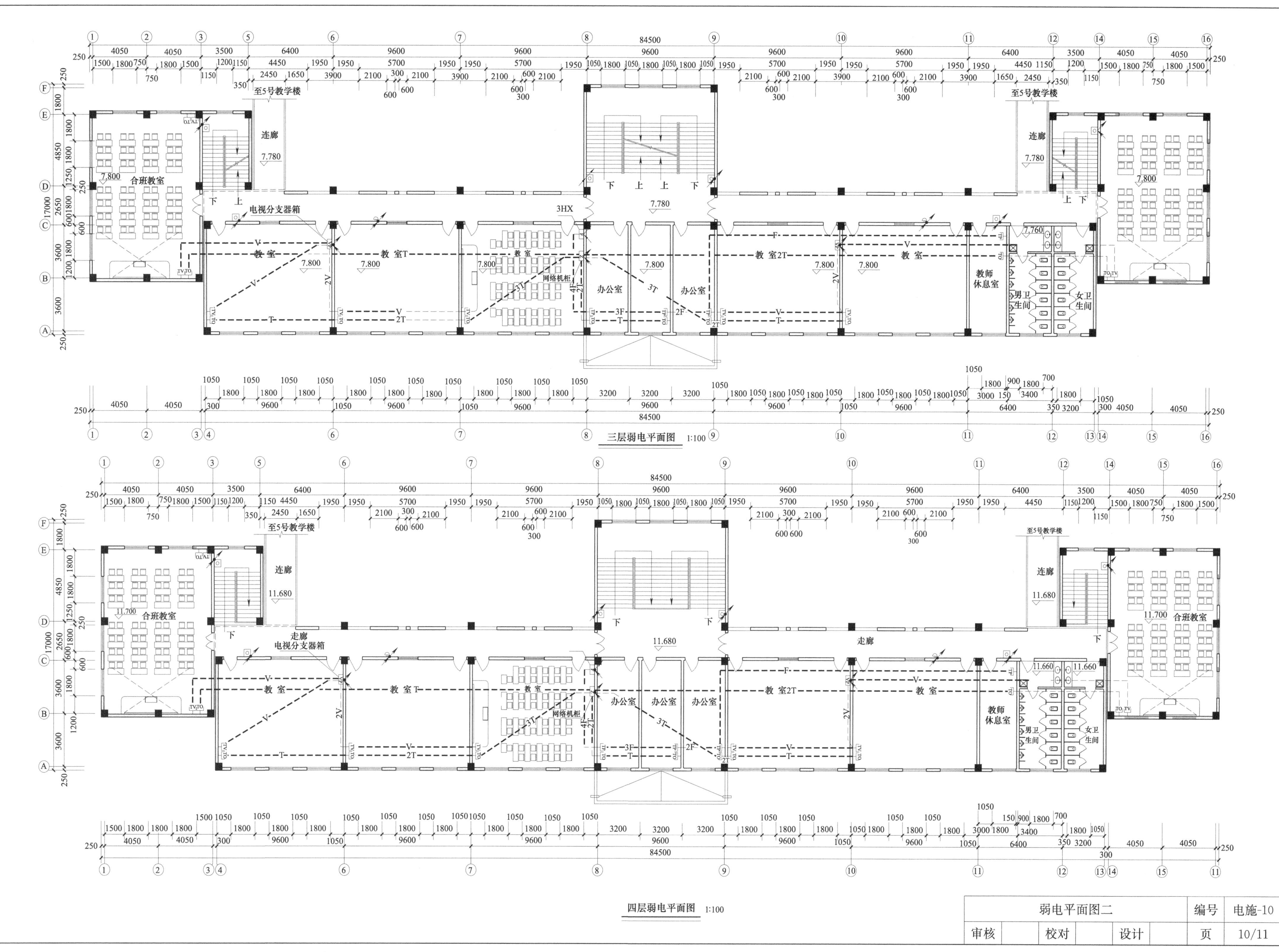

至5号教学楼
连廊
合班教室
电视分支器箱
教室
网络机柜
办公室
教师休息室
男卫生间
女卫生间
走廊
3HX
三层弱电平面图 1:100
四层弱电平面图 1:100
弱电平面图二
编号 电施-10
审核 校对 设计 页 10/11

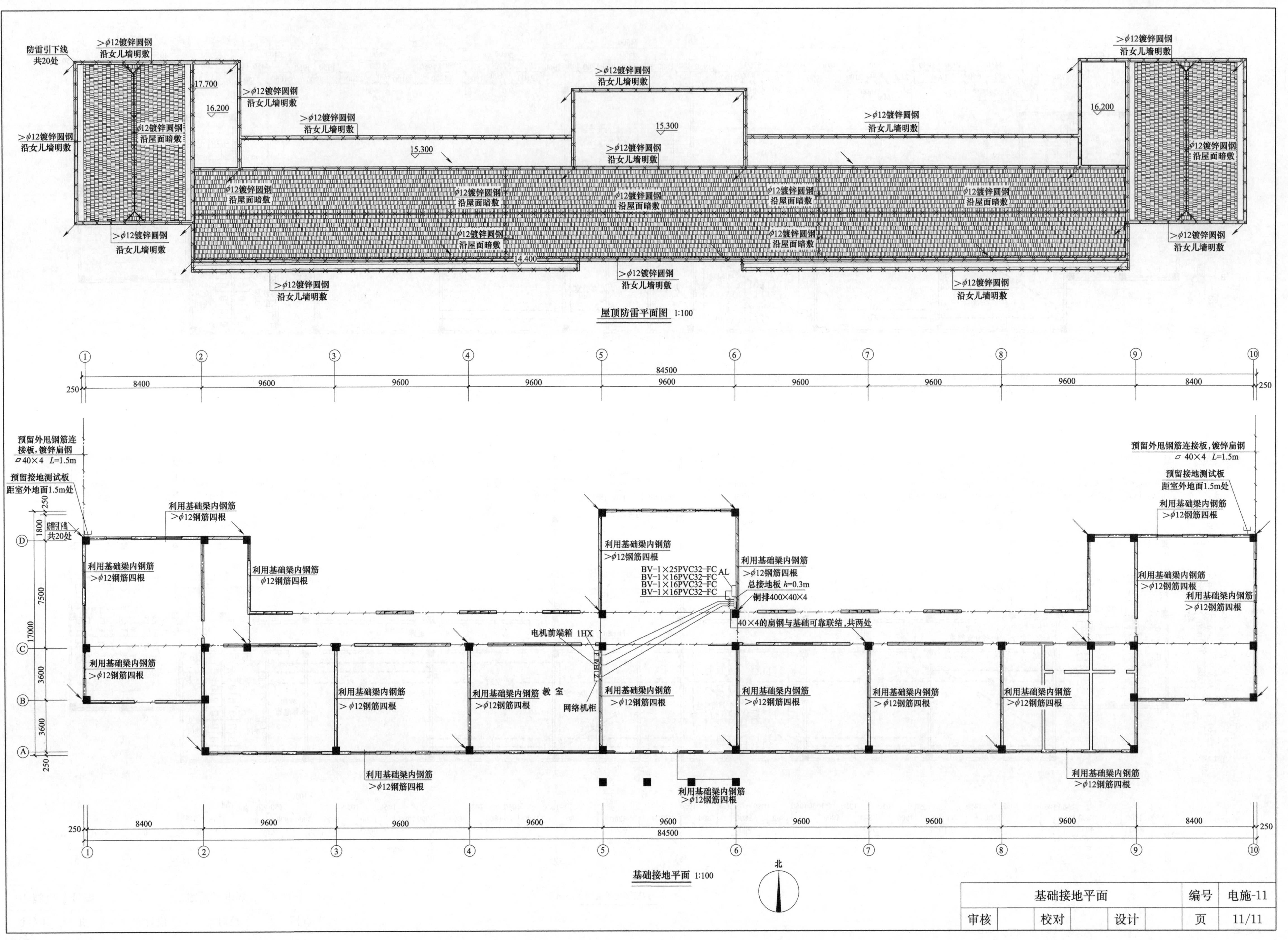

基础接地平面					编号	电施-11
审核		校对		设计	页	11/11

4 某省职业技术学院5号教学楼

建筑、结构、给水排水、电气施工图

4.1　5号教学楼建筑施工图

建筑设计说明

一、工程概况

1. 建设单位：××建筑公司。
2. 单项名称：某职业技术学院5号教学楼。
3. 建设地点：××市。
4. 建筑工程等级：三级。
5. 设计使用年限：50年。
6. 耐火等级：二级。
7. 建筑物抗震设防烈度：7度。
8. 建筑规模：28个教室，2个会议室，2个资料室，其余为办公室。
9. 建筑结构类型：框架结构。
10. 总建筑面积：$4798m^2$。
11. 建筑基底面积：$1186m^2$。
12. 建筑层数：地上4层。
13. 建筑高度：19.950m。(由室外地坪算至坡顶高度一半处)
14. 设计标高：相对标高±0.000等于绝对标高486.75。

二、设计范围

1. 本工程的施工图设计包括建筑、结构、给水排水、暖通、电气等专业的配套内容。
2. 本建筑施工图仅承担一般室内装修设计，精装修及特殊装修另行委托设计。
3. 本建筑施工图含总平面布置图，主要表示建筑室内外高差。幕墙设计、室外道路、竖向设计另详。景观设计另行委托。

三、设计依据

相关主要规范、规定。

四、标注说明

除标高及总平面图中的尺寸以m为单位外，其他图纸的尺寸均以mm为单位。图中所注的标高除注明者外，均为建筑完成面标高。尺寸均以标注的数字为准，不得在图中量取。

五、本说明未提及的各项材料规格、材质、施工及验收等要求，均应遵照国家标准，各项工程施工及验收规范进行。

六、当门窗（含采光屋顶、防火门窗、人防门）、幕墙（玻璃、金属及石材）、电梯、特殊钢结构等建筑部件另行委托设计、制作和安装时，生产厂家必须具有国家认定的相应资质。其产品的各项性能指标应符合相关技术规范的要求。还应及时提供与结构主体有关的预埋件和预留洞口的尺寸、位置，误差范围，并配合施工。厂家在制作前应复核土建施工后的相关尺寸，以确保安装无误。

七、施工前请认真阅读本工程各专业的施工图文件，并组织施工图技术交底。施工中如遇图纸问题，应及时与设计单位协商处理。未经设计单位认可，不得任意变更设计图纸。

八、根据《建筑工程质量管理条例》第二章第十一条的规定，建设单位应将本工程的施工图设计文件报有关主管部门审查，未经审查，未经审查批准，不得使用。

九、未尽事宜应严格按国家及当地有关现行规范、规定要求进行施工。

■ 建筑防火

一、依据规范（选有关者书写）

1.《建筑设计防火规范》GB 50016—2014。
2.《建筑内部装修设计防火规范》GB 50222—95。
3. 相应建筑设计规范中的有关规定。

二、防火（防烟）分区的划分

本工程属多层民用建筑，耐火等级为二级。共划分三个防火分区。

三、每个防火分区设两个疏散口，最小疏散宽度为3.0m。

四、疏散楼梯采用开敞楼梯间。两个安全出口之间的间距为25.2m，疏散距离满足规范要求。

五、施工注意事项

1. 防火墙及防火隔墙应砌至梁底，不得留有缝隙。
2. 管道穿过防火墙及楼板处应采用不燃烧材料将周围填实。管道的保温材料应为不燃烧材料。
3. 防火卷帘上部穿有管道时，应用防火板（或墙）封堵，并达到耐火极限要求。
4. 除工艺及通风竖井外，管道井安装完管线后，应在每层楼板处补浇相同强度等级混凝土将楼板封实。
5. 金属结构构件应喷涂满足相应规范要求的防火涂料，并达到规范中要求的耐火极限。
6. 防火门、窗和防火卷帘等消防产品应选用国家颁发生产许可证的企业生产的合格产品以及经国家有关部门检验合格并符合建筑工程消防安全要求的建筑构件、配件及装饰材料。

■ 建筑防水

一、屋面防水

根据《屋面工程技术规范》GB 50345—2012，主体工程防水等级为Ⅱ级，二道设防，且应符合有关技术规定。

二、其他防水

1. 卫生间的楼地面标高，应比同层楼地面标高低20 mm。
2. 公共卫生间部分入口室内外地面应平顺，卫生间地面1%坡度坡向地漏。
3. 卫生间墙根部应用C15混凝土现浇150高条带。
4. 相关楼（地）面防水层详见工程做法。

■ 建筑节能

一、依据规范

1.《民用建筑热工设计规范》GB 50176—93。
2.《公共建筑节能设计标准》GB 50189—2015。

二、所居气候分区为：夏热冬冷地区。

三、建筑体形系数为：0.28。

四、围护结构保温材料的选择

1. 屋面保温采用40厚挤塑聚苯保温层，$K=0.63W/(m^2\cdot K)$。
2. 外墙填充墙采用200mm厚非承重空心砖，外墙外贴20mm厚挤塑聚苯板保温层，$K=0.88W/(m^2\cdot K)$。
3. 外窗采用塑钢框，双层中空玻璃，$K=2.7W/(m^2\cdot K)$。

■ 无障碍设计

一、依据规范：《无障碍设计规范》GB 50763—2012。

二、在以下部位考虑无障碍设施：建筑入口及室内高差处的坡道、相关内外门、残疾人厕位（或专用厕所）等，详见有关建施图纸及《建筑无障碍设施》03J926图集。

■ 安全防范设计

一、中庭、落地窗等处的防护栏杆离楼面200mm高度未留空，栏杆高度距建筑完成面为1050mm，栏杆形式由用户选择成品，但须以坚固、耐久的材料制作，并能承受《建筑结构荷载规范》GB 50009—2012规定的水平荷载。

二、楼梯栏杆选购成品，需满足扶手高度自踏步前缘线起为900mm高，靠楼梯梯井一侧水平扶手长度超过500mm时，其高度为1050mm。

三、安全玻璃使用的范围

(1) 面积大于$1.5m^2$的窗玻璃或玻璃底边离最终装修面小于500mm的落地窗采用钢化玻璃。
(2) 飘板采光天窗采用夹层玻璃。
(3) 中庭玻璃栏板，采用钢化玻璃，公称厚度及面积要求需满足《建筑玻璃应用技术规程》JGJ113—2015第6.1.2，第6.2.5条要求。
(4) 室内玻璃隔断、建筑物出入口门厅的门窗玻璃采用钢化玻璃。
(5) 无框玻璃门和大于$0.5m^2$的有框固定门采用钢化玻璃。
(6) 玻璃幕墙应采用安全玻璃，并应具有抗撞击的性能。
(7) 凡属于《建筑玻璃应用技术规程》JGJ113—2015所规定的安全范围的玻璃均采用安全玻璃。

建筑设计说明一						编号	建施-01
审核		校对		设计		页	1/19

■ 墙体

一、混凝土框架柱的位置、大小、构造详见结施图。

二、黏土砖墙

1. ±0.000 以上外墙及卫生间为 200mm 厚非承重空心砖，内墙为 200mm 厚加气混凝土砌块，卫生间内隔墙为 120mm 厚非承重空心砖。

2. 墙身防潮

（1）水平防潮层：设于底层室内地面以下 60 处，用料见工程做法。

（2）当室内墙身两侧地面有高差时，在邻土的一侧做竖向防潮层（用料同上），以保证防潮的连续性。

（3）当防潮层部位遇有钢筋混凝土基础梁或圈梁时，可不另作防潮层。

3. 砖墙配筋及其与钢筋混凝土墙、柱的连接构造详见结施图。

4. 过梁

（1）根据非承重墙上洞口宽度及该处的墙体厚度，按Ⅰ级荷载级别，选用《钢筋混凝土过梁》03G322—1 中相应的预制过梁。

（2）当洞口宽度≥2400 以及位于钢筋混凝土柱或墙边的现浇过梁，详见结施图。

5. 竖井的砌筑

空调送回风竖井的内侧应随砌随抹 20 厚保温砂浆压光，其他竖井内侧随砌随抹 20 厚水泥砂浆，并赶光压实。

6. 墙身留洞

钢筋混凝土构件上的留洞见结施图。建施图仅标示 300×300 以上的预留洞口，300×300 以下者根据设备工种图纸配合预留。

■ 门窗

一、依据规范

1.《建筑玻璃应用技术规程》JGJ 113—2015。

2.《建筑安全玻璃管理规定》(发改运行［2003］2116 号文)。

二、外门窗与玻璃幕墙防火设计、节能设计与安防设计详见本说明相应篇章。

1. 外门窗玻璃与玻璃幕墙框料与玻璃及铝板与石材装饰构件颜色形式需由专业幕墙公司提供样板经由建筑师与甲方确定。

2. 本建筑图仅示意外门窗玻璃与玻璃幕墙洞口尺寸、分樘示意、开启扇位置及形式，据此，幕墙公司应结合建筑使用功能及美观要求，根据当地气候及环境条件，确定玻璃幕墙的抗风压、水密性、气密性、隔声、隔热、防火、防雷、防玻璃炸裂等技术要求，按照相应规范负责二次设计（包括装饰构件的细部设计）、制作与安装。幕墙公司须现场复核尺寸和数量，确定无误后再加工安装。

■ 室内二次装修

一、室内二次装修的部位详见内装施工图。

二、不得破坏建筑主体结构承重构件和超过结施图中标明的楼面荷载值，也不得任意更改公用的给排水管道，暖通风管及消防设施。

三、不得任意降低吊顶控制标高以及改动吊顶上的通风与消防设施。

四、不应减少安全出口及疏散走道的净宽和数量。

五、室内二次装修设计与变更均应遵守《建筑内部装修设计防火规范》GB 50222—95，并应经原设计单位的认可。

六、二次装修设计应符合《民用建筑工程室内环境污染控制规范》GB 50325—2010 的规定。

■ 其他

一、所有预埋木砖及木门窗等木制品与墙体接触部分，均需涂刷两道环保型防腐剂。

二、室内为混合砂浆粉刷时，墙、柱和门洞口的阳角，应用 20 厚 1∶2 水泥砂浆做护角，其高度>2000，每侧宽度≥50。

三、屋面水落口：排水采用内落水。内落水详见水施图。

四、本工程所有露明铁件均涂防锈漆一道，树脂型调和漆两道，预埋木砖、铁件须做防腐、防锈处理后方可继续施工。

五、凡因结构降板导致面层厚度改变部分（未注明处）用轻骨料混凝土做相应厚度的垫层。

工程做法

做法详见 05J909

项目	编号	适用范围	类别	编号	备注
室外踏步与平台		建筑入口处	地砖面层台阶	台 8B	颜色规格另定
散水		建筑四周	混凝土散水	散 1B	L=1200
残疾人坡道		建筑入口处	地砖面层坡道	散 7B—1	
墙身砌体		外墙	非承重黏土空心砖		200(120)厚
		内墙	加气混凝土砌块		200 厚
		混凝土柱见结施			
外墙	外 1	位置详见立面	陶瓷饰面砖外墙	外墙 18A	保温层为 20 厚挤塑聚苯板
	外 2	位置详见立面	无机建筑涂料	外墙 9E	
内墙	内 1	除卫生间外其余房间	乳胶漆墙面	内涂 3	
	内 2	卫生间	贴面砖防水墙面	内 16	
地面	地 1	教室及办公用房	铺地砖地面(50 厚)	地 12A	垫层改为 20 厚
	地 2	卫生间	铺地砖地面(有防水)	地 13A	
	地 3	走廊及楼梯	铺地砖地面(30 厚)	地 12A	
楼面	楼 1	教室及办公用房	铺地砖楼面(50 厚)	楼 12A	垫层改为 20 厚
	楼 2	卫生间	铺地砖楼面(有防水)(70 厚)	楼 13A	
	楼 3	走廊及楼梯	铺地砖地面(30 厚)	楼 12A	
顶棚	棚 1	除卫生间外其余房间	板底涂料顶棚	棚 7A	
	棚 2	卫生间	耐潮纸面石膏板吊顶	棚 15A	
油漆	油 1	所有木门	清油	油 8	
	油 2	金属栏杆扶手	合成树脂调和漆	油 25	
踢脚			按楼面选用面层		
屋面	屋 1	不上人坡屋面	砂浆卧瓦小青瓦屋面	坡屋 20	保温层为 40 厚挤塑聚苯板
	屋 2	不上人平屋面	水泥砂浆保护层屋面	屋 15	保温层为 40 厚挤塑聚苯板
	层 3	所有雨篷	水泥砂浆保护层屋面	屋 14	

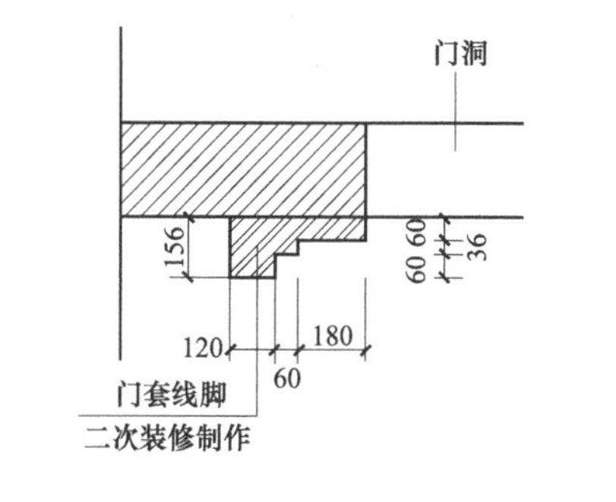

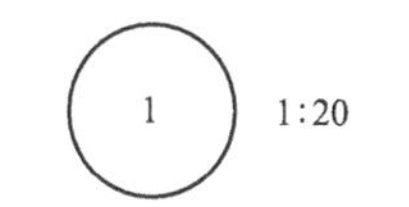

1:20

建筑设计说明二				编号	建施-02
审核		校对		设计		页	2/19

门窗明细表

类别	编号	使用图集		编号	砖口尺寸(mm)		总数	数量				附注
		图集代号	页次		宽	高		1层	2层	3层	4层	
防火门	FM$_{甲}$-1	03J609	34	2M03-1521	1500	2100	8	2	2	2	2	
	FM$_{甲}$-2	03J609	34	2M03-1021	1000	2100	10		6	2	2	
防火窗	GC$_{甲}$-1	03J609	89	GC01-1521	1200	1500	1	1				
木门	MM-1	04J601-1	10	PJM05-1021	1000	2100	86	20	22	22	22	
	MM-2	04J601-1	10	PJM05-1521	1500	2100	10	4	2	2	2	
	MM-3	04J601-1	9	PJM04-0921	900	2100	8	2	2	2	2	
	MM-4	04J601-1	9	PJM04-0821	800	2100	8	2	2	2	2	
铝合门	LM-1	建施	02	LM-1	2400	3150	6	6				
塑钢窗	SGC-1	建施	02	SGC-1	1200	2250	180	42	46	46	46	资料室设置纱窗
	SGC-1a	建施	02	SGC-1a	1200	450	8	2	2	2	2	
	SGC-1b	建施	02	SGC-1b	450	450	144	36	36	36	36	
	SGC-1c	建施	02	SGC-1c	900	2250	12		4	4	4	
	SGC-2	建施	02	SGC-2	2400	1500	9		3	3	3	
	SGC-3	建施	02	SGC-3	2400	2250	9		3	3	3	

注：用于教室的门，应在门扇的中部和下部增设金属护板做法详见 04J601-1 第 27 页。

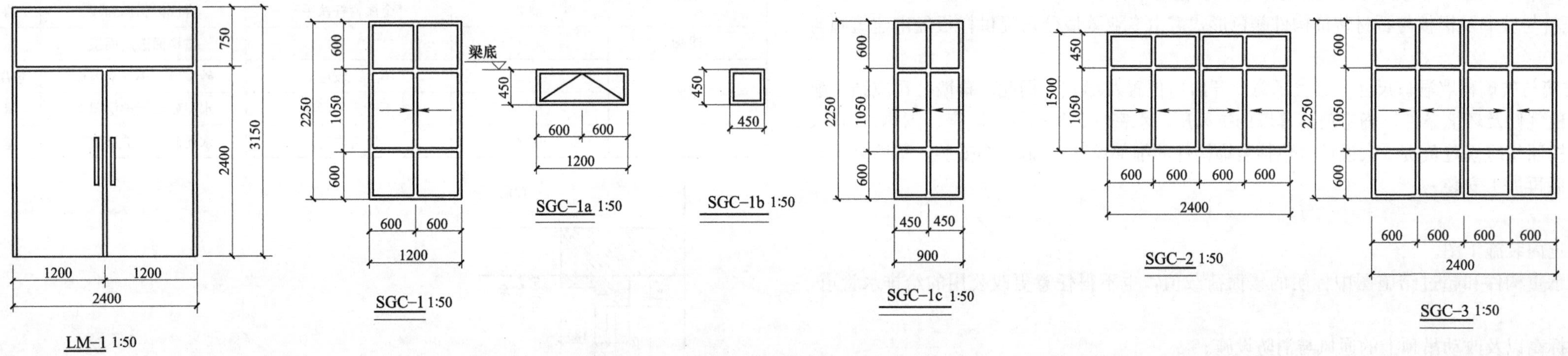

LM-1 1:50

SGC-1 1:50

梁底

SGC-1a 1:50

SGC-1b 1:50

SGC-1c 1:50

SGC-2 1:50

SGC-3 1:50

门窗明细表						编号	建施-03
审核		校对		设计		页	3/19

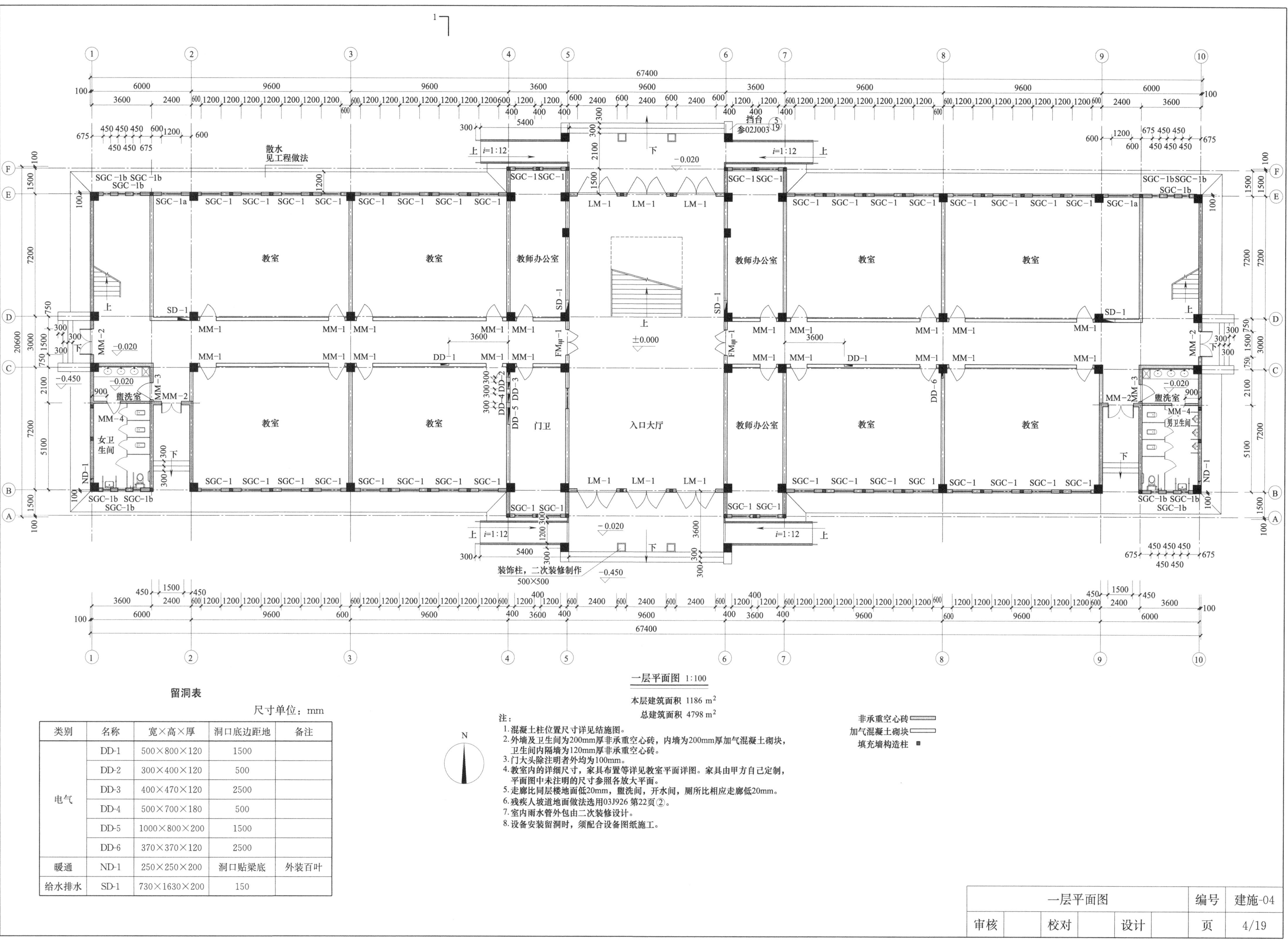

一层平面图 1:100

本层建筑面积 1186 m²

总建筑面积 4798 m²

非承重空心砖

加气混凝土砌块

填充墙构造柱

注：
1. 混凝土柱位置尺寸详见结施图。
2. 外墙及卫生间为200mm厚非承重空心砖，内墙为200mm厚加气混凝土砌块，卫生间内隔墙为120mm厚非承重空心砖。
3. 门大头除注明者外均为100mm。
4. 教室内的详细尺寸，家具布置等详见教室平面详图。家具由甲方自己定制，平面图中未注明的尺寸参照各放大平面。
5. 走廊比同层楼地面低20mm，盥洗间，开水间，厕所比相应走廊低20mm。
6. 残疾人坡道地面做法选用03J926 第22页②。
7. 室内雨水管外包由二次装修设计。
8. 设备安装留洞时，须配合设备图纸施工。

留洞表

尺寸单位：mm

类别	名称	宽×高×厚	洞口底边距地	备注
电气	DD-1	500×800×120	1500	
	DD-2	300×400×120	500	
	DD-3	400×470×120	2500	
	DD-4	500×700×180	500	
	DD-5	1000×800×200	1500	
	DD-6	370×370×120	2500	
暖通	ND-1	250×250×200	洞口贴梁底	外装百叶
给水排水	SD-1	730×1630×200	150	

一层平面图				编号	建施-04
审核		校对	设计	页	4/19

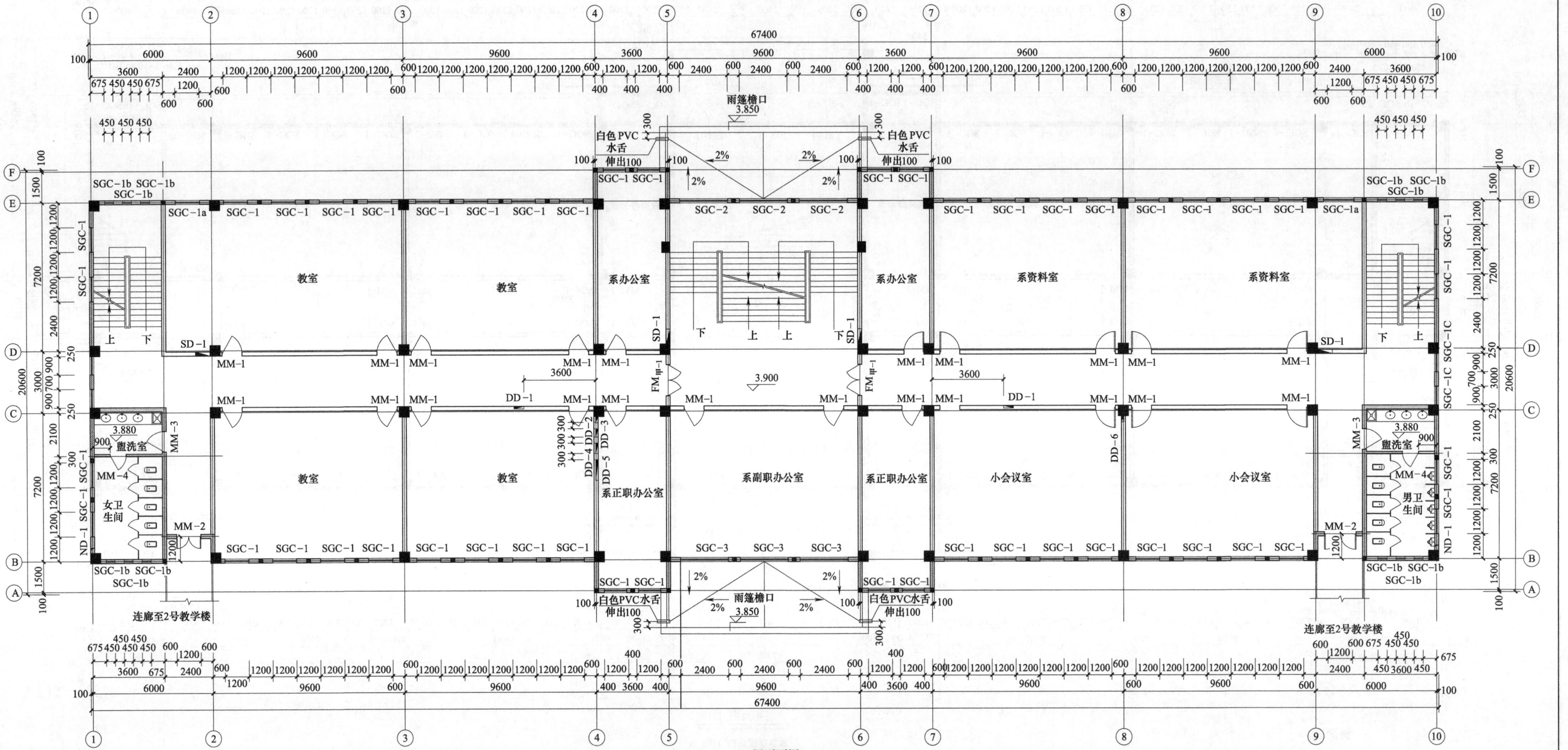

二层平面图 1:100

本层建筑面积 1204m^2

注：未注明之处详见建施-03。

非承重空心砖

加气混凝土砌块

填充墙构造柱

教室 教室 系办公室 系办公室 系资料室 系资料室

教室 教室 系正职办公室 系副职办公室 系正职办公室 小会议室 小会议室

女卫生间 盥洗室 男卫生间 盥洗室

雨篷檐口 3.850

白色PVC水舌 伸出100

连廊至2号教学楼

二层平面图				编号	建施-05
审核		校对	设计	页	5/19

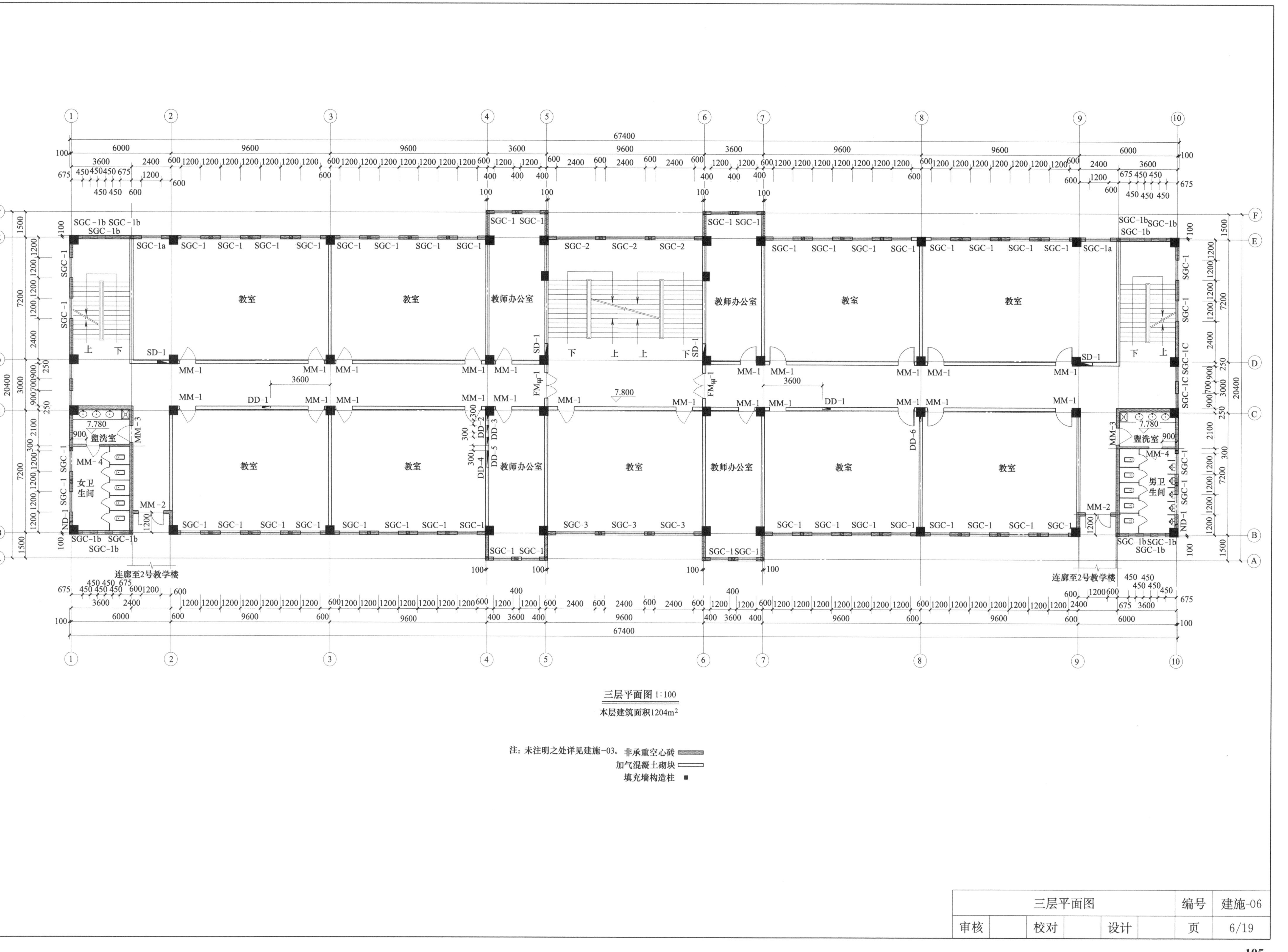
三层平面图 1:100
本层建筑面积1204m²
注：未注明之处详见建施–03。
非承重空心砖
加气混凝土砌块
填充墙构造柱
教室
教师办公室
男卫生间
女卫生间
盥洗室
连廊至2号教学楼
67400
20400
7.800
7.780
三层平面图
编号
建施–06
页
6/19
审核
校对
设计

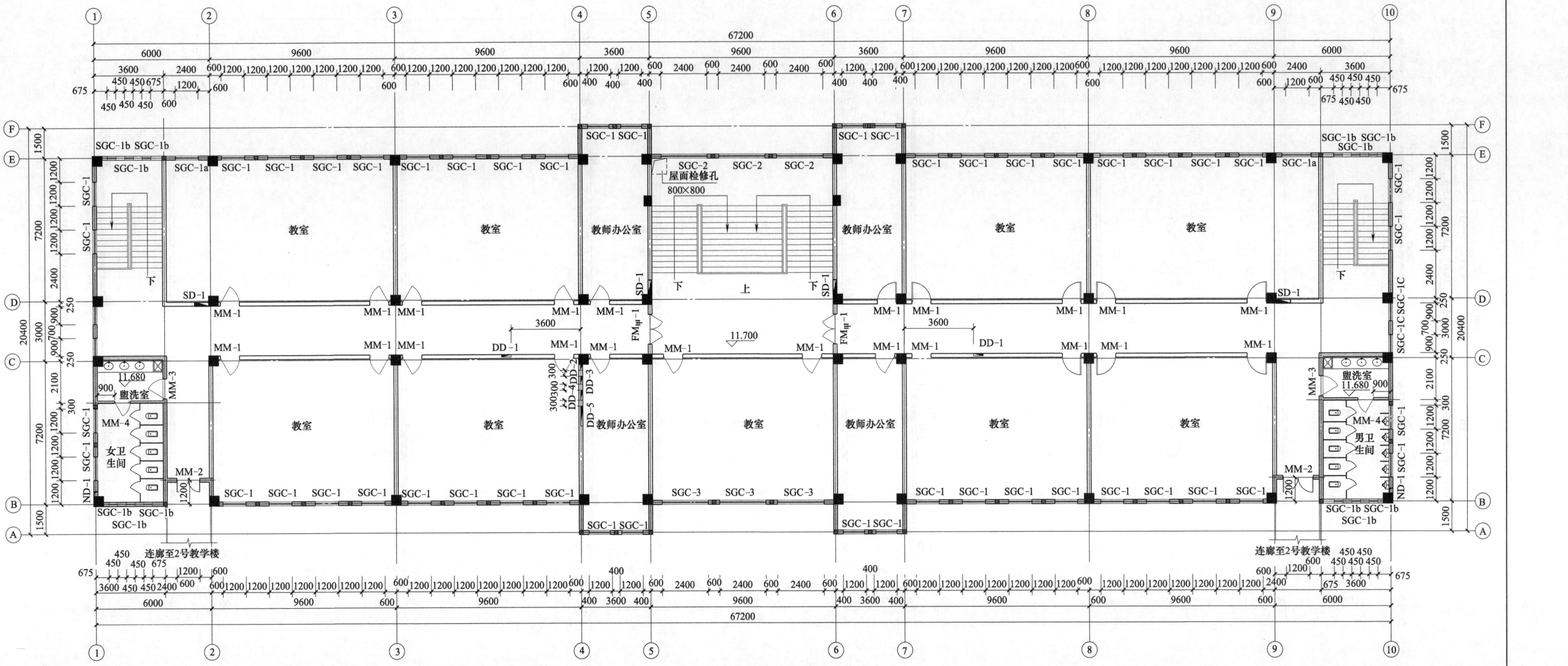

四层平面图 1:100

本层建筑面积1204m²

注:未注明之处详见建施-03。

非承重空心砖

加气混凝土砌块

填充墙构造柱

四层平面图						编号	建施-07
审核		校对		设计		页	7/19

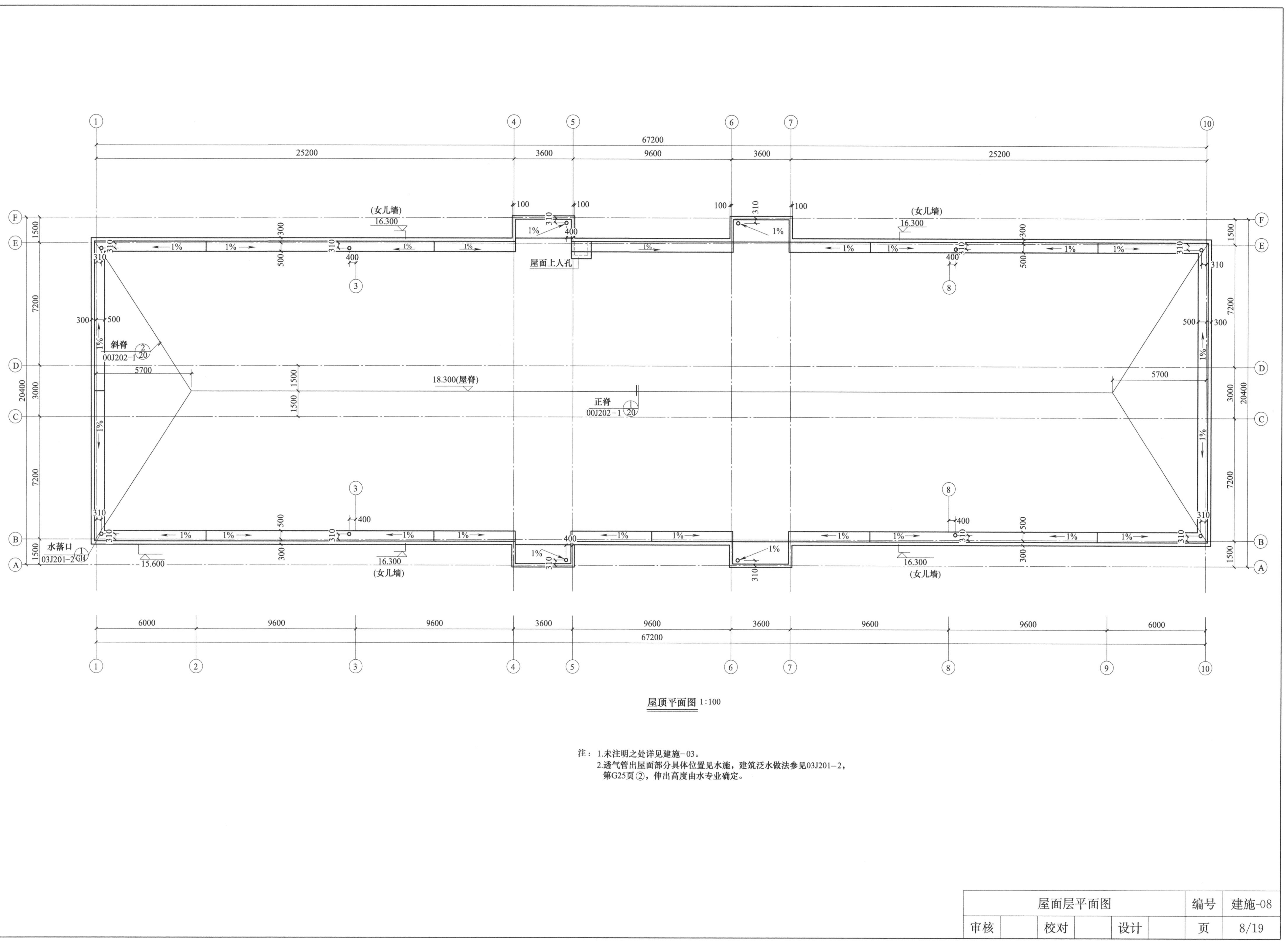

屋顶平面图 1:100

注：1.未注明之处详见建施-03。
2.透气管出屋面部分具体位置见水施，建筑泛水做法参见03J201-2，第G25页②，伸出高度由水专业确定。

屋面层平面图				编号	建施-08
审核		校对	设计	页	8/19

①～⑩立面图 1:100

赭石色面砖
浅灰色面砖
灰色小青瓦
注：线脚部分使用白色涂料。

立面图一						编号	建施-09
审核		校对		设计		页	9/19

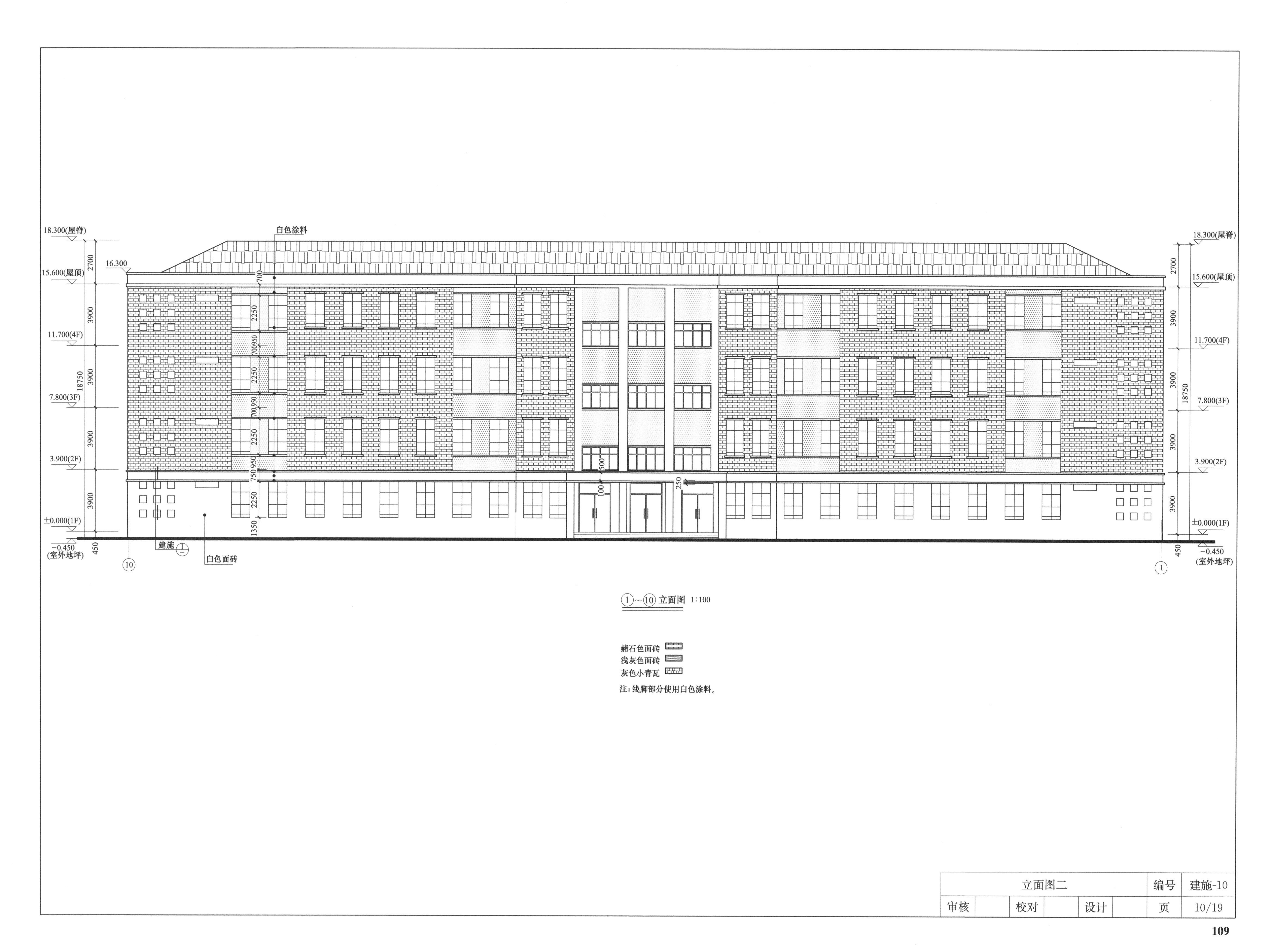

立面图二						编号	建施-10
审核		校对		设计		页	10/19

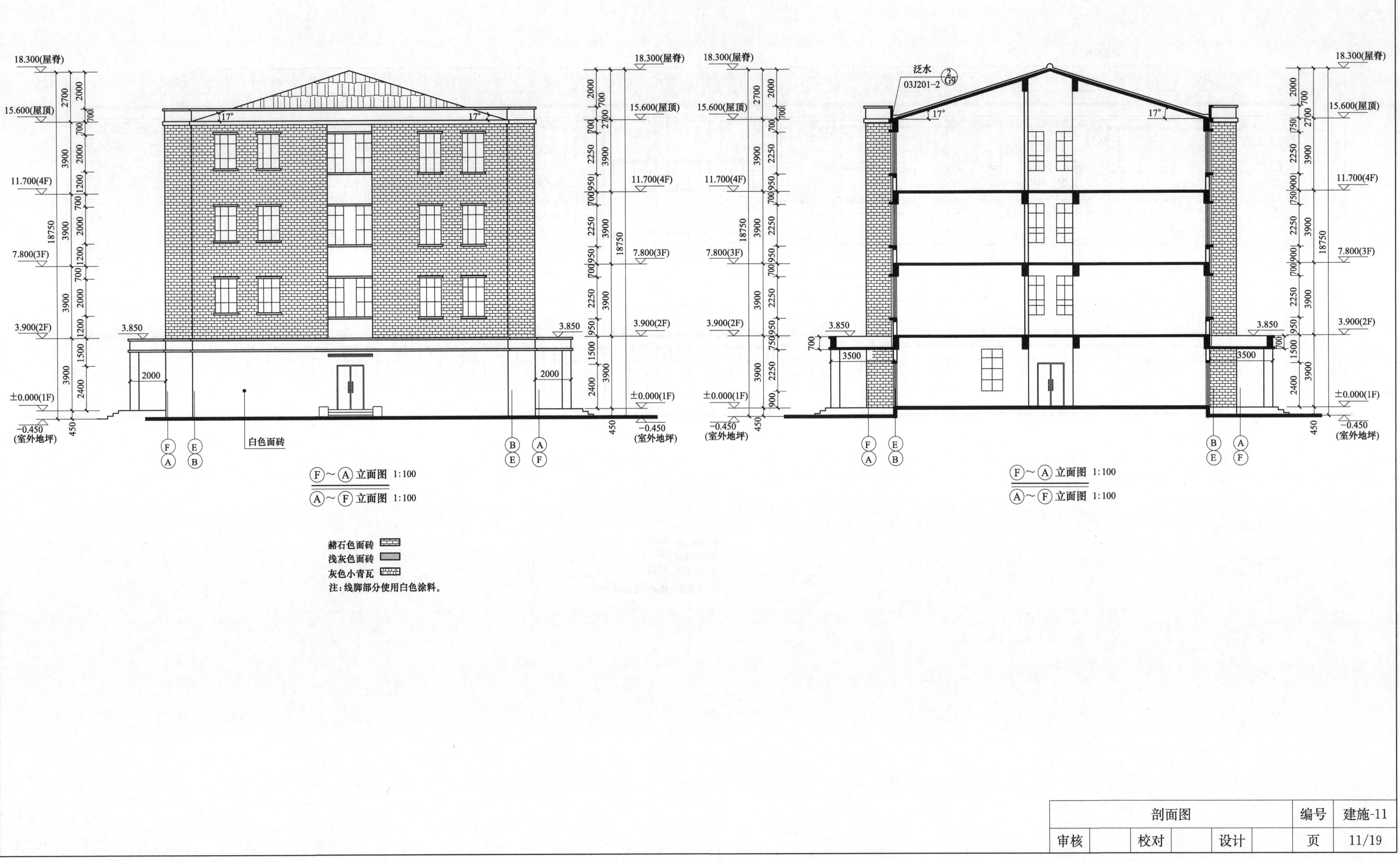
18.300(屋脊)
15.600(屋顶)
11.700(4F)
7.800(3F)
3.900(2F)
±0.000(1F)
−0.450
(室外地坪)
3.850
18750
白色面砖
泛水
03J201-2
2/G9
17°
F～A 立面图 1:100
A～F 立面图 1:100
赭石色面砖
浅灰色面砖
灰色小青瓦
注：线脚部分使用白色涂料。
剖面图
编号
建施-11
审核
校对
设计
页
11/19

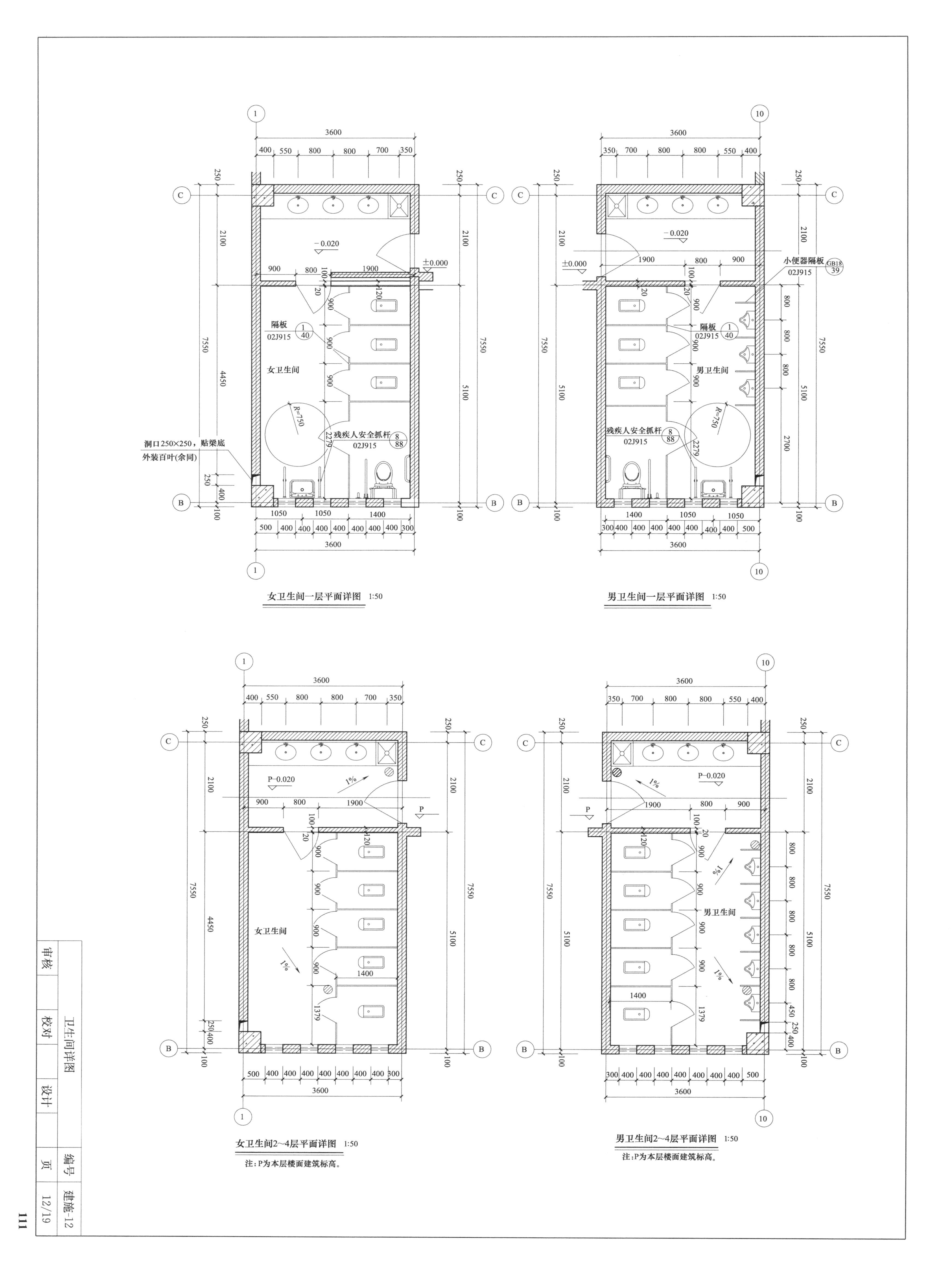

女卫生间一层平面详图 1:50
男卫生间一层平面详图 1:50
女卫生间2~4层平面详图 1:50
注:P为本层楼面建筑标高。
男卫生间2~4层平面详图 1:50
注:P为本层楼面建筑标高。
女卫生间
男卫生间
隔板 02J915
残疾人安全抓杆 02J915
小便器隔板 02J915
洞口250×250，贴梁底
外装百叶(余同)
±0.000
−0.020
P−0.020
1%
R=750
3600
7550
5100
4450
2100
卫生间详图
审核
校对
设计
编号
建施-12
页
12/19

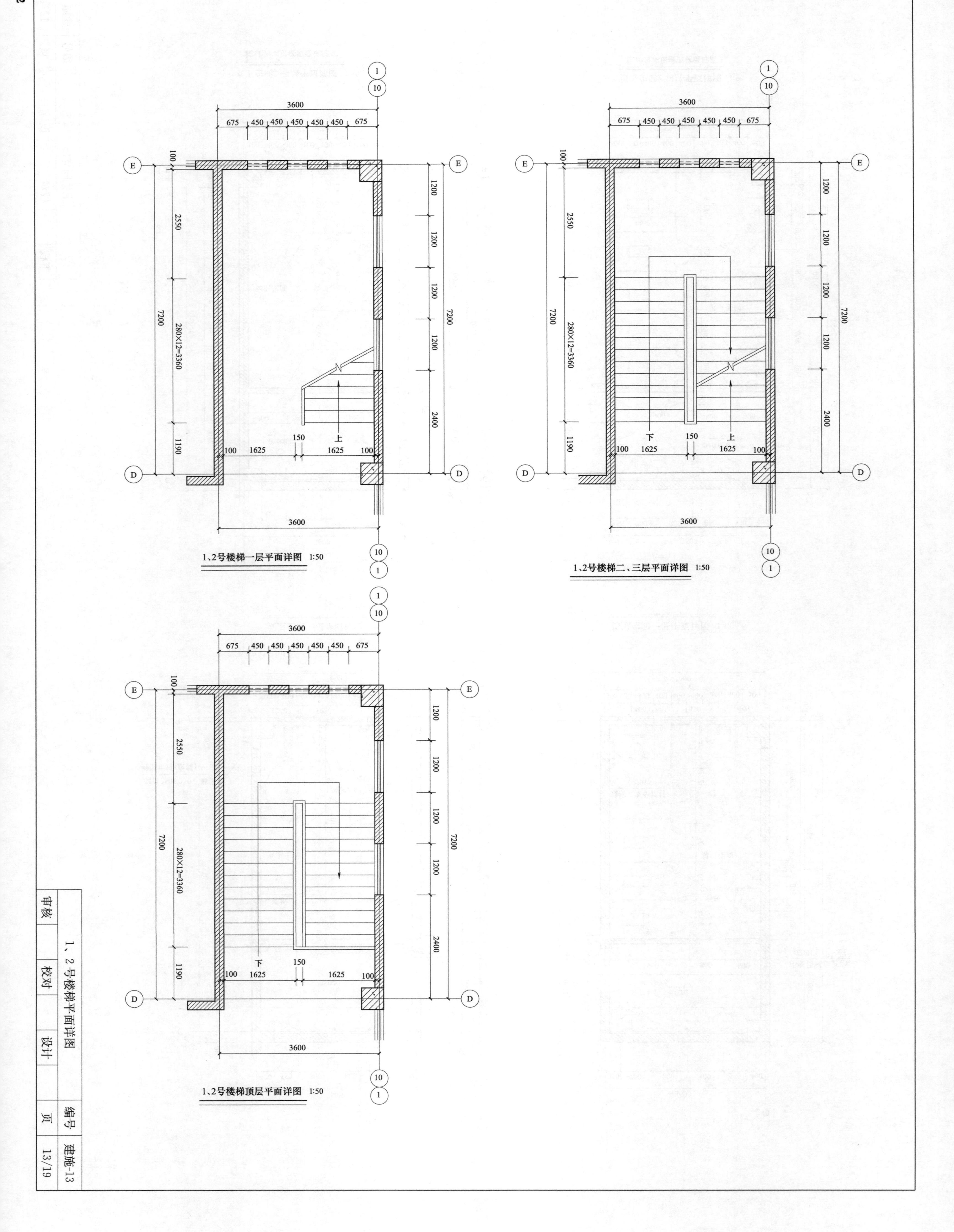
1、2号楼梯一层平面详图 1:50
1、2号楼梯二、三层平面详图 1:50
1、2号楼梯顶层平面详图 1:50
3600
675 450 450 450 450 450 675
100
2550
7200
280×12=3360
1190
1200
1200
1200
1200
2400
100 1625 150 1625 100
上
下
E
D
1
10
审核
校对
设计
1、2号楼梯平面详图
编号 建施-13
页 13/19

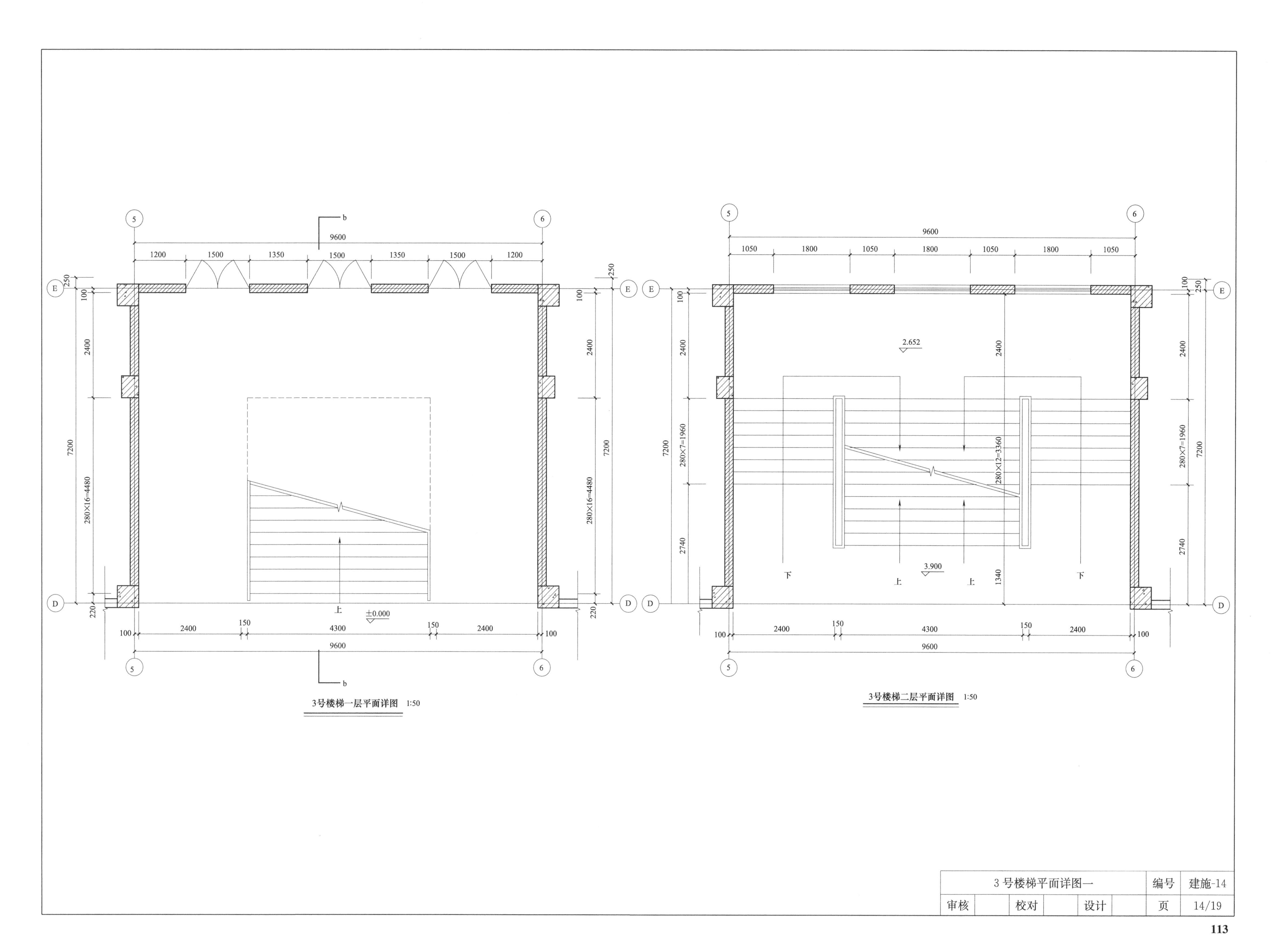

3号楼梯一层平面详图 1:50
3号楼梯二层平面详图 1:50
±0.000
2.652
3.900
上
下
9600
7200
280×16=4480
280×7=1960
280×12=3360
2400
4300
2740
1340
3 号楼梯平面详图一
编号 建施-14
审核 校对 设计
页 14/19

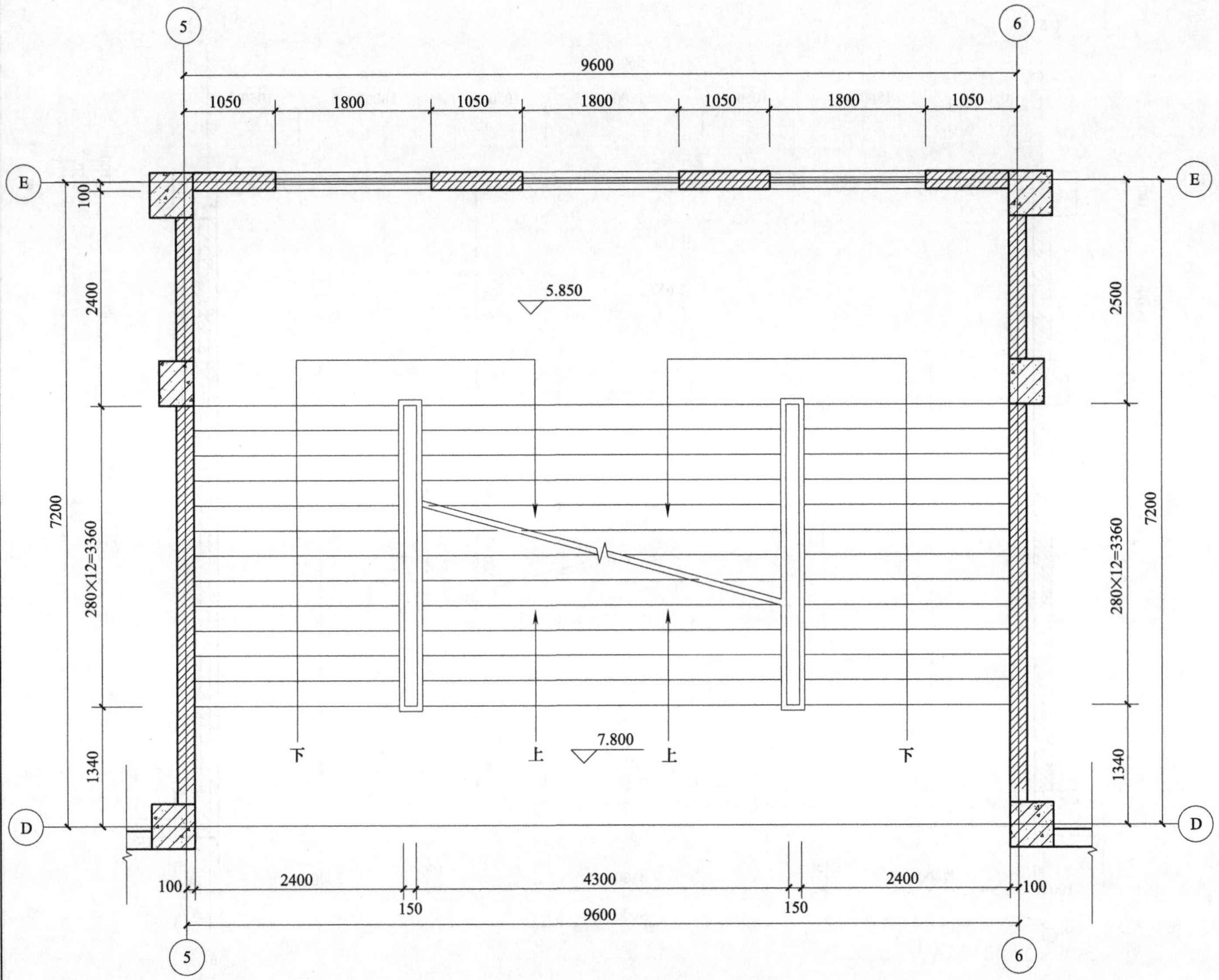

3号楼梯三层平面详图 1:50

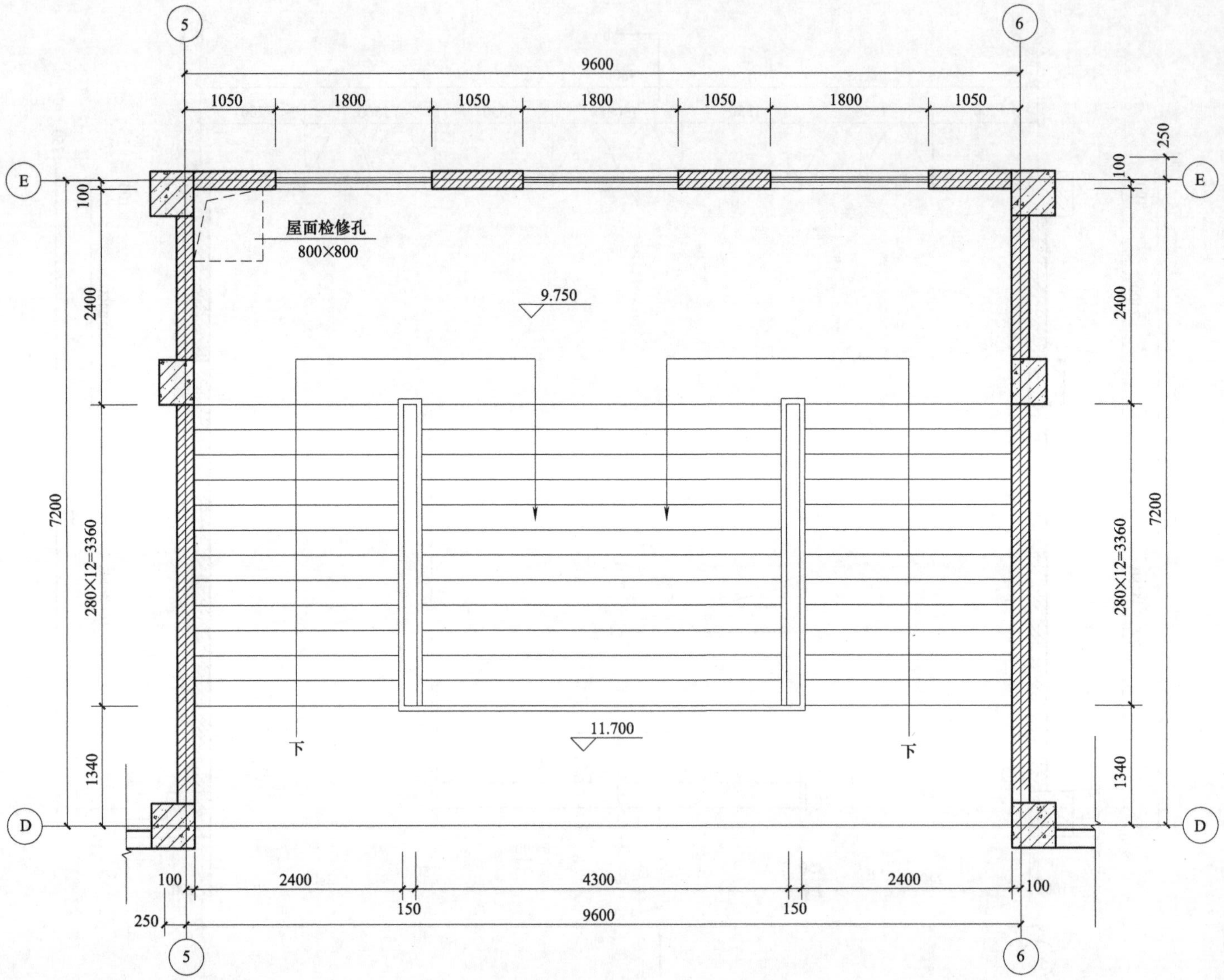

3号楼梯顶层平面详图 1:50

3 号楼梯平面详图二				编号	建施-15
审核		校对	设计	页	15/19

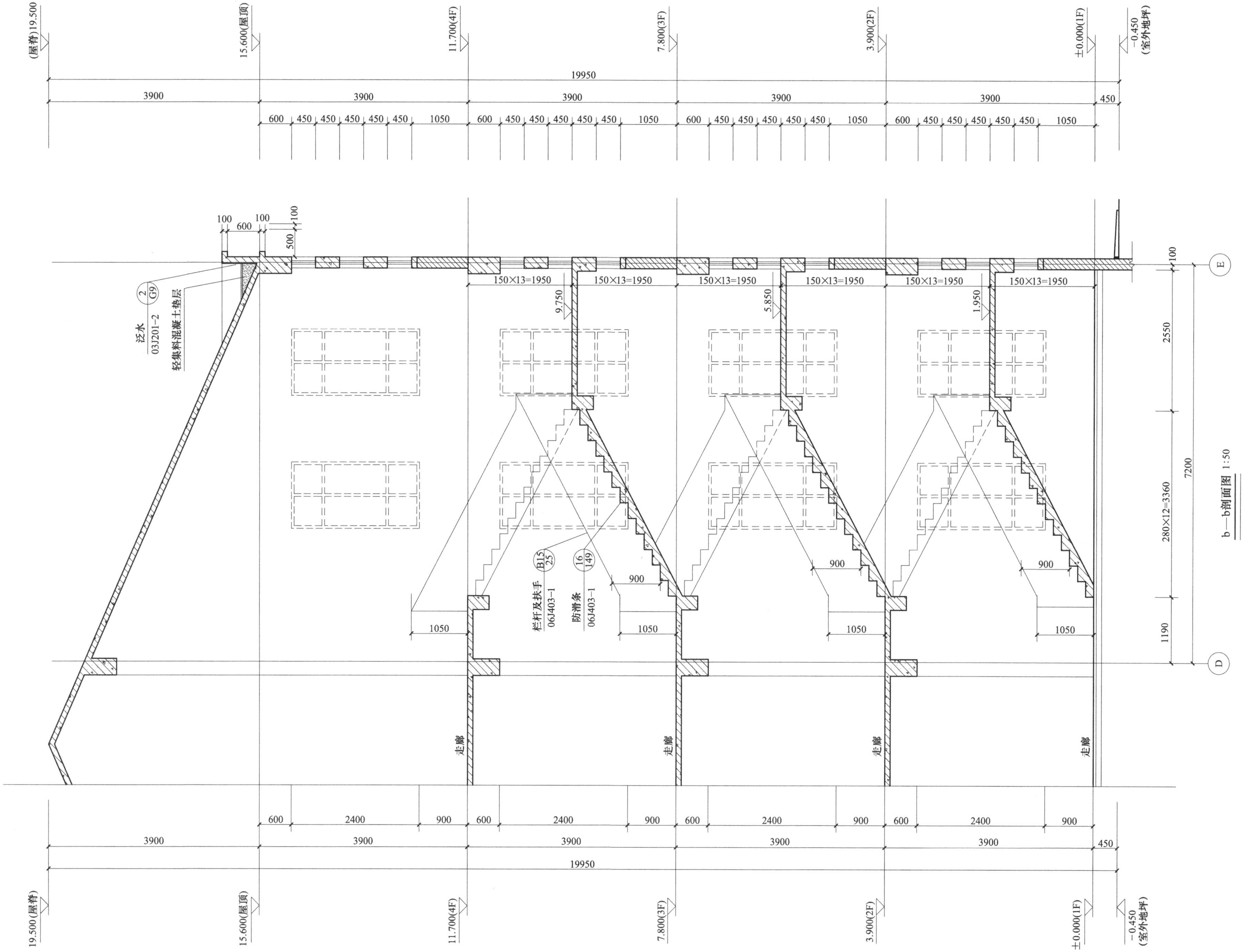

b—b剖面图 1:50
(屋脊)19.500
15.600(屋顶)
11.700(4F)
7.800(3F)
3.900(2F)
±0.000(1F)
-0.450
(室外地坪)
19950
3900
450
600
2400
900
1050
150×13=1950
9.750
5.850
1.950
2550
280×12=3360
1190
7200
100
500
泛水
03J201-2
2
G9
轻集料混凝土垫层
栏杆及扶手
06J403-1
B15
25
防滑条
06J403-1
16
149
走廊
E
D

剖面图一						编号	建施-16
审核		校对		设计		页	16/19

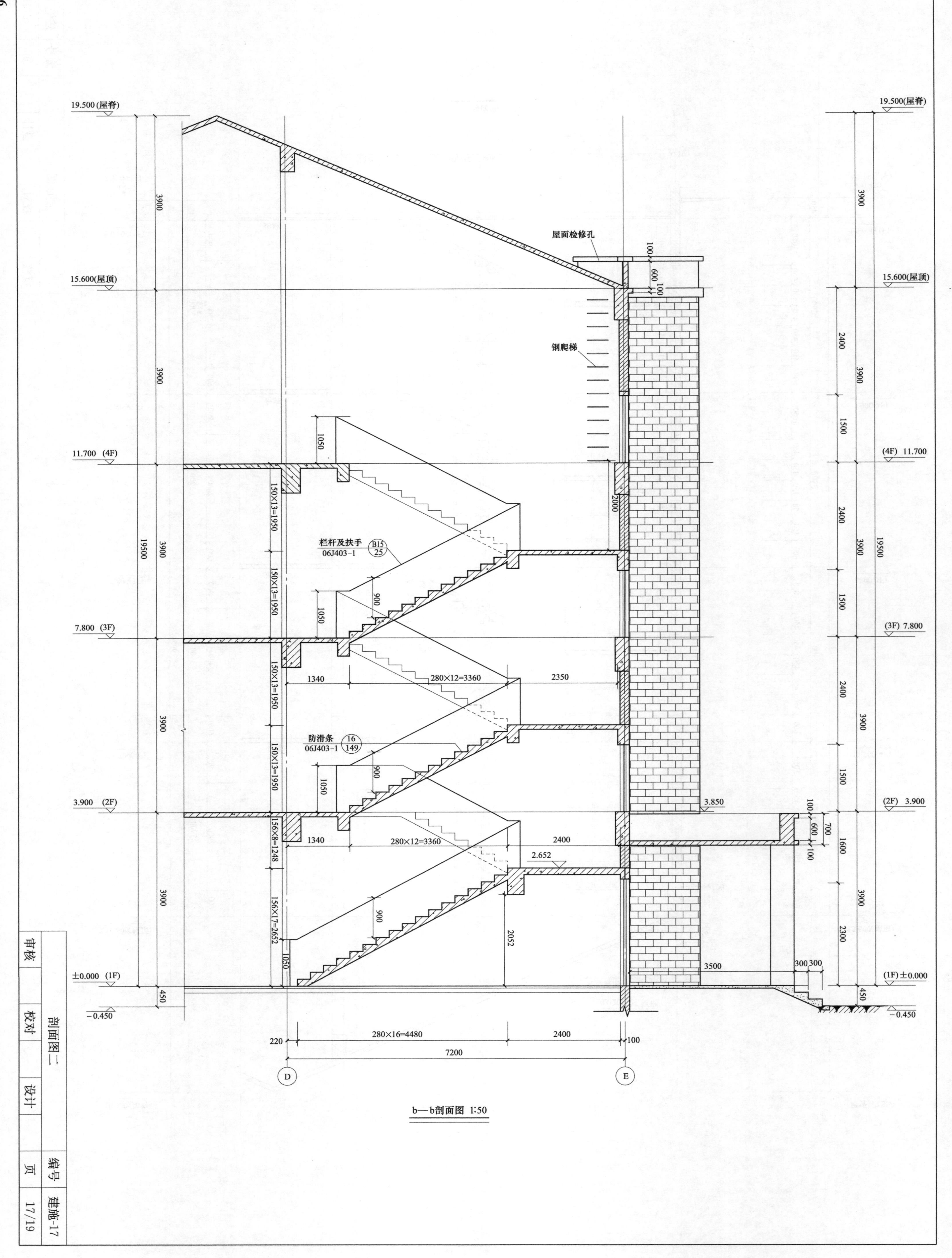
19.500(屋脊)
15.600(屋顶)
11.700 (4F)
7.800 (3F)
3.900 (2F)
±0.000 (1F)
-0.450
屋面检修孔
钢爬梯
栏杆及扶手
06J403-1
B15
25
防滑条
06J403-1
16
149
150×13=1950
156×8=1248
156×17=2652
280×12=3360
280×16=4480
1340
2350
2400
2.652
3.850
2052
3500
7200
220
100
D
E
3900
19500
1050
900
2000
600
2400
1500
1600
2300
700
300
450
审核
校对
设计
剖面图二
编号
建施-17
页
17/19
b—b剖面图 1:50

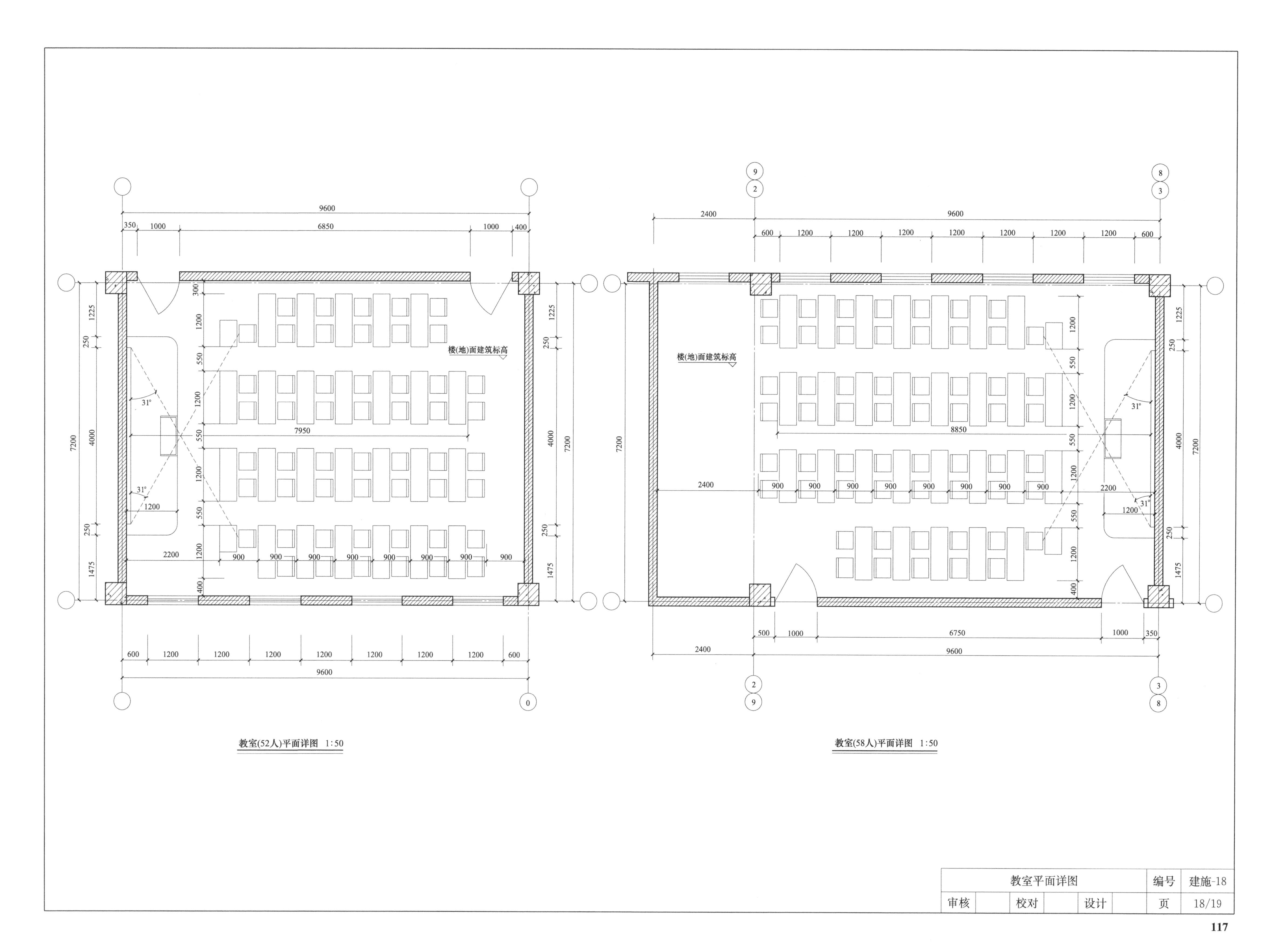
楼(地)面建筑标高
教室(52人)平面详图 1:50
教室(58人)平面详图 1:50
教室平面详图
编号
建施-18
审核
校对
设计
页
18/19

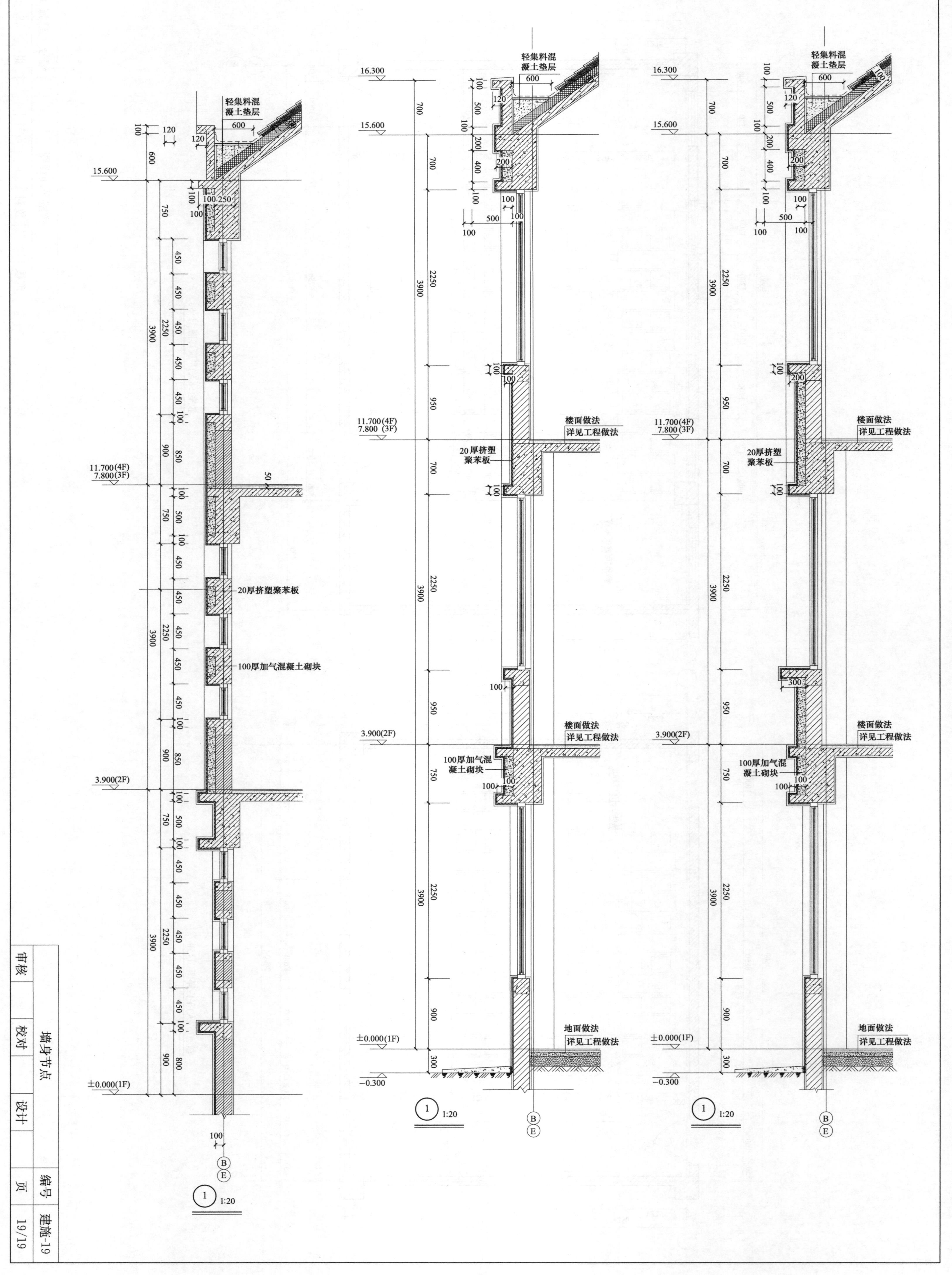

轻集料混凝土垫层
15.600
16.300
11.700(4F)
7.800(3F)
3.900(2F)
±0.000(1F)
−0.300
20厚挤塑聚苯板
100厚加气混凝土砌块
楼面做法
详见工程做法
地面做法
详见工程做法
1 1:20
B
E
墙身节点
审核
校对
设计
编号 建施-19
页 19/19

4.2 5号教学楼结构施工图

结构设计说明

一、工程概况

1. 本工程建筑设计等级标准见下表：

设计等级标准	结构设计使用年限	50年	抗震设防分类	重点设防类
	结构安全等级	二级	地基基础设计等级	丙级
	人防等级		桩基安全等级	
	建筑防火分类等级	二级	建筑耐火等级	二级
	地下室防水等级		整体计算嵌固部位	柱墩，(标高－0.500)
	结构环境类别	地上：除大屋面以上，雨篷为二b类；卫生间为二a类，其余均为一类		
		地下：二b类		

2. 本工程建筑抗震设防烈度、结构类型、抗震设计要求。耐久性要求及结构主要楼面均布活荷载标准值见下表：

抗震设计要求	
抗震设防烈度	7
设计基本地震加速度值	0.10g
特征周期 T_g	0.40s
阻尼比	0.05
设计地震分组	第二组
场地类别	Ⅱ类
结构类型	框架
抗震等级	
	框架抗震等级：二级

结构混凝土耐久性的基本要求

环境类别		最小水灰比	最小水泥用量(kg/m³)	最低混凝土强度等级	最大氯离子含量(%)	最大碱含量(kg/m³)
一		0.65	225	C20	1.0	不限制
二	a	0.60	250	C25	0.3	3.0
	b	0.55	275	C30	0.2	3.0
三		0.50	300	C30	0.1	3.0

主要楼面均布活荷载标准值	
办公、教室、会议室	2.0kN/m²
食堂、餐厅	2.5kN/m²
卫生间(有蹲厕)	8.0kN/m²
门厅	2.5kN/m²
多功能厅，阶梯教室有固定座位：3.0；无固定座位	3.5kN/m²
走廊	3.5kN/m²
书库、档案库、资料室	5.0kN/m²
消防楼梯	3.5kN/m²
上人屋面	2.0kN/m²
不上人屋面	0.5kN/m²
施工检修荷载(雨篷、挑檐)	1.0kN/m²
栏杆水平推力	0.5kN/m²

注：有关结构抗震的构造措施应按上述相应的抗震设防烈度和抗震等级取用。

3. 本工程所注尺寸以 mm 为单位，标高以 m 为单位。所有几何尺寸均以图上标注为准，不得从图面上按比例丈量。

4. 本工程图纸须经施工图审查后方可施工。

5. 当该总说明与图纸分说明有矛盾时应以分说明为准。

二、地基与基础

1. 场地地质情况

（1）水文简介

	相对标高	绝对标高(m)	地下水对混凝土	无	腐蚀性	土对混凝土	无	腐蚀性
室内地坪	±0.000	486.750	地下水对钢筋	无	腐蚀性	土对钢筋	无	腐蚀性
场地地下水埋深	10.8～11.5							

（2）基础类型

独立基础	地基情况	地基持力层	承载力特征值(kPa)	
	天然地基与人工地基	⑤层与灰土垫层	180	

2. 基坑开挖

（1）基础施工前应参照《建筑场地基坑探查与处理暂行规程》Q/XJ104进行墓探与处理，探墓资料应及时送交设计单位，以便商定处理方案。

（2）地下工程施工时，地下水位应降至工程底部最低高程以下500mm。基坑开挖其余要求见基坑开挖图。

3. 基础施工

（1）进行基槽检验、工程桩承载力检验和桩位验收后，方可浇筑基础、承台和地下室底板。

（2）基础（含承台、基础梁）底部垫层厚度100，每边扩出基础边缘120。承台、基础梁侧面采用370、240厚实心砖模（砖MU7.5，水泥砂浆M5），1：2水泥砂浆抹面。

4. 基坑回填

（1）其他范围若以砾石、卵石或块石作填料，分层夯实时最大粒径不宜大于400；分层压实时不宜大于200mm。不得使用淤泥、耕土、冻土、膨胀性土、生活垃圾以及有机质含量大于5%的土。

（2）回填素土或灰土，施工质量应用压实系数 λ_c 控制。采用土或灰土垫层处理地基时。垫层厚度小于或等于3m时，$\lambda_c \geq 0.95$，垫层厚度大于3m时，从垫层底面标高算起向上3m范围内 $\lambda_c \geq 0.95$，3m至垫层顶面标高范围内 $\lambda_c \geq 0.97$，基槽、地下室周边和地坪下回填土压实系数 $\lambda_c \geq 0.94$。采用砂土回填时，干密度不小于1.65t/m³。

（3）当采用桩基或其他人工地基时，应及时将测试及检验报告送设计院，经认可后方准施工基础及上部结构。

（4）地坪上后砌隔墙基础按图1施工，且应保证地坪下的回填土夯实密实，压实系数不得小于0.94。

三、材料（所有材料必须符合现行规范对质量的要求）

1. 混凝土强度等级

层位	标高	柱	楼梯	外露构件	层位	标高	梁	楼梯
基础以上	基础顶～屋脊	C30	C30	C30	一层及以上	3.850及以上	C30	C30
部位或构件		基础垫层	基础	过梁构造柱圈梁				
强度		C10	C30	C20				

2. 钢筋、钢材和焊条（钢筋的技术指标应符合《混凝土结构设计规范》GB 50010—2010的要求）

（1）钢筋

热轧钢筋	钢筋种类、符号	HPB300	HRB335	HRB400	冷轧带肋钢筋	钢筋种类、符号	RRB400
	f_y、f'_y(N/mm²)	210	300	360		f_y、f'_y(N/mm²)	360
	f_{yk}(N/mm²)	300	335	400		f_{yk}(N/mm²)	400

1）抗震等级为一、二级的框架结构，其纵向受力钢筋采用普通钢筋时，钢筋的抗拉强度实测值与屈服强度实测值的比值不应小于1.25，且钢筋的屈服强度实测值与强度标准值的比值不应大于1.3，且钢筋在最大拉力下的总伸长率实测值不应小于9%。钢筋强度标准值应具有不小于95%的保证率。

2）当需要以强度等级较高的钢筋代替原设计中的纵向受力钢筋时，应按钢筋承载力设计相等的原则换算，并应满足最小配筋率、抗裂验算等要求。

3）吊钩和一般采用的预埋件埋脚钢筋采用HPB300钢筋，并不得采用冷加工钢筋。

（2）钢材：未注明者均为Q235碳素结构钢、B级。

1）钢材的屈服强度实测值与抗拉强度实测值的比值不应大于0.85。

2）钢材应有明显的屈服台阶，且伸长率不应小于20%。

3）钢材应有良好的焊接性和合格的冲击韧性。

（3）填充墙砌块和砂浆，成品墙板见下表：

位置		地下部分	外围维护墙	楼梯间墙体、分户墙	卫生间内隔墙
砌块	厚度(mm)	240	190	190	120,190
	材料	烧结空心砖	非承重空心砌砖	加气混凝土砌块	非承重空心砖
砌块强度等级		MU10	MU5.0	MU5.0	MU5.0
砂浆	强度等级	M10	M5	M5	M5
	材料	混合砂浆	混合砂浆	混合砂浆	混合砂浆
砌块允许容重		15.0	12.0	7.0	12.0
备注		墙体厚度详建施图，隔墙的施工质量等级为B级；砌块容重单位：kN/m³			

（4）油漆：凡外露钢铁件必须在除锈后涂防腐漆，面漆两道，并经常注意维护。

结构设计说明一				编号	结施-01
审核		校对	设计	页	1/21

四、混凝土结构一般要求

1. 受力钢筋的保护层厚度（有特殊要求者另见详图）

（1）普通混凝土构件纵向受力钢筋的混凝土保护层厚度：

见11G101-1图集第54页。板、壳的混凝土最小保护层厚度与表中墙相同。

（2）构造柱：地面以下、露天或室内潮湿环境且与墙体不接触为35；其他均为25。

（3）防水混凝土构件，基础纵向受力钢筋的混凝土保护层厚度：

防水混凝土部位或构件	承台	地下室底板		地下室外墙		水箱水池	基础
		板	梁	墙	柱		独基或条基桩
保护层厚度							40

注：1. 梁板（墙柱）节点处一般存在多层纵筋交汇的情况，此时应满足最外层纵筋保护层厚度，内层纵筋保护层比表中数值相应增加。
2. 当承台、基础梁（地下室地梁）侧面处于迎水面时，纵筋侧面保护层厚度取50，非迎水面时取40。

2. HPB300、HRB335、HRB400纵向钢筋受拉的最小锚固长度 l_a 及 l_{aE}，最小搭接长度 l_l 及 l_{lE} 分别见11G101-1图集第53、55页。

五、混凝土结构构件

1. 楼板

（1）楼板构造按03G101-4图集第35～46页相应的要求施工。

（2）双向板板底钢筋短向钢筋在长向钢筋之下，板面短向钢筋在长向钢筋之上，板在支座的锚固按图7施工。图中未注明的楼板发布筋为Φ6@250；屋面板分布筋为Φ8@200。

（3）楼面板、屋面板开洞，当洞口长度 b（直径 ϕ）小于或等于300时，结构图不标注。施工时各工种必须各专业图纸配合土建预留全部孔洞。

（4）楼面板、屋面板开洞外，当洞口长边 b（直径 ϕ）$\leqslant$300时，钢筋可绕过不截断，当 $300<b(\phi)\leqslant700$ 时，按图3设置①号加强钢筋（板底、板面分别为）：板厚 $h\leqslant120$ 时，2Φ12；$120<h\leqslant150$ 时，2Φ14；$150<h\leqslant250$ 时，2Φ16。

（5）楼板内的设备预埋管上方无板面钢筋时，沿预埋管走向设置板面附加钢筋网带，钢筋网带取Φ6@150×200最外排预埋管中心至钢丝网带边缘水平距离150，见图4。

（6）当结构体系为框架-核心筒或者是筒中筒时，核心筒四角的楼板设置斜放的加强钢筋，每侧各8Φ14@100，放置在板厚的中部，见图5。

（7）须封堵的水电等设备管井，板内钢筋不截断，管道安装完毕后再浇筑楼板混凝土。

（8）板或梁包括框架梁下有构造柱时，应在其下预埋钢筋，按图6施工。

（9）外露现浇挑檐板，女儿墙或通长阳台板，每隔12m宜设置温度缝，缝宽20mm，位置现场确定。

2. 框架梁、次梁、井字梁、柱、框支梁、框支柱、剪力墙

梁、柱、墙表示方法按照《混凝土结构施工图平面整体表示方法制图规则和构造详图》11G101-1。

六、后浇带

1. 结构平面图中设置后浇带时，在后浇带内的梁，板，混凝土墙钢筋可不断开，外露的钢筋可采用水泥浆保护，施工单位应将后浇带两侧的构件妥善支撑，并应注意由于分缝可能引起各部分结构的承载能力与稳定问题。浇灌时的温度应跟原有混凝土浇灌时的温度相接近，并加强养护。后浇带混凝土强度达到100%后方可拆模，浇筑前必须将带内浮渣及杂物清理干净，用水冲洗后再刷纯水泥浆一道。

2. 对于超长结构中的伸缩后浇带简称后浇带B，应在61天后且宜选择气温低的天气浇捣混凝土。对于高层主楼与低层裙房之间的沉降后浇带简称后浇带A，应待高层主楼施工完且沉降基本稳定后浇捣。

3. 后浇带应采用补偿收缩混凝土浇筑，一般可内掺12%水泥重量的AEA或UEA膨胀剂，后浇带混凝土强度等级比两侧高一级（C5）。底板后浇带形式按图14做法一，地下室外墙后浇带按图15做法二处理。楼层（含屋面层）梁板后浇带处按图16施工。

4. 对于地下室混凝土外墙水平施工缝防水处理可按图17施工。

七、后砌墙的抗震构造措施

1. 后砌隔墙与框架柱或抗震墙的拉结按图18施工；施工时必须配合建施图纸按隔墙位置在柱或剪力墙内预留锚拉钢筋。

2. 墙长超过层高2倍时，应在填充墙长度中部位置以及两端无钢筋混凝土柱（墙）处设置钢筋混凝土构造柱GZ-1，构造柱间距不大于5.0m。

3. 墙高超过4m时，应在墙体半高处（一般结合门窗洞口上方过梁位置）设置与柱连接且沿墙全长贯通的钢筋混凝土水平系梁（圈梁），梁截面为墙宽 b×150，配筋：6，7度为≥4Φ10　Φ6@250；8度为≥4Φ12　Φ6@200，9度为≥4Φ14　Φ6@150，柱（或抗震墙）施工时相应预埋4Φ10（4Φ12），<4Φ14>与水平系梁纵筋连接，水平系梁遇过梁时，分别按截面、配筋较大者设置。

4. 后砌隔墙，当墙长>5m时，墙顶部应与梁或板拉接，按图19～20施工。

5. 构造柱应在主体完工后施工，应先砌墙后浇柱。未注明构造柱截面为240×240，配筋为4Φ12　Φ6@200，柱内竖向钢筋锚入梁板内长450。构造柱与后砌隔墙拉结钢筋做法见图21。

6. 当圈梁兼过梁时圈梁在洞口处应另增设过梁配筋。圈梁与柱，混凝土墙的连接按图6施工。

7. 电梯井道当为填充墙围护时，设高为300mm高宽同墙厚的圈梁，配筋：6.7度为≥4Φ10，Φ6@250；8度为≥4Φ14，Φ6@150，9度为≥4Φ14，Φ6@150，具体圈梁间隔由电梯厂家配合确定。

8. 楼梯间填充墙拐角处未设柱时，应按图22设置墙体加强筋。8、9度抗震时，拉筋沿墙全长贯通。

9. 砌体洞口净宽不小于700时，应采用钢筋混凝土过梁，见图23。

（1）当洞顶距梁底净高 h 小于 h＋120时，改用下挂板代替过梁，下挂板宜后浇，见图25。

（2）当洞侧与柱、抗震墙距离小于过梁支承长度 a 时，柱、墙应在相应位置预留连接钢筋。

过梁表	洞口净距 l_0	$l_0\leqslant1000$	$1000<l_n\leqslant1500$	$1500<l_n\leqslant2000$	$2000<l_n\leqslant2500$	$2500<l_n\leqslant3000$	$3000<l_n\leqslant3500$
	梁高 h	120	120	150	180	240	300
	支承长度 a	180	240	240	370	370	370
	面筋②	2Φ10	2Φ10	2Φ10	2Φ12	2Φ12	2Φ12
	底筋①	2Φ10	2Φ12	2Φ14	2Φ14	2Φ16	2Φ16

10. 对于剪力墙及柱边的现浇过梁，施工剪力墙及柱时应在现浇过梁处由墙内或柱内预留出钢筋，见图22。

11. 空心砌块外墙窗台处，设置现浇钢筋混凝土带，截面为墙厚×60，内配2Φ10，水平拉筋Φ6@200，混凝土带两端各伸入砌体内不小于150。

八、与设备专业以及非结构构件相关的要求

1. 所有预留孔洞，预埋套管，除按结构施工图纸设置外，尚须根据各专业图纸，由各工种的施工人员核对无误后方可施工。对于防水混凝土构件和框架柱，抗震墙等竖向受力构件。应特别重视孔洞的位置和尺寸的准确性。结构图纸标注与各专业不符时，应通知设计单位处理。

2. 预留孔洞、预埋套管一般在平面图中表示。图中的标高位置：圆洞为中心，方洞为洞底。各专业代号：N—通风，E—电气，S—给排水。除注明外，标高H为各层楼面结构标高。当标高中未带“H”而直接标注数据时，该数据为相对于地面±0.000的标高。

3. 水电等设备管道竖直埋设在梁内时，须符合图26要求。埋管沿梁长度方向单列布置时，管外径 $d<b/6$，双列布置时，$d<b/12$；埋管最大直径≤50。

4. 在钢筋混凝土墙，梁上水平预埋设备套管时，除注明者外，套管净距不小于套管外径和150之中的较大值。

5. 防雷接地应按电气施工图纸进行。

6. 埋件的设置：建筑吊顶、门窗安装、钢楼梯、楼梯栏杆、阳台栏杆、电缆桥架、管道支架以及电梯导轨与结构构件相连时，各工种应密切配合进行埋件的埋设，不得随意采用膨胀螺栓固定。

7. 膨胀螺栓设置：主体结构某些部位钢筋密集，又是重要受力构件，膨胀螺栓设置时应按下述要求。在禁止设置膨胀螺栓的部位需要连接时，应留设预埋件。

（1）禁止设置膨胀螺栓的部位

1）框支柱；梁顶面、梁底面和梁高（h）的上下1/3范围；抗震墙的暗柱、端柱。

2）所有防水混凝土构件、人防构件、预应力构件。

（2）允许设置膨胀螺栓的部位（须征得设计同意后方可进行）

1）梁高（h）的中部1/3范围的梁侧面；梁宽范围外的楼板。

2）抗震墙暗柱、端柱以外的墙体、框架柱。

8. 电梯订货，必须符合本施工图提供的洞口尺寸。订货后应提供电梯施工详图给设计单位，进行尺寸复核预留机房孔洞以及设置吊钩等工作。

9. 本图提供的设备基础，订货后的资料相符时方可施工。当本施工图未绘制设备基础详图时，采用复核后的资料直接施工。

结构设计说明二						编号	结施-02
审核		校对		设计		页	2/21

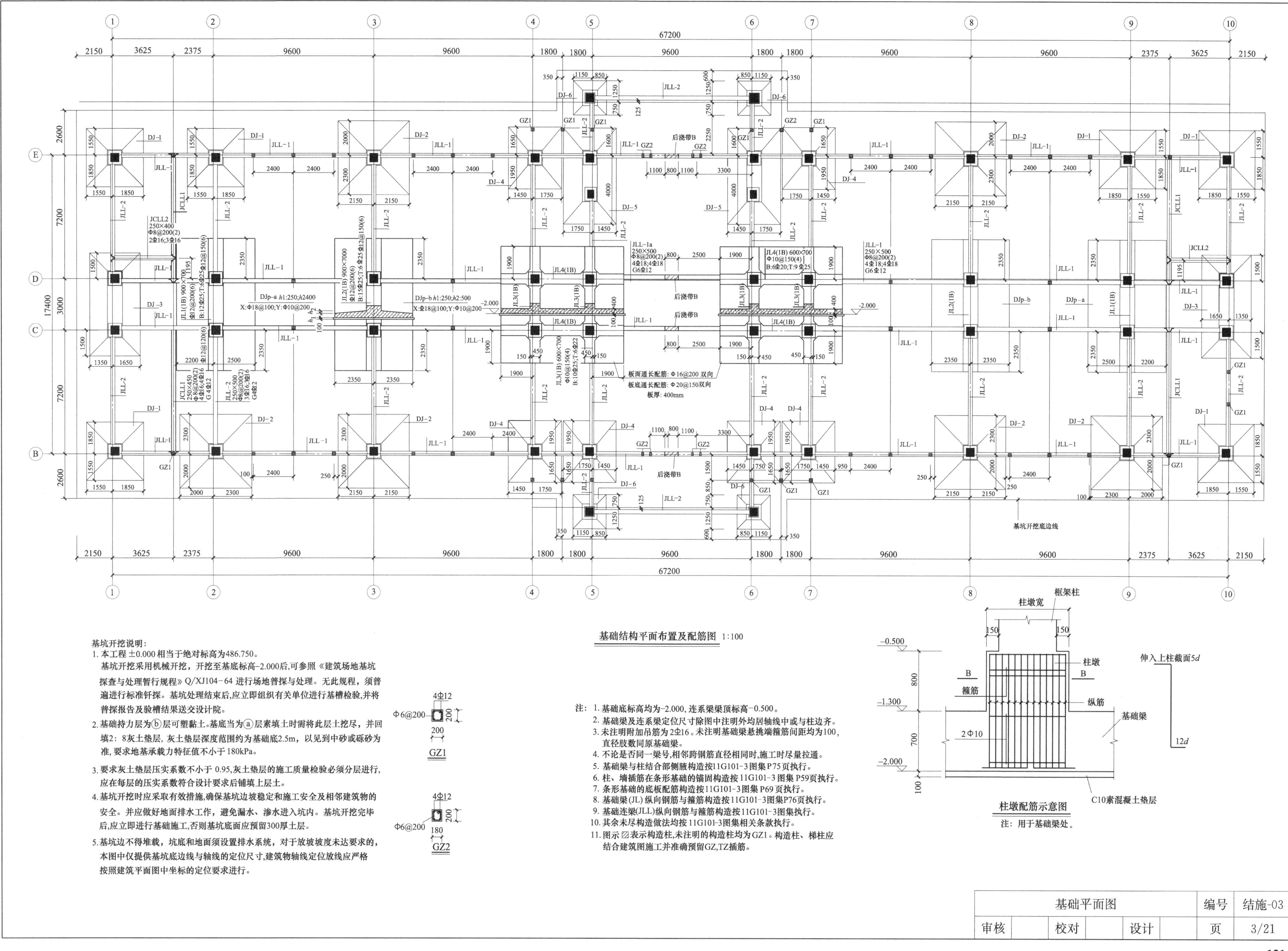
基础结构平面布置及配筋图 1:100

基坑开挖说明：
1. 本工程 ±0.000 相当于绝对标高为486.750。
基坑开挖采用机械开挖，开挖至基底标高-2.000后,可参照《建筑场地基坑探查与处理暂行规程》Q/XJ104-64 进行场地普探与处理。无此规程，须普遍进行标准钎探。基坑处理结束后,应立即组织有关单位进行基槽检验,并将普探报告及验槽结果送交设计院。
2. 基础持力层为ⓑ层可塑黏土。基底当为ⓐ层素填土时需将此层土挖尽，并回填2：8灰土垫层，灰土垫层深度范围约为基础底2.5m，以见到中砂或砾砂为准，要求地基承载力特征值不小于180kPa。
3. 要求灰土垫层压实系数不小于 0.95,灰土垫层的施工质量检验必须分层进行,应在每层的压实系数符合设计要求后铺填上层土。
4. 基坑开挖时应采取有效措施,确保基坑边坡稳定和施工安全及相邻建筑物的安全。并应做好地面排水工作，避免漏水、渗水进入坑内。基坑开挖完毕后,应立即进行基础施工,否则基坑底面应预留300厚土层。
5. 基坑边不得堆载，坑底和地面须设置排水系统，对于放坡坡度未达要求的，本图中仅提供基坑底边线与轴线的定位尺寸,建筑物轴线定位放线应严格按照建筑平面图中坐标的定位要求进行。

注：1. 基础底标高均为-2.000, 连系梁顶标高-0.500。
2. 基础梁及连系梁定位尺寸除图中注明外均居轴线中或与柱边齐。
3. 未注明附加吊筋为2Φ16。未注明基础梁悬挑端箍筋间距均为100，直径肢数同原基础梁。
4. 不论是否同一梁号,相邻跨钢筋直径相同时,施工时尽量拉通。
5. 基础梁与柱结合部侧腋构造按11G101-3图集P75页执行。
6. 柱、墙插筋在条形基础的锚固构造按 11G101-3 图集 P59页执行。
7. 条形基础的底板配筋构造按11G101-3图集 P69 页执行。
8. 基础梁(JL)纵向钢筋与箍筋构造按 11G101-3图集P76页执行。
9. 基础连梁(JLL)纵向钢筋与箍筋构造按 11G101-3图集执行。
10. 其余未尽构造做法均按 11G101-3图集相关条款执行。
11. 图示▨表示构造柱,未注明的构造柱均为GZ1。构造柱、梯柱应结合建筑图施工并准确预留GZ,TZ插筋。

GZ1
GZ2
柱墩配筋示意图
注：用于基础梁处。
框架柱
柱墩宽
柱墩
箍筋
纵筋
基础梁
C10素混凝土垫层
伸入上柱截面5d
12d

基础平面图
编号 结施-03
审核 校对 设计 页 3/21

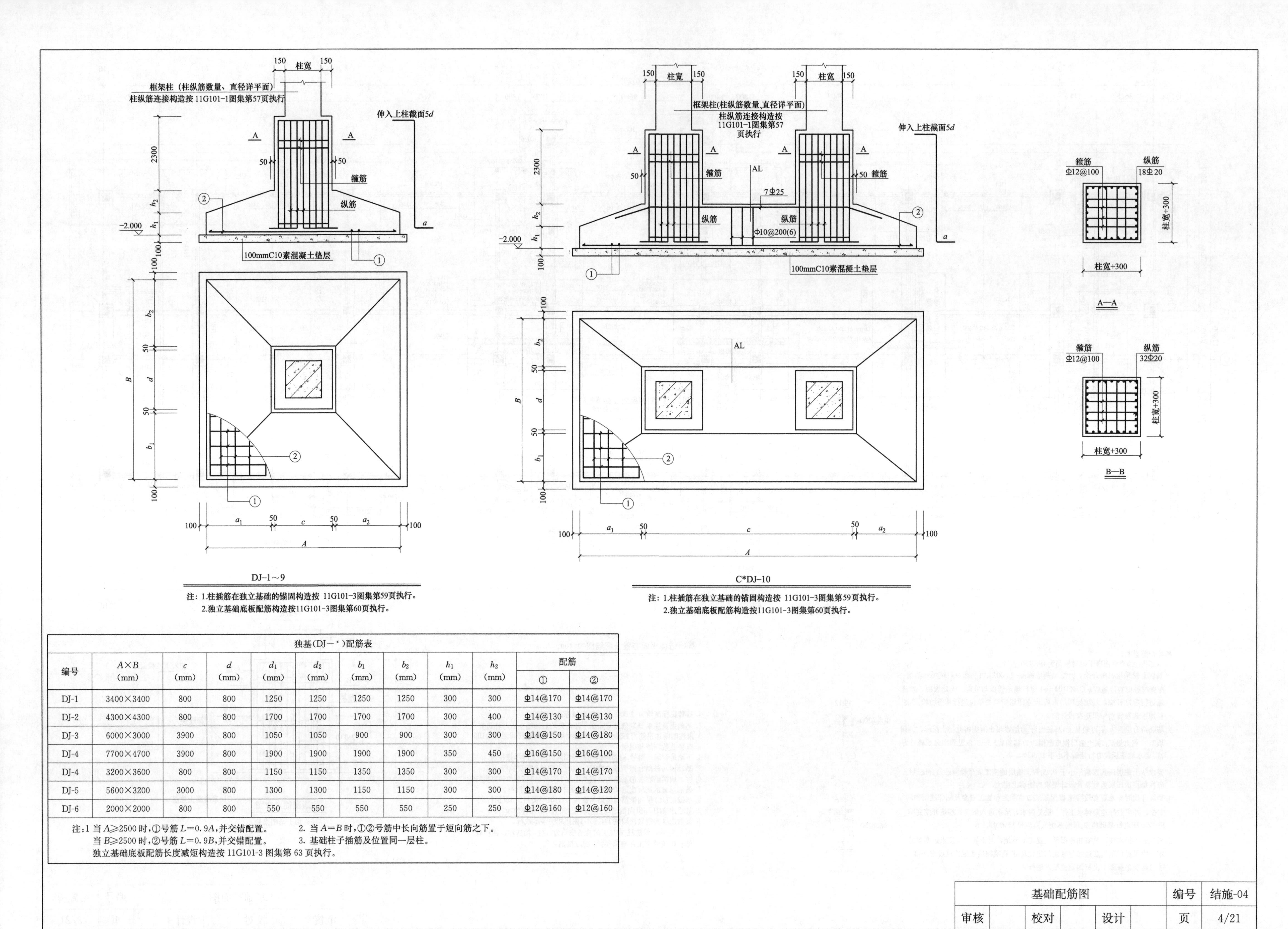

独基(DJ一*)配筋表

编号	A×B (mm)	c (mm)	d (mm)	d_1 (mm)	d_2 (mm)	b_1 (mm)	b_2 (mm)	h_1 (mm)	h_2 (mm)	配筋 ①	配筋 ②
DJ-1	3400×3400	800	800	1250	1250	1250	1250	300	300	Φ14@170	Φ14@170
DJ-2	4300×4300	800	800	1700	1700	1700	1700	300	400	Φ14@130	Φ14@130
DJ-3	6000×3000	3900	800	1050	1050	900	900	300	300	Φ14@150	Φ14@180
DJ-4	7700×4700	3900	800	1900	1900	1900	1900	350	450	Φ16@150	Φ16@100
DJ-4	3200×3600	800	800	1150	1150	1350	1350	300	300	Φ14@170	Φ14@170
DJ-5	5600×3200	3000	800	1300	1300	1150	1150	300	300	Φ14@180	Φ14@120
DJ-6	2000×2000	800	800	550	550	550	550	250	250	Φ12@160	Φ12@160

注：1 当$A \geqslant 2500$时，①号筋$L=0.9A$，并交错配置。
当$B \geqslant 2500$时，②号筋$L=0.9B$，并交错配置。
独立基础底板配筋长度减短构造按 11G101-3 图集第 63 页执行。
2. 当$A=B$时，①②号筋中长向筋置于短向筋之下。
3. 基础柱子插筋及位置同一层柱。

基础配筋图						编号	结施-04
审核		校对		设计		页	4/21

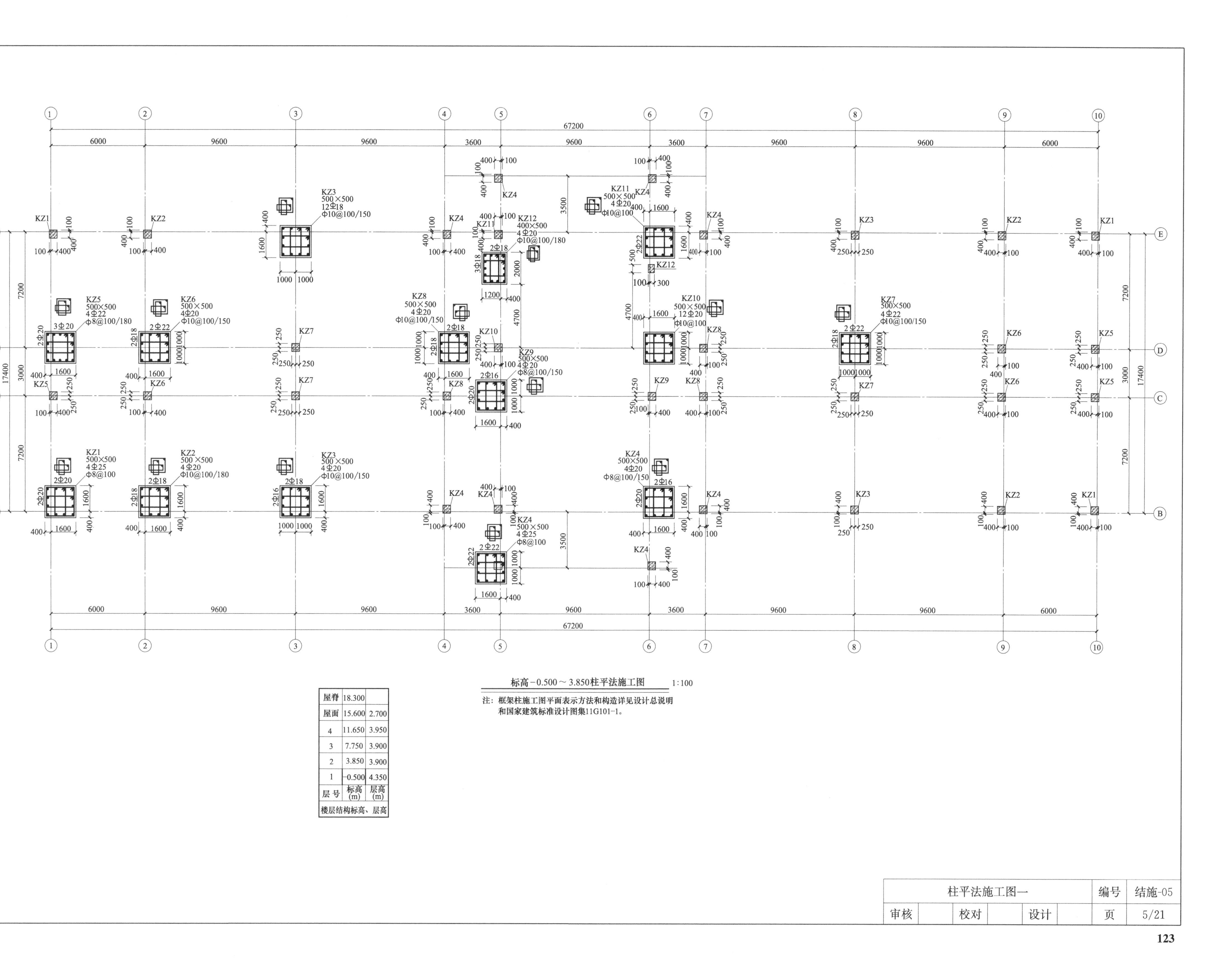

屋脊	18.300	
屋面	15.600	2.700
4	11.650	3.950
3	7.750	3.900
2	3.850	3.900
1	−0.500	4.350
层号	标高(m)	层高(m)

楼层结构标高、层高

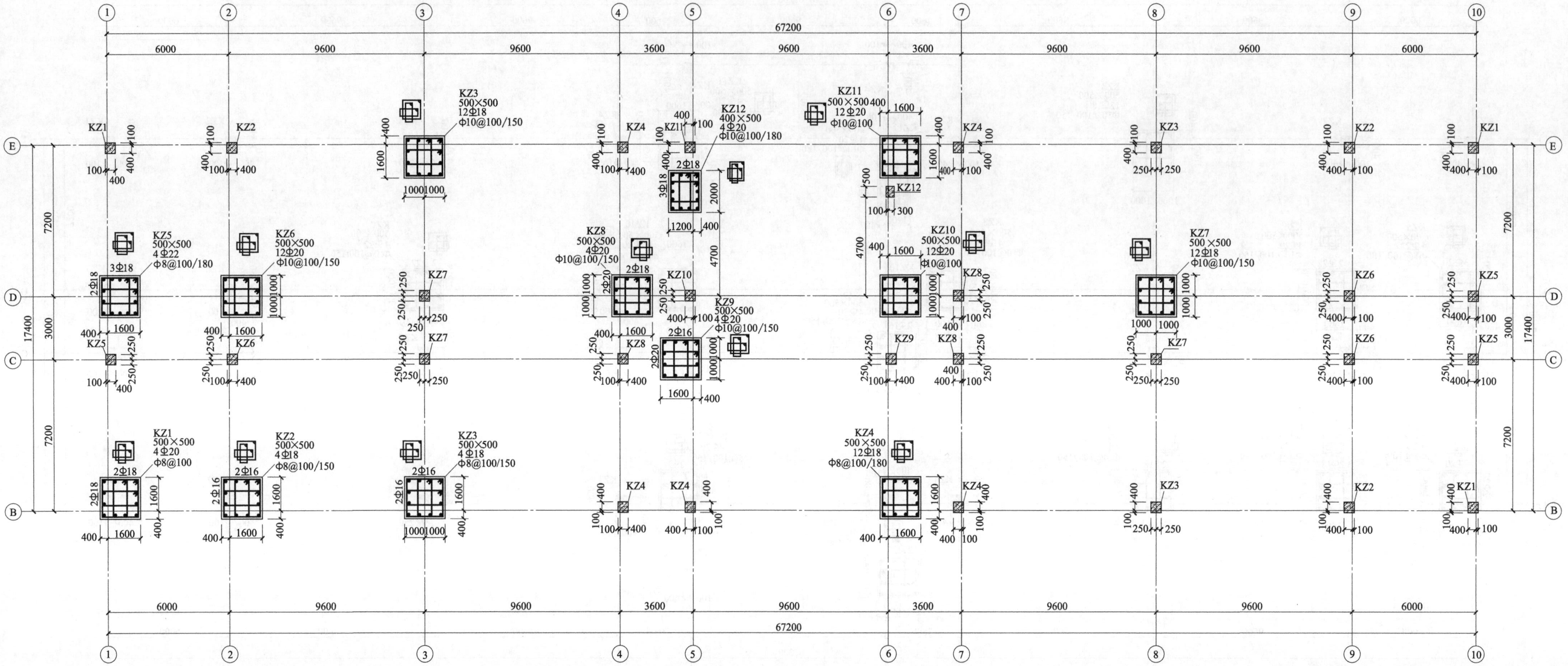

KZ1 500×500 4Φ20 Φ8@100 2Φ18 2Φ18

KZ2 500×500 4Φ18 Φ8@100/150 2Φ16 2Φ16

KZ3 500×500 4Φ18 Φ8@100/150 2Φ16 2Φ16

KZ3 500×500 12Φ18 Φ10@100/150

KZ4 500×500 12Φ18 Φ8@100/180

KZ5 500×500 4Φ22 Φ8@100/180 3Φ18 2Φ18

KZ6 500×500 12Φ20 Φ10@100/150

KZ7 500×500 12Φ18 Φ10@100/150

KZ8 500×500 4Φ20 Φ10@100/150 2Φ18 2Φ20

KZ9 500×500 4Φ20 Φ10@100/150 2Φ16 2Φ20

KZ10 500×500 12Φ20 Φ10@100

KZ11 500×500 12Φ20 Φ10@100

KZ12 400×500 4Φ20 Φ10@100/180 2Φ18 3Φ18

屋脊	18.300	
屋面	15.600	2.700
4	11.650	3.950
3	7.750	3.900
2	3.850	3.900
1	-0.500	4.350
层号	标高(m)	层高(m)

楼层结构标高、层高

标高 3.850～7.750 柱平法施工图 1:100

注：框架柱施工图平面表示方法和构造详见设计总说明和国家建筑标准设计图集11G101-1。

柱平法施工图二						编号	结施-06
审核		校对		设计		页	6/21

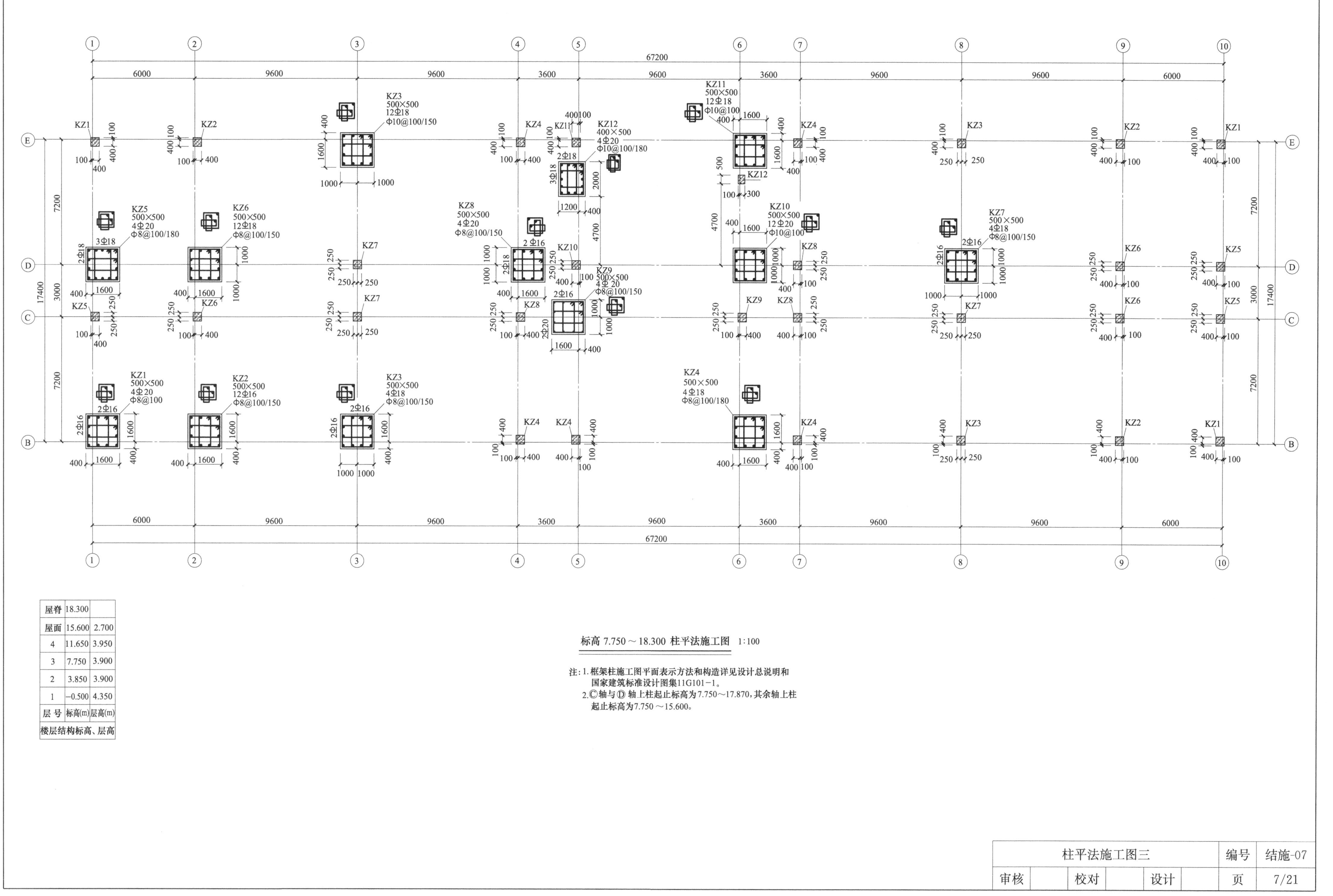

屋脊	18.300	
屋面	15.600	2.700
4	11.650	3.950
3	7.750	3.900
2	3.850	3.900
1	−0.500	4.350
层号	标高(m)	层高(m)

楼层结构标高、层高

标高 7.750～18.300 柱平法施工图 1:100

注：1. 框架柱施工图平面表示方法和构造详见设计总说明和国家建筑标准设计图集11G101−1。
2. Ⓒ轴与Ⓓ轴上柱起止标高为7.750～17.870，其余轴上柱起止标高为7.750～15.600。

柱平法施工图三				编号	结施-07
审核		校对		设计		页	7/21

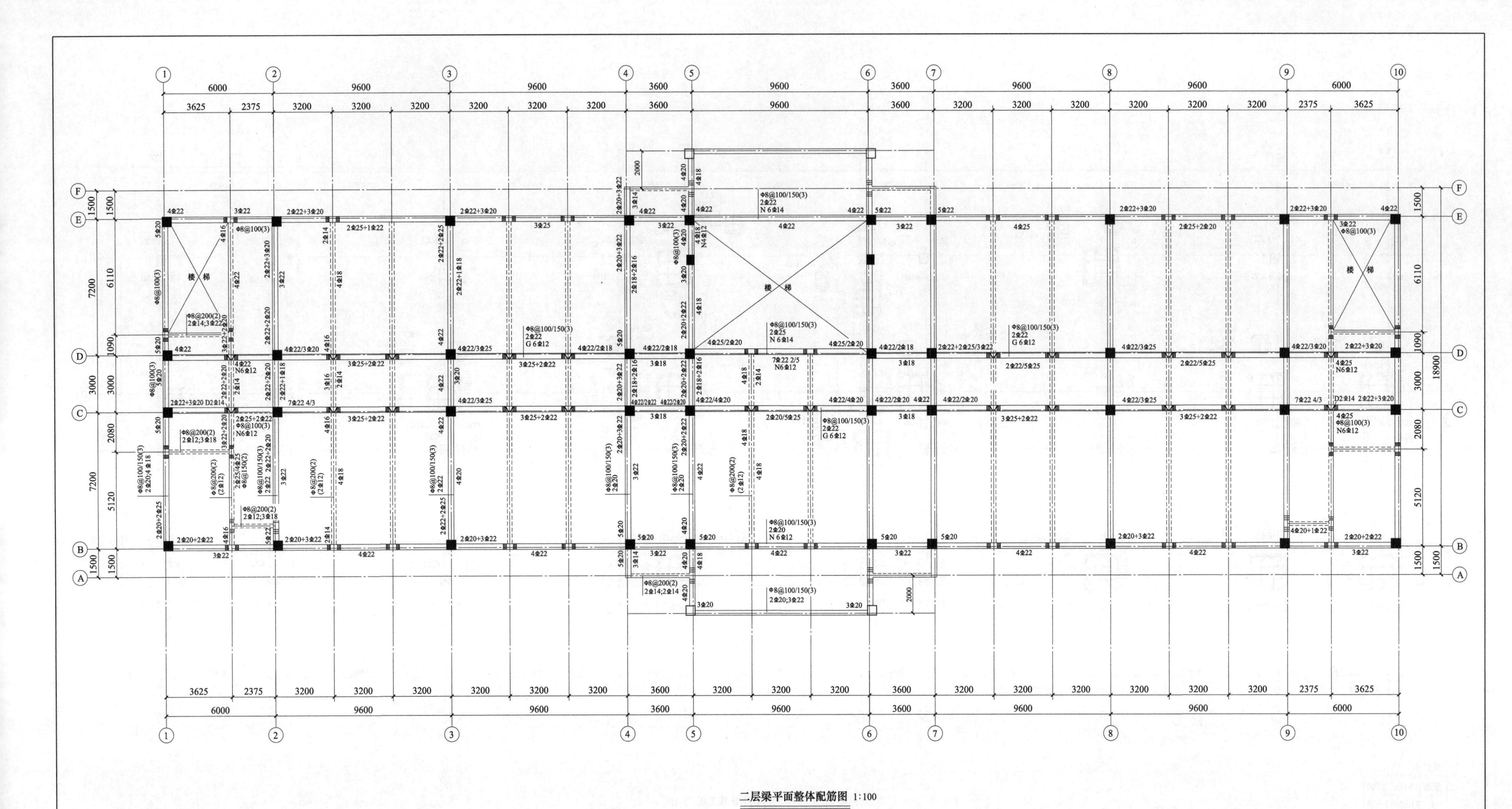

二层梁平面整体配筋图 1:100

梁配筋说明：

1. 未注明附加箍筋，每边三排，箍筋直径及肢数同梁箍筋；未注明吊筋为 2Φ12。
2. 未注明框架悬挑梁箍筋均为Φ8@100（3）；未注明次梁悬挑梁箍筋均为Φ8@100（2）。
3. 混凝土施工图平面表示方法和构造详见设计总说明和国家建筑标准设计图集 11G101-1。
4. 未标注梁支座顶筋根数、直径同贯通筋。
5. 不论是否同一梁号，相邻跨钢筋直径相同时，施工时尽量拉通。
6. 次梁支座与柱、墙相连时，箍筋按框架梁构造（箍筋加密）。
7. 编号为 KL 的框架梁，端支座为柱墙顶部时，梁端钢筋锚固应按屋面框架梁 WKL 构造。
8. 梁箍筋为多肢箍，而贯通箍根数不足以作架立筋时，加设Φ12 架立筋。
9. 未标注梁腰筋见结构总说明；未标注梁拉筋的做法直径为 8mm，间距为 400mm。

梁平法施工图一						编号	结施-08
审核		校对		设计		页	8/21

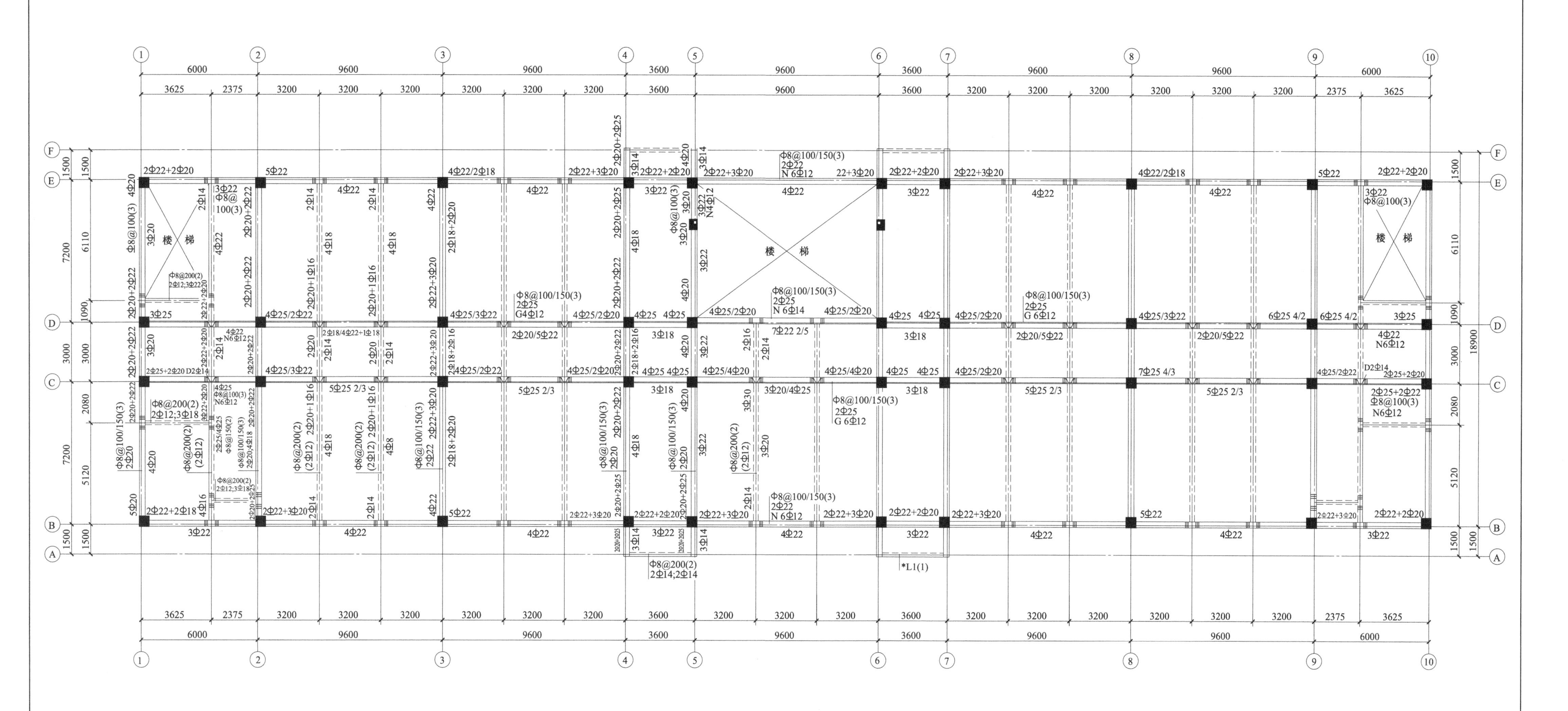

三层梁平面整体配筋图 1:100

梁配筋说明：

1. 未注明附加箍筋，每边三排，箍筋直径及肢数同梁箍筋；未注明吊筋为 2Φ12。
2. 未注明框架悬挑梁箍筋均为Φ8@100（3）；未注明次梁悬挑箍筋均为Φ8@100（2）。
3. 混凝土梁施工图平面表示方法和构造详见设计总说明和国家标准设计图集 11G101-1。
4. 未标注梁支座顶筋根数、直径同贯通筋。
5. 不论是否同一梁号，相邻跨钢筋直径相同时，施工时尽量拉通。
6. 次梁支座与柱、墙相连时，箍筋按框架梁构造（箍筋加密）。
7. 编号为 KL 的框架梁，端支座为柱墙顶部时，梁端钢筋锚固应按屋面框架梁 WKL 构造。
8. 梁箍筋为多肢箍，而贯通筋根数不足以作架立筋时，加设Φ12 架立筋。
9. 未标注梁腰筋见结构总说明；未标注梁拉筋的做法直径为 8mm，间距为 400mm。

梁平法施工图二				编号	结施-09
审核		校对	设计	页	9/21

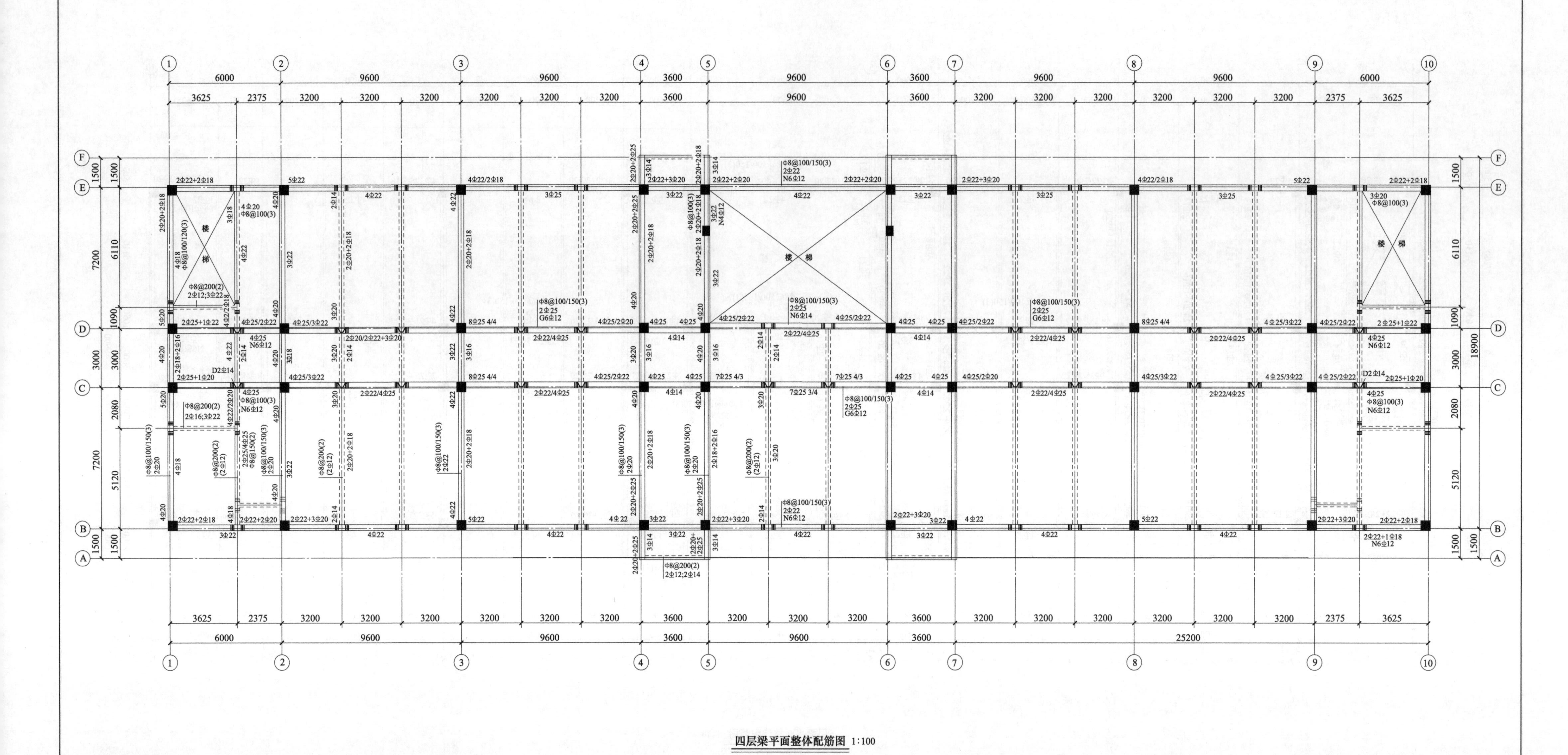

四层梁平面整体配筋图 1:100

梁配筋说明：

1. 未注明附加箍筋，每边三排，箍筋直径及肢数同梁箍筋；未注明吊筋为 2Φ12。
2. 未注明框架悬挑梁箍筋均为Φ8@100（3）；未注明次梁悬挑梁箍筋均为Φ8@100（2）。
3. 混凝土施工图平面表示方法和构造详见设计总说明和国家建筑标准设计图集 11G101-1。
4. 未标注梁支座顶筋根数、直径同贯通筋。
5. 不论是否同一梁号，相邻跨钢筋直径相同时，施工时尽量拉通。
6. 次梁支座与柱、墙相连时，箍筋按框架梁构造（箍筋加密）。
7. 编号为 KL 的框架梁，端支座为柱墙顶部时，梁端钢筋锚固应按屋面框架梁 WKL 构造。
8. 梁箍筋为多肢箍，而贯通筋根数不足以作架立筋时，加设Φ12 架立筋。
9. 未标注梁腰筋见结构总说明；未标注梁拉筋的做法直径为 8mm，间距为 400mm。

梁平法施工图三						编号	结施-10
审核		校对		设计		页	10/21

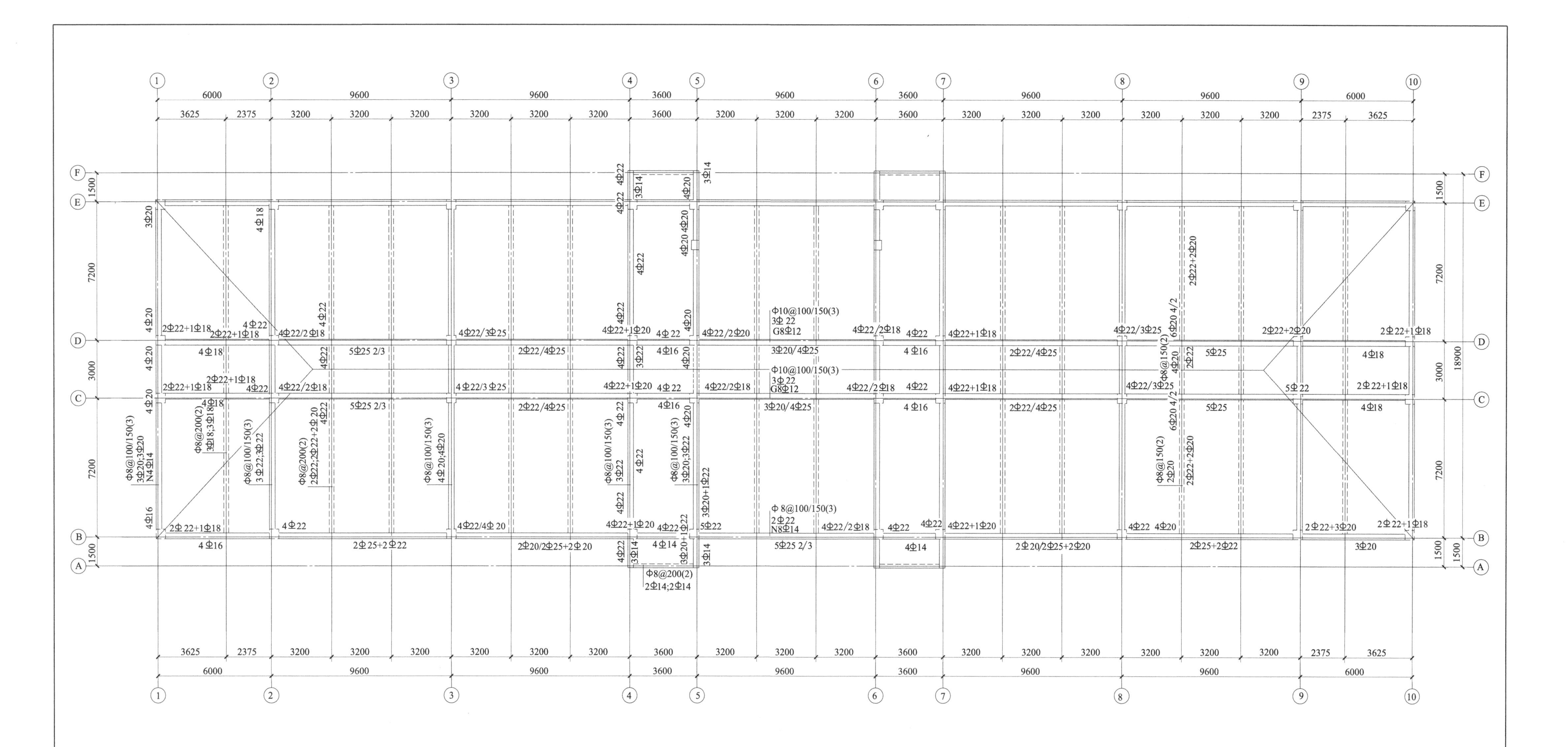

坡屋面梁平面整体配筋图 1:100

梁配筋说明：

1. 未注明附加箍筋，每边三排，箍筋直径及肢数同梁箍筋；未注明吊筋为2Φ12。
2. 未注明框架悬挑梁箍筋均为Φ8@100（3）；未注明次梁悬挑梁箍筋均为Φ8@100（2）。
3. 混凝土施工图平面表示方法和构造详见设计总说明和国家建筑标准设计图集 11G101-1。
4. 未标注梁支座顶筋根数、直径同贯通筋。
5. 不论是否同一梁号，相邻跨钢筋直径相同时，施工时尽量拉通。
6. 次梁支座与柱、墙相连时，箍筋按框架梁构造箍筋加密。
7. 编号为 KL 的框架梁，端支座为柱墙顶部时，梁端钢筋锚固应按屋面框架梁 WKL 构造。
8. 梁箍筋为多肢箍，而贯通筋根数不足以作架立筋时，加设Φ12 架立筋。
9. 未标注梁腰筋见结构总说明；未标注梁拉筋的做法直径为 8mm，间距为 400mm。

梁平法施工图四				编号	结施-11
审核		校对	设计	页	11/21

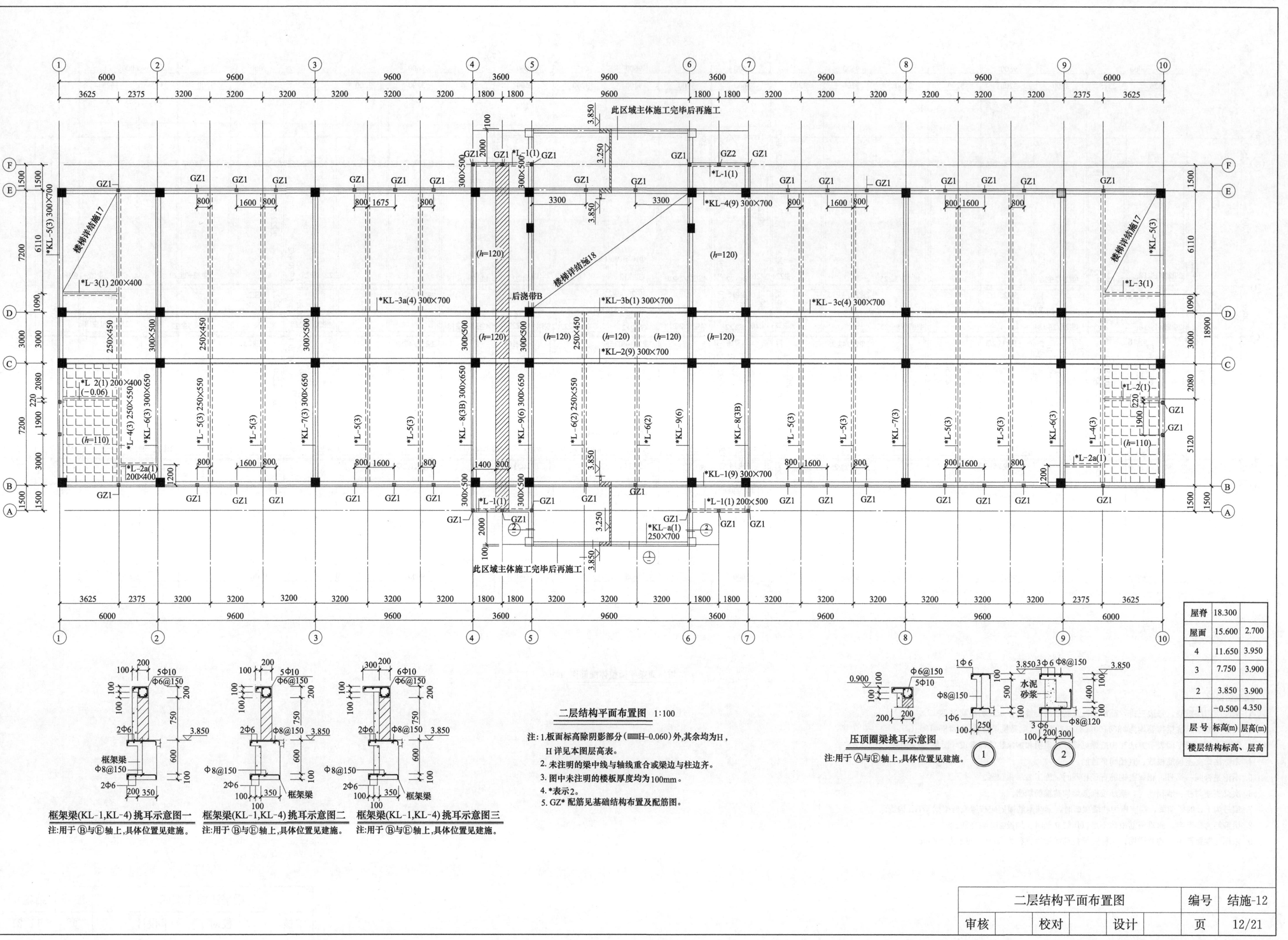

层号	标高(m)	层高(m)
屋脊	18.300	
屋面	15.600	2.700
4	11.650	3.950
3	7.750	3.900
2	3.850	3.900
1	−0.500	4.350

楼层结构标高、层高

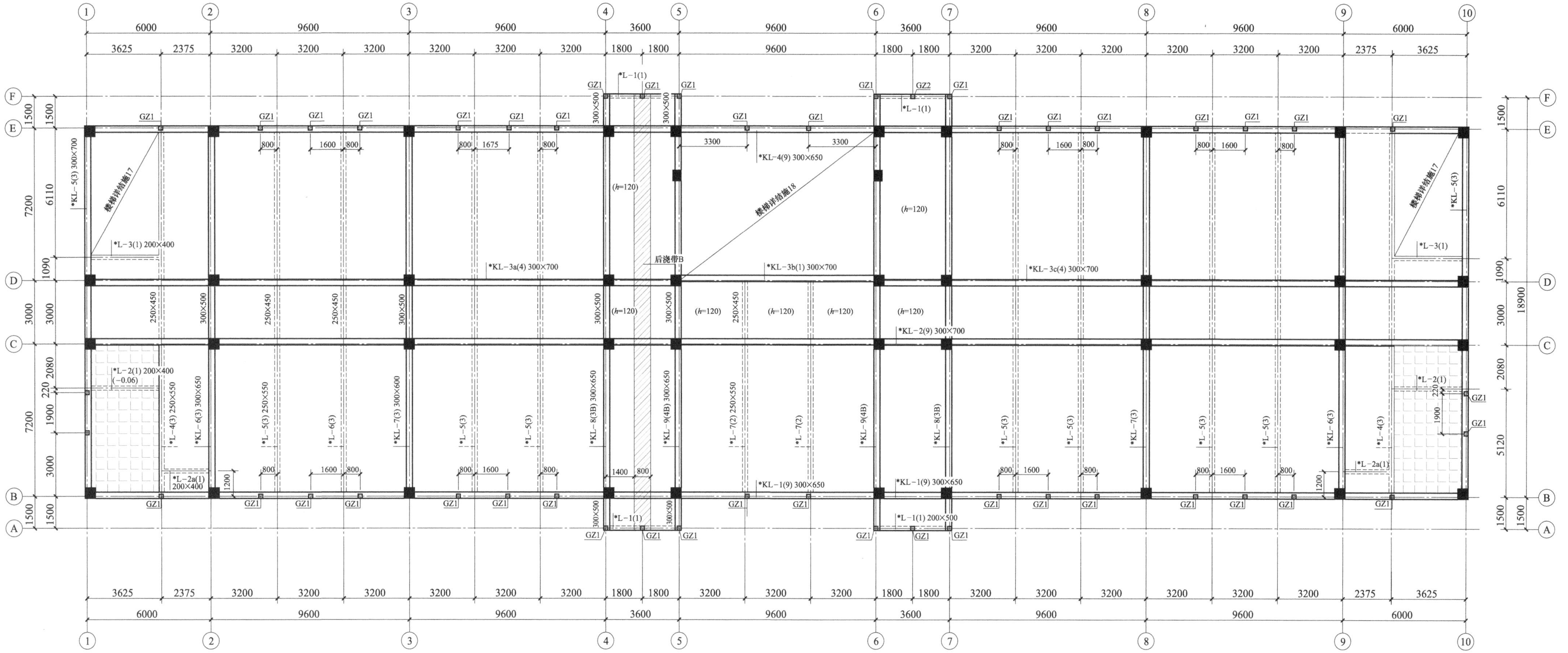

三～四层结构平面布置图 1:100

注：1.板面标高除阴影部分(▭H-0.060)外,其余均为H,H详见本图层高表。
2. 未注明的梁中线与轴线重合或梁边与柱边齐。
3. 图中未注明的楼板厚度均为100mm。
4.*表示3～4。
5. G2配筋见基础结构布置及配筋图。

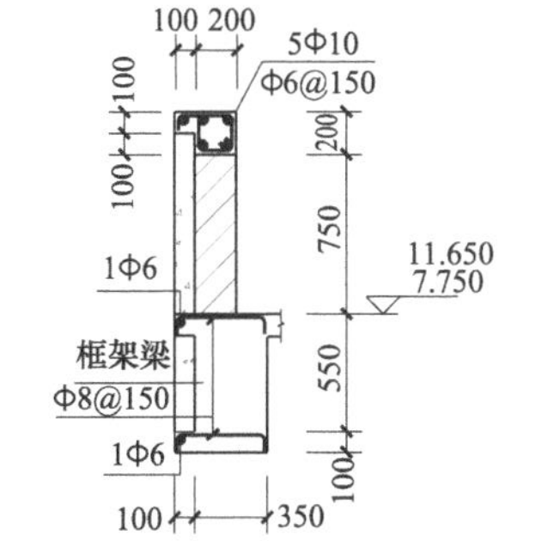

框架梁(KL-1,KL-4)挑耳示意图一

注:用于Ⓑ与Ⓔ轴上,具体位置见建施。

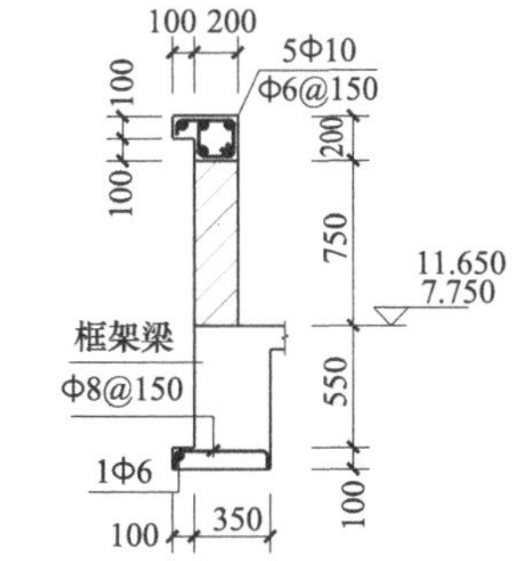

框架梁(KL-1,KL-4)挑耳示意图二

注:用于Ⓑ与Ⓔ轴上,具体位置见建施。

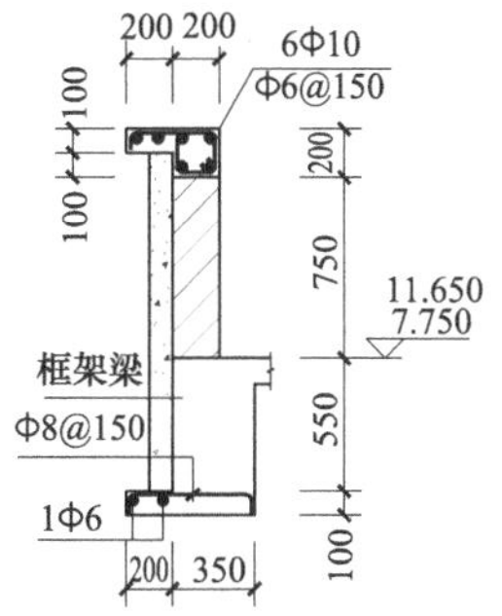

框架梁(KL-1,KL-4)挑耳示意图三

注:用于Ⓑ与Ⓔ轴上,具体位置见建施。

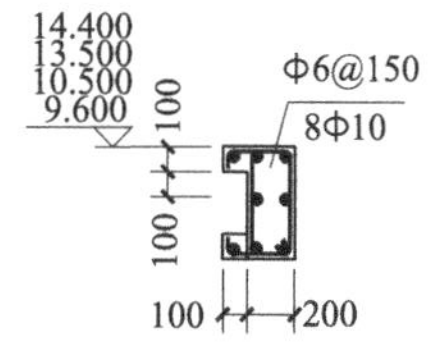

压顶圈梁挑耳示意图

注:用于Ⓐ与Ⓔ轴上,具体位置见建施。

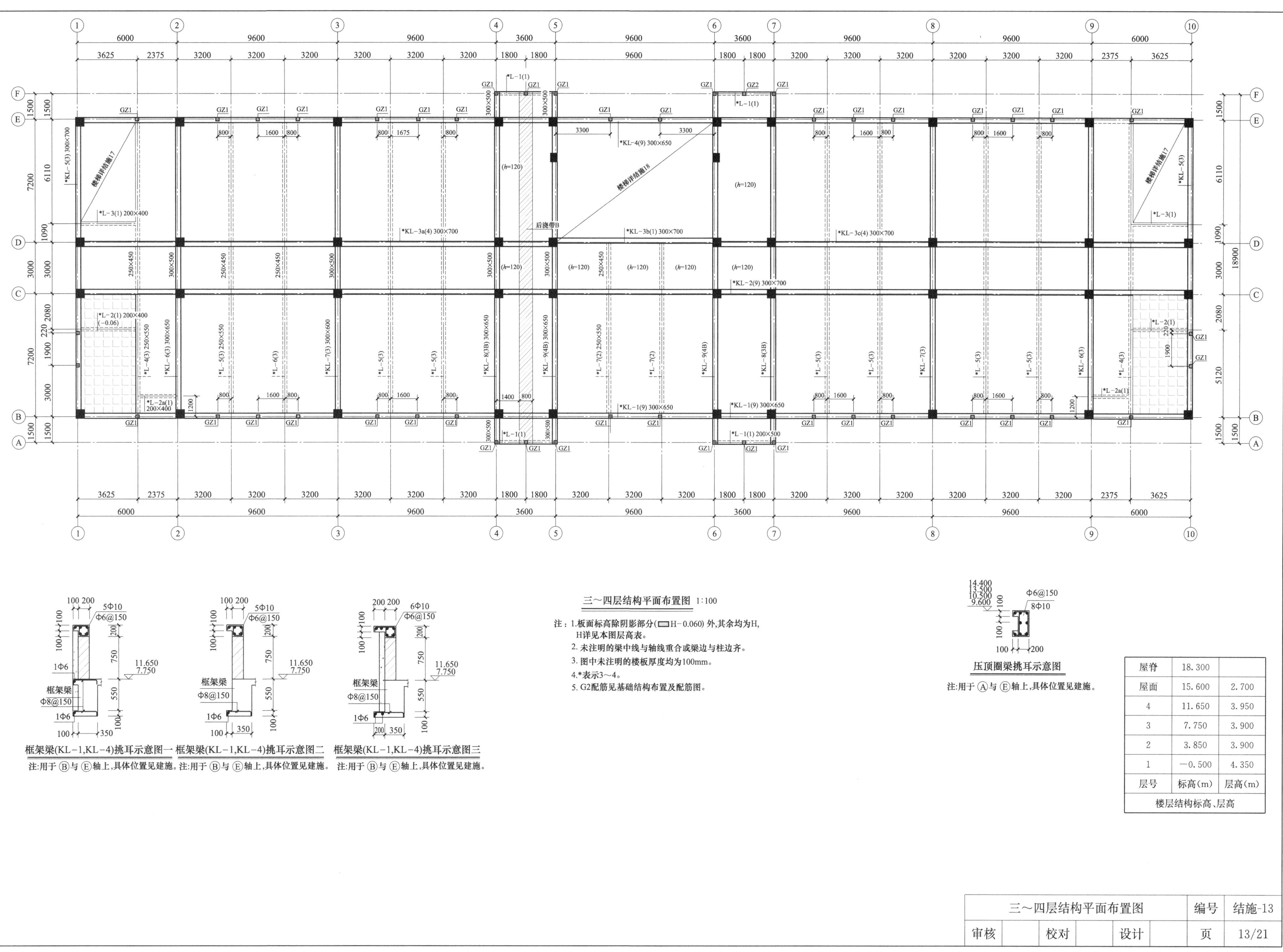

层号	标高(m)	层高(m)
屋脊	18.300	
屋面	15.600	2.700
4	11.650	3.950
3	7.750	3.900
2	3.850	3.900
1	−0.500	4.350

楼层结构标高、层高

三～四层结构平面布置图						编号	结施-13
审核		校对		设计		页	13/21

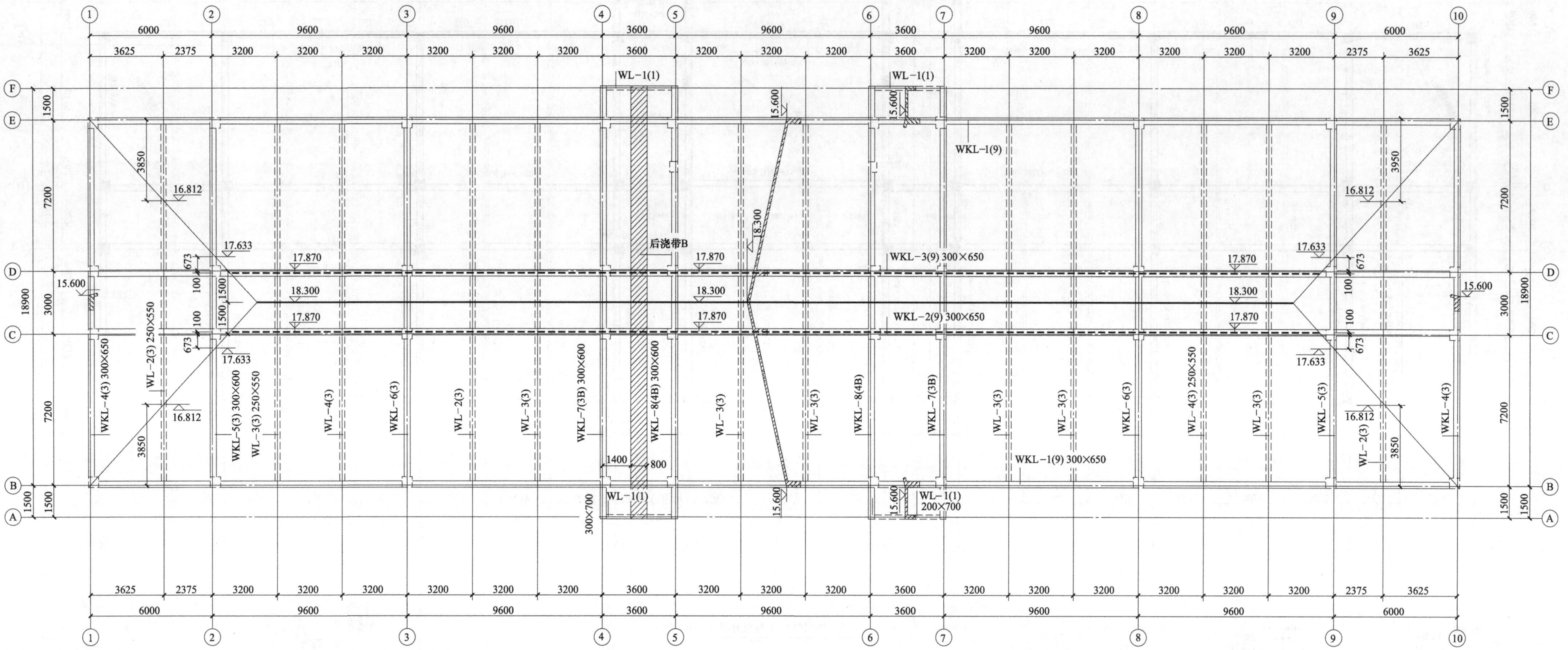

屋脊	18.300	
屋面	15.600	2.700
4	11.650	3.950
3	7.750	3.900
2	3.850	3.900
1	-0.500	4.350
层号	标高(m)	层高(m)

楼层结构标高、层高

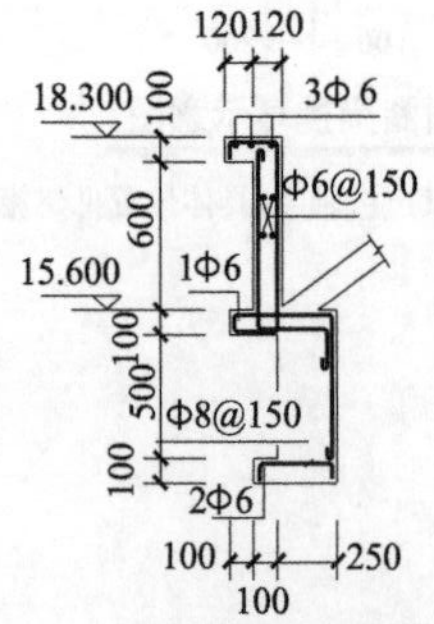

女儿墙节点示意图

注：沿外圈设置。

坡屋面结构平面布置图 1:100

说明：

1. 板面标高均为H，H详见本图层高表。
2. 未注明的梁中线与轴线重合或梁边与柱边齐。
3. 图中未注明的楼板厚度均为110mm 。
4. * 表示W 。

坡屋面结构平面布置图						编号	结施-14
审核		校对		设计		页	14/21

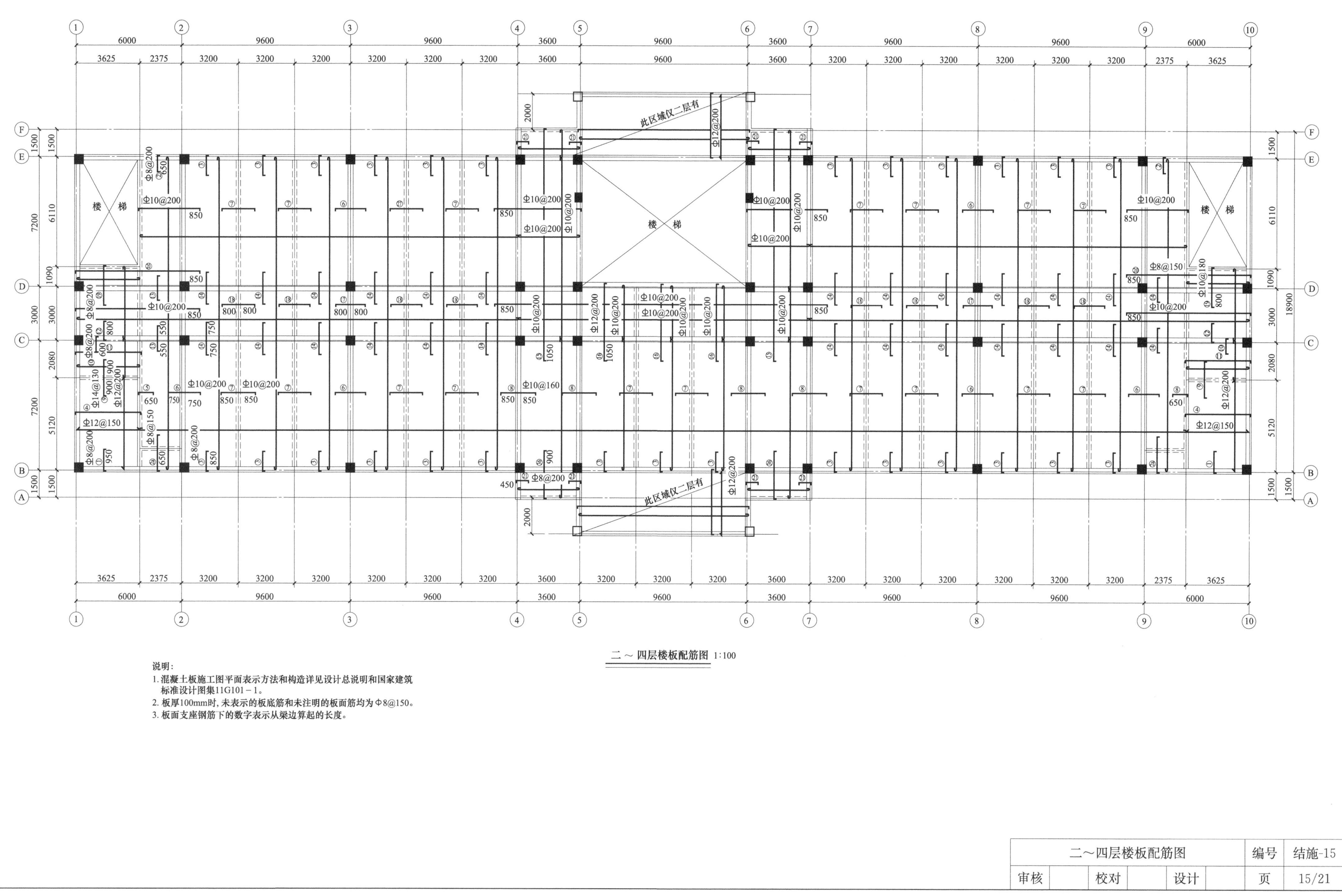

二～四层楼板配筋图 1:100

说明：

1. 混凝土板施工图平面表示方法和构造详见设计总说明和国家建筑标准设计图集11G101-1。
2. 板厚100mm时，未表示的板底筋和未注明的板面筋均为Φ8@150。
3. 板面支座钢筋下的数字表示从梁边算起的长度。

二～四层楼板配筋图						编号	结施-15
审核		校对		设计		页	15/21

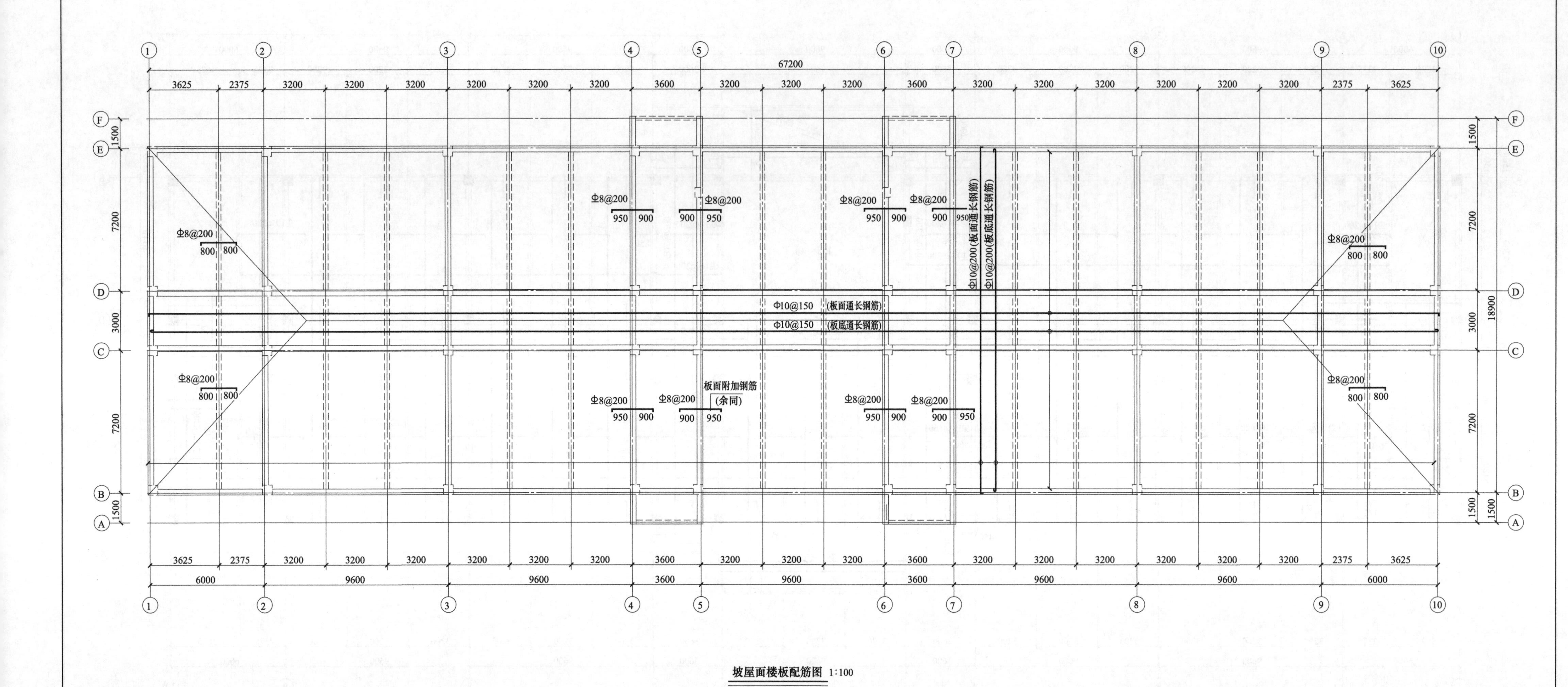

坡屋面楼板配筋图 1:100

说明：

1. 混凝土板施工图平面表示方法和构造详见设计总说明和国家建筑标准设计图集 11G101-1。
2. 楼板通长钢筋在整个板面均设置，通长钢筋遇洞及升降板时断开锚入梁墙内且须满足受拉锚固长度。
3. 未注明的板分布筋为Φ6@180。

坡屋面楼板配筋图						编号	结施-16
审核		校对		设计		页	16/21

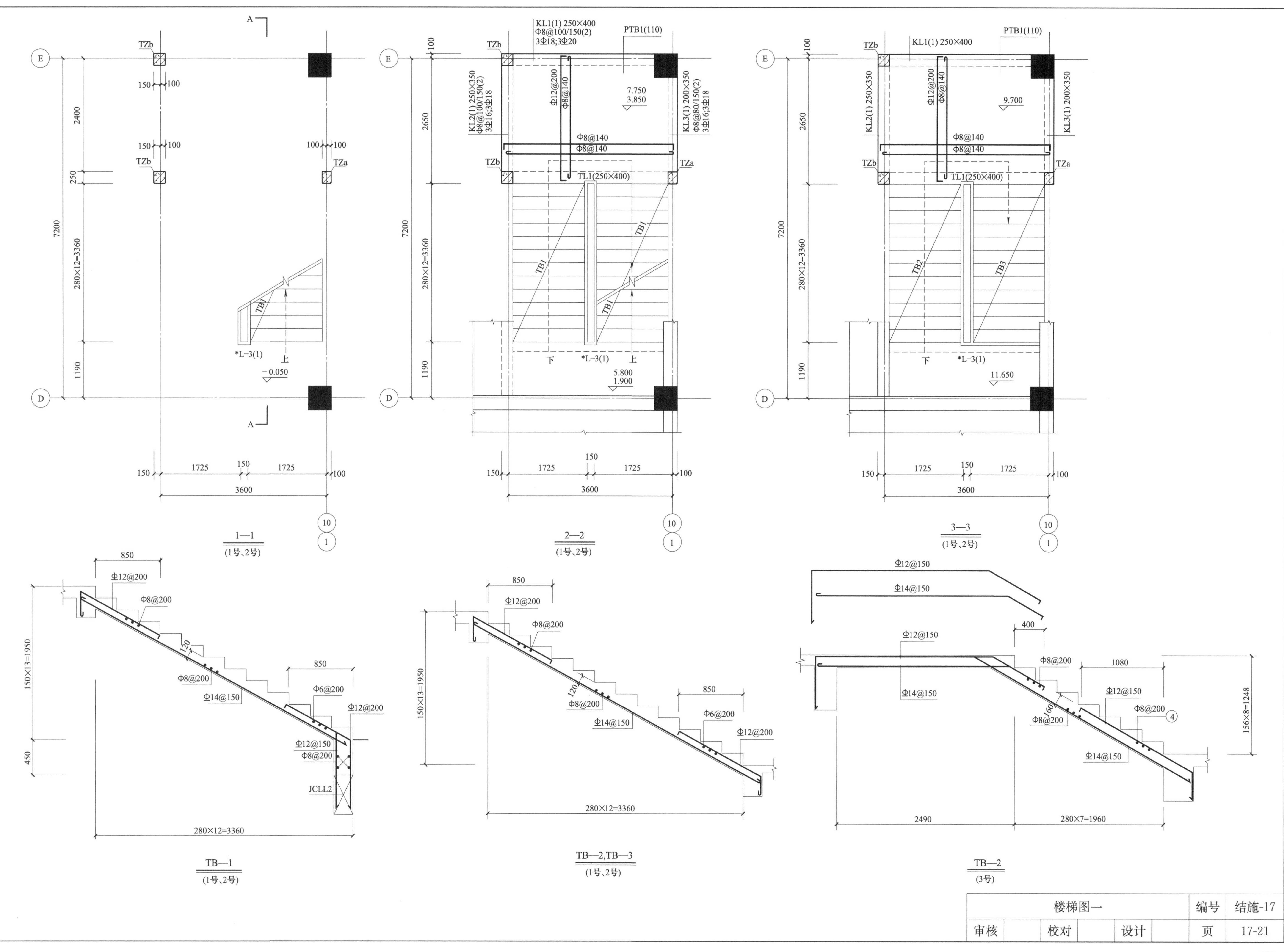

1—1
(1号、2号)
2—2
(1号、2号)
3—3
(1号、2号)
TB—1
(1号、2号)
TB—2,TB—3
(1号、2号)
TB—2
(3号)
KL1(1) 250×400
Φ8@100/150(2)
3Φ18;3Φ20
KL2(1) 250×350
Φ8@100/150(2)
3Φ16;3Φ18
KL3(1) 200×350
Φ8@80/150(2)
3Φ16;3Φ18
PTB1(110)
TL1(250×400)
TZa
TZb
TB1
TB2
TB3
*L-3(1)
JCLL2
上
下
−0.050
7.750
3.850
5.800
1.900
9.700
11.650
7200
2650
2400
280×12=3360
1190
3600
1725
150
100
250
150×13=1950
280×7=1960
156×8=1248
2490
1080
850
450
400
120
160
Φ8@140
Φ12@200
Φ8@200
Φ6@200
Φ12@150
Φ14@150
楼梯图一
编号
结施-17
审核
校对
设计
页
17-21

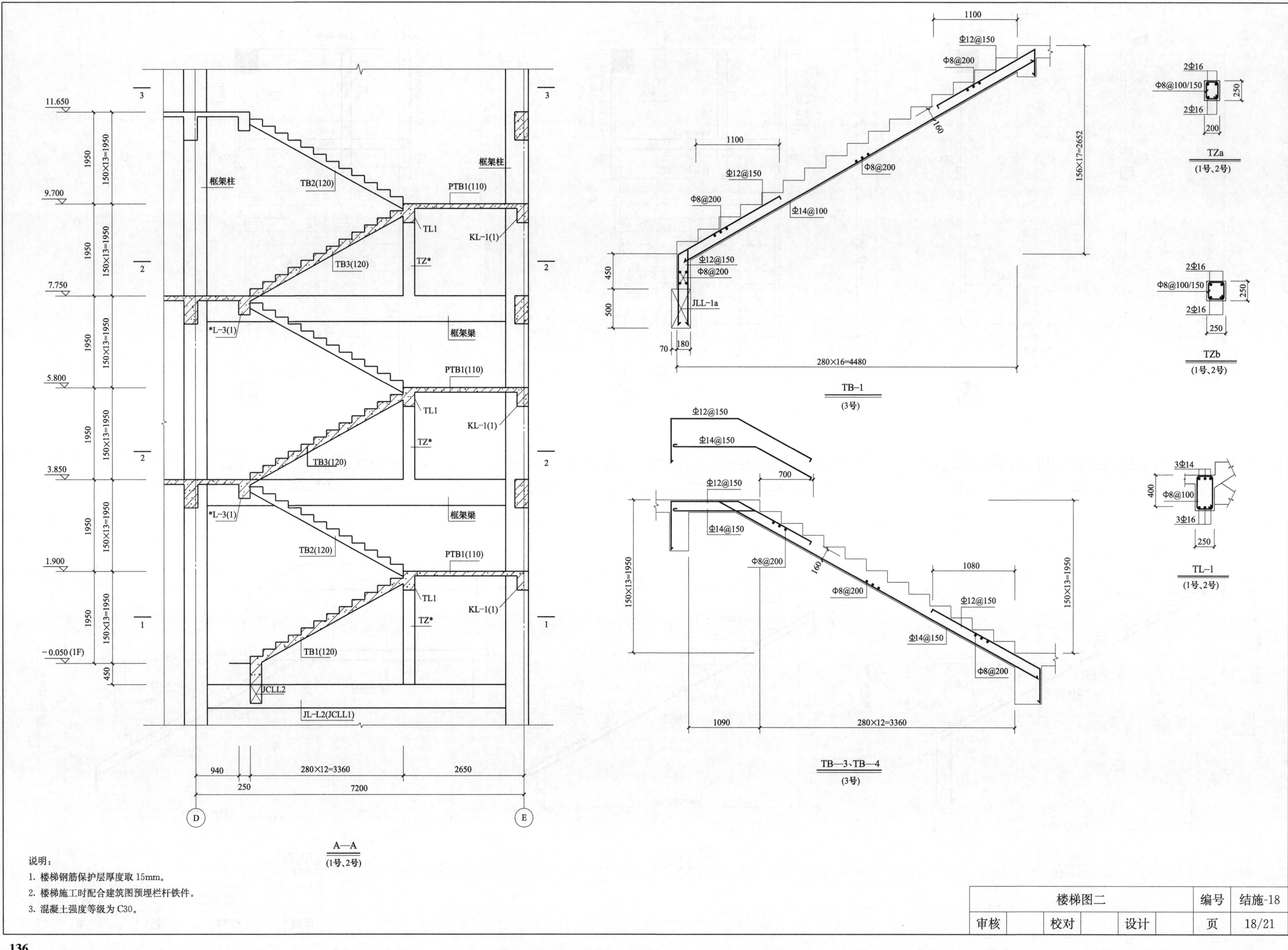

说明：

1. 楼梯钢筋保护层厚度取 15mm。
2. 楼梯施工时配合建筑图预埋栏杆铁件。
3. 混凝土强度等级为 C30。

楼梯图二						编号	结施-18
审核		校对		设计		页	18/21

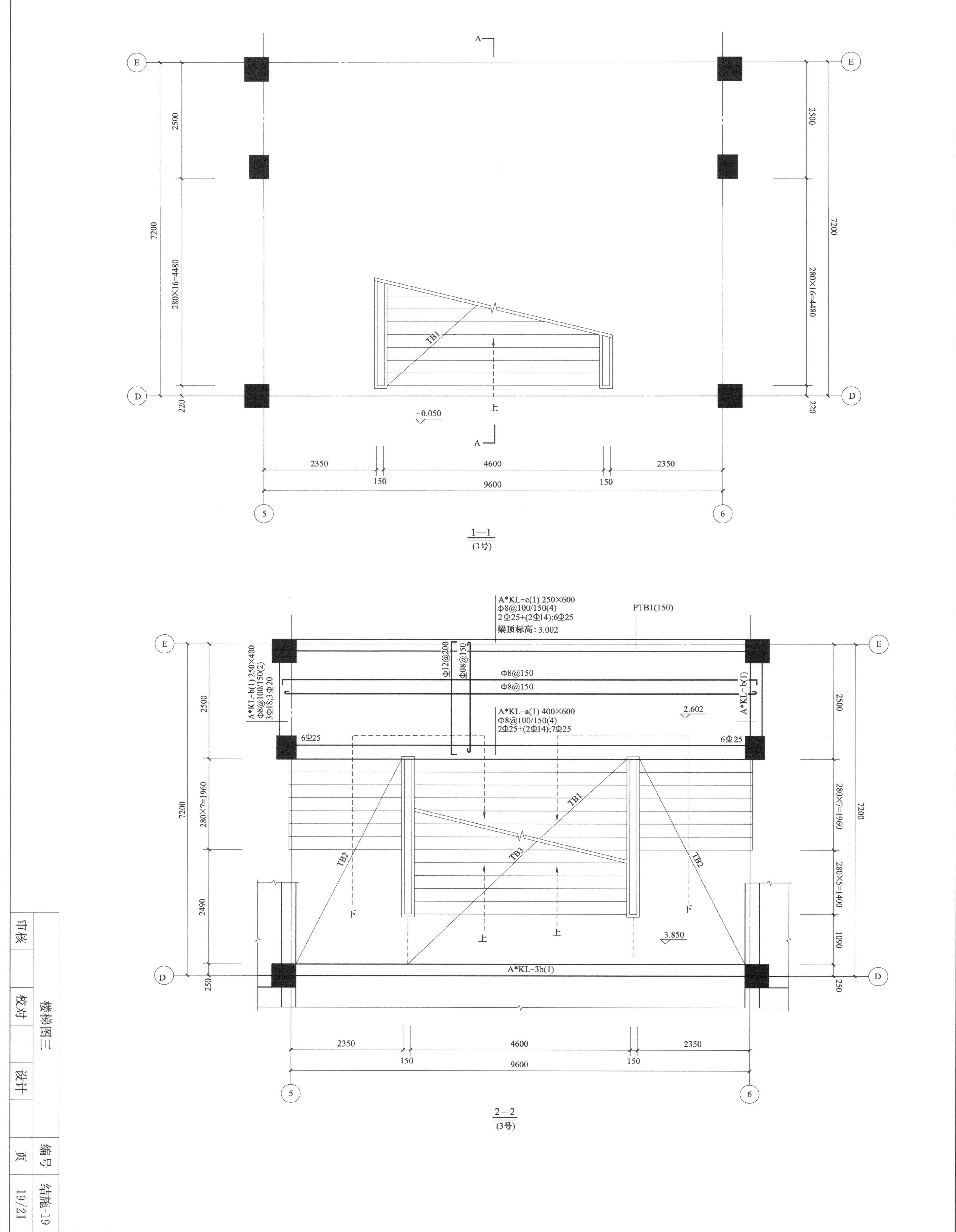
1—1
(3号)
2—2
(3号)
-0.050
2.602
3.850
A*KL-c(1) 250×600
Φ8@100/150(4)
2Φ25+(2Φ14);6Φ25
梁顶标高：3.002
PTB1(150)
A*KL-b(1) 250×400
Φ8@100/150(2)
3Φ18;3Φ20
A*KL-a(1) 400×600
Φ8@100/150(4)
2Φ25+(2Φ14);7Φ25
A*KL-3b(1)
A*KL-b(1)
Φ8@150
Φ12@200
Φ08@150
6Φ25
TB1
TB2
TB3
上
下
280×16=4480
280×7=1960
280×5=1400
楼梯图三
审核
校对
设计
编号
结施-19
页
19/21

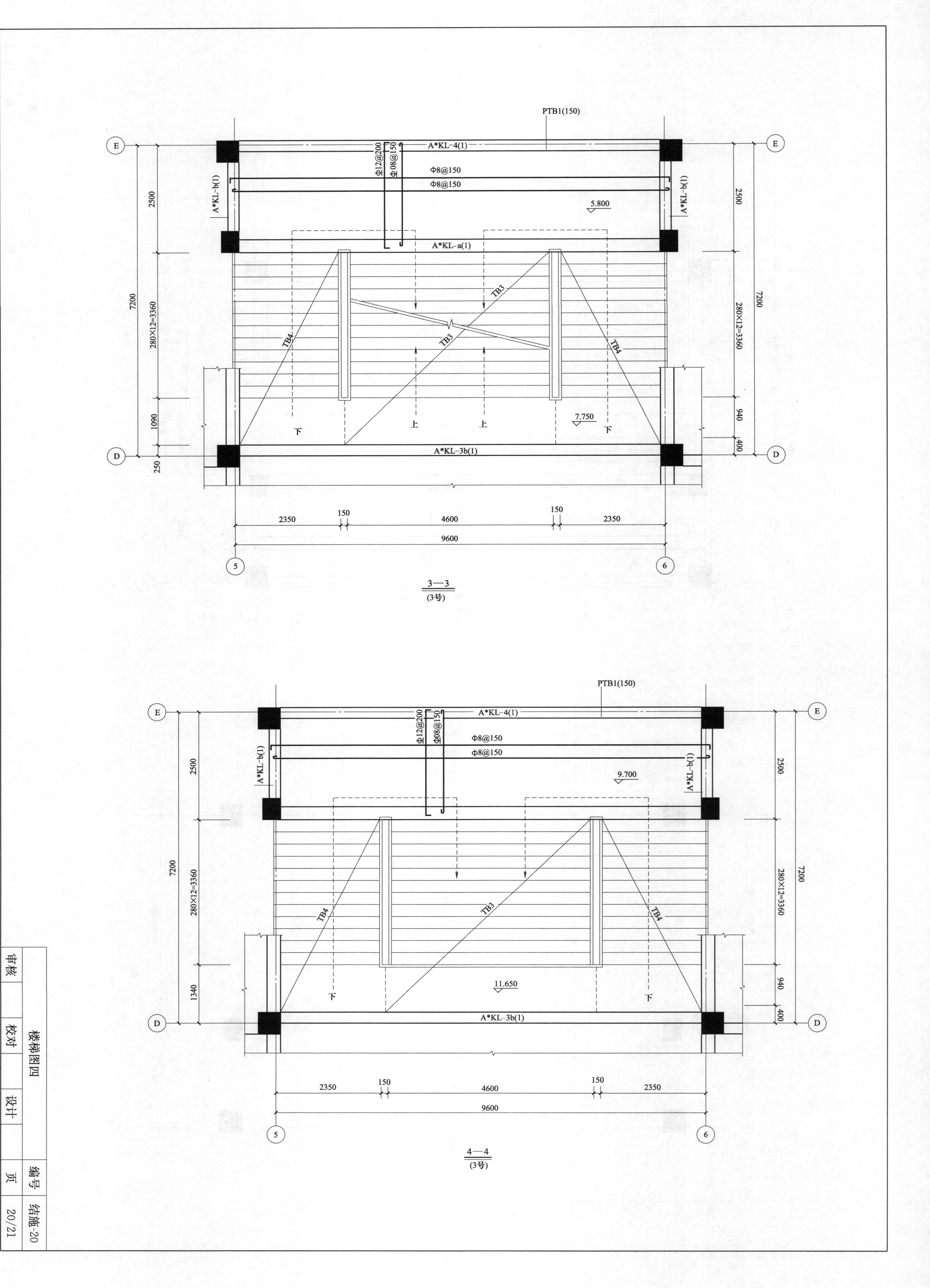
PTB1(150)
A*KL-4(1)
Φ12@200
Φ08@150
Φ8@150
Φ8@150
A*KL-b(1)
A*KL-b(1)
5.800
A*KL-a(1)
TB3
TB3
TB4
TB4
7.750
上
上
下
下
A*KL-3b(1)
2500
7200
280×12=3360
1090
250
940
400
2350
150
4600
150
2350
9600
E
D
5
6
3—3
(3号)
PTB1(150)
A*KL-4(1)
Φ12@200
Φ08@150
Φ8@150
Φ8@150
A*KL-b(1)
A*KL-b(1)
9.700
TB4
TB3
TB4
11.650
下
下
A*KL-3b(1)
2500
7200
280×12=3360
1340
940
400
2350
150
4600
150
2350
9600
E
D
5
6
4—4
(3号)
楼梯图四
审核
校对
设计
编号
结施-20
页
20/21

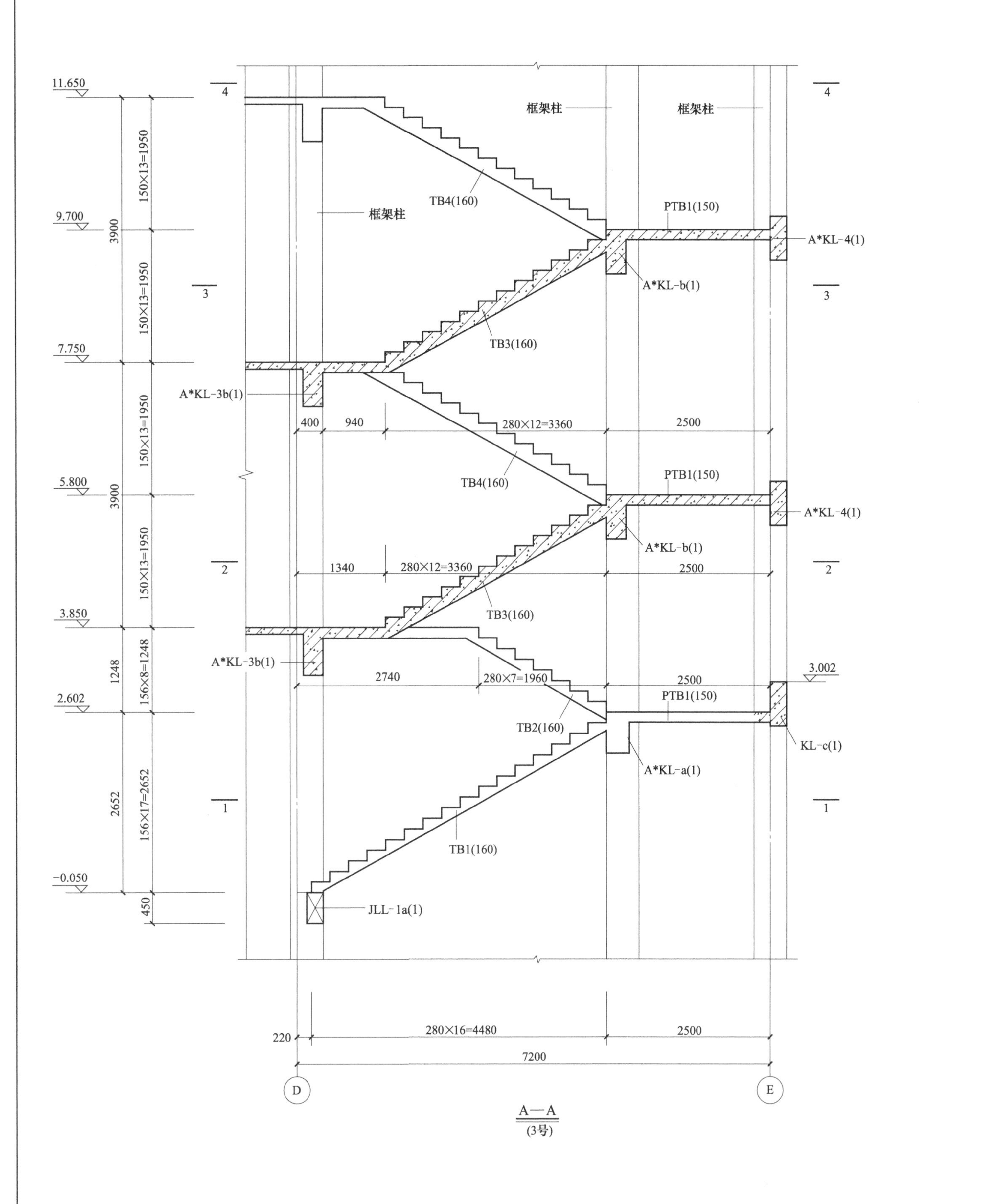

A—A
(3号)

说明：

1. 楼梯钢筋保护层厚度取 15mm。
2. 楼梯施工时配合建筑图预埋栏杆铁件。
3. 混凝土强度等级 C30。

楼梯图五				编号	结施-21
审核		校对	设计	页	21/21

4.3　5号教学楼给水排水施工图

给水排水设计说明

一、概述

本建筑为某省职业技术学院5号教学楼，为多层建筑，共有地上4层，以下就本楼给水排水设计图纸和施工中应注意的事项加以说明。

二、生活给水系统

1. 水源：由城市自来水供给本工程生活及消防用水，要求市政给水管网压力 $P \geqslant 0.25$MPa。

2. 生活给水系统：本楼生活用水由设在校区水泵房内的自动给水设备将市政自来水加压后，以下行上给供水方式送至本楼各用水点。

三、排水（生活排水、雨水）系统

本工程雨水与生活排水采用分流排放，生活污水与废水采用合流排放。生活排水有组织排至室外，经化粪池生化处理后，排至市政污水管网。雨水采用外排水系统，雨水系统做法均见建施图。

四、消火栓给水系统

本楼按建筑防火规范进行消防设计，设室内外消火栓系统，室内消防水量为15L/s，室外消防水量为20L/s。火灾初期10分钟水量（有效容积为18吨）贮存在校区最高建筑中的屋顶消防水箱内。消火栓泵设在校区水泵房内，在室外另建有消防蓄水池保证火灾时的消防用水。

五、建筑灭火器配置

本工程灭火器按中危险级配置，各层均设有手提式磷酸铵盐干粉灭火器，每个设置点设两公斤装手提式灭火器三具，均设置在每个消火栓柜下半部分的手提式灭火器储柜内。

六、管材

1. 生活给水管采用内筋嵌入式衬塑钢管，采用卡环式连接，内衬PP管。管道压力等级均要求为1.0MPa生活给水管外壁为喷塑防腐。

2. 重力自流排水立管均采用PPI型UPVC螺旋低噪音抗震柔性排水管，连接采用配套的PPI-DRF螺母挤压密封圈管件连接，即接入立管的管件须采用旋转进水型三通或四通，立管在直管段上的连接应采用螺母挤压密封圈接头连接。重力自流排水横管及支管均采用PPI型低噪音UPVC排水管，连接采用配套管件专用胶粘接。

3. 消火栓系统给水管采用PP-S钢套一体内外涂塑复合钢管，卡箍连接。管道压力等级均要求为1.0MPa。

七、管道防腐、保温及防结露

安装在吊顶、管井内的给水管应采取防结露措施，采用10mm厚硬聚氨酯泡沫塑料管壳防结露。

八、设备与管道安装：

1. 给水管道上阀门：管径≤DN50的采用U11S-16Q型铜质柱塞阀；管径＞DN50的采用HSF41S-16（J）型活塞阀。消火栓系统中的阀门采用PQ340F-16Q型双偏心半球阀门。

2. 除了二层至四层的立管XL-3，4上的消火栓柜采用SG24A65-P甲型外，其余的消火栓柜均采用SG24D65-P甲型，柜内均设SN65消火栓及DN65。25m长的麻质衬胶水龙带、ϕ19mm水枪各一个。

3. 卫生间的地漏均采用普通高水封地漏，不锈钢面。

4. 管道穿过墙壁和楼板，应预埋比穿越管大一至二号的钢套管。楼板处的钢套其顶部应高出装饰地面20mm；安装在卫生间内的套管其顶部应高出装饰地面50mm，套管底部应与楼板底部相平。安装在墙内的套管其两端与饰面相平。穿过楼板的套管与管道之间缝隙应用阻燃密实材料和防水油膏填实，端面光滑。

5. 卫生间中的卫生洁具的板上留洞应在甲方将所购各种洁具型号确定后由施工单位现场确定预留。

6. 管道安装应注意平直美观，尽量靠墙贴柱贴梁。管道支、吊架应按国家现行的施工及验收规范设置。

7. 各种管道的配件应采用与管道相匹配的材料。所有设备器材阀门仪表和五金配件均应采用国家定型并经过鉴定检测合格的节能、节水类优质产品。大便器的冲洗水箱容积应≤6L，并有大小便两档冲洗按钮。图中卫生洁具定位详见建施图。

8. 除图中注明者外，排水管坡度采用如下：

DN150　$i \geqslant 0.003$；DN125　$i \geqslant 0.004$；DN100　$i \geqslant 0.004$；

DN75　$i \geqslant 0.026$；DN50　$i \geqslant 0.026$。

9. 排水管道应按照施工安装规范的要求设置阻火圈和伸缩节，阻火圈为PPI排水管配套型。

10. 图中尺寸以mm计，标高以m计；图中管道标高重力流管道指管内底，压力管道指管中心。

11. 管道交叉处采用以下原则躲让：压力流管道让重力流管道，小管道让大管道。躲让时采用乙字弯或45度弯头上下翻让。对于排水立管底部转弯处，采取措施，牢固支撑，以免水压过大损坏管道。

12. 管道工作压力：

生活给水系统：0.40MPa；消火栓给水系统：0.50MPa。

污水管应做灌水及通球试验；雨水管应做灌水试验。以上管道试验压力应根据如上工作压力，按现行有关施工及验收规范执行，并做好现场试压记录及安全工作。尤其注意室内埋设在垫层内的给水管道，必需在试压后确保不漏水后再进行暗埋，并在试压后及时将管道里的水排空以防管道冻裂。

13. 所有穿越沉降缝的管道，均在沉降缝处设置金属软管，长度为：L=1200mm，PN=1.0MPa。

14. 所有蹲便器采用低水箱冲洗方式，所有洗手盆采用HT-SZ01型感应龙头自动冲洗方式，所有小便器采用T-AX13a型感应小便斗冲洗器自动冲洗方式。

九、其他

1. 在本图中如发现土建部分内容与土建专业图不符时应以土建专业图为准，如与管道有关请及时通知设计院。

2. 本套水施图应报送有关审批部门审批，且应在建设方、监理、施工单位仔细阅读后，均认为无误后方可施工。

3. 建筑物进出户管道与室外管道连接及建筑物沉降缝两边管道的连接应在主体建筑沉降稳定后方可施工安装。

4. 本建筑内灭火器配置，应按消防主管部门日常管理要求进行核对，如有不妥之处请按消防主管部门意见执行。

5. 整个消火栓给水消防系统安装、验收合格后阀门除图上标明的外均应处在常开状态。

6. 本设计说明未述之处，均按国家现行有关设计、施工、安装及验收规范和国家标准安装图集执行。

图例

图例	名称
——————	给水管道
——X——	消火栓管道
— — — — —	污废水管道
(J/n)	给水进户管编号
(X/n)	消火栓进户管编号
(P/n)	污水出户管编号
	铜质柱塞阀
	双偏心半球阀
	BXJRD-1.0型金属软管
	微量排气阀
	单出口消火栓
	地漏
	清扫口
	检查口
L-	管道立管及编号
	水龙头
	管堵
	通气帽
	洗涤池
	坐式大便器
	蹲式大便器
	洗脸盆
	挂式小便器

给水排水设计说明						编号	水施-01
审核		校对		设计		页	1/8

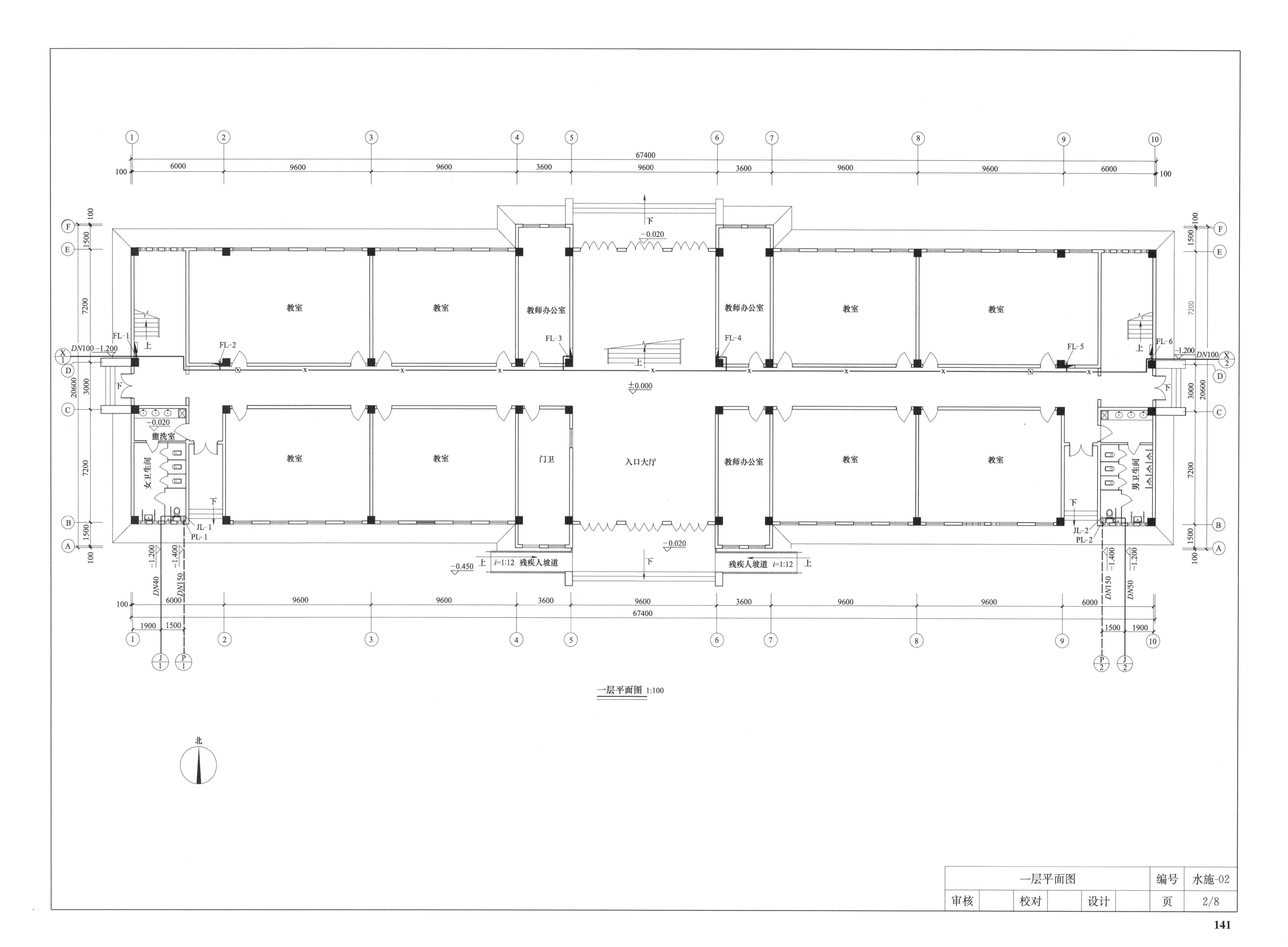

教室
教师办公室
门卫
入口大厅
女卫生间
男卫生间
盥洗室
残疾人坡道 i=1:12
FL-1
FL-2
FL-3
FL-4
FL-5
FL-6
JL-1
PL-1
JL-2
PL-2
DN100 -1.200
DN40
DN150
DN50
±0.000
-0.020
-0.450
-1.200
-1.400
67400
20600
北
一层平面图 1:100
一层平面图
编号
水施-02
审核
校对
设计
页
2/8

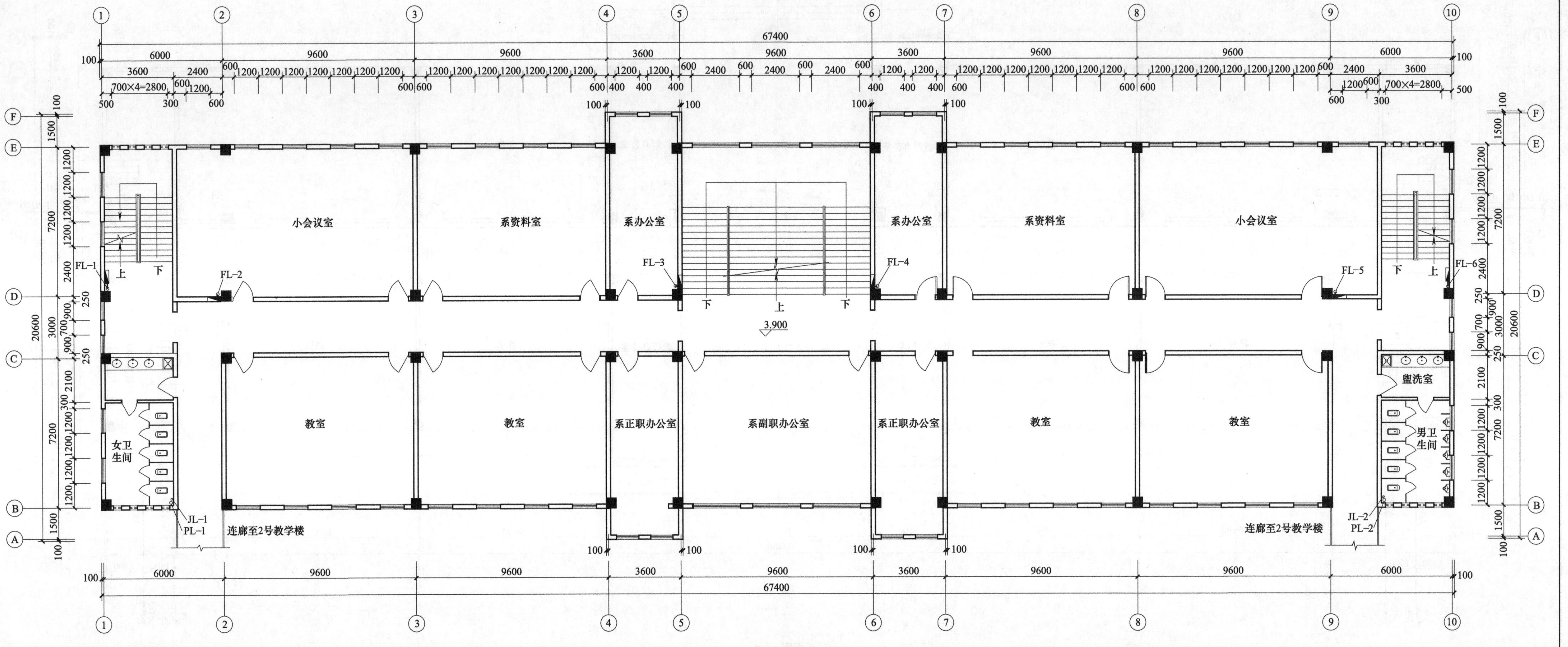

二层平面图 1:100

二层平面图				编号	水施-03
审核		校对	设计	页	3/8

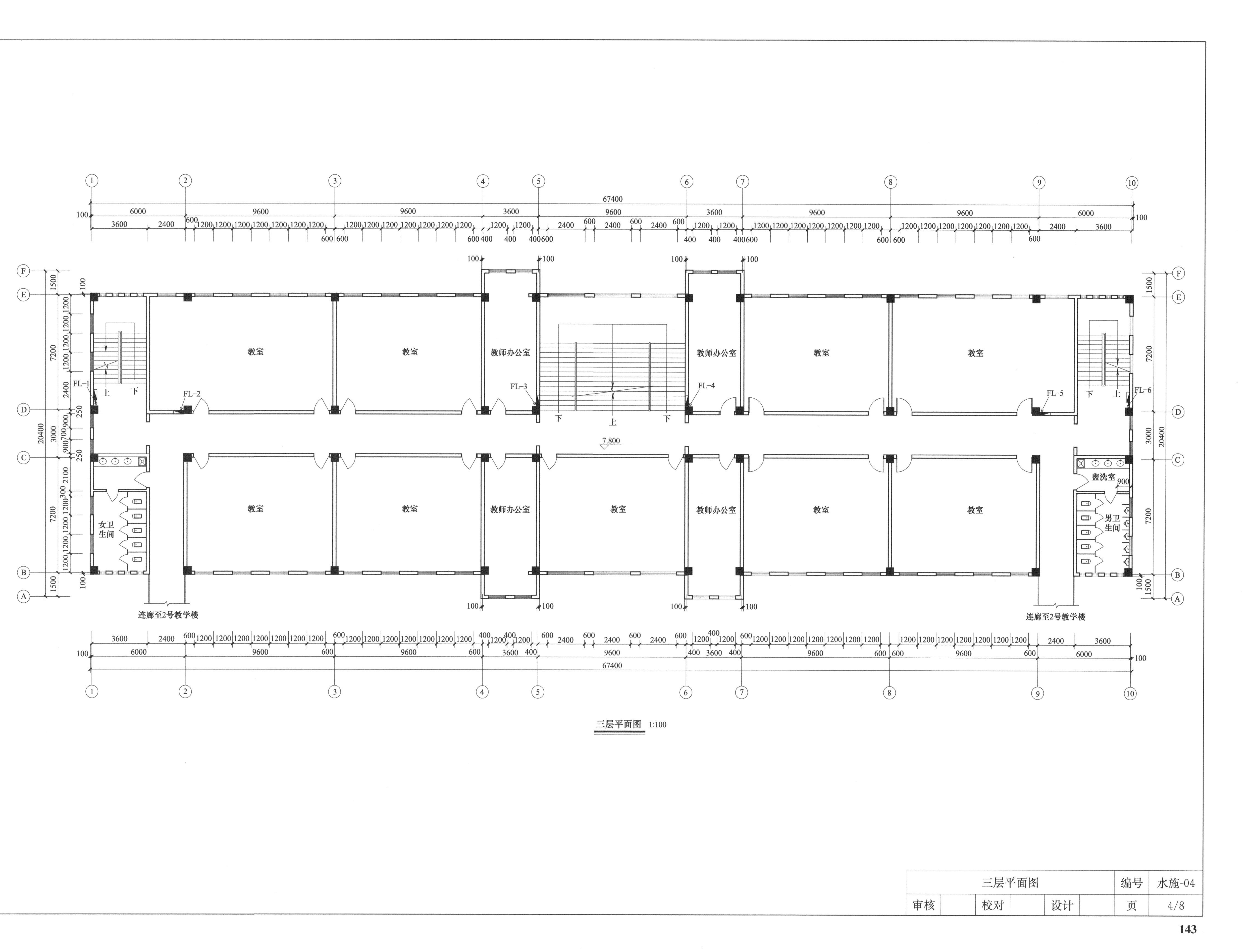
教室
教师办公室
女卫生间
男卫生间
盥洗室
FL-1
FL-2
FL-3
FL-4
FL-5
FL-6
上
下
7.800
连廊至2号教学楼
67400
20400
三层平面图 1:100
三层平面图
编号
水施-04
审核
校对
设计
页
4/8

四层平面图 1:100

四层平面图						编号	水施-05
审核		校对		设计		页	5/8

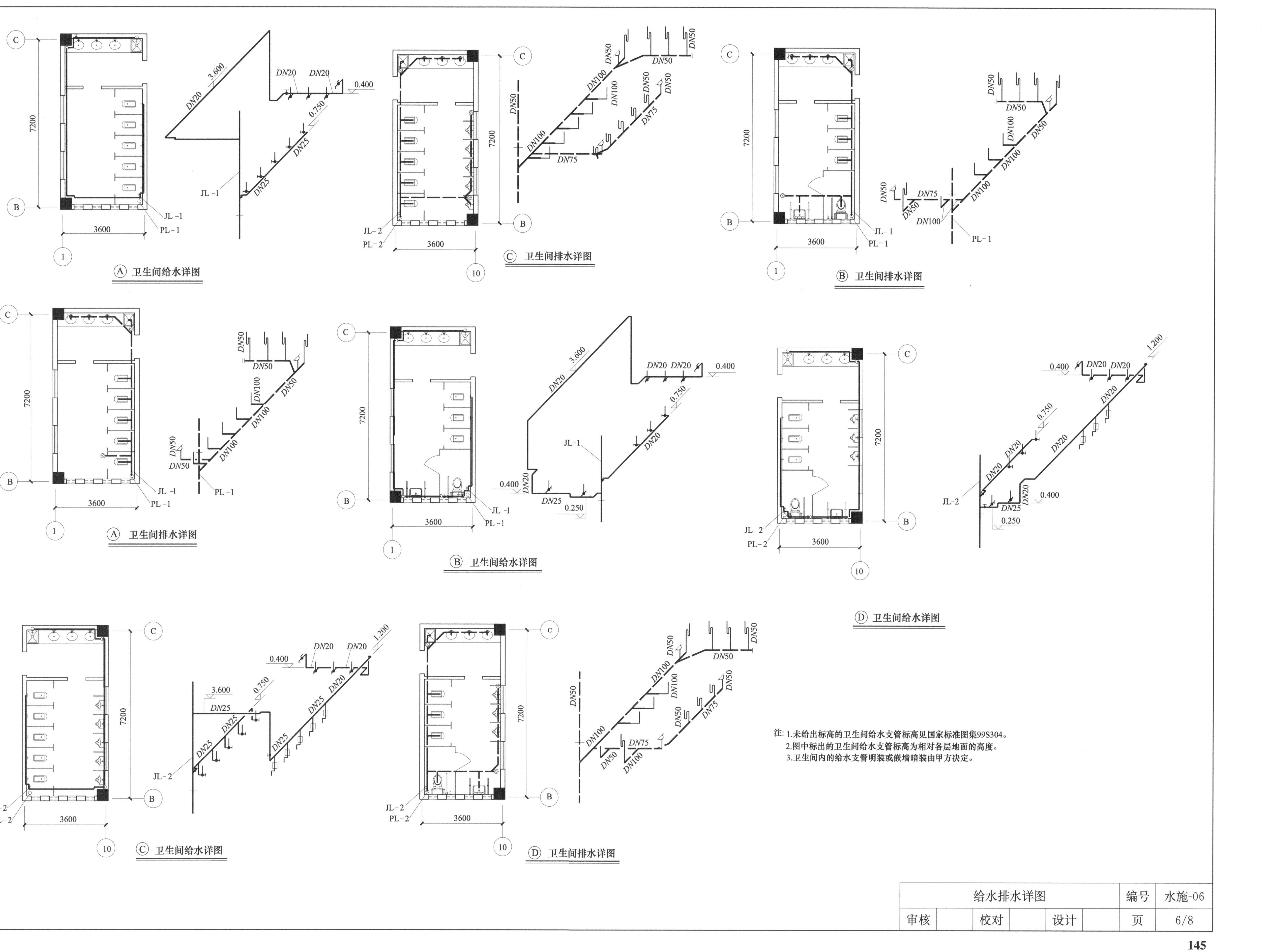

注：1.未给出标高的卫生间给水支管标高见国家标准图集99S304。
2.图中标出的卫生间给水支管标高为相对各层地面的高度。
3.卫生间内的给水支管明装或嵌墙暗装由甲方决定。

给水排水详图				编号	水施-06
审核	校对		设计	页	6/8

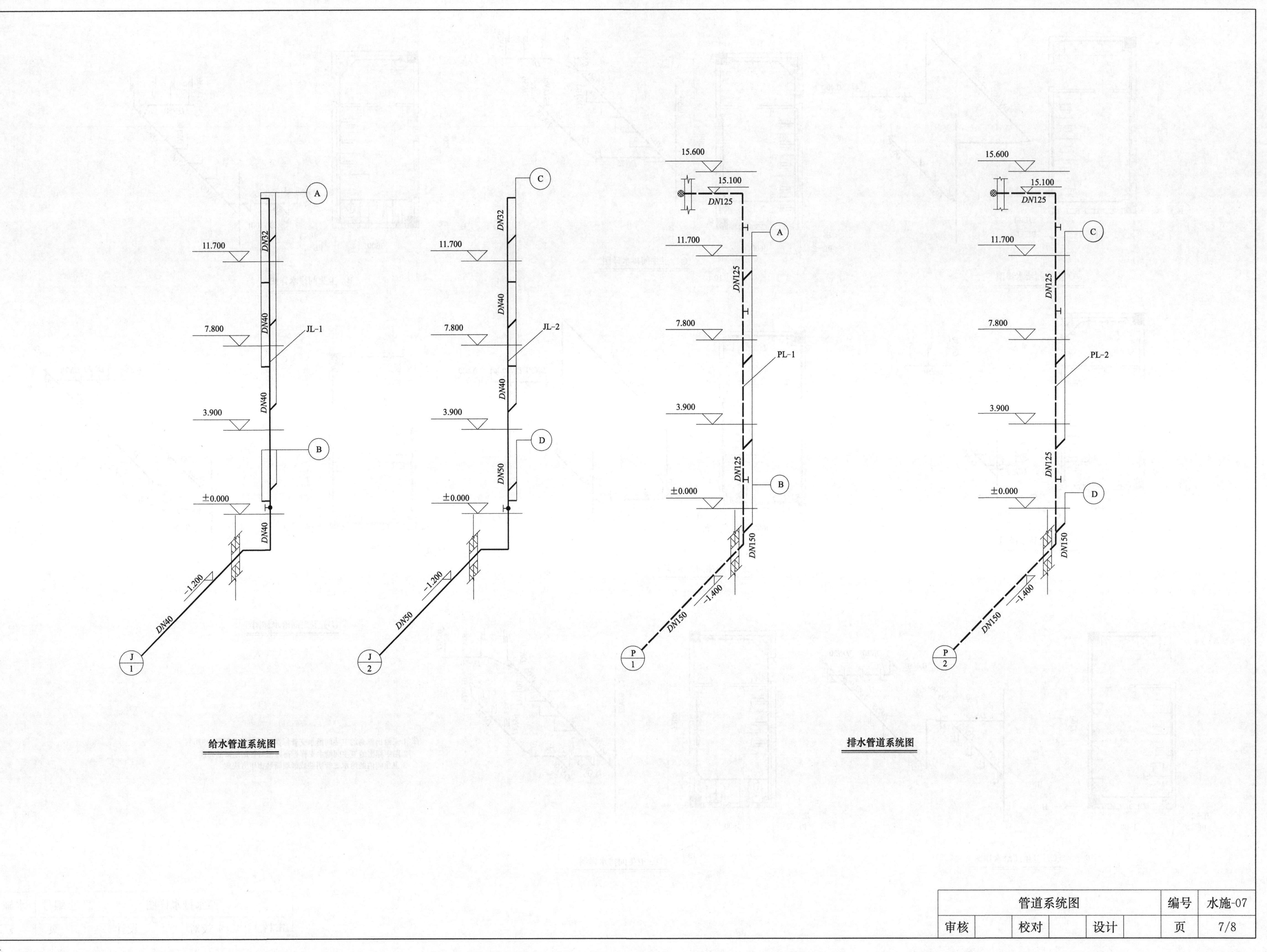

管道系统图						编号	水施-07
审核		校对		设计		页	7/8

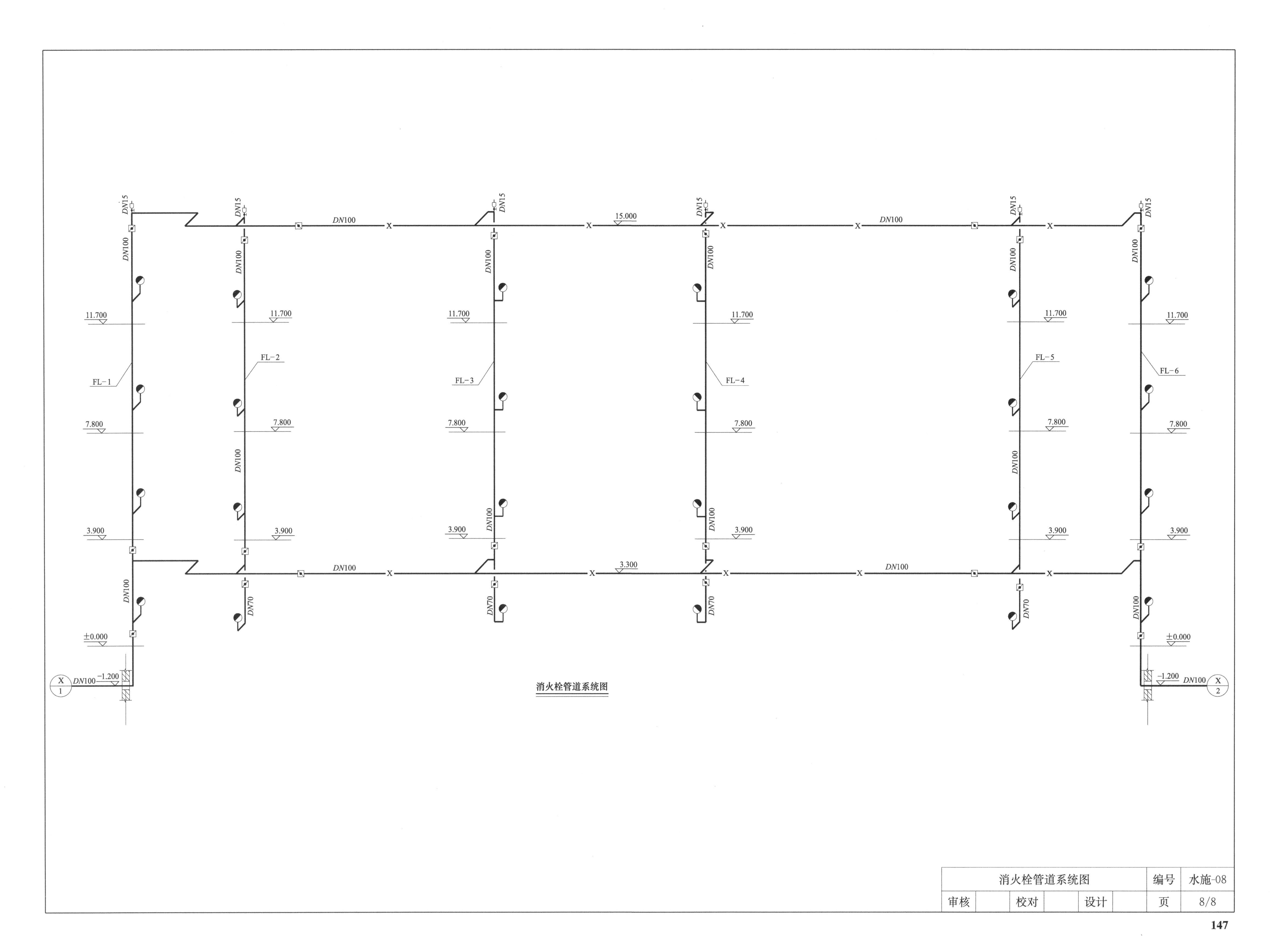

消火栓管道系统图

消火栓管道系统图						编号	水施-08
审核		校对		设计		页	8/8

4.4　5 号教学楼电气施工图

电气设计说明

一、工程概况

本工程为某省职业技术学院的 5 号教学楼，地上四层，建筑高度 18.9m，建筑总面积 4813m^2。

二、设计依据

1. 国家相关法规及规范。
2. 建设单位的设计要求及本工程有关工种的工艺要求。

三、设计范围

1. 照明系统；2. 综合布线系统；3. 电话系统；4. 有线电视系统；5. 防雷、接地系统。

四、电源

本工程为多层公共建筑，其中所有用电设备均为三级负荷。

电源从室外采用 YJV22-型电缆引来，见系统图标注。

五、照明系统

1. 照明

(1) 照度标准：公共走道 50lx，楼梯间 30lx，门厅 100lx，教师 300lx，办公室 300lx，实验室 300lx。

(2) 照明分支线路，每回路均单独设置中性线，不得共用。所有照明分支线单独穿管，设 PE 线保护。

(3) 设计光源采用 T5 荧光灯和紧凑型荧光灯，配电子镇流器，要求灯具的功率因数不低于 0.9，否则应加装补偿电容器。

2. 线路及敷设

(1) 照明干线采用 BV-450/750V 型铜芯导线穿钢管埋地，埋墙敷设。

(2) 照明分支配线除图中注明外，均采用 BV-450/750V-2.5mm^2 导线穿钢管暗敷。未注明根数的线路均为三根。穿金属管布线要求：1～3 根 SC15；4～5 根 SC20，6～7 根 SC25。

六、有线电视系统

1. 本工程有线电视系统采用远地前端系统模式，信号从学校总前端机房引来。在教室等场所设置电视出线口。

2. 系统设计

(1) 系统前端信号采用 SYWV-75-12 同轴电缆穿 SC50 管埋地引来。

(2) 信号分配采用分配分支方式，用户终端电平设计要求为 68±4dB，信噪比不得低于 43dB。

(3) 本设计仅为系统管线的预埋。前端设备及器件的型号规格，由承包商按规范要求配置，并负责系统的调试和开通。

3. 线路规格及敷设

(1) 干线选用 SYKV-75-9 同轴电缆穿钢管埋地，埋墙敷设。

(2) 分支线均采用 SYKV-75-5 同轴电缆穿钢管埋地，埋墙敷设。

4. 同轴电缆屏蔽层、各放大器及分支分配器的金属外壳应进行可靠连接，并在前端箱处进行接地。

七、综合布线系统

1. 本工程综合布线系统用于支持建筑物内语音、数据和图文信息的传输，传输频率为 100MHz。

2. 系统设计

一层设总网络机柜，其余每层设层网络机柜。

3. 线路及敷设

(1) 垂直数据干线选用大对数电缆穿钢管埋地、埋墙敷设。

(2) 水平支线均选用六类 4 对非屏蔽双绞线，穿钢管保护暗敷。

八、电话系统

1. 本工程不设交换机，直接由公用电信网引来外线。

2. 系统设计

一层设总电话箱，其余每层设电话分线箱。

3. 线路及敷设

(1) 电话干线采用 HYA-N（2×0.5）通信电缆穿钢管埋地、埋墙敷设。

(2) 电话支线采用 HPV-2×0.5 通信线穿钢管埋楼板、墙敷设。

九、防雷、接地系统

1. 建筑物防雷

(1) 本工程按三类防雷建筑物设计。

(2) 在屋面沿女儿墙明敷 ϕ12 镀锌圆钢避雷带作为接闪器，屋面避雷网格不大于 24m×16m，利用结构柱内主筋不少于二根作为引下线，接地极利用建筑物基础内钢筋，作为防雷装置的钢筋之间的连接均应焊接。

(3) 所有进出建筑物的电缆外皮、金属管道应就近与防雷接地装置相连。

(4) 安装在屋面上的金属物体（如排气管、排风管、呼吸阀等）及垂直敷设的金属管道及金属物体的顶端和底端均应与防雷装置可靠连接。

(5) 利用桩基，承台及地基梁内的钢筋作为接地体，要求所有地基梁内的二根主筋均应焊接成网格并与防雷引下线焊接。

2. 建筑物电子信息系统防雷

(1) 本工程电子信息系统雷电防护等级为 D 级。

电气设计说明一						编号	电施-01
审核		校对		设计		页	1/14

(2) 为防止建筑物遭受雷击情况下引起的感应过电压，在低压配电系统设电涌保护器（具体见系统图）。

(3) 所有进出建筑物的电子信息系统线路在进线处设置浪涌保护器，其接地端与等电位接地端子板连接。

3. 接地

(1) 低压配电系统的接地形式采用 TN-C-S 系统。所有配电回路设专用保护线 PE 线，凡正常不带电而绝缘损坏时可能带电的电气设备的金属外壳，金属支架等物体均应与 PE 线可靠连接。

(2) 本工程采用联合接地系统，防雷接地，电子信息系统接地等均与总等电位端子板连接。

(3) 本工程采用联合接地系统，接地电阻不应大于 1 欧，当实测不满足要求时，利用外甩钢筋，加设人工接地极。

十、其他

1. 所有电气设备及管线的施工安装必须遵循国家的有关规定。施工时，各工种须密切配合，做到管线到位，出线准确。施工过程中，如发现问题请及时与设计人员联系。

2. 电话，网络及有线电视系统在施工前应与当地相关管理部门联系，征得其同意后方可实施。

3. 本图中安装高度均为设备底边距地高度；图中设备寸均为宽×高×深。

4. 说明未尽事项按《建筑电气工程施工质量验收规范》GB 50503—2002 执行。

十一、本工程选用标准图图集

1.《建筑电气工程设计常用图形和文字符号》09DX001

2.《钢导管配线安装》03D301-3

3.《等电位联结安装》02D501-2

4.《接地装置安装》03D501-4

5.《建筑物防雷设施安装》99（03）D501-1

6.《智能建筑弱电工程施工安装图集》99X700（上），99X700（下）

十二、线型标注

---T--- 数据支线 1×4UTP CAT6 SC15

---2T--- 数据支线 1×4UTP CAT6 SC20

---3T--- 数据支线 1×4UTP CAT6 SC20

---V--- 电视支线 SYKV-75-5SC15

---2V---电视支线 SYKV-75-5 SC25

---L--- 电铃支线 BV-2×1.5SC15

---nF--- 电话支线 nHPV-2X0.5SC- n 为电话对数，1～3 根 SC15，4～6 根 SC20

---X--- 消火栓起泵线 BV-4X2.5SC20

十三、图例

序号	图例	名称	型号及规格	安装方式及高度	备注
1		总配电箱	见配电箱系统图	距地 1.0m 暗装	
2		照明配电箱	见配电箱系统图	距地 1.5m 暗装	
3	VH	电视前端箱	470×470×120	距地 2.5m 暗装	
4	VP	电视分支器箱	370×370×120	距地 2.5m 暗装	
5	Z	网络机柜	500×700×180	距地 0.5m 暗装	
6	F	电话箱	300×400×120	距地 0.5m 暗装	
7		单联单控开关	K31/1/2A	距地 1.3m 明装	250V,10A
8		双联单控开关	K32/1/2A	距地 1.3m 明装	250V,10A
9		三联单控开关	K33/1/2A	距地 1.3m 明装	250V,10A
10		双管日光灯	T5,2×36W	距地 2.5m 杆吊	
11		黑板灯	T5,1×36W	距黑板顶 0.3m	
12		单管日光灯	T5,1×28W	距地 2.2m 壁装	
13		镜前灯	T5,1×28W	距地 0.5m 壁装	
14		吸顶灯	T5,1×36W	吸顶安装	
15		排气扇	60W		见设施图
16		应急照明灯	18W,自带蓄电池	距地 2.5m 壁装	应急时间 30min
17		疏散标志灯	PAK-Y01-102	距地 0.5m 暗装	应急时间 30min
18		疏散标志灯	PAK-Y01-103	距地 0.5m 暗装	应急时间 30min
19		疏散标志灯	PAK-Y01-104	距地 0.5m 暗装	应急时间 30min
20	E	安装出口标志灯	PAK-Y01-101	门上 0.2m 暗装	应急时间 30min
21		吊扇	ϕ1200,66W	距地 2.7m 杆吊	
22		调速开关	配套	距地 1.3m 明装	
23		普通插座	T426/10USL	距地 0.5m 暗装	250V,10A
24		电视插座	T426/10US3	距地 1.0m 暗装	250V,10A
25		卫生间插座	T426/10USL	距地 1.5m 暗装	250V,10A 加装防溅盖板
26	TV	电视出线口	KG31VTV75	距地 1.0m 暗装	
27	TO	网络出线口	KGC01	距地 0.5m 暗装	
28	TP	电话出线口	KGT01	距地 0.5m 暗装	
29		电铃	UC4-75	距地 2.8m 暗装	8W/220V
30		消火栓按钮	J-XAPD-02	距地 1.5m 明装	

电气设计说明二						编号	电施-02
审核		校对		设计		页	2/14

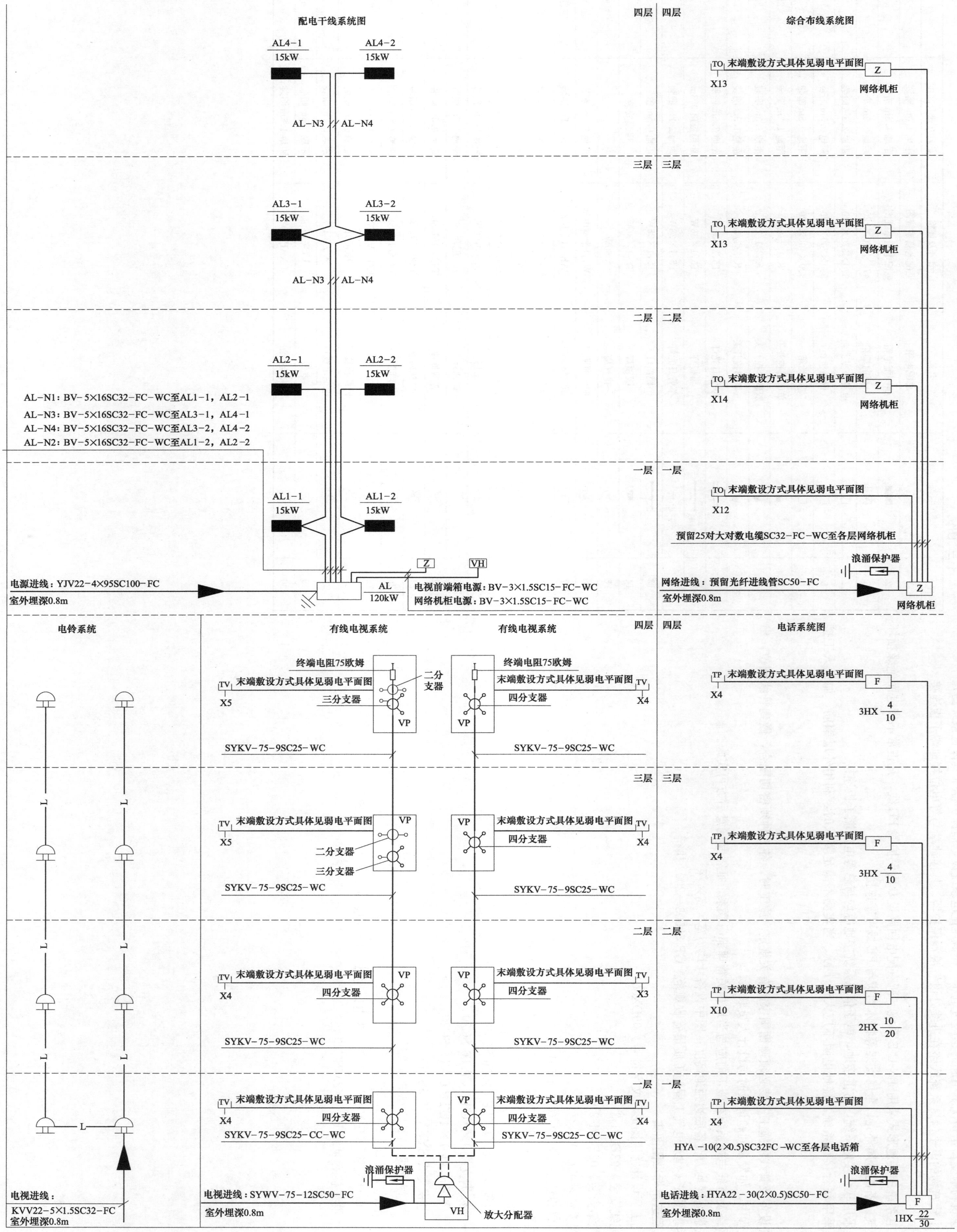
配电干线系统图
AL4-1 15kW
AL4-2 15kW
AL-N3 AL-N4
AL3-1 15kW
AL3-2 15kW
AL-N3 AL-N4
AL2-1 15kW
AL2-2 15kW
AL-N1: BV-5×16SC32-FC-WC至AL1-1，AL2-1
AL-N3: BV-5×16SC32-FC-WC至AL3-1，AL4-1
AL-N4: BV-5×16SC32-FC-WC至AL3-2，AL4-2
AL-N2: BV-5×16SC32-FC-WC至AL1-2，AL2-2
AL1-1 15kW
AL1-2 15kW
Z
VH
电源进线：YJV22-4×95SC100-FC
室外埋深0.8m
AL 120kW
电视前端箱电源：BV-3×1.5SC15-FC-WC
网络机柜电源：BV-3×1.5SC15-FC-WC
四层
三层
二层
一层
综合布线系统图
TO 末端敷设方式具体见弱电平面图
X13
Z
网络机柜
X14
X12
预留25对大对数电缆SC32-FC-WC至各层网络机柜
浪涌保护器
网络进线：预留光纤进线管SC50-FC
室外埋深0.8m
电铃系统
L
电视进线：
KVV22-5×1.5SC32-FC
室外埋深0.8m
有线电视系统
终端电阻75欧姆
TV 末端敷设方式具体见弱电平面图
X5
X4
X3
二分支器
三分支器
四分支器
VP
SYKV-75-9SC25-WC
SYKV-75-9SC25-CC-WC
浪涌保护器
电视进线：SYWV-75-12SC50-FC
室外埋深0.8m
VH
放大分配器
电话系统图
TP 末端敷设方式具体见弱电平面图
F
3HX 4/10
X10
2HX 10/20
HYA-10(2×0.5)SC32FC-WC至各层电话箱
浪涌保护器
电话进线：HYA22-30(2×0.5)SC50-FC
室外埋深0.8m
1HX 22/30

审核	系统图	
校对		
设计		
编号	电施-03	
页	3/14	

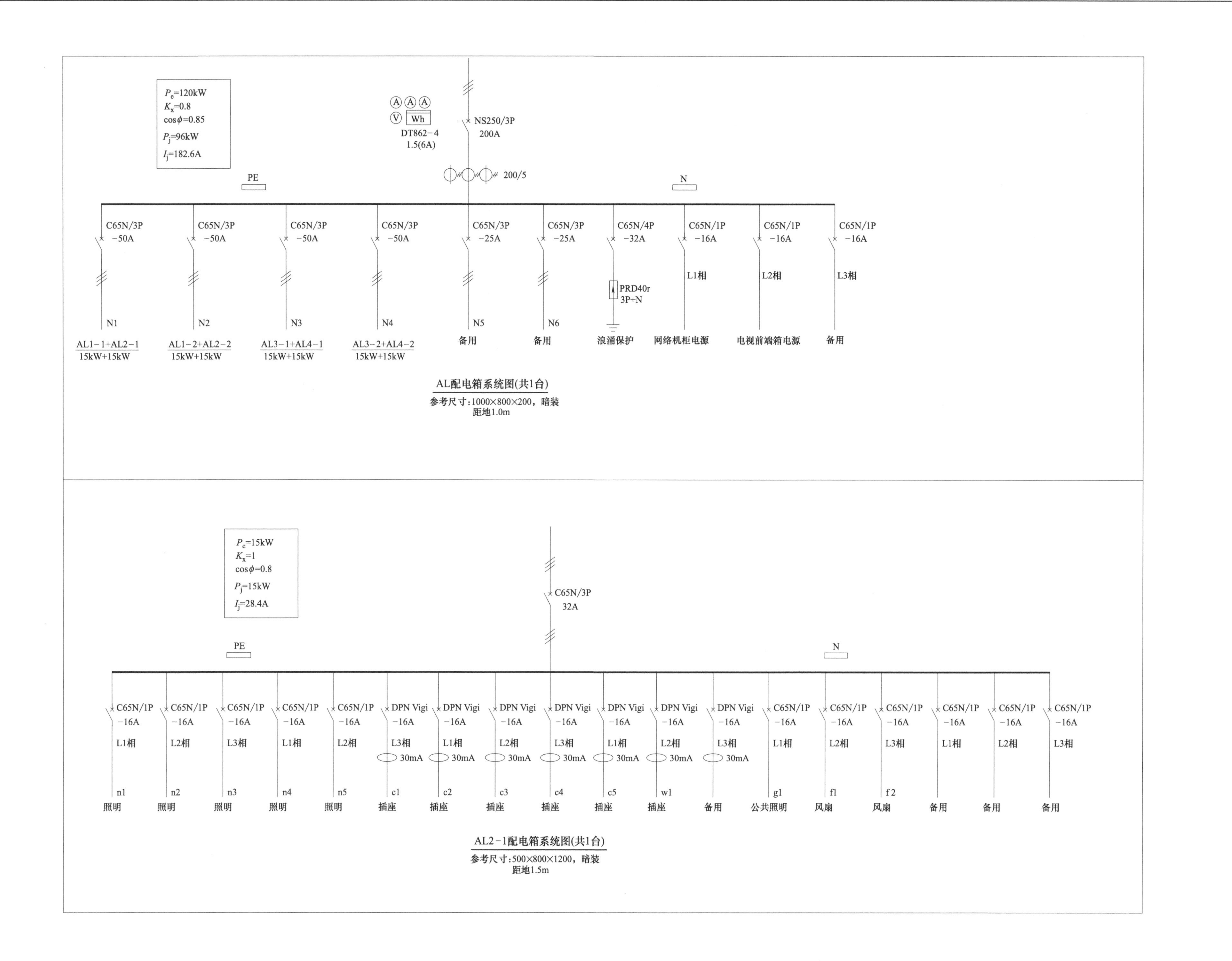

AL配电箱系统图(共1台)

参考尺寸:1000×800×200，暗装
距地1.0m

AL2-1配电箱系统图(共1台)

参考尺寸:500×800×1200，暗装
距地1.5m

配电箱系统图一				编号	电施-04
审核		校对	设计	页	4/14

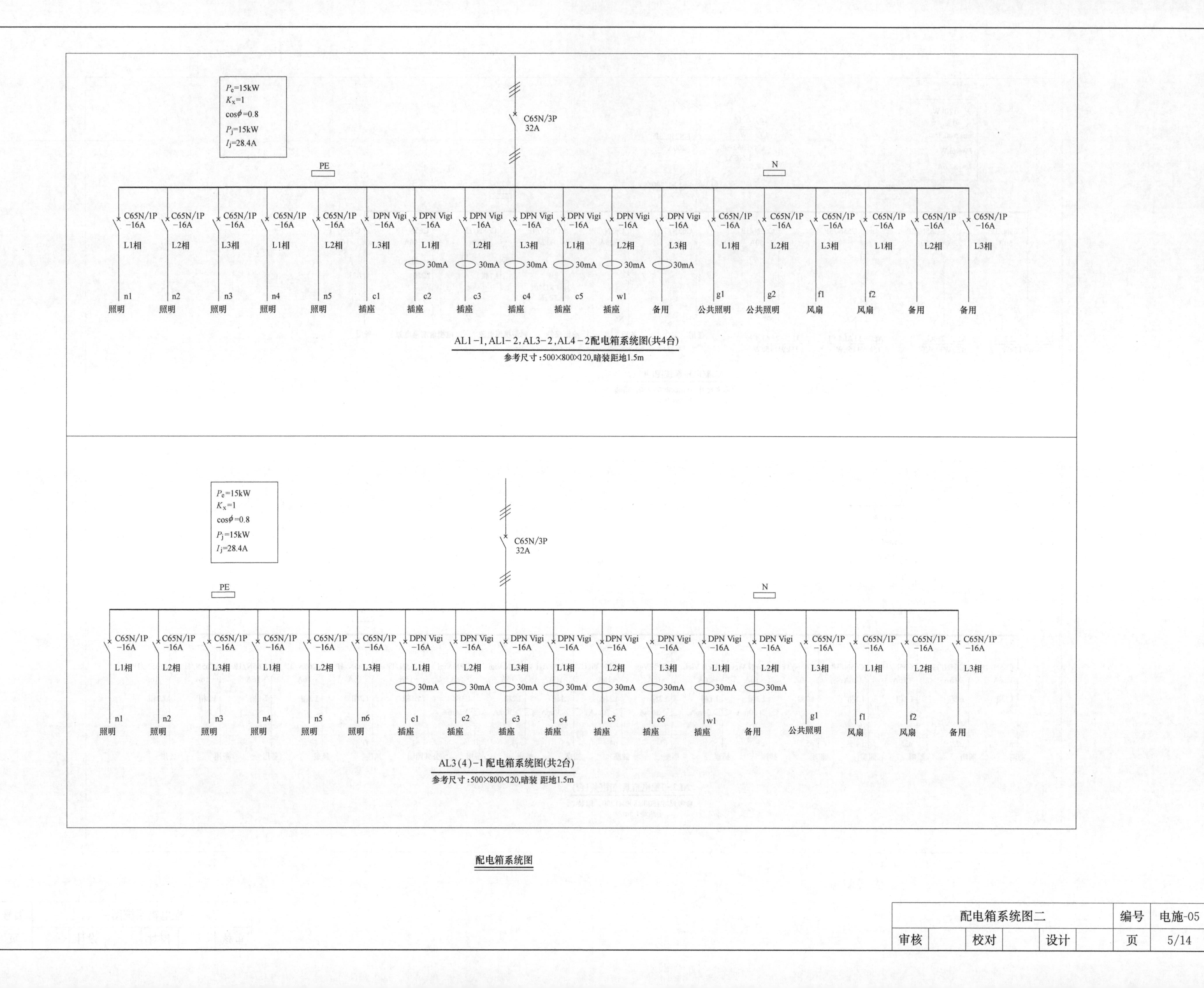

P_e=15kW
K_x=1
cosϕ=0.8
P_j=15kW
I_j=28.4A
C65N/3P
32A
PE
N
C65N/1P -16A L1相 n1 照明
C65N/1P -16A L2相 n2 照明
C65N/1P -16A L3相 n3 照明
C65N/1P -16A L1相 n4 照明
C65N/1P -16A L2相 n5 照明
DPN Vigi -16A L3相 c1 插座
DPN Vigi -16A L1相 30mA c2 插座
DPN Vigi -16A L2相 30mA c3 插座
DPN Vigi -16A L3相 30mA c4 插座
DPN Vigi -16A L1相 30mA c5 插座
DPN Vigi -16A L2相 30mA w1 插座
DPN Vigi -16A L3相 30mA 备用
C65N/1P -16A L1相 g1 公共照明
C65N/1P -16A L2相 g2 公共照明
C65N/1P -16A L3相 f1 风扇
C65N/1P -16A L1相 f2 风扇
C65N/1P -16A L2相 备用
C65N/1P -16A L3相 备用
AL1-1,AL1-2,AL3-2,AL4-2配电箱系统图(共4台)
参考尺寸:500×800×120,暗装距地1.5m
P_e=15kW
K_x=1
cosϕ=0.8
P_j=15kW
I_j=28.4A
C65N/3P
32A
PE
N
C65N/1P -16A L1相 n1 照明
C65N/1P -16A L2相 n2 照明
C65N/1P -16A L3相 n3 照明
C65N/1P -16A L1相 n4 照明
C65N/1P -16A L2相 n5 照明
C65N/1P -16A L3相 n6 照明
DPN Vigi -16A L1相 30mA c1 插座
DPN Vigi -16A L2相 30mA c2 插座
DPN Vigi -16A L3相 30mA c3 插座
DPN Vigi -16A L1相 30mA c4 插座
DPN Vigi -16A L2相 30mA c5 插座
DPN Vigi -16A L3相 30mA c6 插座
DPN Vigi -16A L1相 30mA w1 插座
DPN Vigi -16A L2相 30mA 备用
C65N/1P -16A L3相 g1 公共照明
C65N/1P -16A L1相 f1 风扇
C65N/1P -16A L2相 f2 风扇
C65N/1P -16A L3相 备用
AL3(4)-1配电箱系统图(共2台)
参考尺寸:500×800×120,暗装 距地1.5m
配电箱系统图
配电箱系统图二
编号
电施-05
审核
校对
设计
页
5/14

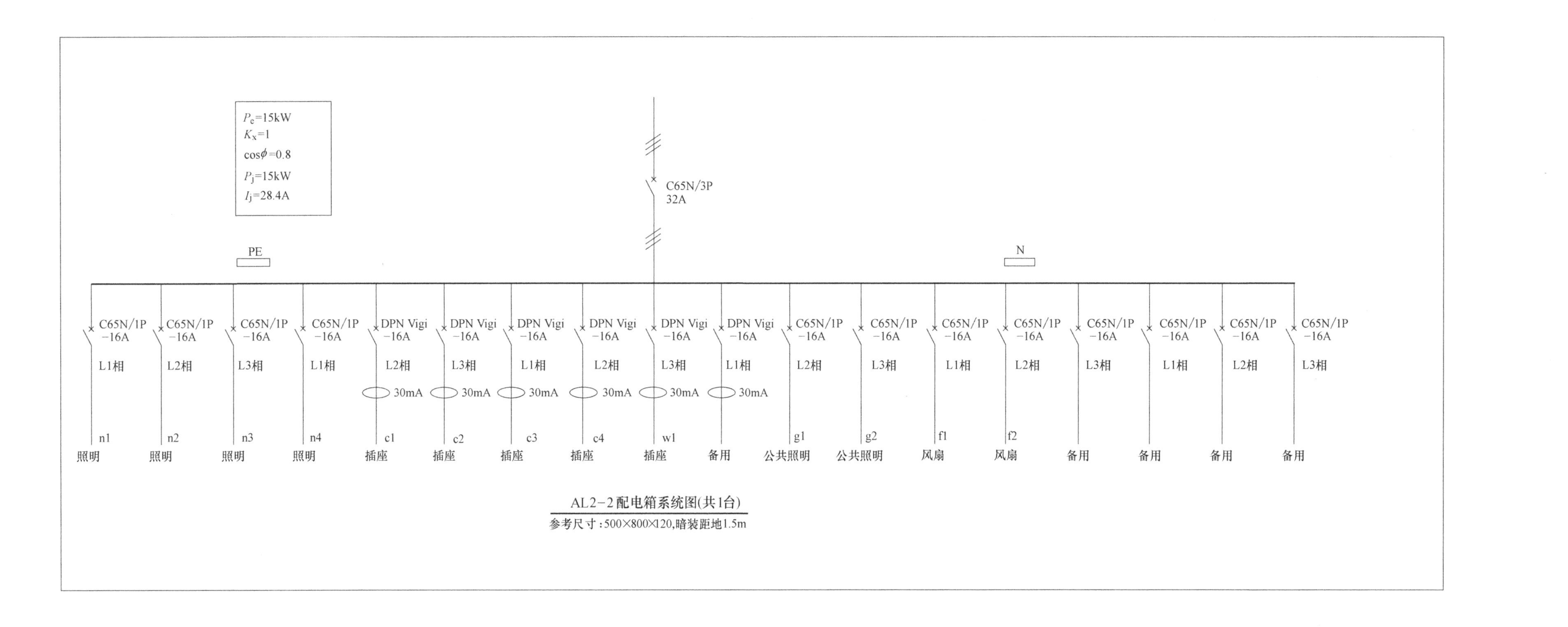

AL2−2配电箱系统图(共1台)

参考尺寸:500×800×120,暗装距地1.5m

配电箱系统图三					编号	电施-06
审核		校对		设计	页	6/14

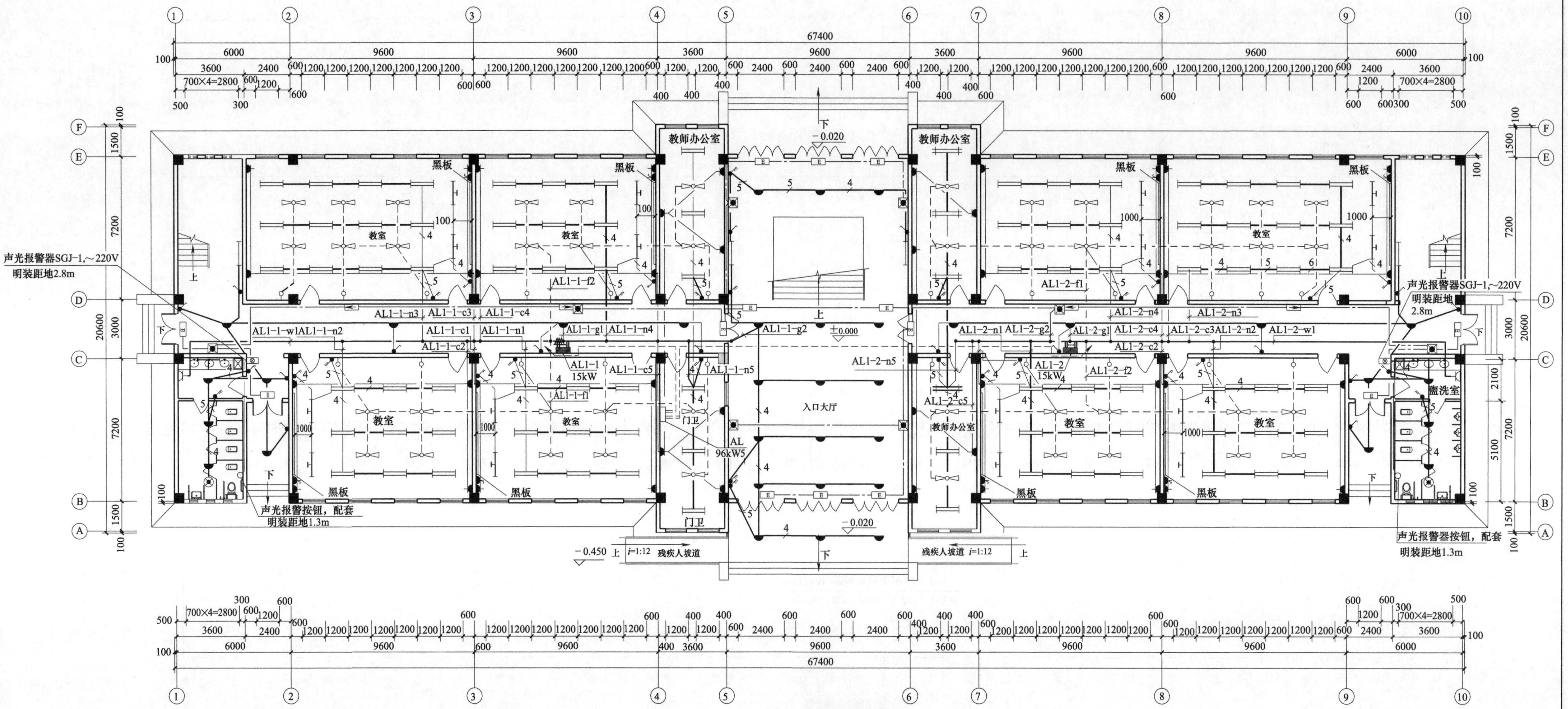

一层照明平面图 1:100

注：竖向标注见配电干线系统图

一层照明平面图				编号	电施-07
审核		校对	设计	页	7/14

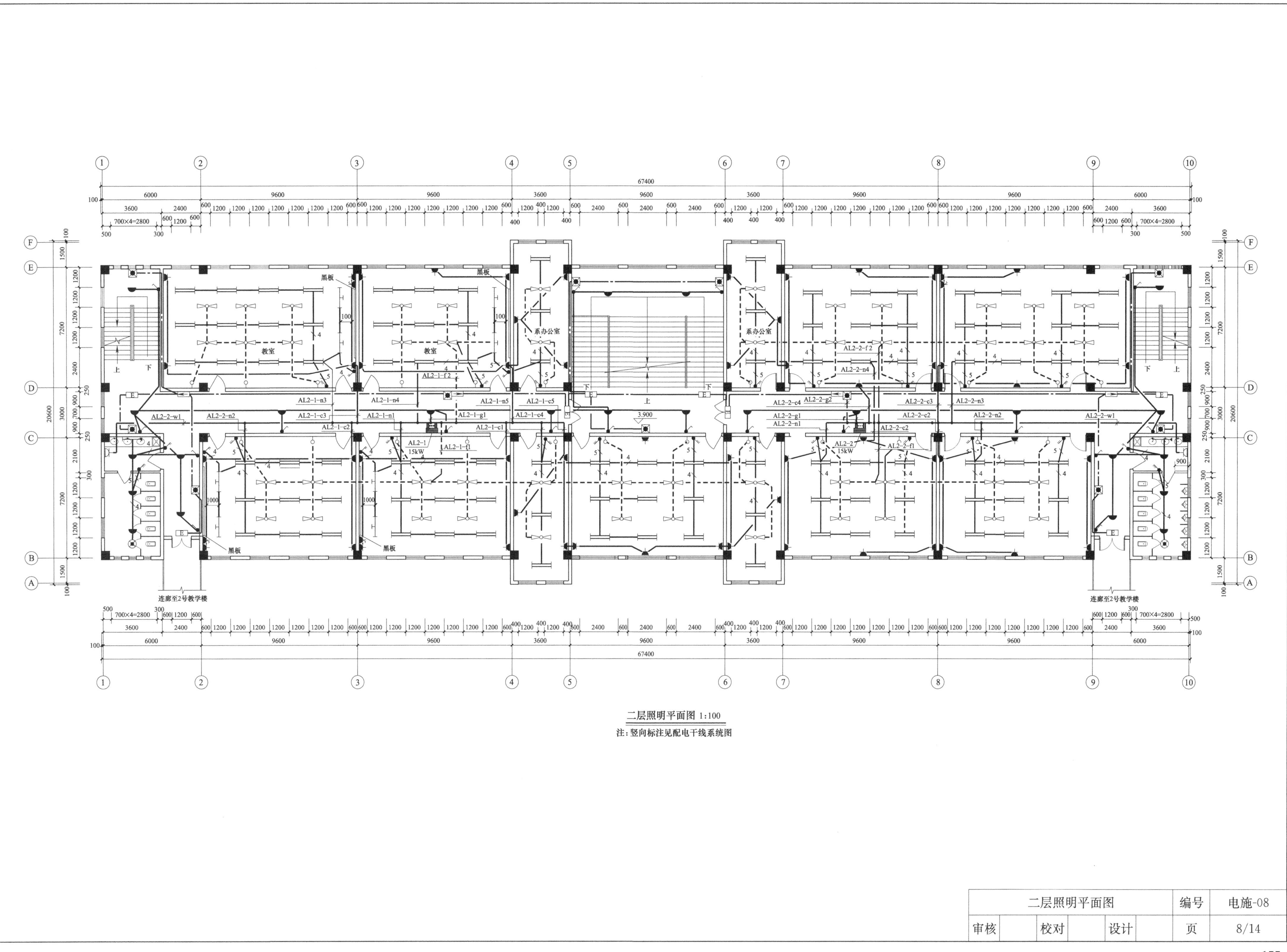

二层照明平面图 1:100

注：竖向标注见配电干线系统图

二层照明平面图				编号	电施-08
审核		校对	设计	页	8/14

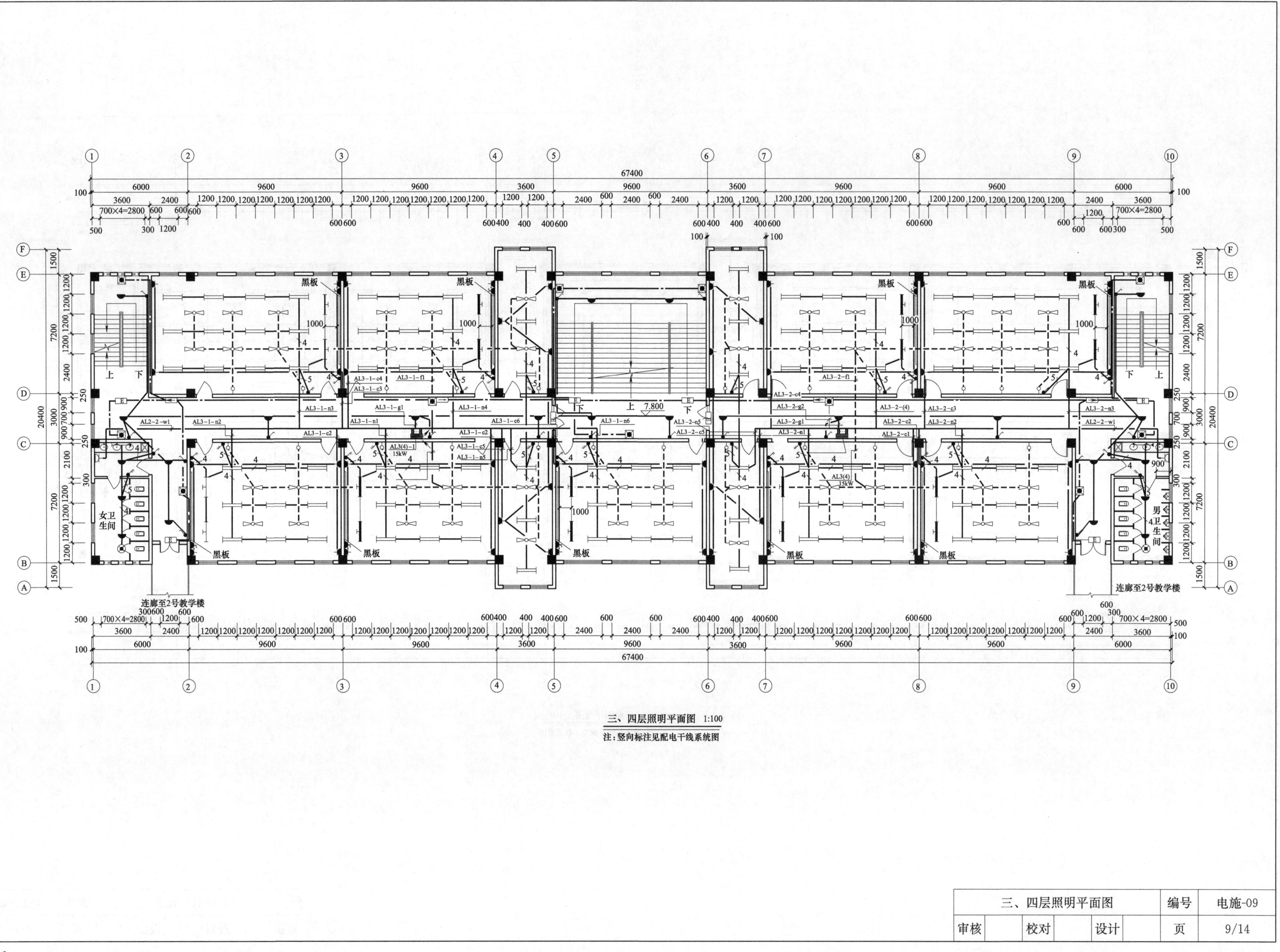
三、四层照明平面图 1:100
注：竖向标注见配电干线系统图
连廊至2号教学楼
女卫生间
男卫生间
黑板
67400
20400
AL3(4)-1 15kW
AL3(4) 15kW
三、四层照明平面图
编号
电施-09
审核
校对
设计
页
9/14

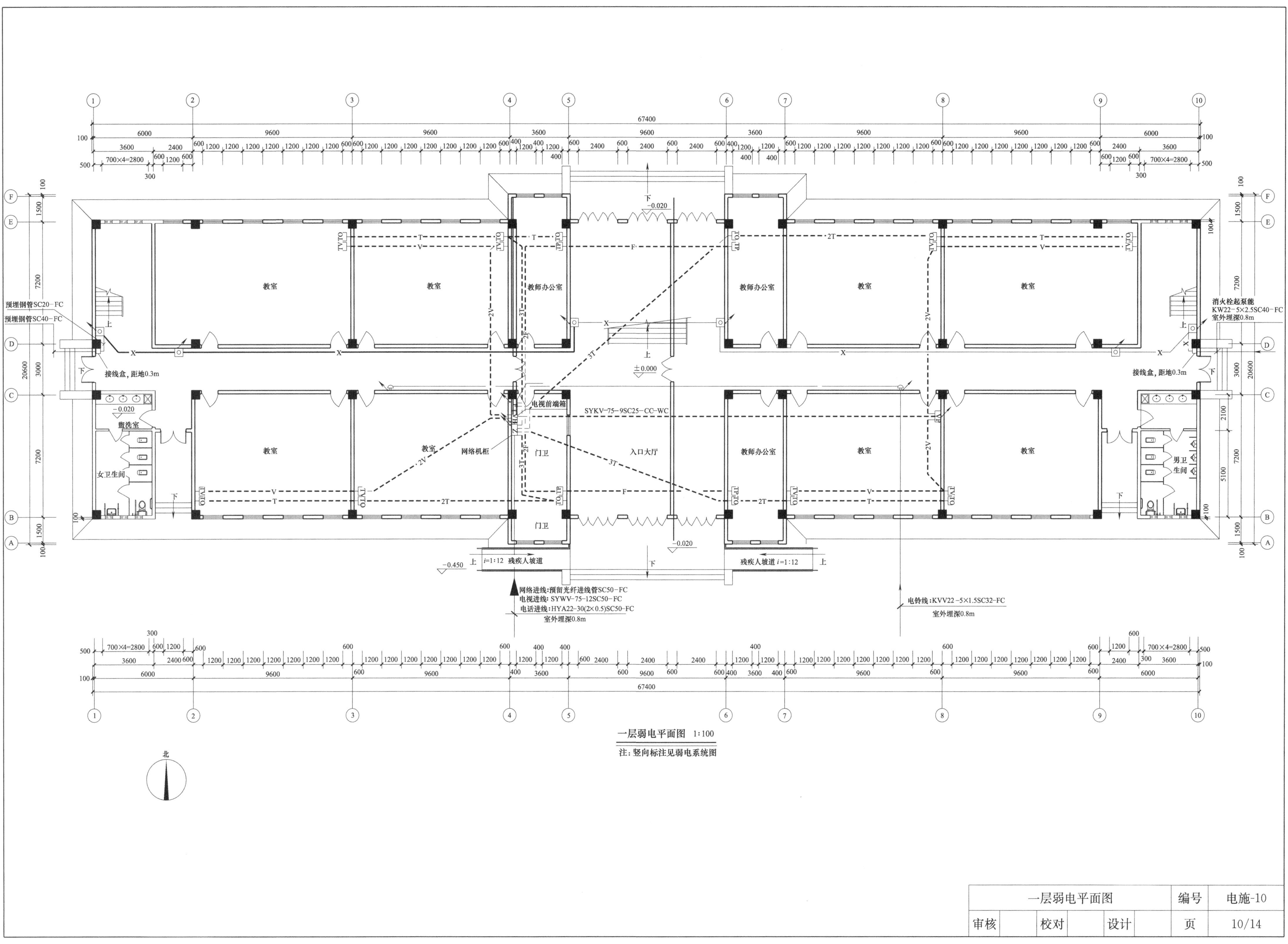

一层弱电平面图 1:100

注：竖向标注见弱电系统图

一层弱电平面图				编号	电施-10
审核		校对	设计	页	10/14

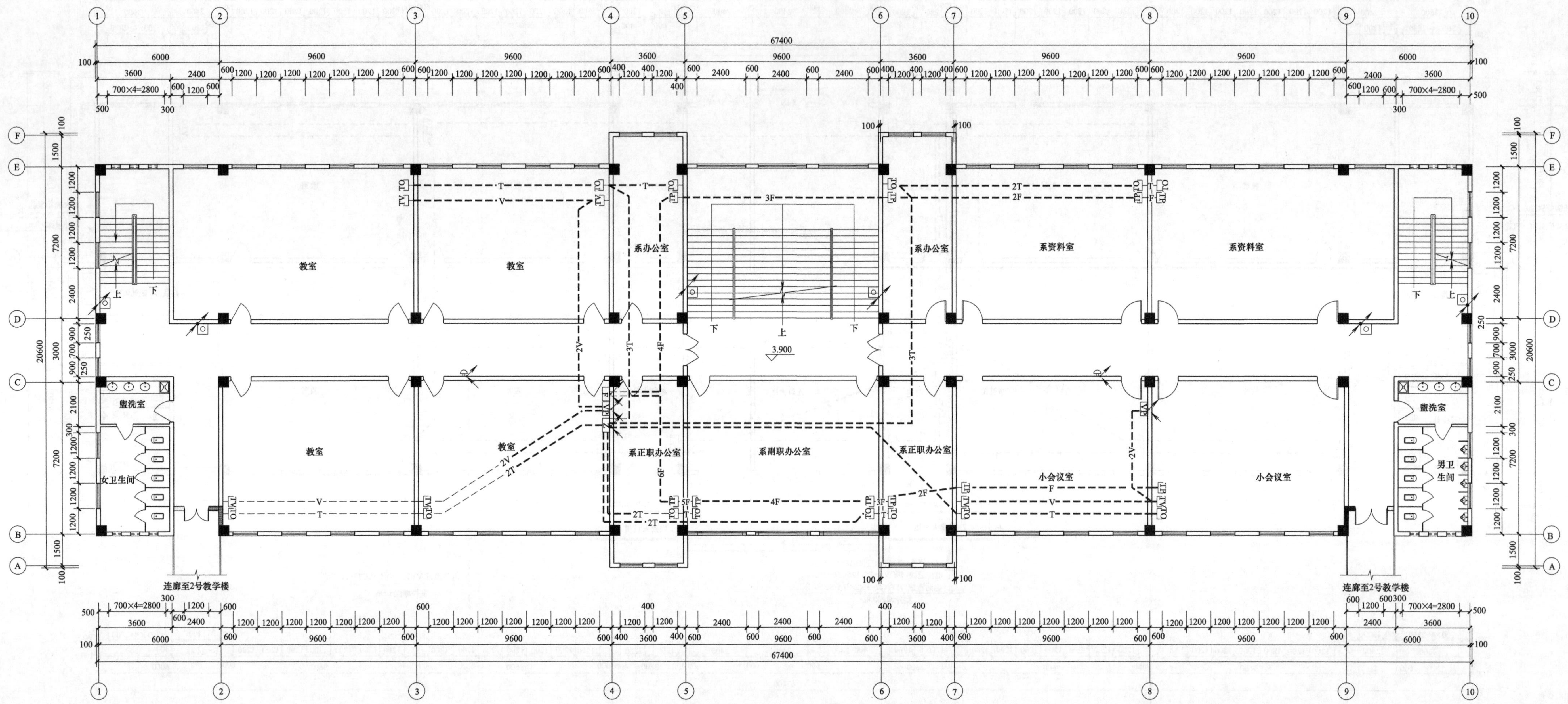

二层弱电平面图 1:100

注：竖向标注见弱电系统图

二层弱电平面图				编号	电施-11
审核	校对		设计	页	11/14

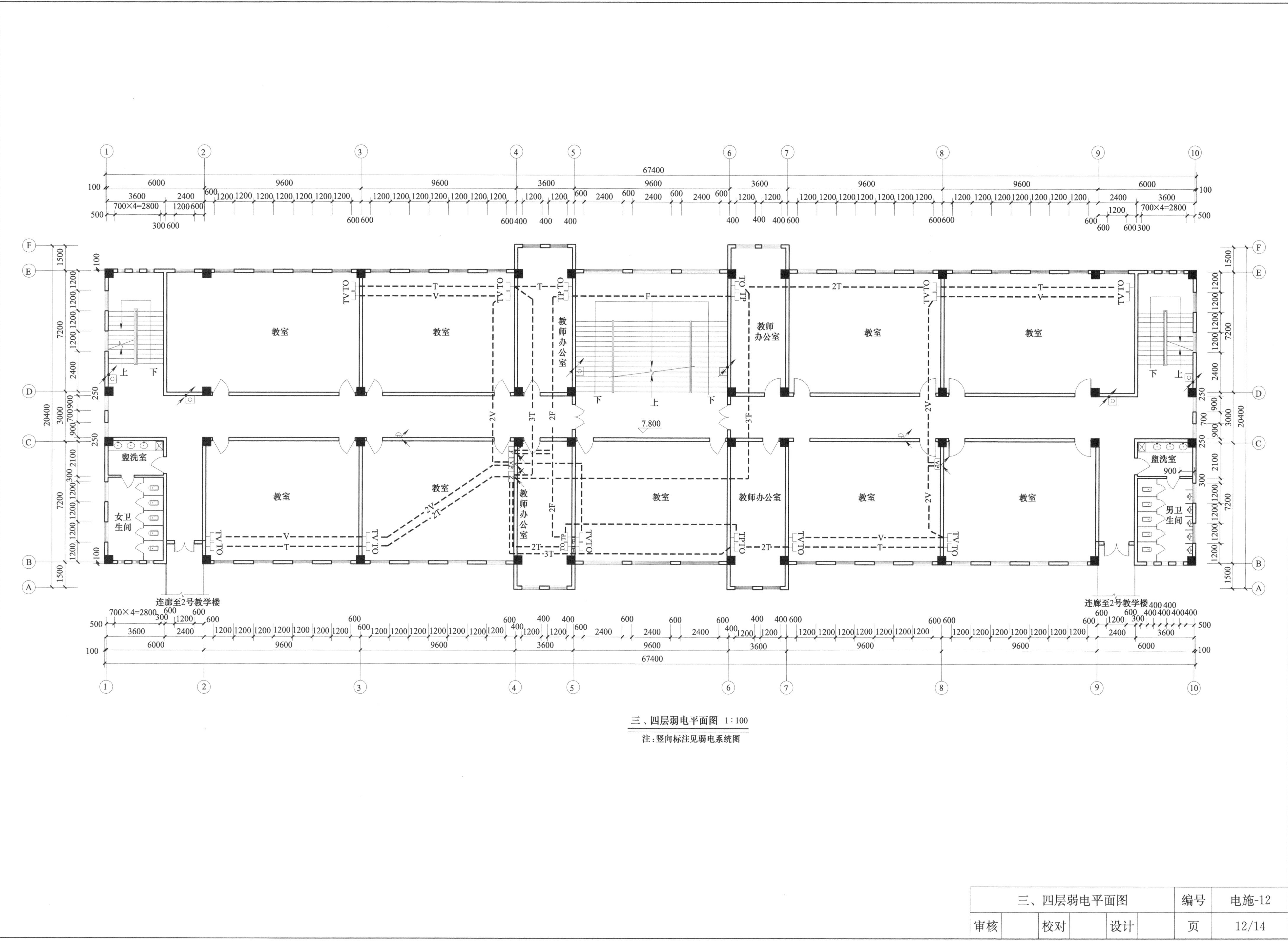
教室
教师办公室
盥洗室
女卫生间
男卫生间
连廊至2号教学楼
7.800
上
下
三、四层弱电平面图 1:100
注:竖向标注见弱电系统图
三、四层弱电平面图
编号
电施-12
审核
校对
设计
页
12/14

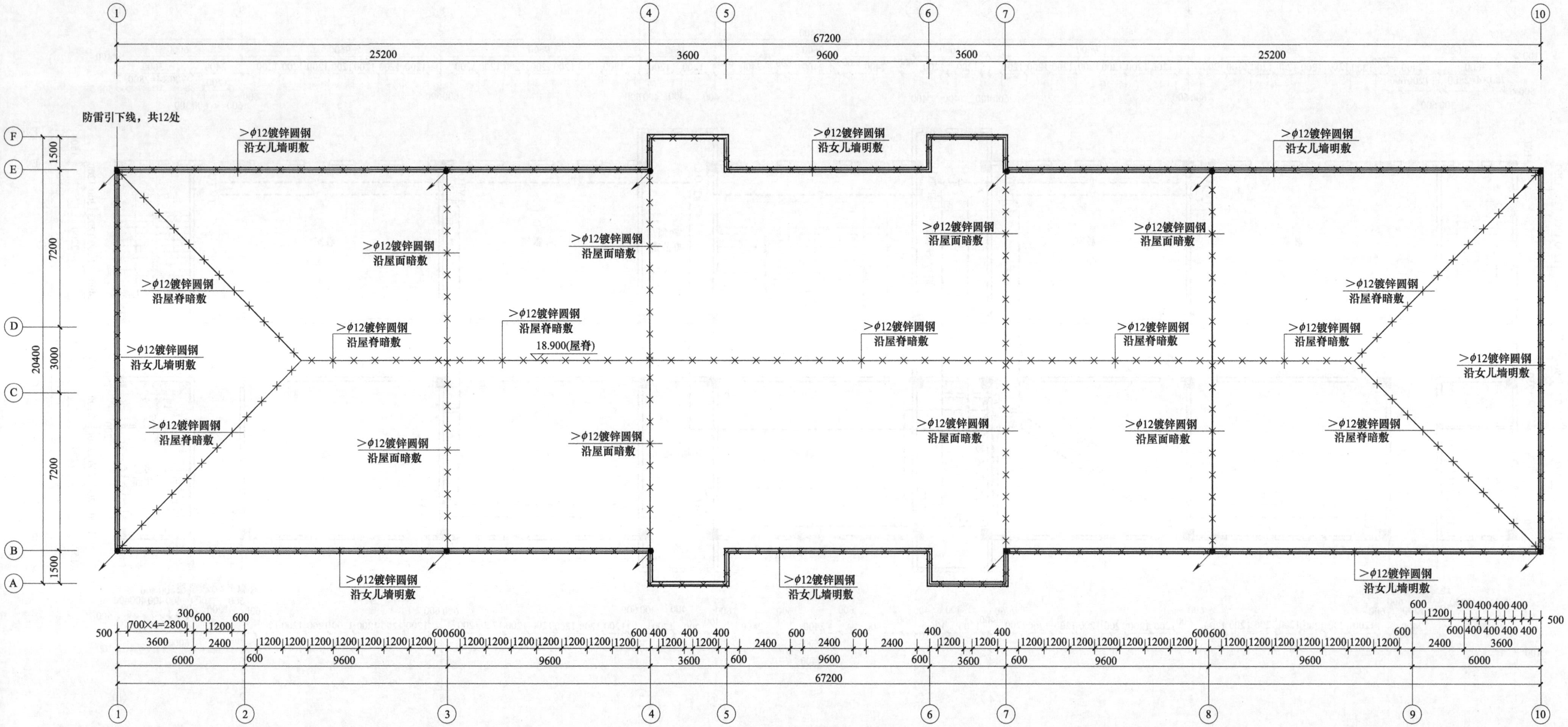

屋顶防雷平面图 1:100

屋顶防雷平面图				编号	电施-13
审核		校对	设计	页	13/14

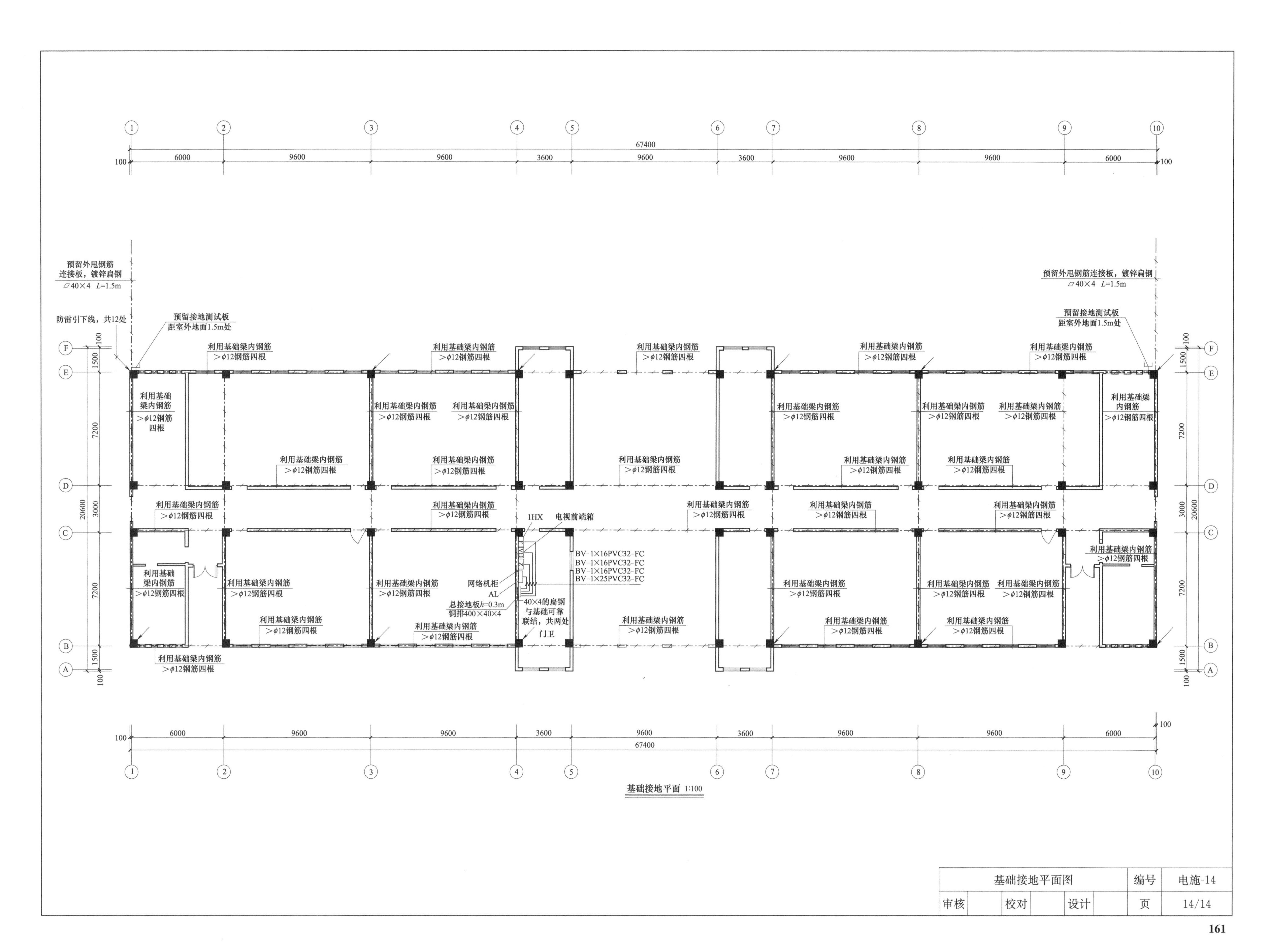
67400
6000
9600
3600
100
预留外甩钢筋连接板，镀锌扁钢
▱40×4 L=1.5m
防雷引下线，共12处
预留接地测试板
距室外地面1.5m处
利用基础梁内钢筋
>φ12钢筋四根
利用基础梁内钢筋
>φ12钢筋四根
1HX
电视前端箱
网络机柜
AL
总接地板h=0.3m
铜排400×40×4
40×4的扁钢
与基础可靠
联结，共两处
门卫
BV-1×16PVC32-FC
BV-1×16PVC32-FC
BV-1×16PVC32-FC
BV-1×25PVC32-FC
20600
7200
3000
1500
基础接地平面 1:100
基础接地平面图
编号
电施-14
审核
校对
设计
页
14/14

附　录

部分细部标准图选录

卷材防水屋面

名称代号	构造简图	材料及做法	备注
卷材防水屋面 2201 a/b		1. 撒铺绿豆砂一层 2. 沥青类卷材（a. 三毡四油；b. 二毡三油） 3. 刷冷底子油一道 4. 25 厚 1∶3 水泥砂浆找平层 5. 结构层	一道防水 二毡三油只用于Ⅳ防水等级 三毡四油可用于Ⅲ级 0.85kN/m²
卷材防水屋面 2202		1. 20 厚 1∶2.5 水泥砂浆保护层，分格缝间距≤1.0m 2. 改性沥青或高分子卷材一道，同材性胶粘剂三道（卷材种类按工程设计） 3. 刷底胶剂一道（材性同上） 4. 25 厚 1∶3 水泥砂浆找平层 5. 结构层	一道防水 用于Ⅲ防水等级 0.95kN/m²
卷材防水屋面 （非上人） （a. 保温） （b. 不保温取消 5.6.7） 2203 a/b		1. 20 厚 1∶2.5 水泥砂浆保护层，分格缝间距≤1.0m 2. 高分子卷材一道，同材性胶粘剂二道（材料按工程设计） 3. 改性沥青卷材一道，胶粘剂二道（材料按工程设计） 4. 刷底胶剂一道（材性同上） 5. 25 厚 1∶3 水泥砂浆找平层 6. 水泥膨胀珍珠岩或水泥膨胀蛭石预制块用 1∶3 水泥砂浆铺贴（材料及厚度按工程设计） 7. 隔汽层 1.2.3.4.5（按工程设计） 8. 1∶3 水泥砂浆找平层（厚度预制板 20，现浇板 15） 9. 结构层	二道防水 保温 2.23kN/m² 不保温 0.90kN/m²
卷材防水屋面 （非上人保温） 2204		1. 2.3.4 同 2203 5. 20 厚沥青砂浆找平层 6. 沥青膨胀珍珠岩或沥青膨胀蛭石现浇或预制块，预制块用乳化沥青铺贴（材料及厚度按工程设计） 7. 隔汽层 1.2.3.4.5（按工程设计） 8. 1∶3 水泥砂浆找平层（厚度：预制板 20，现浇板 15） 9. 结构层	二道防水 1.71kN/m²
卷材防水屋面 （上人） （a. 保温） （b. 不保温取消 6.7.8） 2205 a/b		1. 35 厚 590×590 钢筋混凝土预制板或铺地面砖 2. 10 厚 1∶2.5 水泥砂浆结合层 3. 20 厚 1∶3 水泥砂浆保护层 4. 5.6.7.8.9.10.11 同 2203（2.3.4.5.6.7.8.9）	二道防水 保温 3.01kN/m² 不保温 1.68kN/m²

注：1. 屋面宜由结构放坡，亦可用材料找坡，并按工程设计；
2. 保温层干燥有困难时，须设排汽孔；
3. 卷材或涂膜等厚度按设计规定；
4. 备注栏方框内数值为结构层以上材料总重量（其中，水泥膨胀珍珠岩或水泥膨胀蛭石按 80 厚计算）

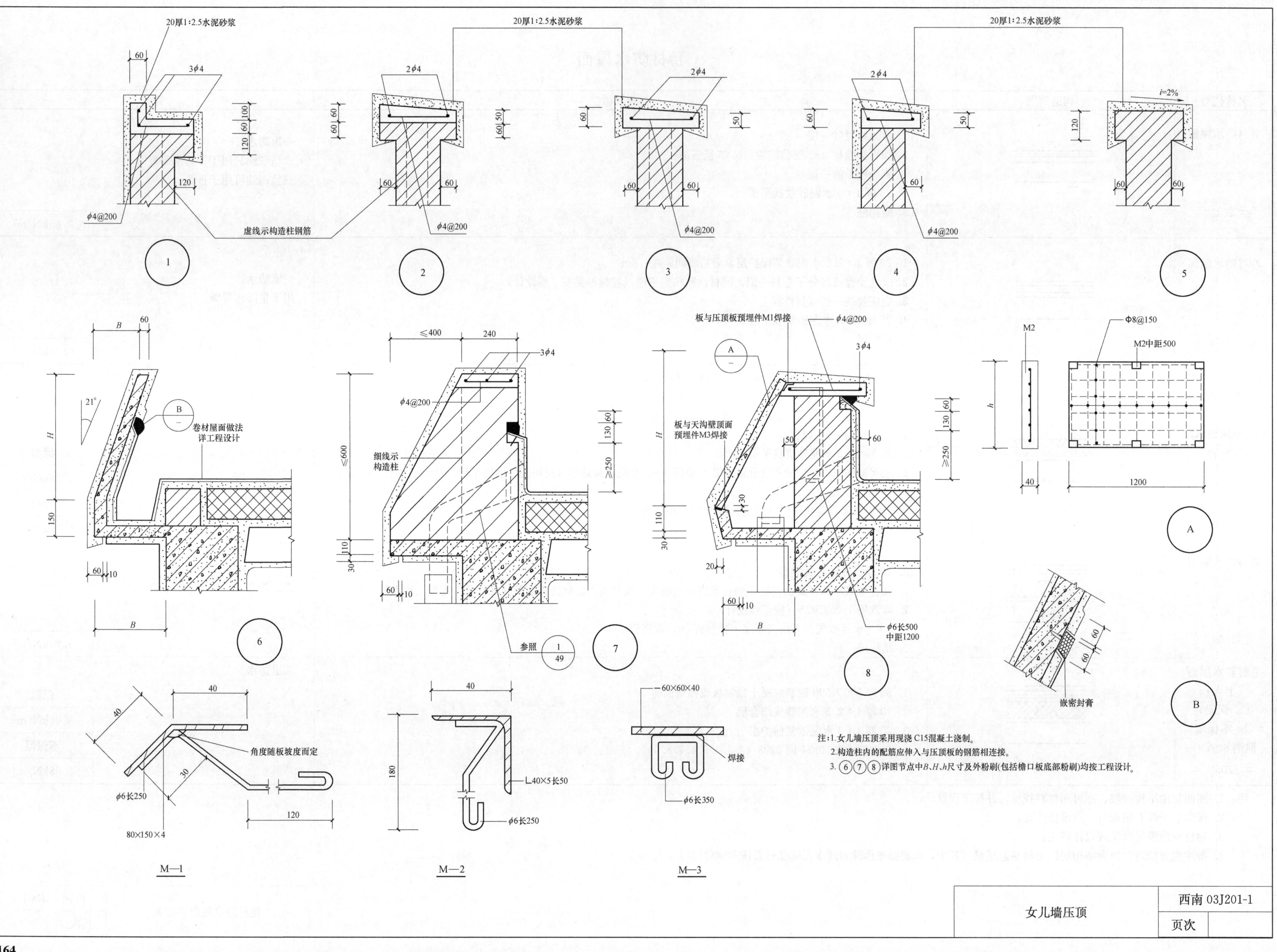

注：1.女儿墙压顶采用现浇C15混凝土浇制。
2.构造柱内的配筋应伸入与压顶板的钢筋相连接。
3.⑥⑦⑧详图节点中B、H、h尺寸及外粉刷(包括檐口板底部粉刷)均按工程设计。

女儿墙压顶	西南 03J201-1
	页次

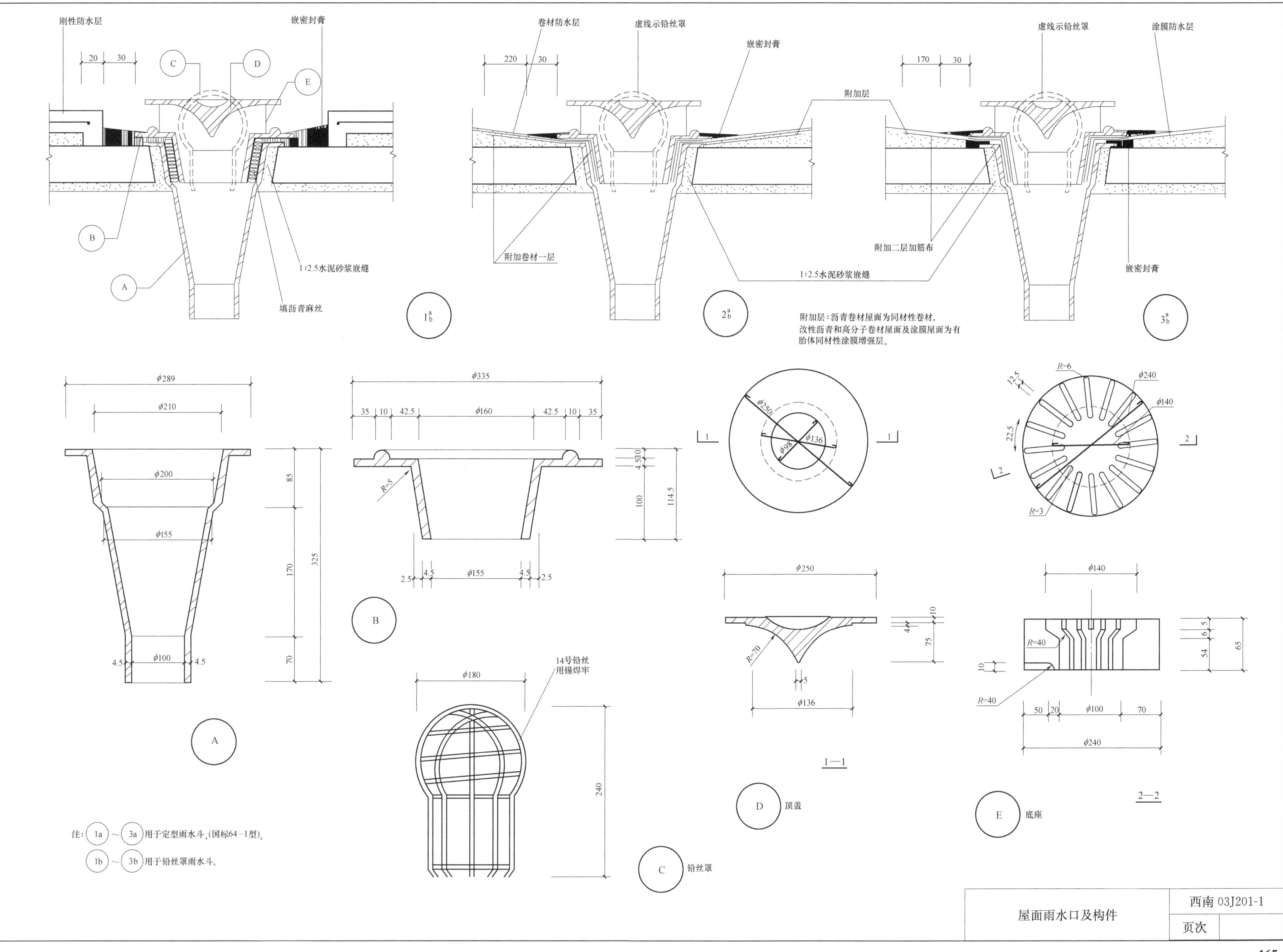

屋面雨水口及构件

西南 03J201-1

页次

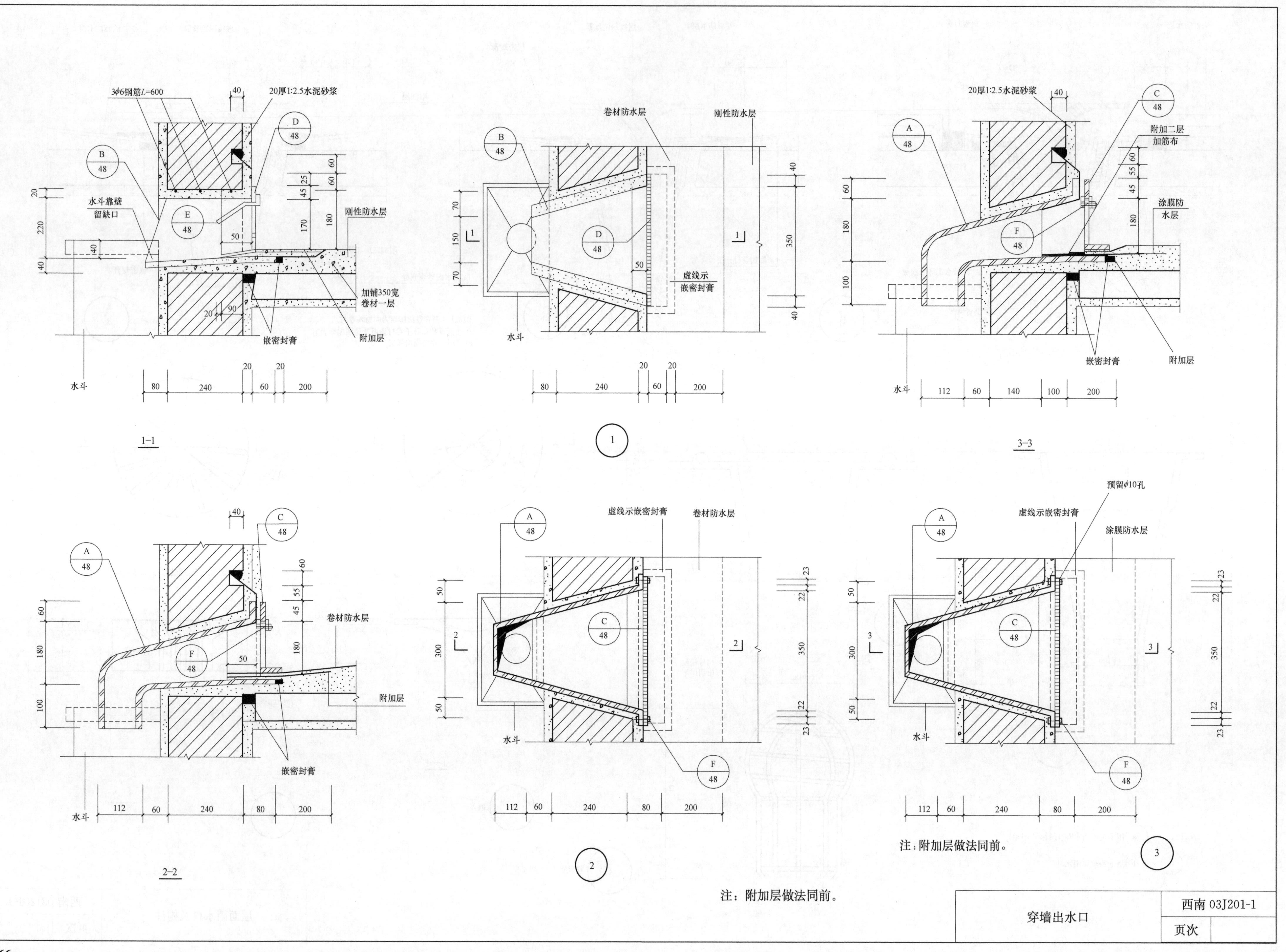

注：附加层做法同前。

穿墙出水口	西南 03J201-1
	页次

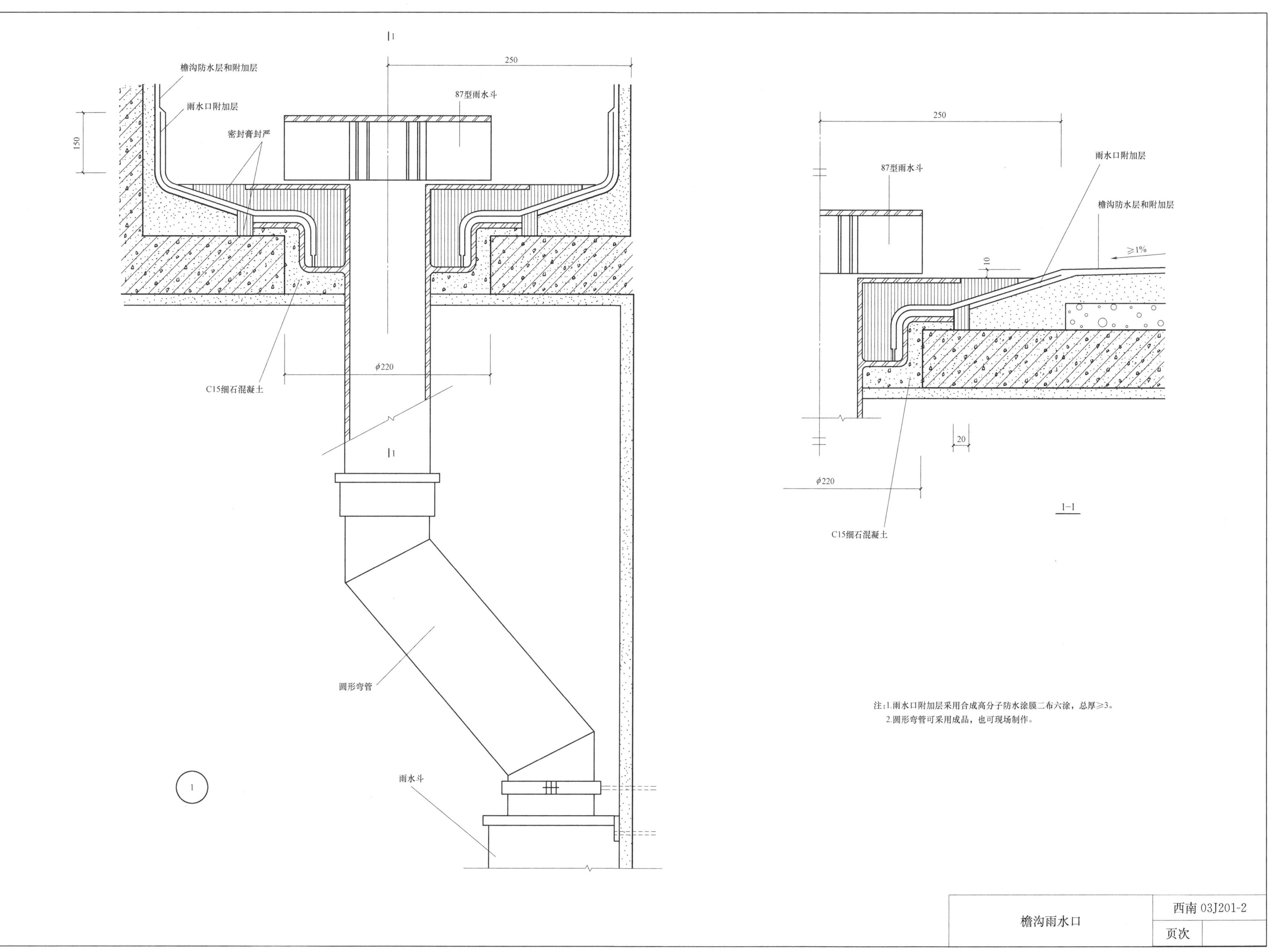

注:1.雨水口附加层采用合成高分子防水涂膜二布六涂，总厚≥3。
2.圆形弯管可采用成品，也可现场制作。

檐沟雨水口	西南 03J201-2
	页次

3182	地砖地面	总厚≥133	
	地砖面层（a、b、c）水泥浆擦缝； 20 厚 1∶2 干硬性水泥砂浆粘合层，上洒 1～2 厚干水泥并洒清水适量； 改性沥青一布四涂防水层； 100 厚 C10 混凝土垫层找坡表面赶平；素土夯实基土		有防水层
3183	地砖楼面	总厚 51 1.09kN/m²	
	地砖面层（a、b、c）水泥浆擦缝； 20 厚 1∶2 干硬性水泥砂浆粘合层，上洒 1～2 厚干水泥并洒清水适量； 20 厚 1∶2 水泥砂浆找平层水泥浆结合层一道； 结构层		
3184	地砖楼面	总厚≥54 ≤1.03kN/m²	
	地砖面层（a、b、c）水泥浆擦缝； 20 厚 1∶2 干硬性水泥砂浆粘合层，上洒 1～2 厚干水泥并洒清水适量； 改性沥青一布四涂防水层； 1∶3 水泥砂浆找坡层，最薄处 20 厚； 水泥浆结合层一道； 结构层		有防水层
3185	地砖楼面	总厚 81 ≤1.79kN/m²	
	地砖面层（a、b、c）水泥浆擦缝； 20 厚 1∶2 干硬性水泥砂浆粘合层，上洒 1～2 厚干水泥并洒清水适量； 水泥浆结合层一道； 50 厚 C10 细石混凝土敷管找平层； 结构层		有敷管层

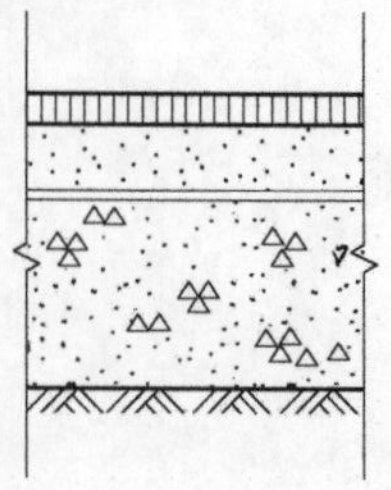

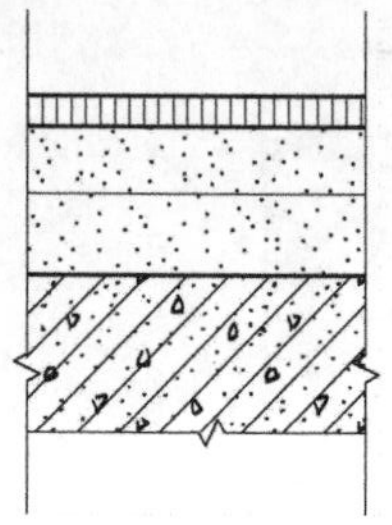

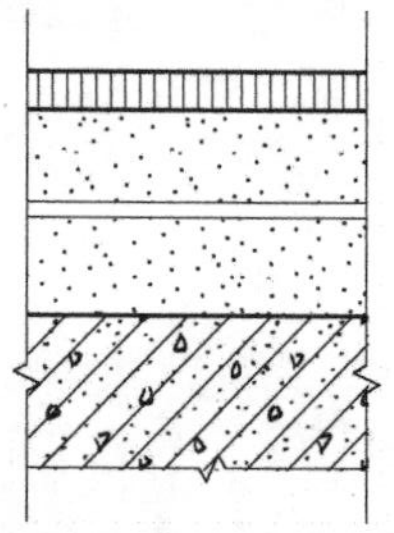

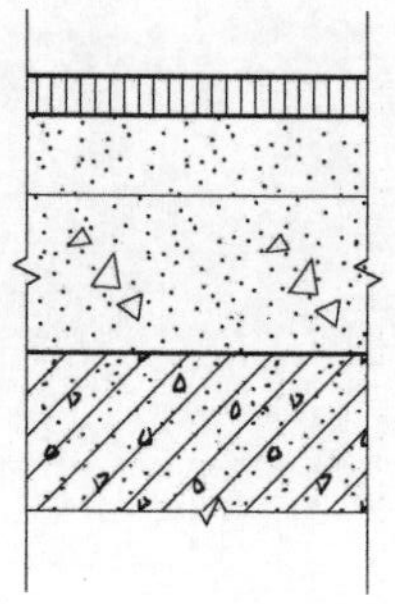

3186	地砖楼面	总厚≥83 ≤1.83kN/m²	
	地砖面层（a、b、c）水泥浆擦缝； 20 厚 1∶2 干硬性水泥砂浆粘合层，上洒 1～2 厚干水泥并洒清水适量； 改性沥青一布四涂防水层； C10 细石混凝土敷管找坡层，最薄处 50 厚结构层		有防水层及敷管层

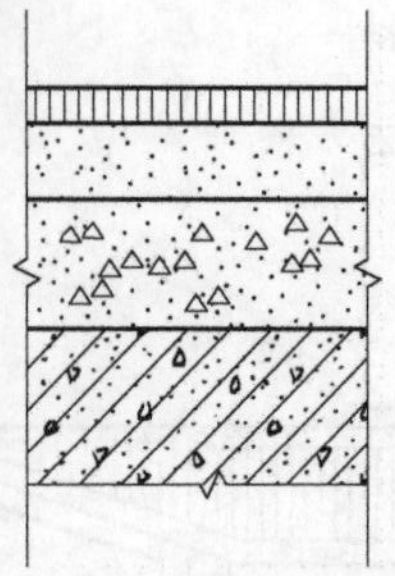

地面　楼面　踢脚板

水泥砂浆地面　楼面　踢脚板

3101^{a}_{b}	提浆地面	总厚 $^{80}_{100}$	
	80（100）厚 C20 混凝土面层铁板提浆赶光； 素土夯实基土		注 1： a 为 80 厚混凝土； b 为 100 厚混凝土
3102^{a}_{b}	水泥砂浆地面	总厚 $^{101}_{121}$	
	20 厚 1∶2 水泥砂浆面层铁板赶光； 水泥浆结合层一道； 80（100）厚 C10 混凝土垫层； 素土夯实基土		
3103	水泥砂浆地面	总厚 123	
	20 厚 1∶2 水泥砂浆面层铁板赶光； 改性沥青一布四涂防水层； 100 厚 C10 混凝土垫层找坡表面赶平； 素土夯实基土		有防水层

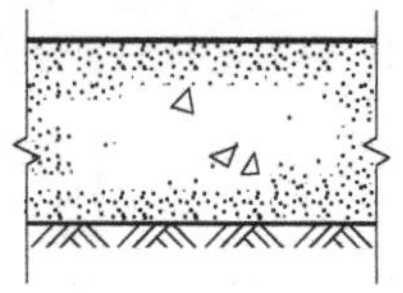

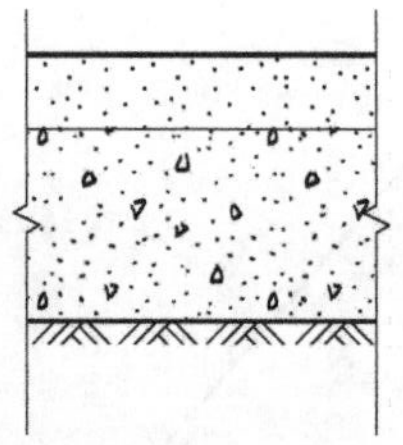

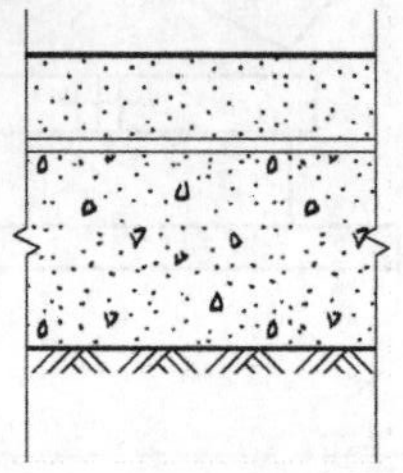

3104	水泥砂浆楼面	总厚 21 0.4kN/m²	
	20 厚 1∶2 水泥砂浆面层铁板赶光； 水泥浆结合层一道； 结构层		
3105	水泥砂浆楼面	总厚≥44 ≤0.84kN/m²	有防水层
	20 厚 1∶2 水泥砂浆面层铁板赶光； 改性沥青一布四涂防水层； 1∶3 水泥砂浆找坡层，最薄处 20 厚水泥浆结合层一道； 结构层		
3106	水泥砂浆楼面	总厚 71 1.6kN/m²	有敷管层
	20 厚 1∶2 水泥砂浆面层铁板赶光； 水泥浆结合层一道； 50 厚 C10 细石混凝土敷管找平层； 结构层		
3107	水泥砂浆楼面	总厚≥73 ≤1.64kN/m²	有防水层及敷管层
	人造石面层（a、b、c、d、e）水泥浆擦缝； 20 厚 1∶2 干硬性水泥砂浆粘合层，上洒 1～2 厚干水泥并洒清水适量； 改性沥青一布四涂防水层； C10 细石混凝土敷管找坡层，最薄处 50 厚； 结构层		

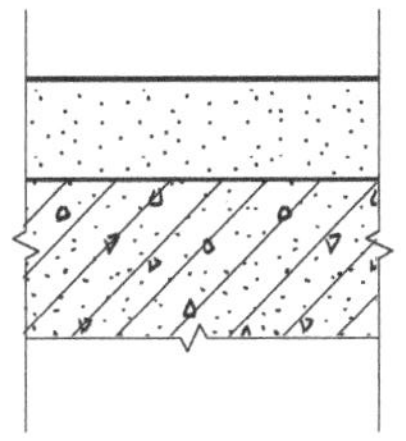

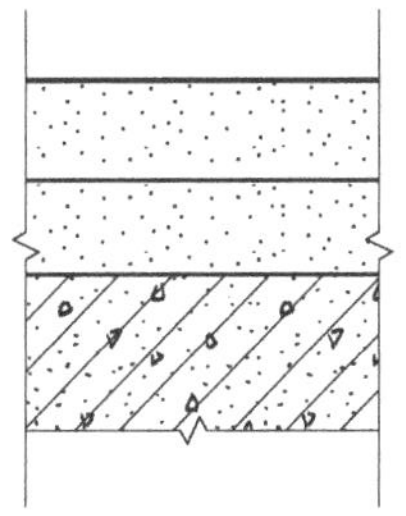

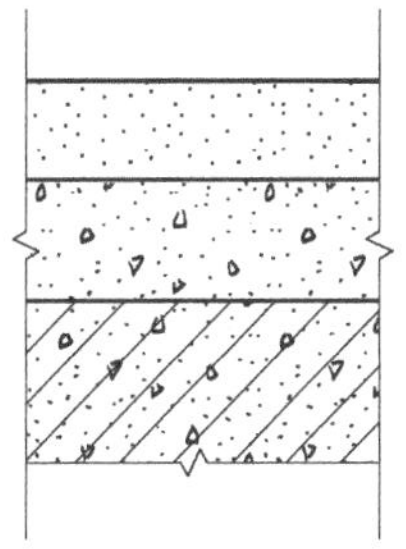

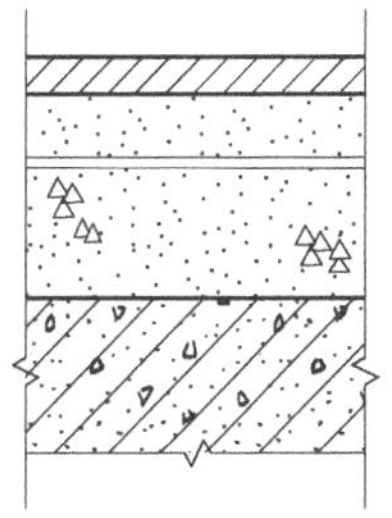

3178 a b c d e	人造石踢脚板	总厚 35 / 40	
	人造石面层（a、b、c、d、e）水泥浆擦缝； 25 厚 1∶2.5 水泥砂浆灌注		
3179 a b c d e	人造石踢脚板	总厚 42 / 47	有防水层
	人造石面层（a、b、c、d、e）水泥浆擦缝； 4 厚纯水泥浆粘贴层（42.5 号水泥中掺 20%白乳胶）； 改性沥青一布四涂防水层； 25 厚 1∶2.5 水泥砂浆基层		

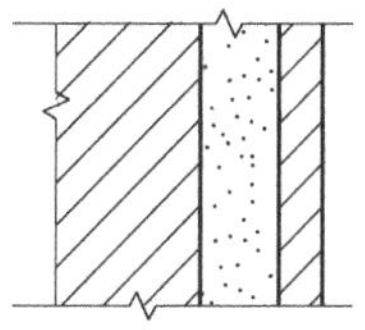

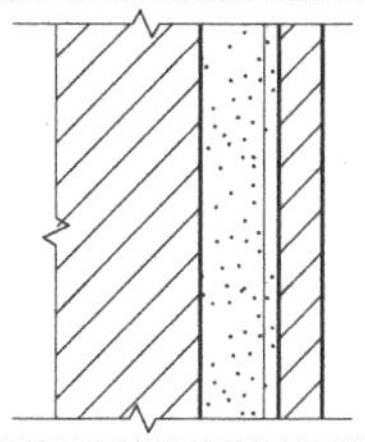

地砖地面　楼面　踢脚板

地砖种类繁多，如彩釉地砖、亚细亚瓷砖、陶瓷玻化砖、磨光石英砖、劈砺地砖等，具体选用在工程设计中注明。
地砖厚度一般为 8，个别加厚按材料实际情况。
a. 普通地砖；
b. 厨房，卫生间防滑，耐磨地砖；
c. 缸砖

3180 a b c	地砖地面	总厚　111	
	地砖面层（a、b、c）水泥浆擦缝； 20 厚 1∶2 干硬性水泥砂浆粘合层，上洒 1～2 厚干水泥并洒清水适量； 水泥浆结合层一道； 80 厚 C10 混凝土垫层； 素土夯实基土		
3181 a b c	地砖地面	总厚　131	
	地砖面层（a、b、c）水泥浆擦缝； 20 厚 1∶2 干硬性水泥砂浆粘合层，上洒 1～2 厚干水泥并洒清水适量； 水泥浆结合层一道； 100 厚 C10 混凝土垫层； 素土夯实基土		

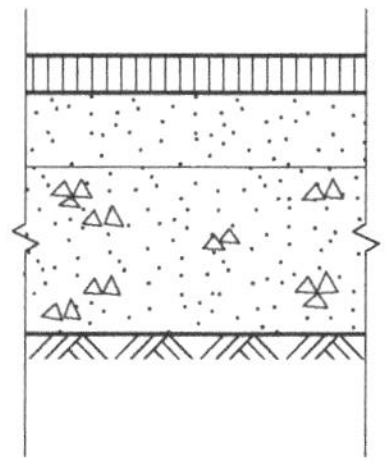

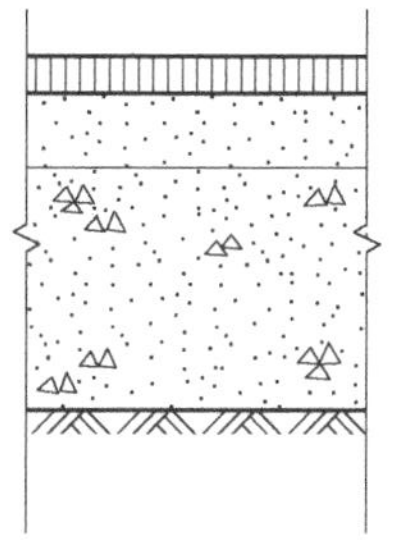

编号	名称及做法	总厚	备注
3187	地砖踢脚板	总厚 37	
	地砖面层（a、b、c）水泥浆擦缝； 4 厚纯水泥浆粘贴层（42.5 号水泥中掺 20%白乳胶）； 25 厚 1∶2.5 水泥砂浆基层		
3188	地砖踢脚板	总厚 40	有防水层
	地砖面层（a、b、c）水泥浆擦缝； 4 厚纯水泥浆粘贴层（42.5 号水泥中掺 20%白乳胶）； 改性沥青一布四涂防水层； 25 厚 1∶2.5 水泥砂浆基层		

陶瓷锦砖（马赛克）地面　楼面

陶瓷锦砖（马赛克）的品种、颜色、规格、拼花图案等品种繁多，具体选用时在工程设计中注明。陶瓷锦砖厚度一般为 6，个别加厚按材料实际情况。

编号	名称及做法	总厚	备注
3189 a/b	陶瓷锦砖（马赛克）地面	总厚 109/129	注 1： a 为 80 厚混凝土 b 为 100 厚混凝土
	6 厚陶瓷锦砖面层水泥浆擦缝并揩干表面浆水泥； 20 厚 1∶2 干硬性水泥砂浆粘合层，上洒适量清水； 1～2 厚干水泥并洒清水适量； 水泥浆结合层一道； 80（100）厚 C10 混凝土垫层		
3190	陶瓷锦砖（马赛克）地面	总厚≥131	有防水层
	6 厚陶瓷锦砖面层水泥浆擦缝并揩干表面水泥浆； 20 厚 1∶2 干硬性水泥砂浆粘合层，上洒 1～2 厚干水泥并洒清水适量； 改性沥青一布四涂防水层； 100 厚 C10 混凝土垫层找坡，表面赶平素土夯实基土		
3191	陶瓷锦砖（马赛克）楼面	总厚 49 0.94kN/m²	
	6 厚陶瓷锦砖面层水泥浆擦缝并揩干表面水泥浆； 20 厚 1∶2 干硬性水泥砂浆粘合层，上洒 1～2 厚干水泥并洒清水适量； 20 厚 1∶3 水泥砂浆找平层； 水泥浆结合层一道； 结构层		

3289	油性调和漆	
	金属表面除锈，清理，打磨；刷红丹防锈漆两遍；局部刮腻子，打磨；满刮腻子，打磨刷第一遍调和漆；复补腻子，磨光；刷第二遍调和漆，磨光，湿布擦净；刷第三遍调和漆。	适用于钢门窗、钢栏杆、铁皮泛水。
3290	醇酸磁漆	
	金属表面除锈，清理，打磨；刷丙苯乳胶金属底漆两遍厚25～35μm；局部刮丙苯乳胶腻子，打磨；满刮丙苯乳胶腻子，打磨；刷第一遍醇酸磁漆；复补丙苯乳胶腻子，磨光，刷第二遍醇酸磁漆，磨光，湿布擦净；刷第三遍醇酸磁漆。	适用于金属结构、栏杆、花格、镀锌铁皮。
3291	酚醛磁漆	
	金属表面除锈，清理，打磨；刷钼钡酚醛防锈漆两遍，打磨，满刮酚醛腻子，打磨；刷第一遍酚醛磁漆，磨光，复补丙苯乳胶腻子，磨光，刷第二遍酚醛磁漆，磨光，湿布擦净；刷第三遍酚醛磁漆。	适用于设备及室内外金属面，附着力强，光泽好，漆膜坚硬，但耐候性不如醇酸磁漆好。
3292	硼钡酚醛防锈漆	
	金属表面除锈，清理，打磨；刷硼钡酚醛防锈漆两遍。	适用于金属水箱，无毒防锈性能好，干燥快，施工方便。
3293	沥青漆	
	金属表面除锈，清理，打磨；刷铁红醇酸底漆两遍；局部刮腻子，打磨；沥青漆两遍。	适用于一般防腐工程。

抹灰面油漆

3294	油性调和漆	
	墙面清扫，填补腻子，打磨；满刮腻子；打磨；干性油打底；刷第一遍调和漆，复补腻子，磨光；第二遍调和漆，磨光；第三遍调和漆。	适用于内外墙面，耐候性较强，不易粉化，不易龟裂，但干燥慢，漆膜较软。
3295	无光调和漆（平光调和漆）	
	墙面清扫、填补腻子，打磨；满刮腻子；打磨；干性油打底；刷第一遍无光调和漆，复补腻子，磨光；刷第二遍无光调和漆，磨光；刷第三遍无光调和漆。	适用于内墙面，漆膜反光很少，色彩柔和，耐久，耐一般洗刷，但不能用于室外。
3296	脂胶无光调和漆（磁性平光调和漆）	
	墙面清扫，填补腻子，打磨；满刮腻子，打磨；干性油打底；刷第一遍脂胶无光调和漆，复补腻子，磨光。	适用于内墙面，色彩鲜明，光彩柔和，可用水洗涤，但不能用于室外。

木材面做油漆

3277	厚漆（铅油）	
	木材表面清扫，除污；铲去脂囊，修补，砂纸打磨漆片点节疤；干性油打底；局部刮腻子，打磨；满刮腻子，打磨；刷厚漆一遍；复补腻子，磨光；刷厚漆两遍。	适用于木制构件、木门、木窗，该漆膜较软，干燥慢。
3278	油性调和漆	
	木材表面清扫，除污；铲去脂囊，修补，砂纸打磨漆片点节疤；干性油打底；局部刮腻子，打磨；满刮腻子，打磨；湿布擦净；刷首遍油性调和漆；复补腻子，磨光；湿布擦净；刷第二遍油性调和漆；磨光；湿布擦净；刷第三遍油性调和漆。	适用于室内木装修构件，该漆耐候性较酚醛调和漆、脂胶调和漆好，不易粉化龟裂，但漆膜较软，干燥慢。
3279	酯胶清漆（凡立水）	
	木材表面清扫，除污；砂纸打磨；润粉，满刮腻子，打磨；湿布擦净；刷油色，首遍酯胶清漆；拼色，复补腻子，磨光；湿布擦净；刷第二遍酯胶清漆；磨光；刷第三遍油性调和漆。	适用于木门、窗、家具木装修、漆膜光亮、耐火性好，但次于酚醛清漆。
3280	钙酯地板漆（地板清漆）	
	木材表面清扫，除污；砂纸打磨；润粉，满刮腻子，打磨；湿布擦净；刷油色，首遍钙酯地板漆；拼色，复补腻子，磨光；湿布擦净；刷第二遍钙酯地板漆；磨光刷第三遍钙酯地板漆。	适用于木地板、楼梯、木栏杆、木扶手，漆膜清澈透亮，坚固平滑，干燥快，耐磨性好，有一定耐水性。
3281	酯胶地板漆（紫红地板漆）	
	木材表面清扫，除污；铲去脂囊，修补，砂纸打磨漆片点节疤；干性油打底；局部刮腻子，打磨；满刮腻子，打磨；刷首遍酯胶地板漆；复补腻子，磨光；湿布擦净；刷第二遍酯胶地板漆；磨光；湿布擦净；刷第三遍酯胶地板漆。	适用于木地板、扶手漆膜为铁红色或棕色，干燥快，遮盖率大，附着力强，耐磨性耐水性好。
3282	油性大漆（广漆）	
	木材表面清扫，除污；刷豆腐底，刮广漆腻子，打磨，复补腻子，磨光；刷较稀豆腐底；零号砂纸轻磨，刷首遍广漆，水磨；湿布擦净；刷第二遍广漆；水磨；湿布擦净；刷第三遍广漆。	适用于木扶手、台面、地板及其他木装修。耐久，耐酸，耐水，耐晒，耐化学腐蚀。
3283	酚醛清漆	
	木材表面清扫，除污；砂纸打磨；润粉，打磨；满刮腻子，打磨；刷油色。	适用于室内外显示木纹的装修。漆膜坚硬，干燥快，光泽良好。耐久性较酯胶清漆好。

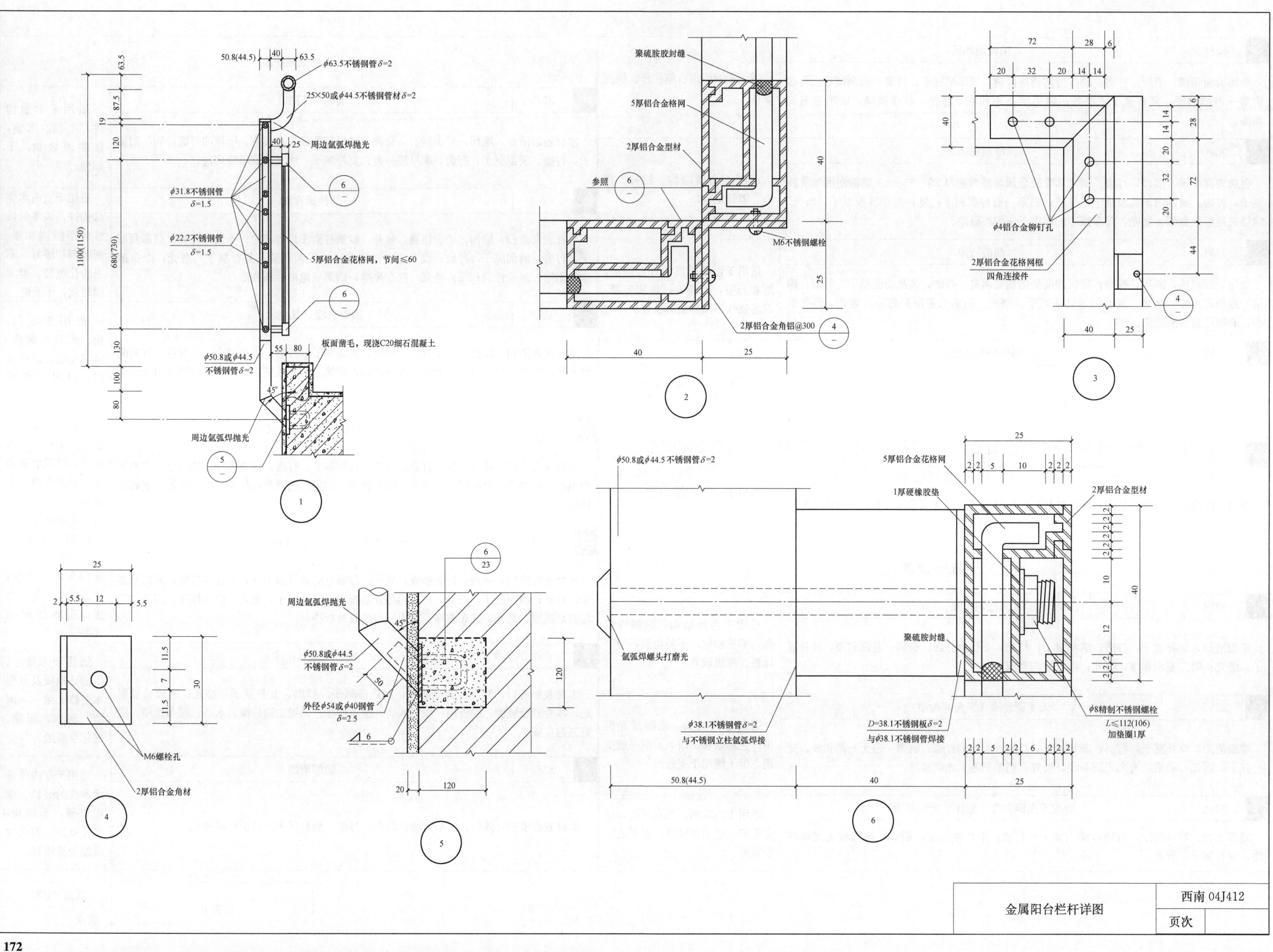
50.8(44.5)
40
63.5
ϕ63.5不锈钢管δ=2
25×50或ϕ44.5不锈钢管材δ=2
87.5
19
120
周边氩弧焊抛光
ϕ31.8不锈钢管
δ=1.5
ϕ22.2不锈钢管
δ=1.5
1100(1150)
680(730)
5厚铝合金花格网，节间≤60
130
55
80
板面凿毛，现浇C20细石混凝土
ϕ50.8或ϕ44.5
不锈钢管δ=2
100
45°
周边氩弧焊抛光
1
聚硫胶胶封缝
5厚铝合金格网
2厚铝合金型材
参照
M6不锈钢螺栓
2厚铝合金角铝@300
2
72
28
6
20
32
14
ϕ4铝合金铆钉孔
2厚铝合金花格网框
四角连接件
44
3
25
5.5
12
11.5
7
30
M6螺栓孔
2厚铝合金角材
4
23
ϕ50.8或ϕ44.5
不锈钢管δ=2
50
外径ϕ54或ϕ40钢管
δ=2.5
120
5
ϕ50.8或ϕ44.5不锈钢管δ=2
5厚铝合金花格网
1厚硬橡胶垫
2厚铝合金型材
10
聚硫胶封缝
氩弧焊螺头打磨光
ϕ38.1不锈钢管δ=2
与不锈钢立柱氩弧焊接
D=38.1不锈钢板δ=2
与ϕ38.1不锈钢管焊接
ϕ8精制不锈钢螺栓
L≤112(106)
加垫圈1厚
6

金属阳台栏杆详图

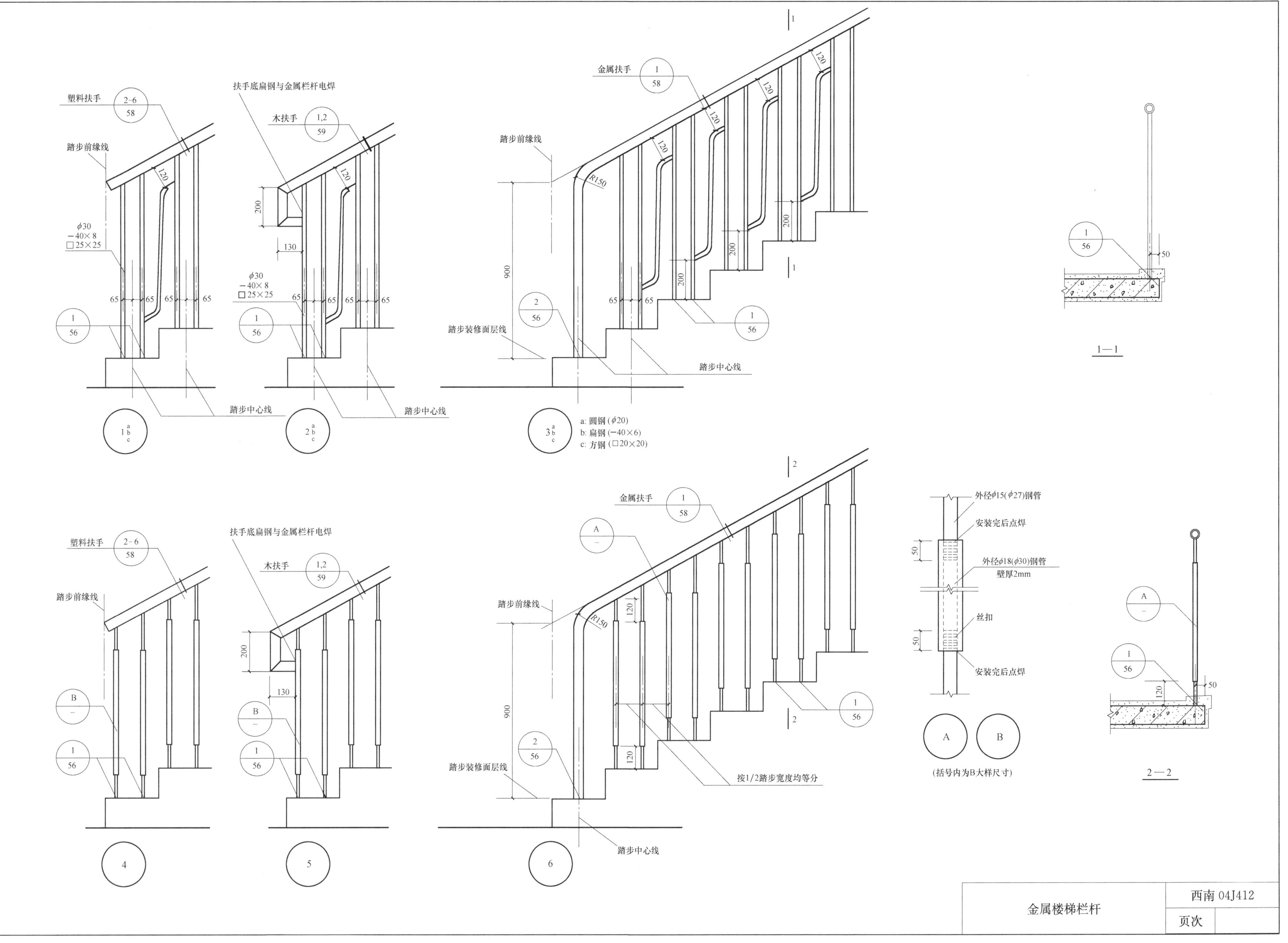

塑料扶手
2-6
58
踏步前缘线
φ30
−40×8
□25×25
65
1
56
踏步中心线
扶手底扁钢与金属栏杆电焊
木扶手
1,2
59
200
130
120
金属扶手
1
58
R150
900
2
56
踏步装修面层线
a: 圆钢 (φ20)
b: 扁钢 (−40×6)
c: 方钢 (□20×20)
1—1
2—2
A
B
按1/2踏步宽度均等分
外径φ15(φ27)钢管
安装完后点焊
外径φ18(φ30)钢管
壁厚2mm
丝扣
(括号内为B大样尺寸)
1
2
3
4
5
6

金属楼梯栏杆

楼梯踏步及粉刷面层示意	楼梯踏步防滑条详图

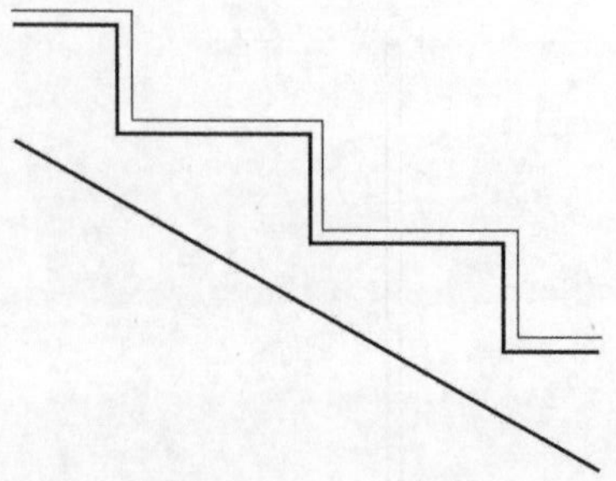

踏板面层作水泥砂浆或水磨石

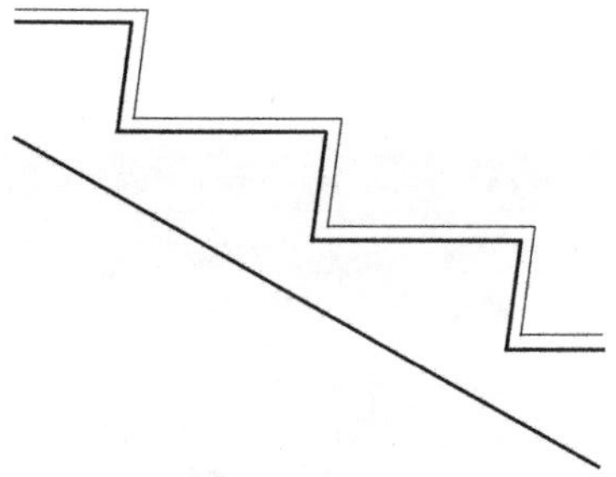

踏板面层作水磨石或缸砖

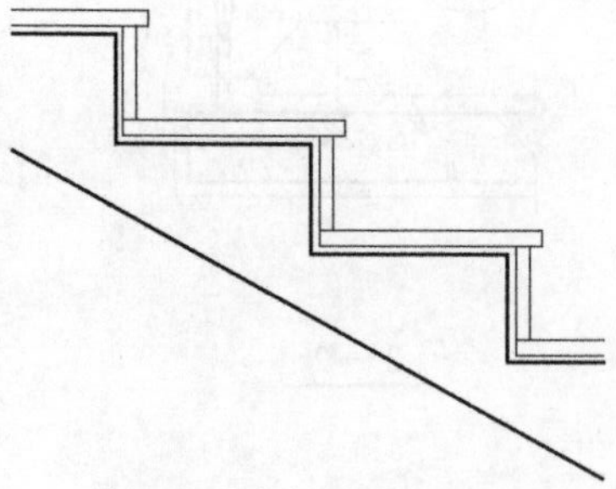

踏板面层镶水磨石板或大理石板
(板厚≥25)或花岗石板(板厚20)

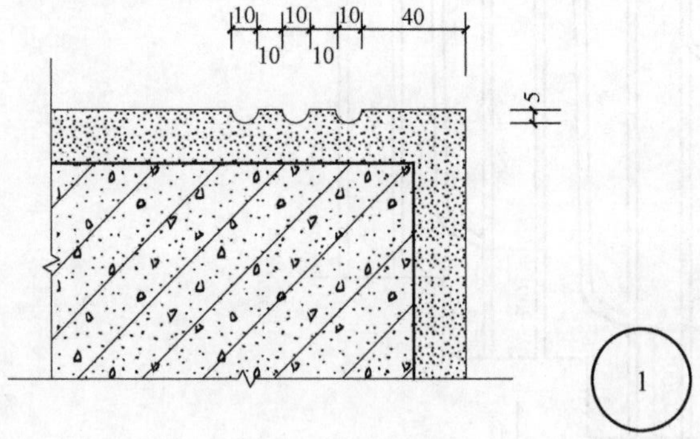

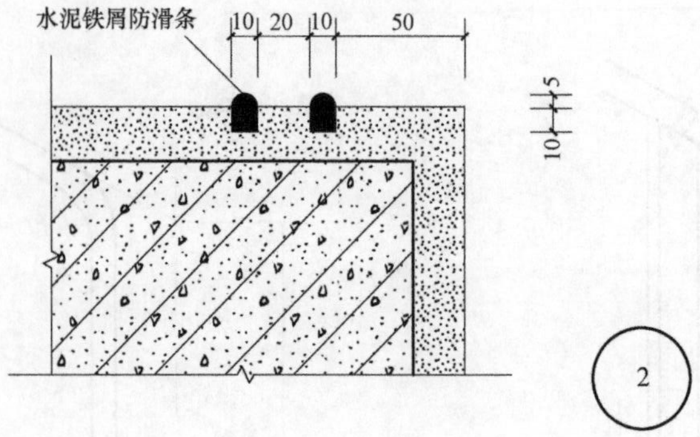

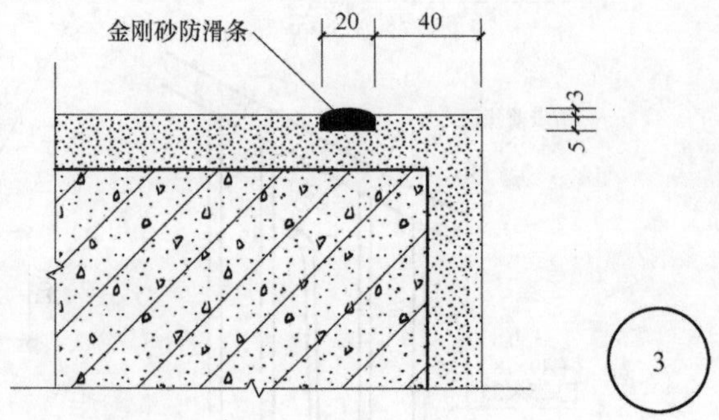

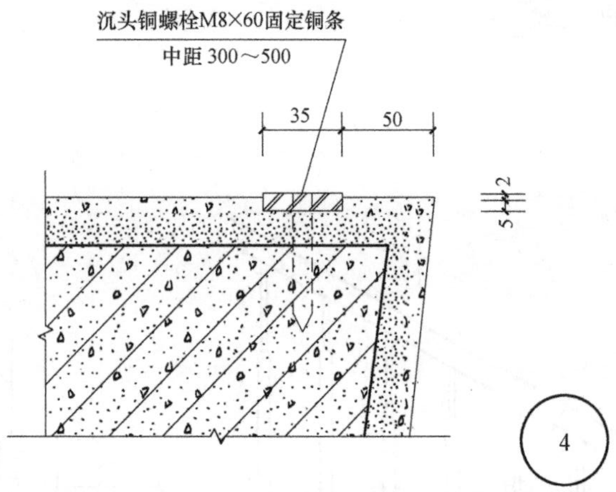

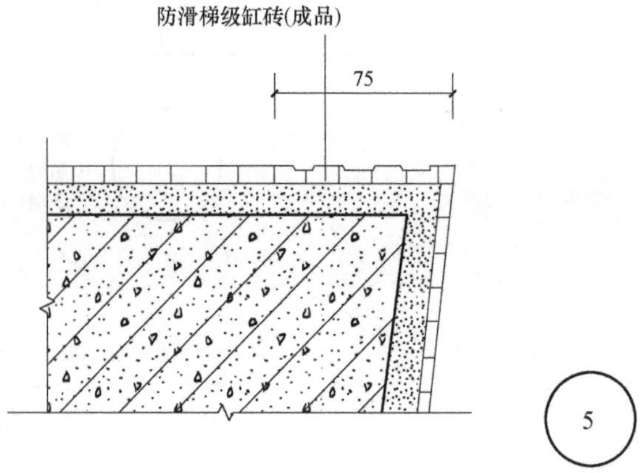

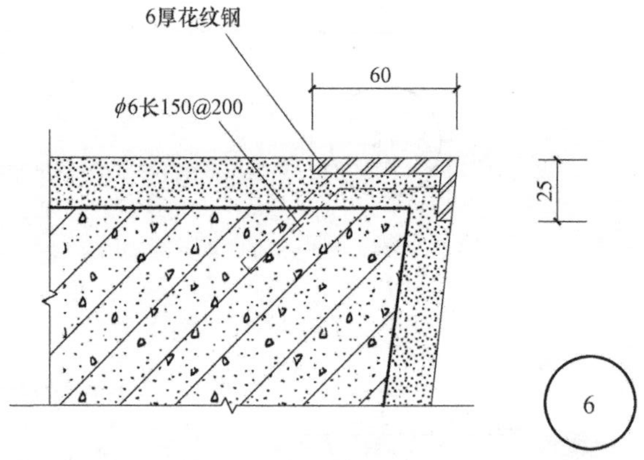

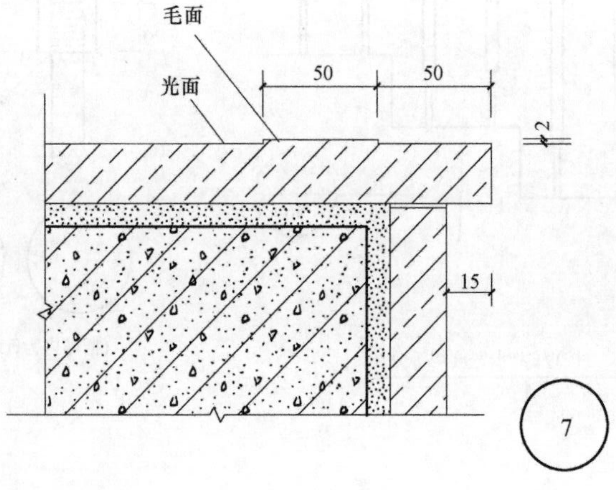

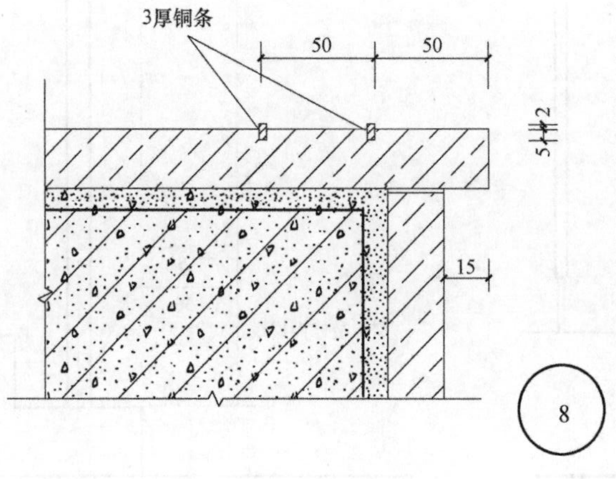

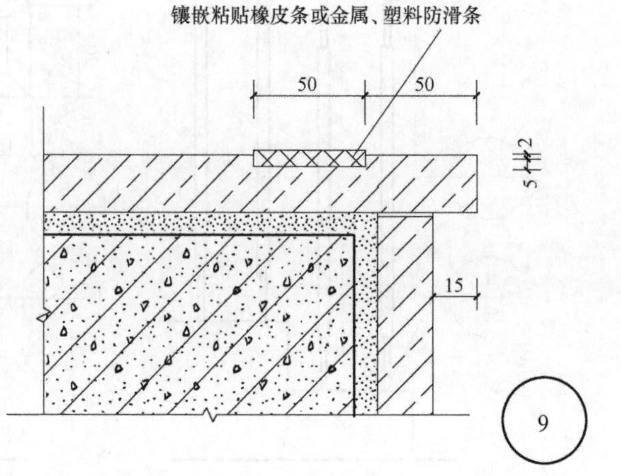

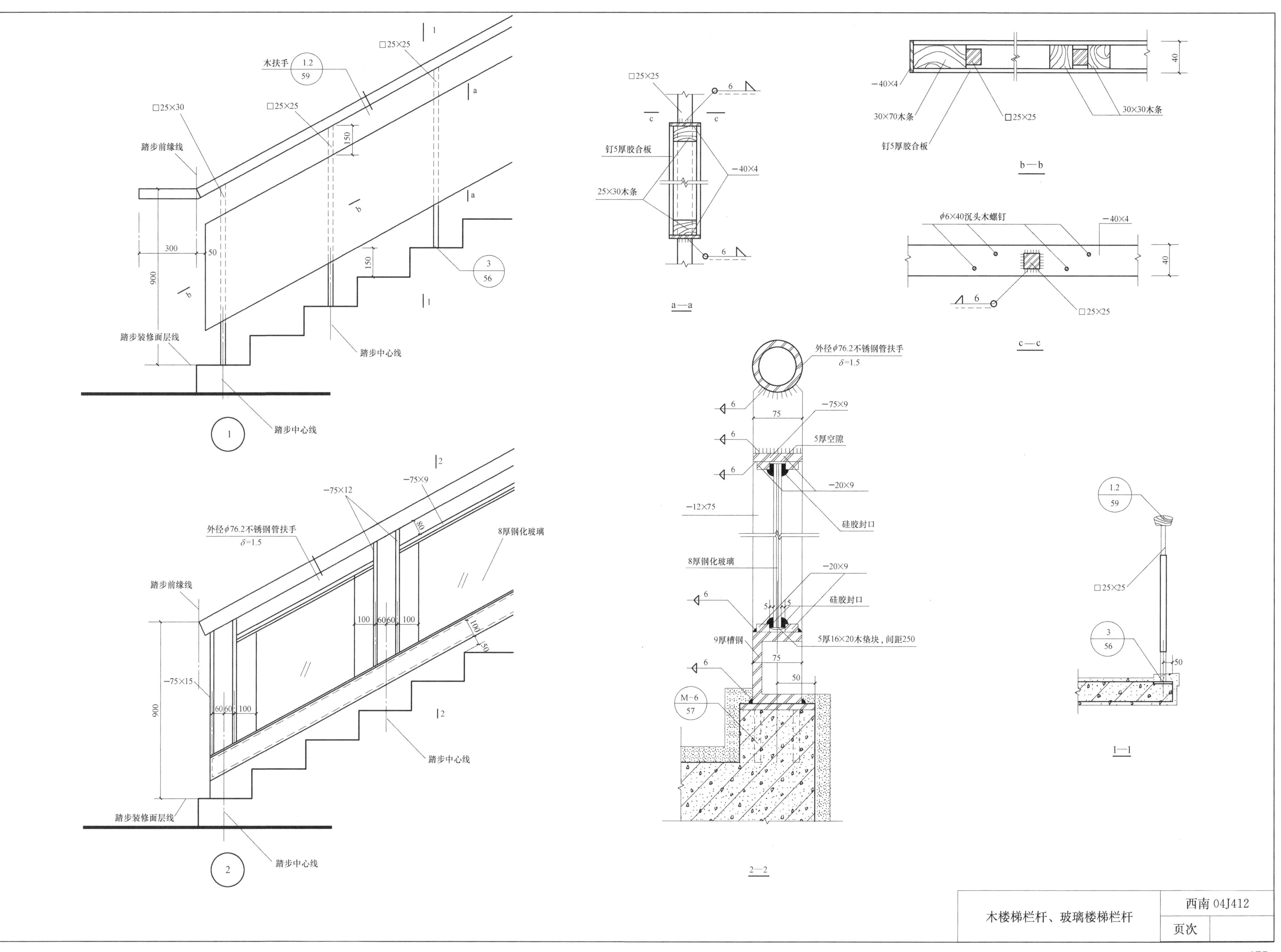
木扶手
1.2
59
□25×25
□25×30
□25×25
踏步前缘线
150
300
50
900
150
3
56
踏步装修面层线
踏步中心线
踏步中心线
1
□25×25
6
c
c
钉5厚胶合板
−40×4
25×30木条
6
a—a
−40×4
30×70木条
□25×25
30×30木条
钉5厚胶合板
40
b—b
ϕ6×40沉头木螺钉
−40×4
40
6
□25×25
c—c
外径ϕ76.2不锈钢管扶手
δ=1.5
−75×9
75
5厚空隙
−20×9
−12×75
硅胶封口
8厚钢化玻璃
−20×9
硅胶封口
5厚16×20木垫块，间距250
9厚槽钢
75
50
M−6
57
2—2
−75×12
−75×9
80
外径ϕ76.2不锈钢管扶手
δ=1.5
8厚钢化玻璃
踏步前缘线
100
60
60
100
100
50
−75×15
900
60
60
100
踏步中心线
踏步装修面层线
踏步中心线
2
1.2
59
□25×25
3
56
50
1—1
木楼梯栏杆、玻璃楼梯栏杆
西南 04J412
页次

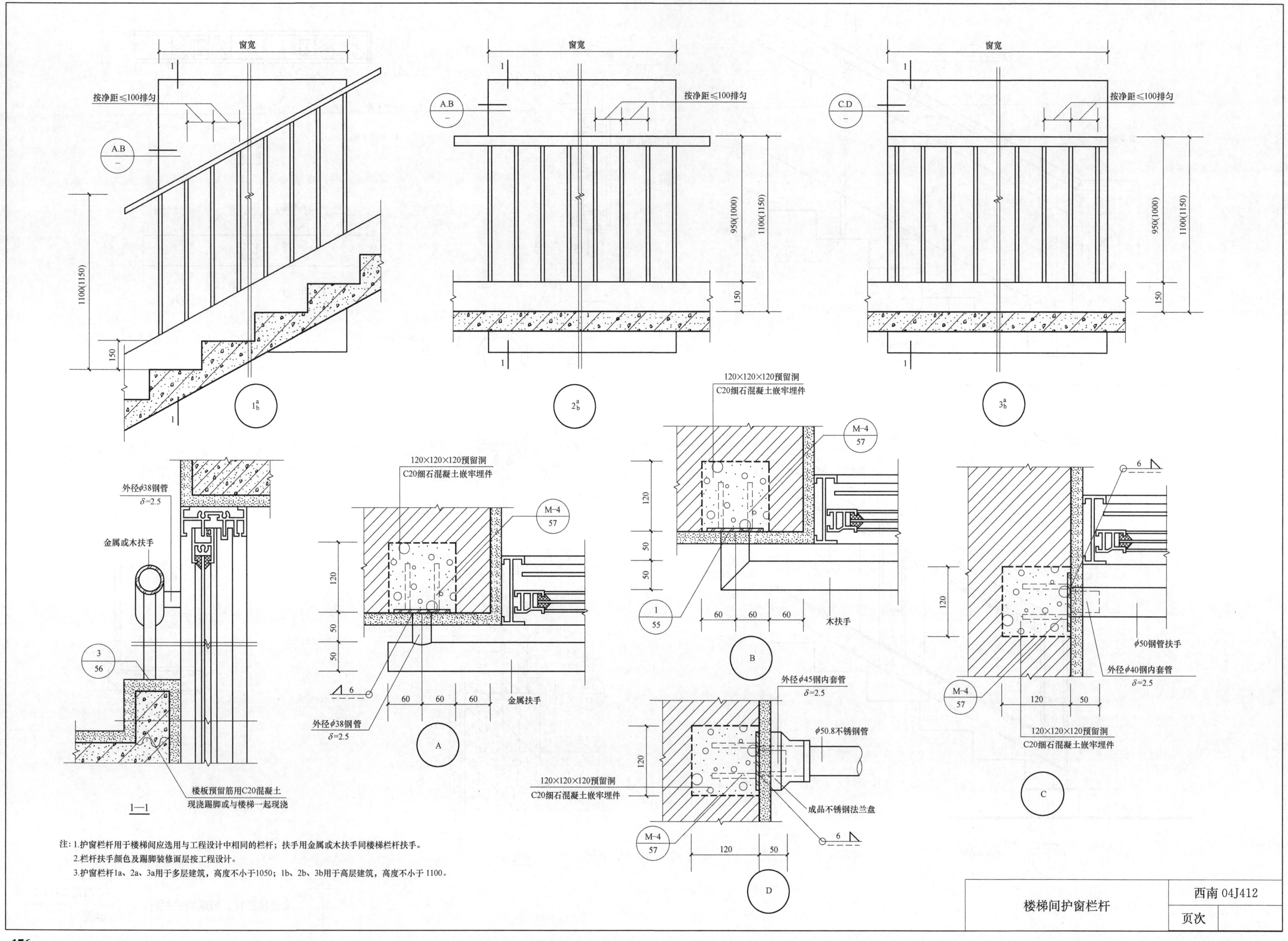

注：1.护窗栏杆用于楼梯间应选用与工程设计中相同的栏杆；扶手用金属或木扶手同楼梯栏杆扶手。
2.栏杆扶手颜色及踢脚装修面层按工程设计。
3.护窗栏杆1a、2a、3a用于多层建筑，高度不小于1050；1b、2b、3b用于高层建筑，高度不小于1100。

楼梯间护窗栏杆

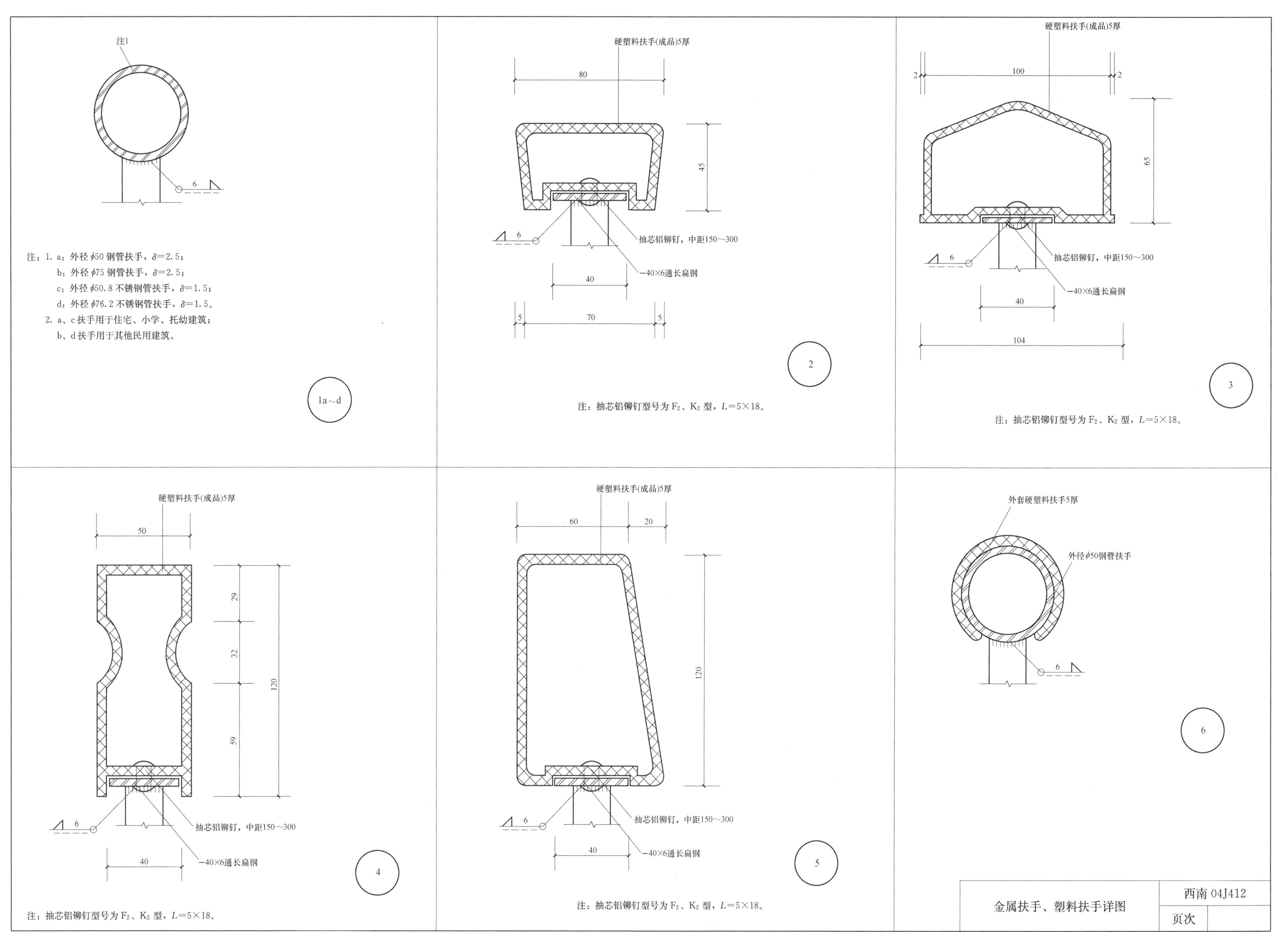
注1
6
注：1. a：外径 ϕ50 钢管扶手，δ=2.5；
b：外径 ϕ75 钢管扶手，δ=2.5；
c：外径 ϕ50.8 不锈钢管扶手，δ=1.5；
d：外径 ϕ76.2 不锈钢管扶手，δ=1.5。
2. a、c 扶手用于住宅、小学、托幼建筑；
b、d 扶手用于其他民用建筑。
1a~d
硬塑料扶手(成品)5厚
80
45
6
抽芯铝铆钉，中距150~300
40
−40×6通长扁钢
5
70
5
2
注：抽芯铝铆钉型号为 F2、K2 型，L=5×18。
硬塑料扶手(成品)5厚
2
100
2
65
6
抽芯铝铆钉，中距150~300
40
−40×6通长扁钢
104
3
注：抽芯铝铆钉型号为 F2、K2 型，L=5×18。
硬塑料扶手(成品)5厚
50
29
32
120
59
6
抽芯铝铆钉，中距150~300
40
−40×6通长扁钢
4
注：抽芯铝铆钉型号为 F2、K2 型，L=5×18。
硬塑料扶手(成品)5厚
60
20
120
6
抽芯铝铆钉，中距150~300
40
−40×6通长扁钢
5
注：抽芯铝铆钉型号为 F2、K2 型，L=5×18。
外套硬塑料扶手5厚
外径ϕ50钢管扶手
6
6
金属扶手、塑料扶手详图
西南 04J412
页次

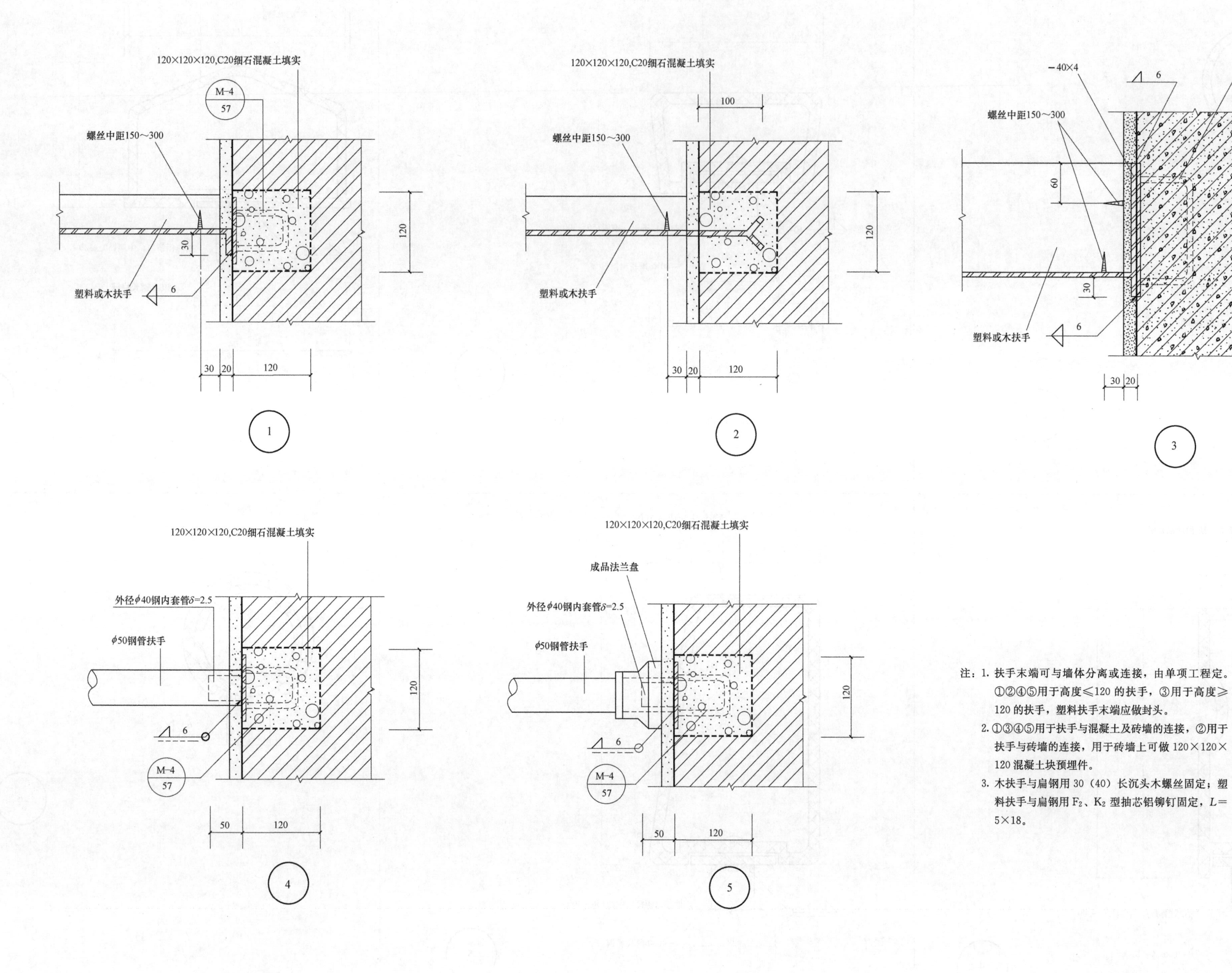

注：1. 扶手末端可与墙体分离或连接，由单项工程定。①②④⑤用于高度≤120 的扶手，③用于高度≥120 的扶手，塑料扶手末端应做封头。

2. ①③④⑤用于扶手与混凝土及砖墙的连接，②用于扶手与砖墙的连接，用于砖墙上可做 120×120×120 混凝土块预埋件。

3. 木扶手与扁钢用 30（40）长沉头木螺丝固定；塑料扶手与扁钢用 F_2、K_2 型抽芯铝铆钉固定，L=5×18。

楼梯扶手与墙体连接详图	西南 04J412
	页次

N01	大白浆平缝墙面	燃烧性能等级	A
		总厚度	
1. 清水砖墙原浆刮平缝 2. 喷大白浆或色浆		说明： 颜色由设计定	

N02	大白浆凹逢墙面	燃烧性能等级	A
		总厚度	
1. 清水砖墙 1∶1 水泥砂浆勾凹缝 2. 喷大白浆或色浆		说明： 颜色由设计定	

N03	纸筋石灰浆喷涂料墙面	燃烧性能等级	A，B_1
		总厚度	18
1. 基层处理 2. 8 厚 1∶2.5 石灰砂浆，加麻刀 1.5% 3. 7 厚 1∶2.5 石灰砂浆，加麻刀 1.5% 4. 2 厚纸筋石灰浆，加纸筋 6% 5. 喷涂料		说明： 1. 涂料品种、颜色由设计定 2. （注 1）	

N04	混合砂浆喷涂料墙面	燃烧性能等级	A，B_1
		总厚度	22
1. 基层处理 2. 9 厚 1∶1∶6 水泥石灰砂浆打底扫毛 3. 7 厚 1∶1∶6 水泥石灰砂浆垫层 4. 5 厚 1∶0.3∶2.5 水泥石灰砂浆罩面压光 5. 喷涂料		说明： 1. 涂料品种、颜色由设计定 2. （注 1）	

N05	混合砂浆刷乳胶漆墙面	燃烧性能等级	B_1，B_2
		总厚度	22
1. 基层处理 2. 9 厚 1∶1∶6 水泥石灰砂浆打底扫毛 3. 7 厚 1∶1∶6 水泥石灰砂浆垫层 4. 5 厚 1∶0.3∶2.5 水泥石灰砂浆罩面压光 5. 刷乳胶漆		说明： 1. 乳胶漆品种、颜色由设计定 2. 乳胶漆湿涂覆比＜1.5kg/m^2 时，为 B_1 级	

N06	混合砂浆贴壁纸墙面	燃烧性能等级	B_1，B_2
		总厚度	22
1. 基层处理 2. 9 厚 1∶1∶6 水泥石灰砂浆打底扫毛 3. 7 厚 1∶1∶6 水泥石灰砂浆垫层 4. 5 厚 1∶0.3∶2.5 水泥石灰砂浆罩面压光 5. 满刮腻子一道，磨平 6. 补刮腻子，磨平 7. 贴壁纸		说明： 1. 壁纸品种、颜色由设计定 2. （注 2）	

N07	水泥砂浆喷涂料墙面	燃烧性能等级	B_1
		总厚度	19
1. 基层处理 2. 7 厚 1∶3 水泥砂浆打底扫毛 3. 6 厚 1∶3 水泥砂浆垫层 4. 5 厚 1∶2.5 水泥砂浆罩面压光 5. 喷涂料		说明： 1. 涂料品种、颜色由设计定 2. （注 1）	

N08	水泥砂浆刷乳胶漆墙面	燃烧性能等级	B_1
		总厚度	19
1. 基层处理 2. 7 厚 1∶3 水泥砂浆打底扫毛 3. 6 厚 1∶3 水泥砂浆垫层 4. 5 厚 1∶2.5 水泥砂浆罩面压光 5. 刷乳胶漆		说明： 1. 涂料品种、颜色由设计定 2. 乳胶漆湿涂覆比＜1.5kg/m^2 时，为 B_1 级	

N09	水泥砂浆贴壁纸墙面	燃烧性能等级	B_1
		总厚度	19
1. 基层处理 2. 7 厚 1∶3 水泥砂浆打底扫毛 3. 6 厚 1∶3 水泥砂浆垫层 4. 5 厚 1∶2.5 水泥砂浆罩面压光 5. 满刮腻子一道，磨平 6. 贴壁纸		说明： 1. 壁纸品种、颜色由设计定 2. （注 2）	

N10	拉毛喷涂料墙面	燃烧性能等级	A，B_1
		总厚度	23
1. 基层处理 2. 9 厚 1∶1∶6 水泥石灰砂浆打底扫毛 3. 7 厚 1∶1∶6 水泥石灰砂浆垫层 4. 6 厚 1∶0.3∶3 水泥石灰砂浆拉毛 5. 喷涂料		说明： 1. 拉毛颗粒大小、涂料品种、颜色由设计定 2. （注 1）	

N11	白瓷砖墙面	燃烧性能等级	A
		总厚度	23
1. 基层处理 2. 10 厚 1∶3 水泥砂浆打底扫毛，分两次抹 3. 8 厚 1∶0.15∶2 水泥石灰砂浆粘结层（加建筑胶适量） 4. 5 厚白瓷砖，白水泥擦缝		说明： 白瓷砖 150×150×5 或由设计定	

N12	彩釉砖墙面	燃烧性能等级	A
		总厚度	23～25
1. 基层处理 2. 10 厚 1∶3 水泥砂浆打底扫毛，分两次抹 3. 8 厚 1∶0.15∶2 水泥石灰砂浆粘结层（加建筑胶适量） 4. 5～7 厚彩色釉面砖，白水泥擦缝		说明： 彩釉面砖品种规格由设计定	

N13	陶瓷锦砖墙面	燃烧性能等级	A
		总厚度	21～21.5
1. 基层处理 2. 9 厚 1∶3 水泥砂浆打底扫毛，分两次抹 3. 8 厚 1∶0.15∶2 水泥石灰砂浆粘结层（加建筑胶适量） 4. 4～4.5 厚陶瓷锦砖，白水泥擦缝		说明： 陶瓷锦砖品种规格、拼花图案由设计定	

注 1：涂料为无机涂料时，燃烧性能等级为 A 级；有机涂料湿涂覆比＜1.5kg/m^2 时，为 B_1 级；

注 2：壁纸重量＜300g/m^2 时，其燃烧性能等级为 B_1 级。

P01	刮腻子喷涂料顶棚	燃烧性能等级	A，B_1
		总厚度	
1. 现浇钢筋混凝土板底腻子刮平 2. 喷涂料		说明： 1. 涂料品种颜色由设计定 2. 适用于一般库房、锅炉房等 3.（注1）	

P02	抹缝喷涂料顶棚	燃烧性能等级	A，B_1
		总厚度	
1. 预制钢筋混凝土板底抹缝，1∶0.3∶3水泥石灰砂浆打底，纸筋灰（加纸筋6%）罩面一次成活 2. 喷涂料		说明： 1. 涂料品种、颜色由设计定 2. 适用于一般库房、锅炉房等 3.（注1）	

P03	纸筋灰喷涂料顶棚	燃烧性能等级	A，B_1
		总厚度	13，16
1. 基层清理 2. 刷水泥浆一道（加建筑胶适量） 3. 4厚1∶0.5∶2.5水泥石灰砂浆 4. 6，9厚1∶1∶4水泥石灰砂浆（现浇基层6厚，预制基层9厚） 5. 2厚纸筋石灰浆（加纸筋6%） 6. 喷涂料		说明： 1. 涂料品种颜色由设计定 2.（注1）	

P04	混合砂浆喷涂料顶棚	燃烧性能等级	A，B_1
		总厚度	15，20
1. 基层清理 2. 刷水泥浆一道（加建筑胶适量） 3. 10，15厚1∶1∶4水泥石灰砂浆（现浇基层10厚，预制基层15厚） 4. 4厚1∶0.3∶3水泥石灰砂浆 5. 喷涂料		说明： 1. 涂料品种颜色由设计定 2.（注1）	

P05	水泥砂浆喷涂料顶棚	燃烧性能等级	A，B_1
		总厚度	14，19
1. 基层清理 2. 刷水泥浆一道（加建筑胶适量） 3. 10，15厚1∶1∶4水泥石灰砂浆（现浇基层10厚，预制基层15厚） 4. 3厚1∶2.5水泥砂浆 5. 喷涂料		说明： 1. 涂料品种颜色由设计定 2. 适用于相对湿度较大的房间，如水泵房，洗衣房等 3.（注1）	

注1：涂料为无机涂料时，燃烧性能等级为A级，有机涂料湿涂覆比<1.5kg/m² 时为B_1级。

P19 a（不上人） b（上　人）	穿孔石膏吸声板吊棚	燃烧性能等级	B_1
		总厚度	
1. 1，2，3同“P11” 4. 覆面（次）龙骨⊔ 50×19×0.5中距等于板材宽度 5. 覆面横撑（次）龙骨⊔ 50×19×0.5中距等于板材长度 6. 9厚穿孔吸音板自攻螺丝拧牢，孔眼用腻子补平，石膏板规格有500×500×9，600×600×9 7. 刷涂料、无光油漆、乳胶漆等		说明 1. 如有特殊荷载时，龙骨断面需经计算确定 2. 石膏板规格、图案、孔距、穿孔孔径由设计定 3. 表面涂层由设计定 4. 适用于有吸声要求的房间	

P20	胶合板吊顶	燃烧性能等级	B_1
		总厚度	
1. 钢筋混凝土板内预留ϕ6吊环，双向吊点，中距900～1200 2. ϕ6钢筋吊杆，双向吊点，中距900～1200 3. 大龙骨⊏60×30×1.5，中距<1200 4. 中龙骨⊔ 50×19×0.5（底部加30×20木筋，底面刨光）中距450～900 5. 横撑⊔ 50×19×0.5（底部加30×20木筋，底面刨光）中距450～600 6. 5厚胶合板 7. 油漆		说明： 1. 如有特殊荷载时，龙骨断面需经计算确定 2. 中龙骨、横撑底部加木筋用M5×35沉头螺钉拧牢，中距300 3. 油漆品种、颜色由设计定	

P21	塑料条形扣板吊顶	燃烧性能等级	B
		总厚度	
1. 1，2，3，4，5同“P20” 6. 8～9厚塑料条形扣板（条形扣板宽度有100、200、250等）		说明： 1. 同“P11” 2. 塑料条形扣板规格、颜色由设计定	

P22	铝合金条板吊顶	燃烧性能等级	A
		总厚度	
1. 钢筋混凝土内预留ϕ6吊环，双向吊点，中距900～1200 2. ϕ8钢筋吊杆，双向吊点，中距900～1200 3. 龙骨（专用），中距<1200 4. 0.5～0.8厚铝合金条板，中距100、150、200等（注1）		说明： 1. 如有特殊荷载时，龙骨断面需经计算确定 2. 详细构造参见有关厂家的样本 3. 条板颜色由设计定	

P23	铝合金方板吊顶	燃烧性能等级	A
		总厚度	
1. 钢筋混凝土内预留ϕ6吊环，双向吊点，中距900～1200 2. ϕ8钢筋吊杆，双向吊点，中距900～1200 3. 龙骨（专用），中距<1200 4. 0.8～1厚铝合金方板（注2）		说明： 1. 如有特殊荷载时，龙骨断面需经计算确定 2. 详细构造参见有关厂家的样本 3. 方板颜色由设计定	

注1：铝合金条板有开放型、封闭型、封闭吸声型、悬片型等多种变化，设计人参照厂家样本作进一步选择。
注2：铝合金方板有矩形、方形、压型、微孔吸声型等多种变化，设计人参照厂家样本作进一步选择。

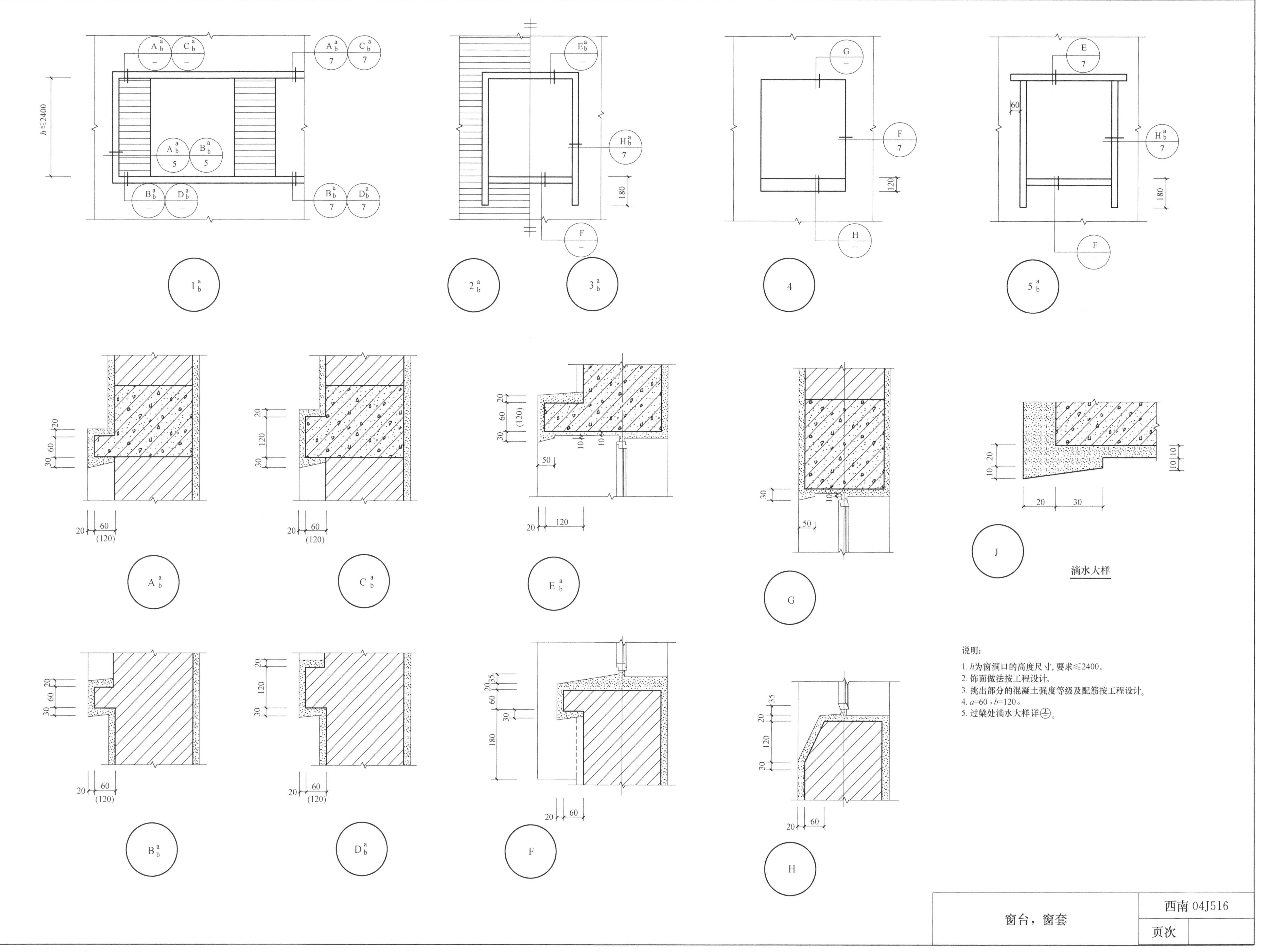

说明:

1. h为窗洞口的高度尺寸,要求≤2400。
2. 饰面做法按工程设计。
3. 挑出部分的混凝土强度等级及配筋按工程设计。
4. a=60,b=120。
5. 过梁处滴水大样详(J)。

窗台,窗套	西南 04J516
	页次

名称代号	图例	材料厚度及做法	附注
面砖饰面 砖基层 5407	27～28	14厚1：3水泥砂浆打底，两次成活，扫毛或划出纹道。 8厚1：0.15：2水泥石灰砂浆（内掺建筑胶或专业粘结剂）。 贴外墙砖1：1水泥砂浆勾缝。	面砖颜色及种类按工程设计。 分格线贴法及缝宽颜色在立面图上表示。
面砖饰面 混凝土基层 5408	27～28	刷界面处理剂。 14厚1：3水泥砂浆打底，两次成活，扫毛或划出纹道。 8厚1：0.15：2水泥石灰砂浆（内掺建筑胶或专业粘结剂）。 贴外墙砖1：1水泥砂浆勾缝。	

名称代号	图例	材料厚度及做法	附注
面砖饰面 加气混凝土基层 5409	27～28	基层清扫干净，填补缝隙缺损均匀润湿，刷界面处理剂。 14厚1：3水泥砂浆打底，两次成活，扫毛或划出纹道。 8厚1：0.15：2水泥石灰砂浆（内掺建筑胶或专业粘结剂）。 贴外墙砖1：1水泥砂浆勾缝。	面砖颜色及种类按工程设计。 分格线贴法及缝宽颜色在立面图上表示。
拼碎 大理石饰面 砖基层 5410	28～32	13厚1：3水泥砂浆打底，两次成活。 7厚1：3水泥砂浆找平。 1：1.5水泥砂浆粘贴大理石（粘贴前应试拼），灰缝刮平。	

名称代号	图例	材料厚度及做法	附注
刷乳胶漆墙面 混凝土基层 5311	20	刷界面处理剂。 13厚1：3水泥砂浆打底，两次成活，扫毛或划出纹道。 7厚1：2.5水泥砂浆找平铁抹压光水刷带出小麻面。 刷乳胶漆两遍（外墙用）。 喷甲基硅醇钠憎水剂。	面层涂料种类，颜色，均按工程设计。
刷乳胶漆墙面 加气混凝土基层 5312	20	基层清扫干净，填补缝隙缺损均匀润湿，刷界面处理剂。 13厚1：3水泥砂浆打底，两次成活，扫毛或划出纹道。 7厚1：2.5水泥砂浆找平铁抹压光水刷带出小麻面。 刷乳胶漆两遍（外墙用）。 喷甲基硅醇钠憎水剂。	

名称代号	图例	材料厚度及做法	附注
涂料墙面 砖基层 5313	18	12厚1：3水泥砂浆打底，两次成活，扫毛或划出纹道。 6厚1：2.5水泥砂浆找平。 刷（喷）涂料面层两遍。 喷甲基硅醇钠憎水剂。	面层涂料种类、颜色均按工程设计。
涂料墙面 混凝土基层 5314	18	刷界面处理剂。 12厚1：3水泥砂浆打底，两次成活，扫毛或划出纹道。 6厚1：2.5水泥砂浆找平。 刷（喷）涂料面层两遍。 喷甲基硅醇钠憎水剂。	
涂料墙面 加气混凝土基层 5315	18	基层清扫干净，填补缝隙缺损均匀润湿。 刷界面处理剂。 12厚1：3水泥砂浆打底，两次成活，扫毛或划出纹道。 6厚1：2.5水泥砂浆找平。 刷（喷）涂料面层两遍。 喷甲基硅醇钠憎水剂。	

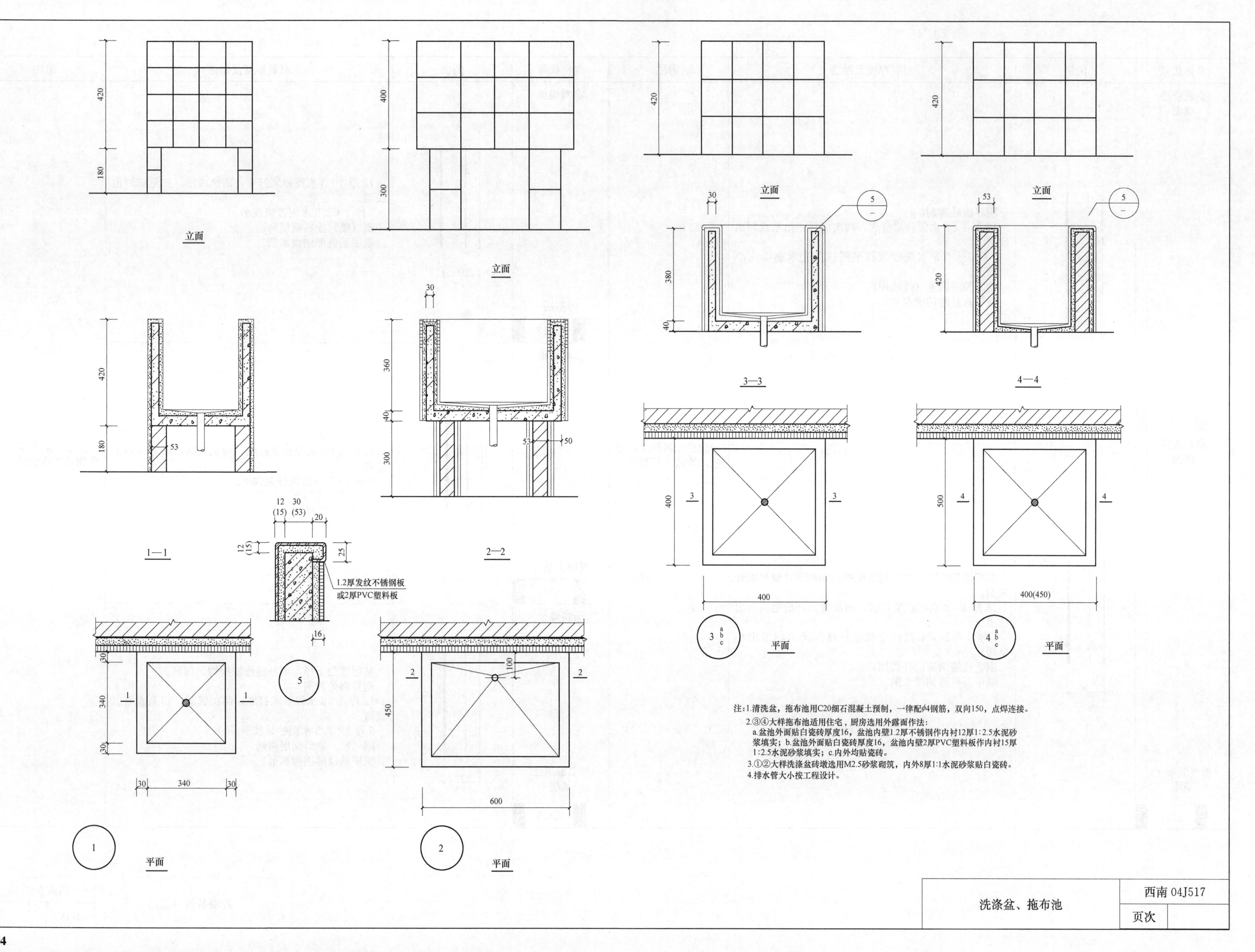

注:1.清洗盆，拖布池用C20细石混凝土预制，一律配ϕ4钢筋，双向150，点焊连接。
2.③④大样拖布池适用住宅，厨房选用外露面作法:
a.盆池外面贴白瓷砖厚度16，盆池内壁1.2厚不锈钢作内衬12厚1:2.5水泥砂浆填实；b.盆池外面贴白瓷砖厚度16，盆池内壁2厚PVC塑料板作内衬15厚1:2.5水泥砂浆填实；c.内外均贴瓷砖。
3.①②大样洗涤盆砖墩选用M2.5砂浆砌筑，内外8厚1:1水泥砂浆贴白瓷砖。
4.排水管大小按工程设计。

洗涤盆、拖布池	西南 04J517
	页次

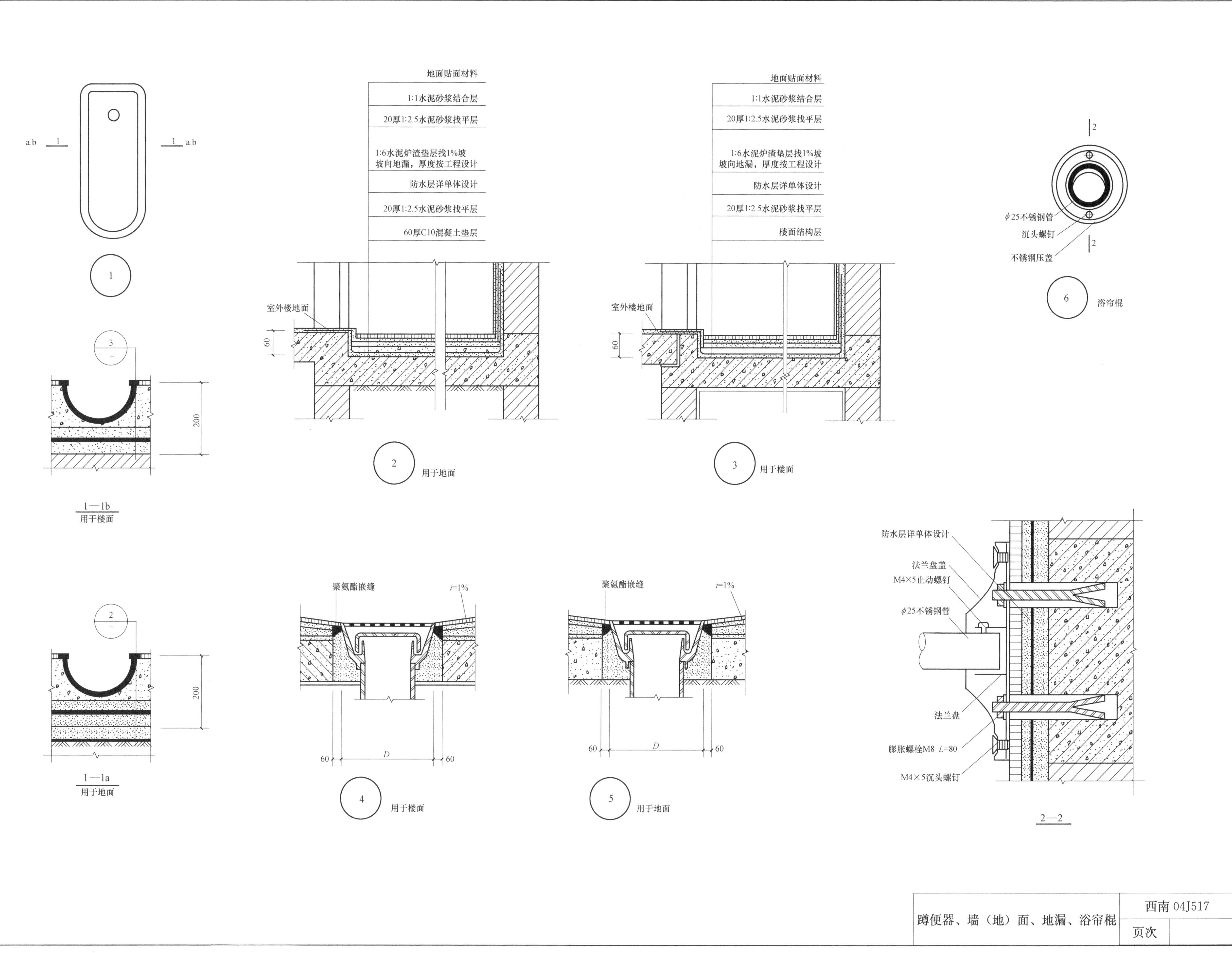

蹲便器、墙（地）面、地漏、浴帘棍	西南 04J517
	页次

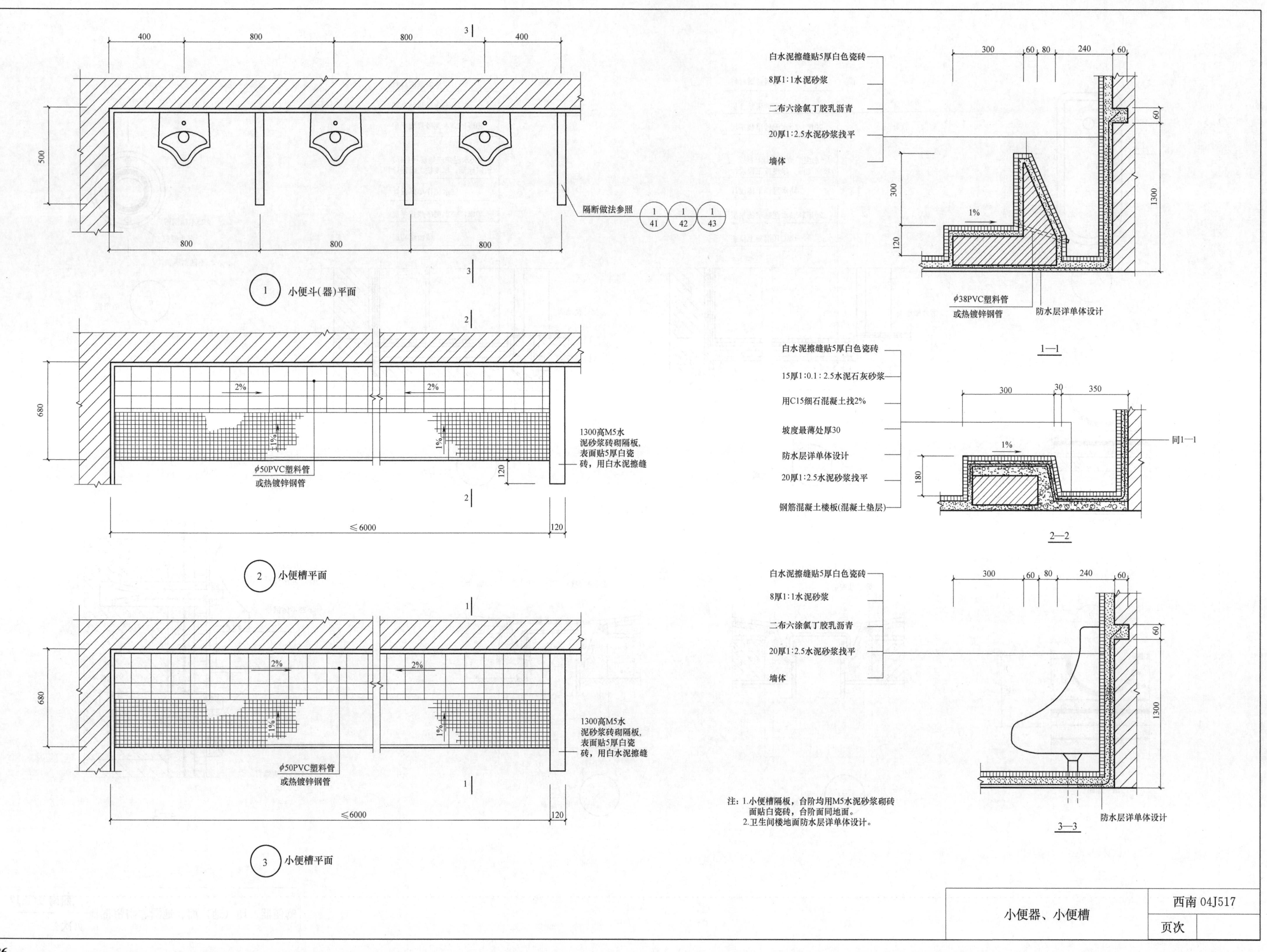

注：1.小便槽隔板，台阶均用M5水泥砂浆砌砖面贴白瓷砖，台阶面同地面。
2.卫生间楼地面防水层详单体设计。

小便器、小便槽	西南 04J517
	页次

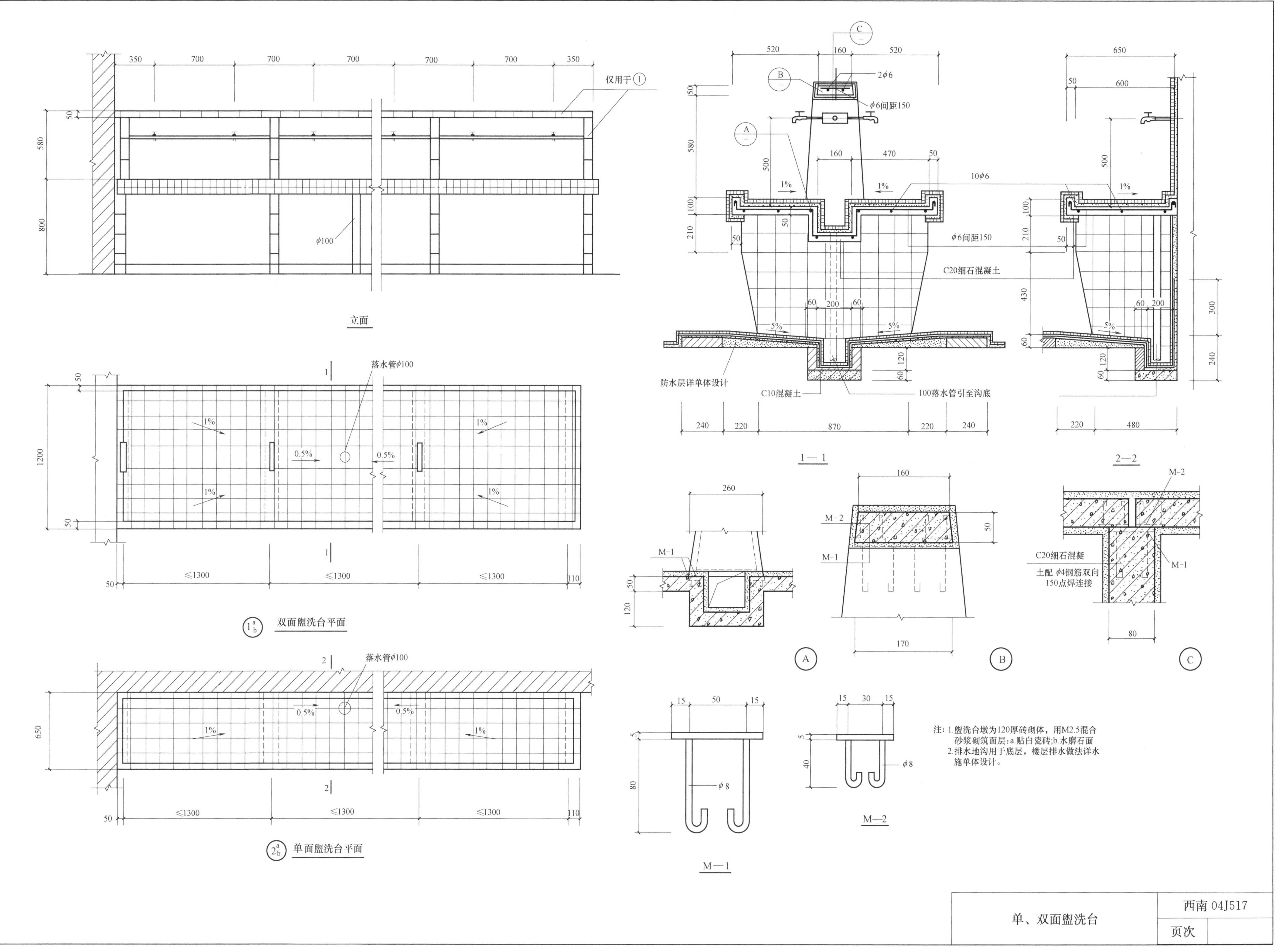

注：1.盥洗台墩为120厚砖砌体，用M2.5混合砂浆砌筑面层：a.贴白瓷砖;b.水磨石面
2.排水地沟用于底层，楼层排水做法详水施单体设计。

单、双面盥洗台

西南 04J517

页次

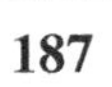

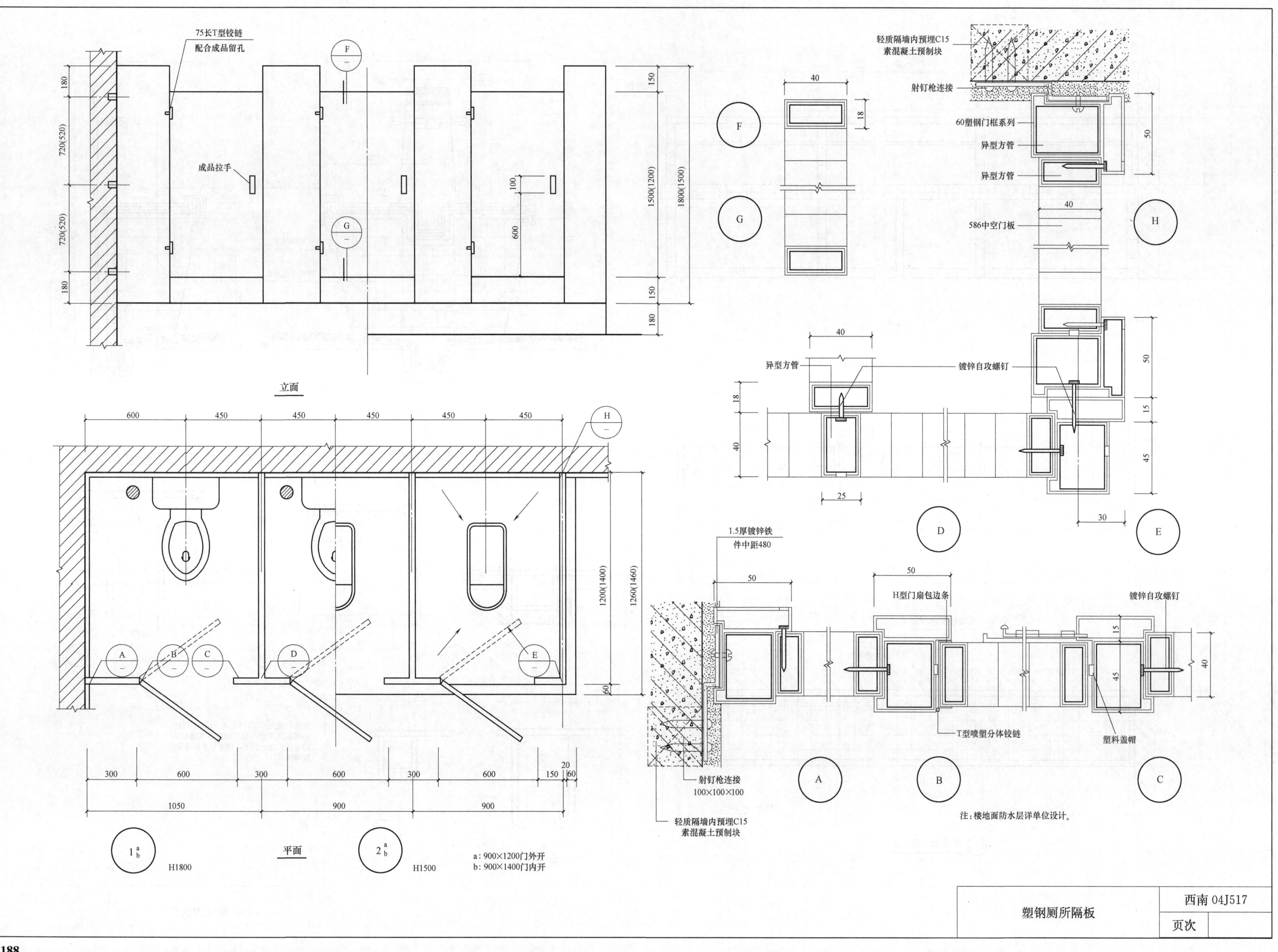

塑钢厕所隔板	西南 04J517
	页次

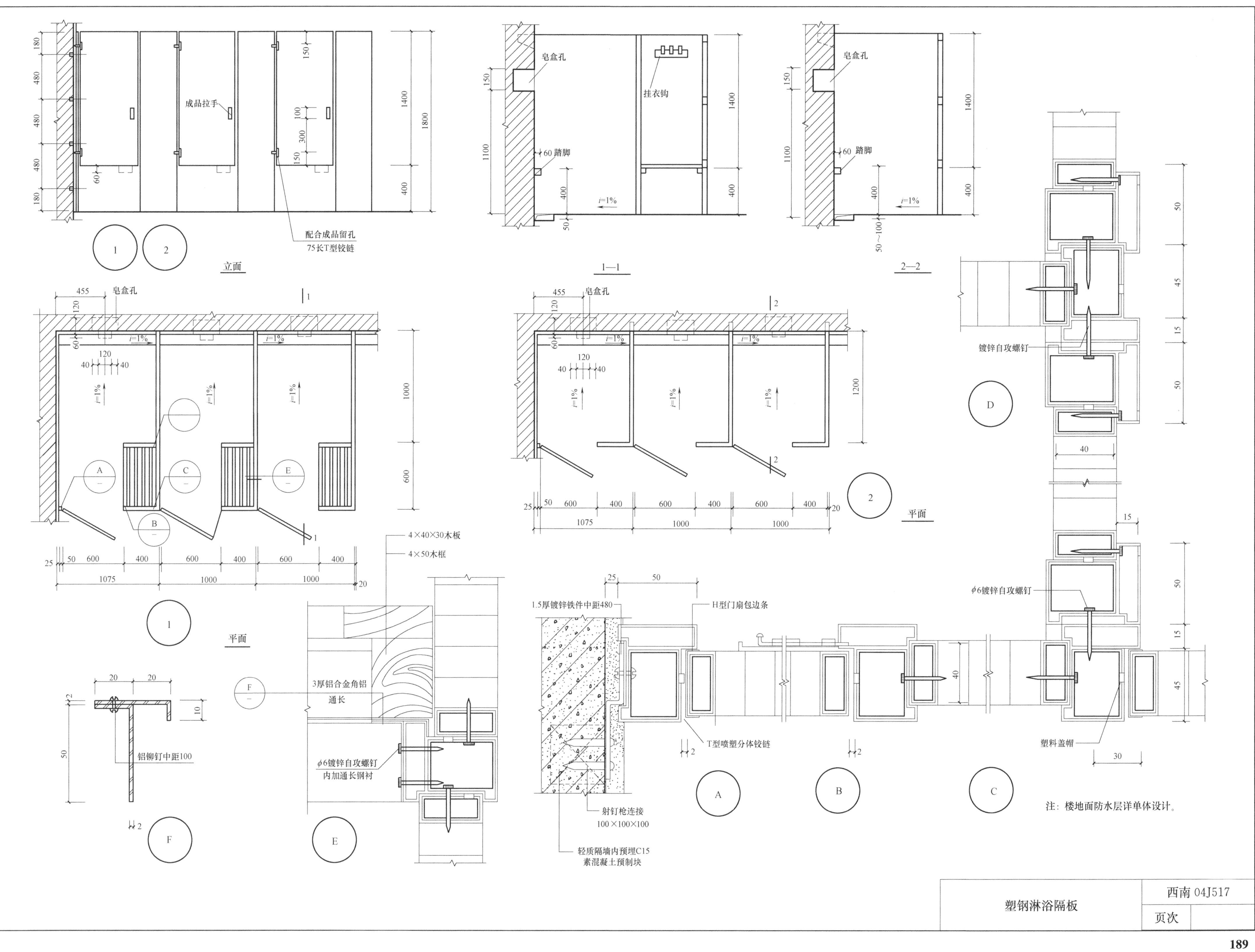

塑钢淋浴隔板

西南 04J517

页次

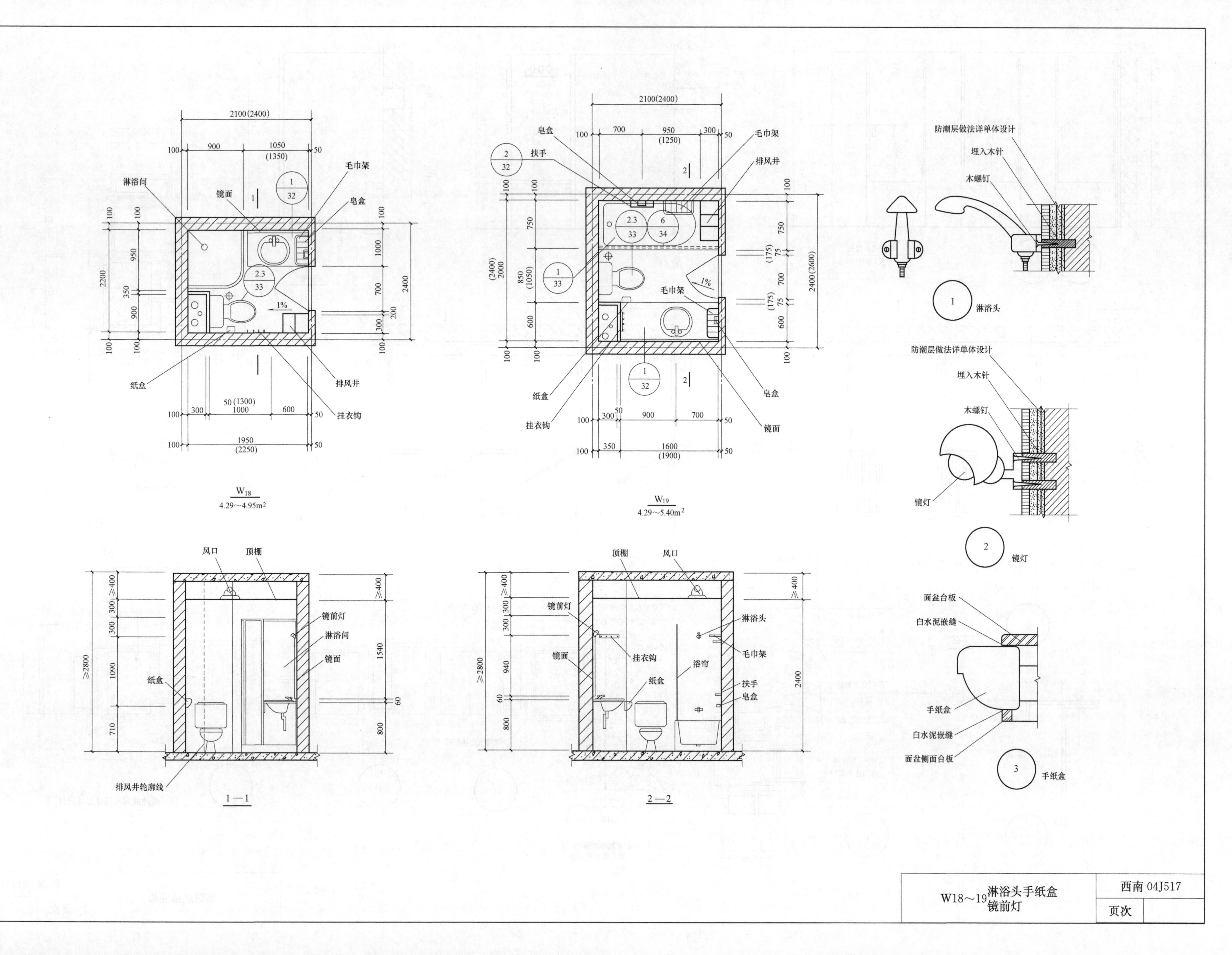

W18～19 淋浴头手纸盒 镜前灯

西南 04J517

页次

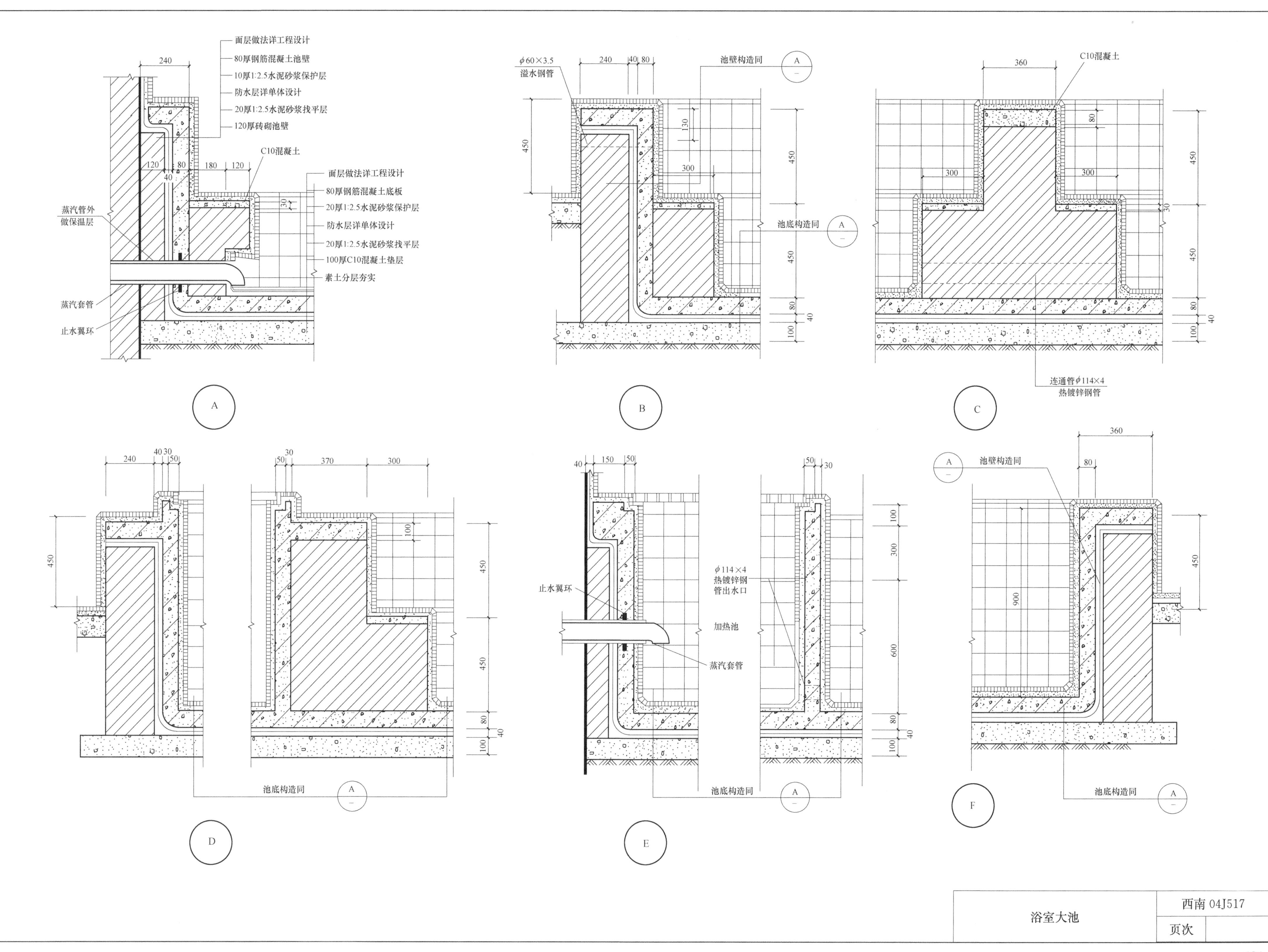

浴室大池	西南 04J517
	页次

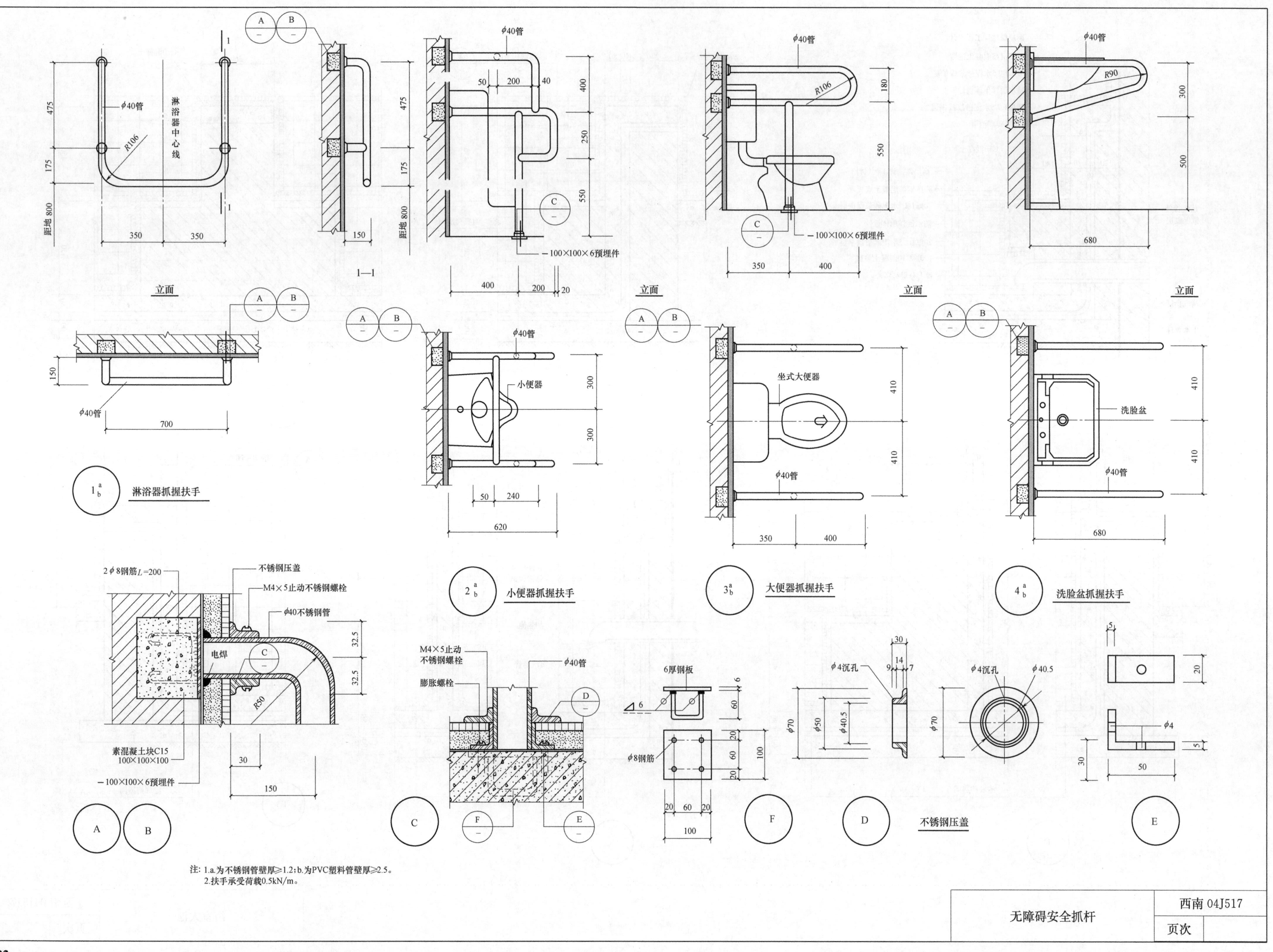

注：1.a.为不锈钢管壁厚≥1.2；b.为PVC塑料管壁厚≥2.5。
2.扶手承受荷载0.5kN/m。

无障碍安全抓杆	西南 04J517
	页次

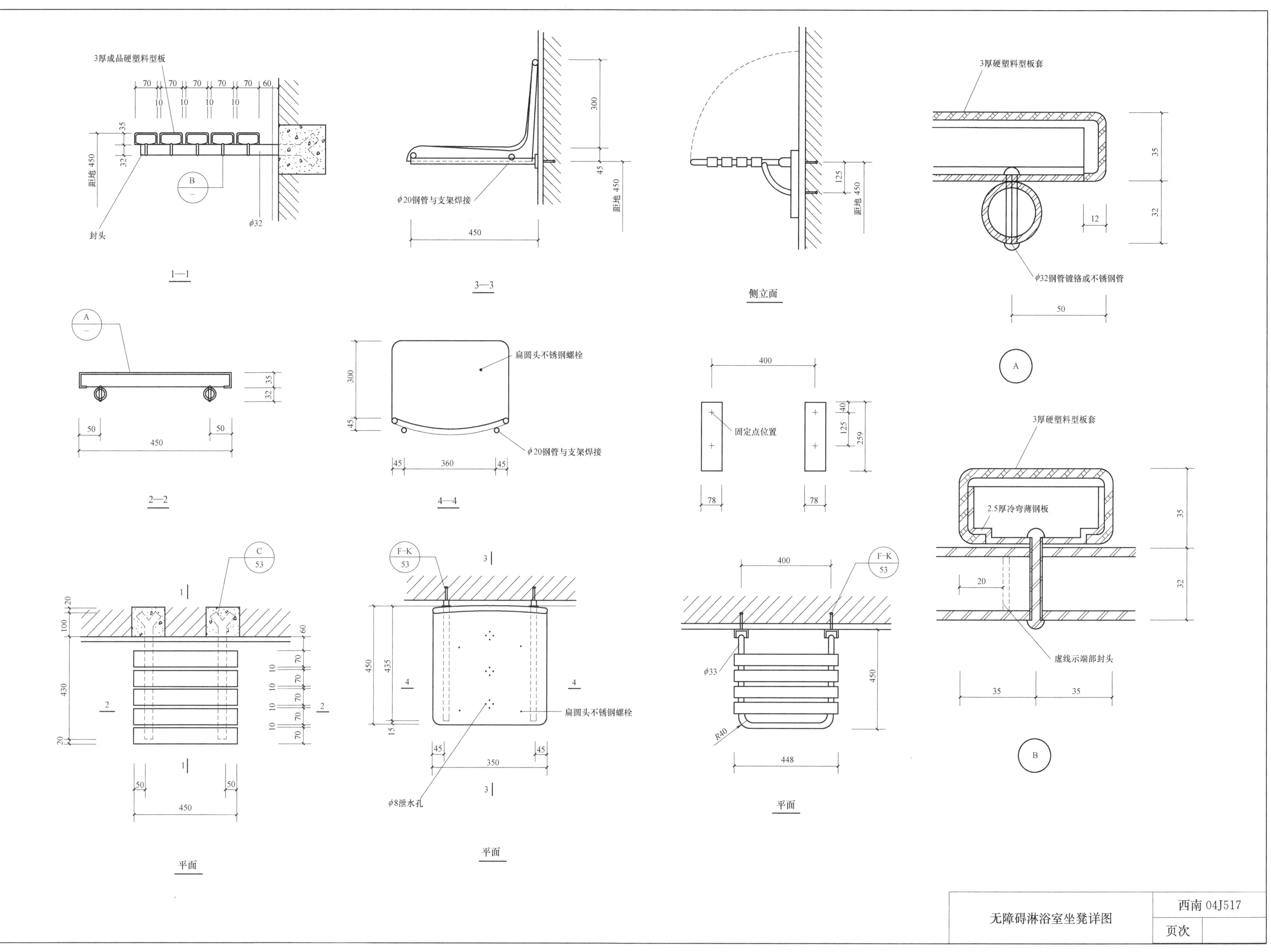
3厚成品硬塑料型板
距地 450
封头
φ32
1—1
φ20钢管与支架焊接
3—3
侧立面
3厚硬塑料型板套
φ32钢管镀铬或不锈钢管
A
2—2
扁圆头不锈钢螺栓
φ20钢管与支架焊接
4—4
固定点位置
2.5厚冷弯薄钢板
虚线示端部封头
B
平面
φ8泄水孔
φ33
R40
无障碍淋浴室坐凳详图
西南 04J517
页次

注:

1.明暗沟纵向排水坡为0.5%。当坡高超过本图各节点中的规定时,按工程设计。
2.明沟穿过斜道、踏步、花台、花池等时应加钢筋混凝土盖板。
3.编号1a、2a、4a、5a用于建筑四周,编号1b,2b,3,4b,5b,7,8用于人行道,编号6,9用于车道。
4.编号1,2,4,5中b为括号内尺寸。
5.所有排水沟基土用黏土加碎砖、石,卵石,夯实。
6.暗沟落水篦采用铸铁,间距6~8m。
7.沟盖板采用C20混凝土。

排水沟	西南 04J812
	页次

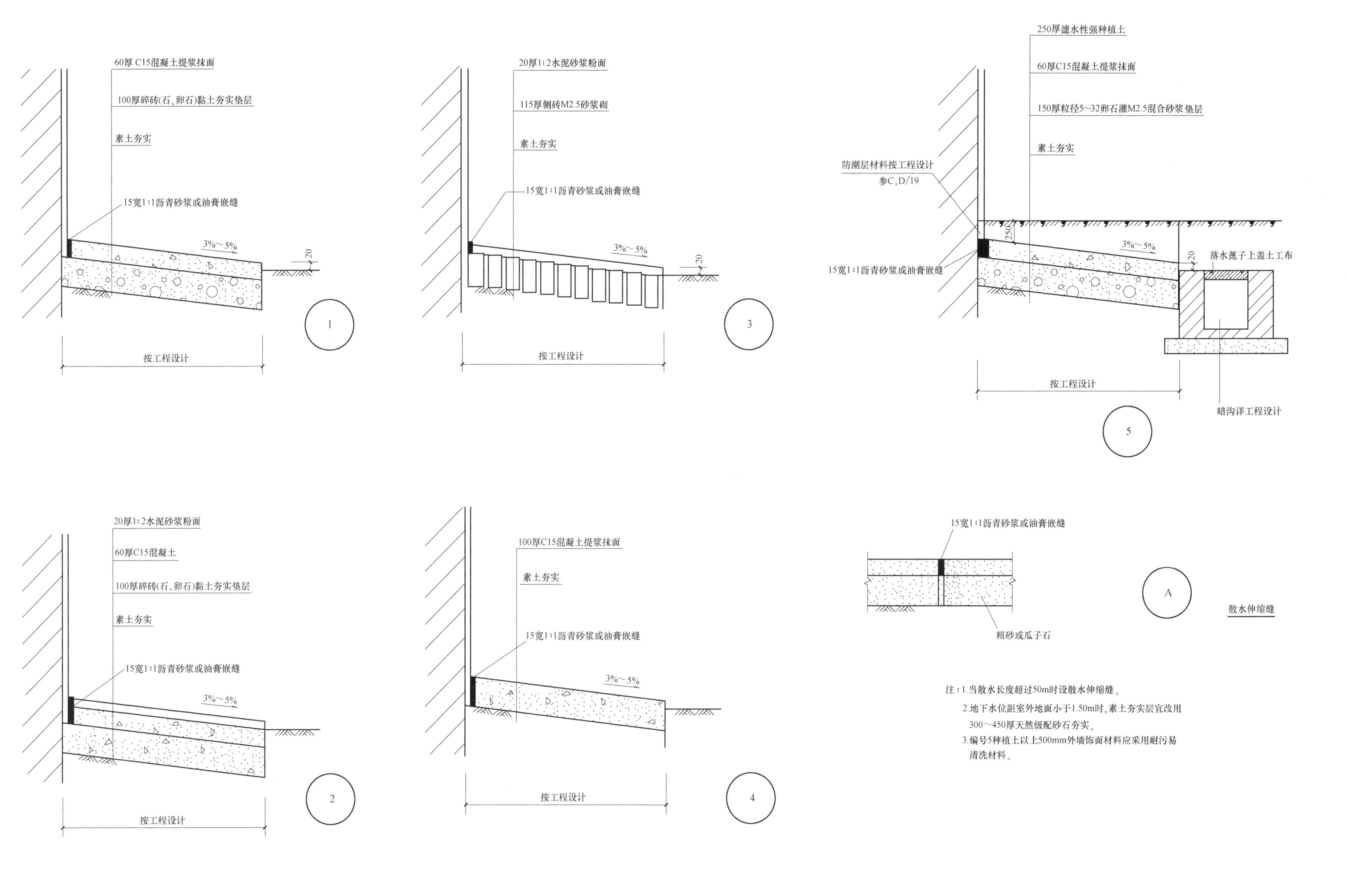

注：1.当散水长度超过50m时设散水伸缩缝。
2.地下水位距室外地面小于1.50m时，素土夯实层宜改用300～450厚天然级配砂石夯实。
3.编号5种植土以上500mm外墙饰面材料应采用耐污易清洗材料。

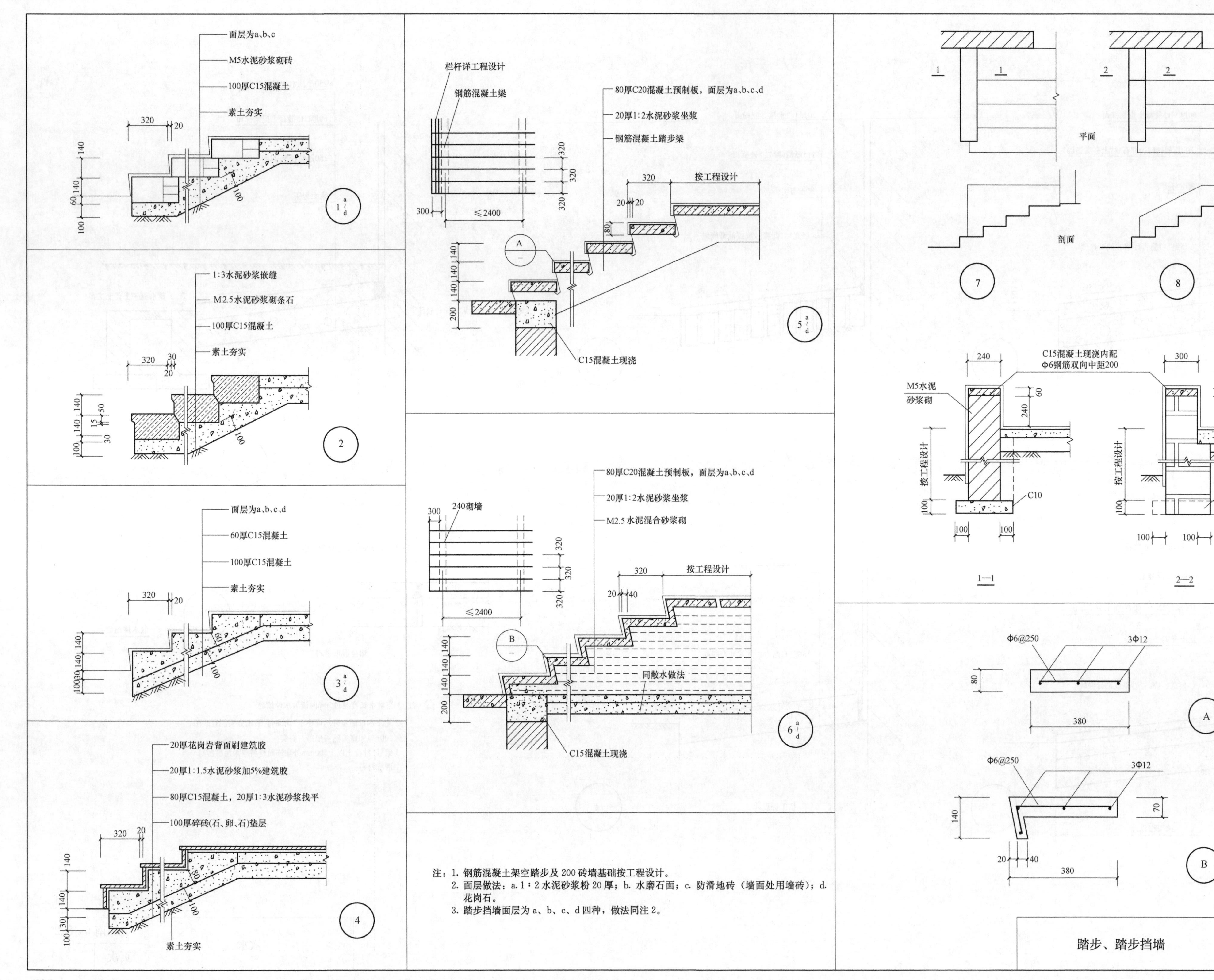

注：1. 钢筋混凝土架空踏步及 200 砖墙基础按工程设计。
2. 面层做法：a. 1∶2 水泥砂浆粉 20 厚；b. 水磨石面；c. 防滑地砖（墙面处用墙砖）；d. 花岗石。
3. 踏步挡墙面层为 a、b、c、d 四种，做法同注 2。

踏步、踏步挡墙	西南 04J812
	页次

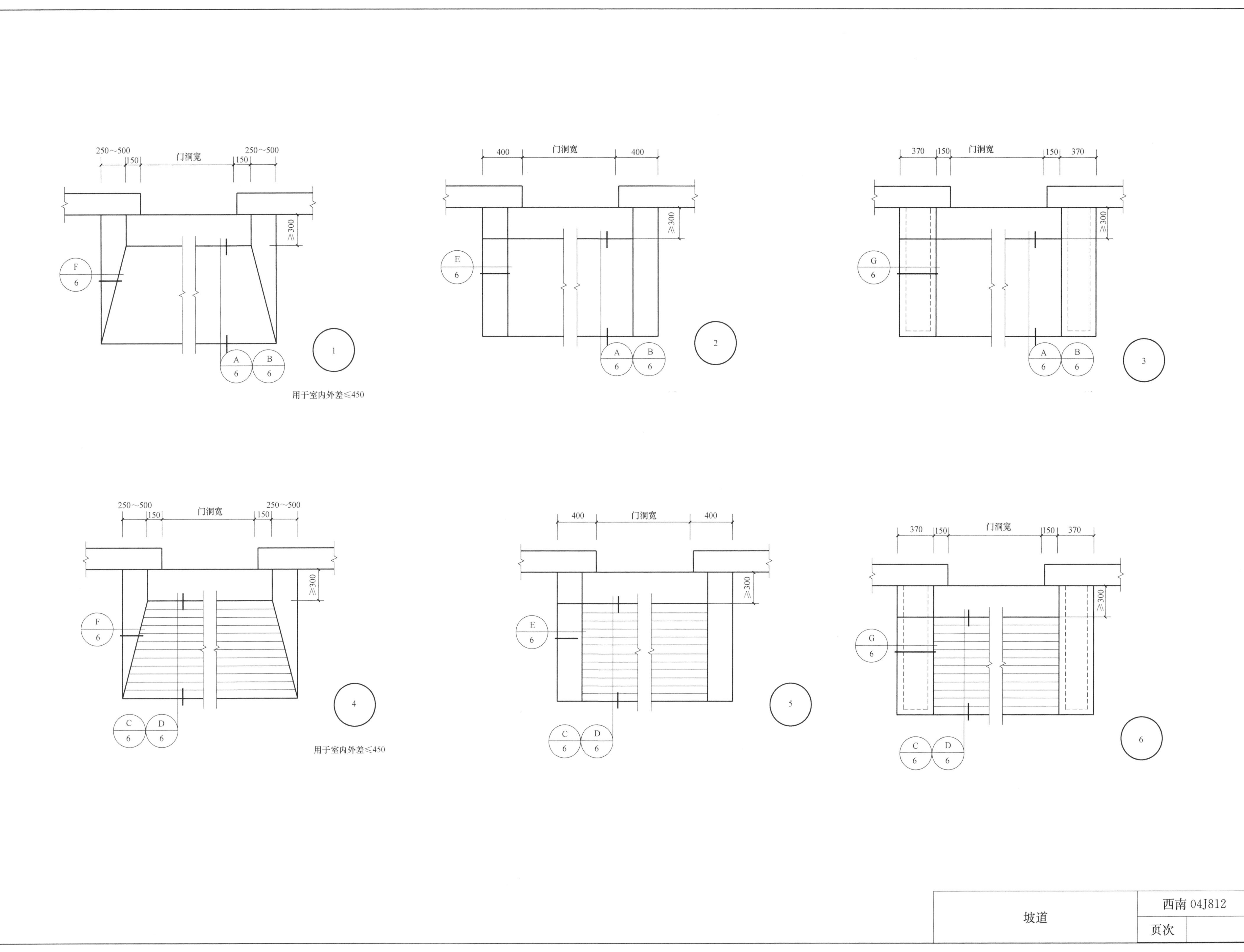

坡道	西南 04J812
	页次

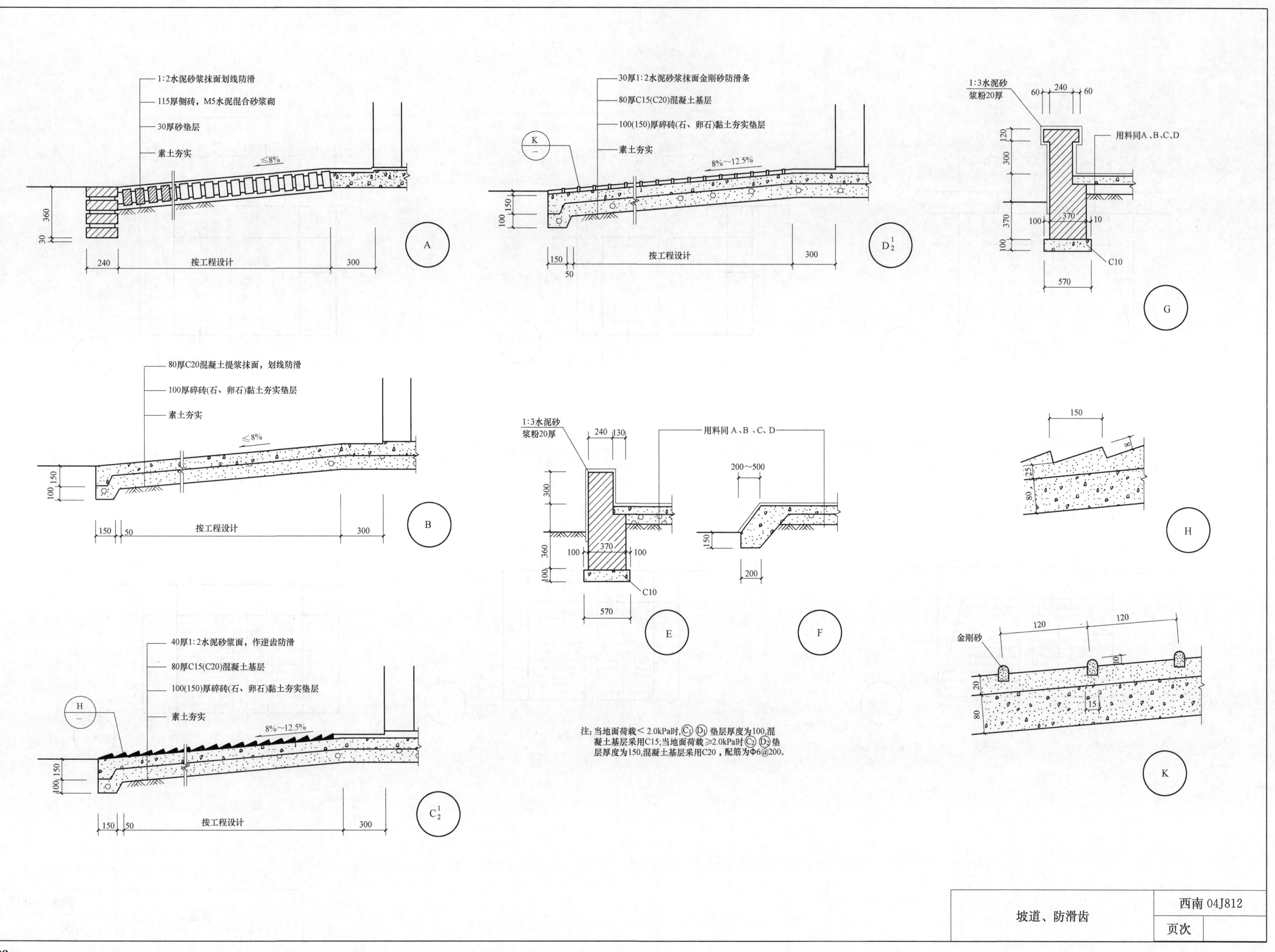

注：当地面荷载＜2.0kPa时，C、D垫层厚度为100，混凝土基层采用C15；当地面荷载≥2.0kPa时C、D垫层厚度为150，混凝土基层采用C20，配筋为Φ6@200。

坡道、防滑齿

西南 04J812

页次

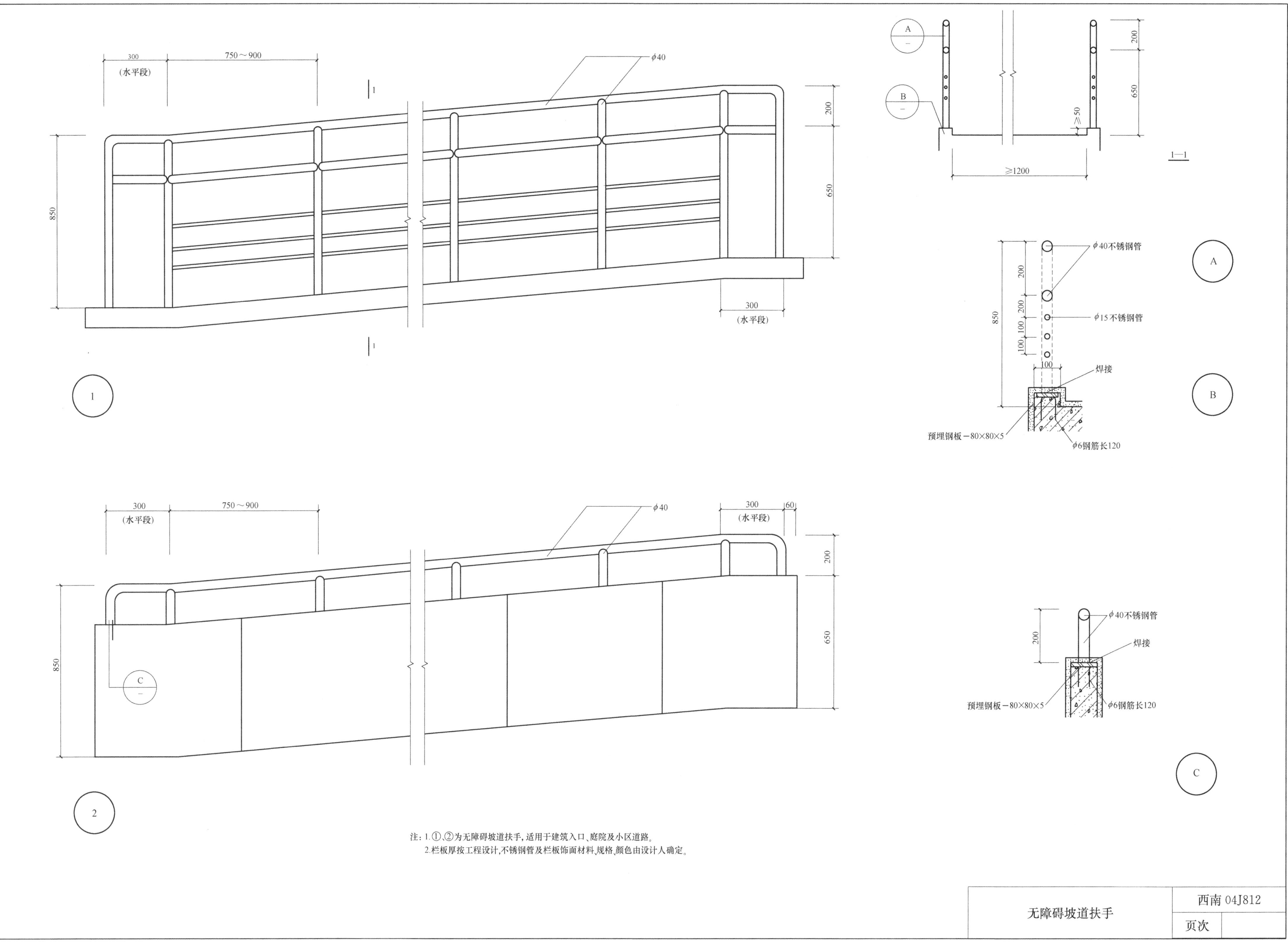

注：1.①、②为无障碍坡道扶手，适用于建筑入口、庭院及小区道路。
2.栏板厚按工程设计，不锈钢管及栏板饰面材料、规格、颜色由设计人确定。

无障碍坡道扶手	西南 04J812
	页次